通俗数学分析选讲

刘泓志 著

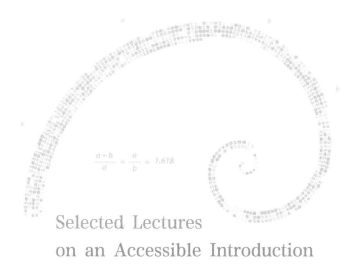

$$\frac{a+b}{a} = \frac{a}{b} = 1.618$$

Selected Lectures
on an Accessible Introduction
to Mathematical Analysis

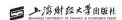
上海财经大学出版社
SHANGHAI UNIVERSITY OF FINANCE & ECONOMICS PRESS

图书在版编目(CIP)数据

通俗数学分析选讲 / 刘泓志著.-上海 : 上海财经大学
出版社,2025.1
ISBN 978-7-5642-4387-6/F・4387

Ⅰ.①通… Ⅱ.①刘… Ⅲ.①数学分析-高等学校-
教材 Ⅳ.①017

中国国家版本馆 CIP 数据核字(2024)第 096143 号

本书出版得到了以下项目的资助:

教育部双一流专项经费(项目编号:2024120138)
上海财经大学校内教材建设经费(项目编号:2024971131,2022120010)
上海财经大学校内课程建设经费(项目编号:2022120015)
上海财经大学数学学院本科教学经费

□ 责任编辑　杨　闯
□ 封面设计　张克瑶

通俗数学分析选讲

刘泓志　著

上海财经大学出版社出版发行
(上海市中山北一路 369 号　邮编 200083)
网　　址:http://www.sufep.com
电子邮箱:webmaster @ sufep.com
全国新华书店经销
苏州市越洋印刷有限公司印刷装订
2025 年 1 月第 1 版　2025 年 1 月第 1 次印刷

710mm×1000mm　1/16　19.75 印张　376 千字
定价:78.00 元

前 言

直觉提供灵感，也是谬误的来源．任何严肃的科学，不论是自然科学还是人文科学，都有其排除直觉性谬误的机制．对数学而言，这个机制是严格的写作．

严格的写作是斩钉截铁的概念、确凿无误的定理以及无懈可击的证明，而不能似是而非、模棱两可．诸如"应该""大约""差不多""就是"这类推断性字眼对于数学严格写作而言没有任何意义．数学文章，写完了就是写完了，你不能从旁辩护——需要辩护的数学文章类同废纸．数学文章要写到这种程度：哪天地球毁灭了，文章被外星人捡到，他都能确定你说的是对的．

为此，数学不得不走向抽象，不然很多问题讲不清楚．数学分析的抽象让许多初学者难以读懂它——至少当初的我觉得很难读懂．在上海财经大学教经济金融类专业的学生学习数学分析的时候 (上海财经大学经济金融类专业的学生要学数学分析，并与数学学院的学生统一考试)，我发现很多学生都和我之前一样，有不少困惑——不知道数学分析到底在干什么、不知道某些定义定理究竟是什么意思、不知道为什么会有这样的定义定理、以及它们是怎么被想出来的，等等．于是，我就萌生了写这本通俗数学分析选讲的想法．

在传统的数学写作之外，本书增加了大量的说明性内容，力图以通俗的语言解释数学分析．为了让读者始终记得我们要做什么，本书全部内容都围绕着"逼近和表示"与"局部和整体"这两个主题以及"没有线性近似就没有数学分析"这个线索展开；对于一个定义，本书希望能说清楚其如何源于日常灵感和现实需要，直至读者认为它们是"自然"的；对于一个定理，本书希望能说清楚其究竟要干什么，为什么重要，又为什么应该是对的，直至读者认为它们是"平凡"的；为了让读者有一个舒服的阅读节奏，本书每一节都以条目的方式写成，最长的也不超过 25 条；本书通俗解释的来源均是寻常经验、日用常理、简单但不平凡的例子、很多人都学过的初等数学以及线性代数 (一切数学都是线性代数，这么说确实有些夸张，但并不过分). 在过去三年中，我不断把本书的手稿发给学生们做参考资料，收到了很多积极的评价. 不少学生说，这些材料让他们相信，自己是可以学会数学分析的.

需要声明的是，本书绝不是以牺牲严格性的方式刻意追求通俗性. 对于数学而言，写作是直面本质的——"会"就是"写得出"，"写得出"就是"会". 在数学里，一切都需要证明——看起来、叫起来、走起来、游起来像鸭子，也未必是鸭子. 若放松写作上的要求，那么数学里就没有什么困难的问题了——我们可以两个礼拜解决千禧年七大数学难题，因为周末要休息. 在本书中，重要的定义、定理以及证明均得到严格呈现. 本书确实偶尔会省略一些内容，但那是因为篇幅所限.

感谢上海财经大学数学学院的资金支持. 感谢上海财经大学数学学院的各位老师，特别是程晋、徐定华、王燕军、杨世海等老师，没有他们的支持本书不可能有机会出版. 感谢上海财经大学的资金支持. 感谢所有为本书指出错误、提出意见的老师和同学，尤其感谢范宇欣、黄良材、崔世勋、徐菱等同学，祝他们有美好的前程. 感谢上海财经大学出版社的杨闯老师和复旦大学出版社的李小敏老师，为了修改稿件，他们付出了许多汗水.

衷心希望这本书对所有想学习数学分析的人都能有所帮助，包括数学系新生、想在高数之外学更多数学的理工与财经科学生、想学点数学的文科生、想了解些微积分的高年级高中生、工作之余想回头学些数学的人士等等. 但囿于个人能力，本书难免包含很多错误和不合适的地方，恳请读者批评指正. 若您有宝贵意见，请发送邮件至 commentandadvice@163.com.

将这本不成熟的讲义献给我的妻子毛毛和女儿琳琳 (又叫赶趟儿). 对于一本真正的好书，这段话应该写在扉页上，但这本书应该还达不到那种层次.

刘泓志

2024 年 6 月

目 录

第1章

极 限

本章我们介绍极限, 数学分析要做的一切事情, 都需要借助极限这个概念.

首先介绍数列极限, 然后介绍极限的收敛准则, 我们将说明, 这些准则事实上都是在描述实数系的性质. 然后会介绍级数, 一种特殊的数列极限. 最后介绍函数极限与函数的连续性.

1.1 数列极限

本节介绍数列极限. 我们先介绍可列无穷和变量这两个背景词汇, 然后从日常生活出发引入极限概念. 在讨论清楚数列极限概念之后, 我们会解释为什么数学分析是从数列极限开始的. 我们还会讨论一些比较重要的极限计算问题.

1.1.1 什么是可列无穷

极限是一种关于无穷的概念. 曾经的我们, 面对无穷战战兢兢.

害怕什么就直视什么, 本小节我们就直视无穷, 直视最简单的无穷——可列无穷, 也称可数无穷.

最简单的无穷也是无穷, 它们可不简单.

1. 如果想比较两个有限集合元素多寡, 只要一个一个查过去, 查出两个数来就好了. 如果一个是无限集合, 一个是有限集合, 比较问题也还好办, 有限集合元素个数肯定比无限集合元素个数要少. 可如果是两个无限集合比较呢? 毕竟, 到目前为止, 我们并没有自然数这样清晰的标记, 可以直接表明一个无限集合里面的元素究竟有多少.

2. 既然麻烦在于无法用自然数标记无限集合里面元素的个数, 那么有没有什么办法可以让我们摆脱自然数, 直接比较两个集合中元素的多寡呢?

3. 再仔细来回顾两个有限集合的比较问题可以发现, 确实有这样一个办法: 假设 A, B 为两个有限集合, 想要比较这两个集合中谁的元素更少, 只要 A 出一个元素, B 出一个元素, 谁先出光谁就是元素少的那一个. 说得更数学一点就是: 设

$$A = \{a_1, a_2, \cdots, a_n\}, \quad B = \{b_1, b_2, \cdots, b_m\},$$

将两个集合里面的元素分别**排成一列**.

$$a_1, a_2, \cdots, \quad b_1, b_2, \cdots,$$

两个排列谁先到尽头, 说明谁的元素比较少. 如果同时结束, 说明两个集合里面的个数一样多.

4. 由此, 我们至少可以比较一个无限集合与正整数集合谁包含的元素更多: 全体正整数是可以**排成一列**的!

$$\mathbb{N}_+ = \{1, 2, 3, \cdots\}.$$

如果一个无限集合里的元素想要和全体正整数一样多, 那就需要它的元素像正整数一样可以排成一列. 这就是可列的概念.

定义 1.1.1 如果一个无限集合中的元素可以按照某种规律排成一个序列, 则称这个集合为可列的, 或可数的. (与正整数一样多.)

5. 什么叫排成一列? 排列是有严格数学定义的, 不过此时我们并不追求它的严密性. 用日常语言来说, 排成一列意味着:

   a. 每一个元素都在这个列里面.

   b. 这个列有且仅有一个开端, 即有一个元素排在第一位. 有没有结尾不重要.

   c. 一个接着一个, 即除开端外, 每一个元素前面都有唯一明确的前驱, 除结尾外, 每一个元素后面也有唯一明确的后继. 于是当你在这个列里面按照前后顺序一个挨着一个去查找某个元素的时候, 总是可以在有限时间内找到它.

6. 例如下面这个写法就不是整数集合的一个排列:

$$\mathbb{Z} = \{\cdots, -n, -n+1, \cdots, -2, -1, 0, 1, 2, \cdots, n-1, n, \cdots\}.$$

原因是这里面并没有一个开端.

7. 同样, 下面的也不是整数集合的一个排列:

$$\mathbb{Z} = \{0, 1, 2, \cdots, n-1, n, \cdots, -1, -2, \cdots, -n+1, -n, \cdots\}.$$

上面这个写法是说, 一个人先把全体正整数排成一列, 然后再把负整数排成一列. 这不是一个全体整数的排列, 因为当你想在这个列中, 按照前后顺序一个一个去查找 −1 的时候, 你没有办法在有限时间之内找到它. 此时的 −1 并没有明确的前辈, 它是 "远在远方的风比远方更远". 排列里面, 不能出现比远方更远的远方的风.

8. 如下也不是整数的一个排列:

$$0, \quad 1, \quad 2, \quad \cdots$$
$$-1, \quad , -2 \quad, -3, \quad \cdots$$

这甚至都不是一列, 这是两列.

9. 但是我们确实可以把全体整数如下排成一列, 原因在于两列总可以汇成一列:

$$\{0, 1, -1, 2, -2, \cdots, n, -n, \cdots\}.$$

不要疑惑, 我们只要求排成一列, 而对顺序没有任何其他要求: 不需要按照大小顺序、美丑顺序、亲疏顺序等等, 只要排成一列就可以.

10. 于是, 按照我们的定义, 全体整数和全体正整数一样多. 你可能会怀疑, 是不是我们的定义出现了问题: 全体整数的个数应为全体正整数个数的二倍再加一. 可列的概念没有什么问题, 只是暂时比较陌生. 为熟悉它, 我们看一个例子: Hilbert 开了一家旅馆, 里面有正整数那么多个房间, 已经住满了人. 如果现在再来一个人, Hilbert 能为他再腾出一个房间吗?

11. 当然可以, 只要让每一个人都搬到下一个房间去就可以了. 这就是说, 全体正整数集合再加进去一个元素, 还是正整数那么多. 一般而言, 无穷记为 ∞, 于是我们可以暂时用下面两个不严格的等式表述这个事实:

$$\infty + 1 = \infty, \infty - 1 = \infty.$$

12. 还是那家住满了人的 Hilbert 旅馆, 如果每一个住户都招来了一个他的朋友投宿, 还有足够的房间腾给这些人吗? 还是可以, 只要让目前住在 n 号房的客人搬到 $2n$ 号房即可. 同上一条, 我们权且用下面这个等式标记这一事实:

$$\infty + \infty = \infty, 2\infty = \infty.$$

这就解释了为什么整数与正整数一样多并没有什么不合逻辑的地方.

13. 基于以上观察, 我们在此强调, 无穷减无穷, 或者无穷除无穷, 就像除以零一样是无意义的.

14. 一个令人惊讶的事实: 全体正有理数是可列的. 之所以令人惊讶是因为, 总有更小的正有理数. 可是, 排成一列, 完全不需要依大小顺序. 首先, 我们将分母为 1 的有理数排成一列, 然后将全体分母为 2 的有理数排成一列, 以此类推:

$$
\begin{array}{ccccc}
1 & 2 & 3 & 4 & \cdots \\
\dfrac{1}{2} & \dfrac{2}{2} & \dfrac{3}{2} & \dfrac{4}{2} & \cdots \\
\vdots & \vdots & \vdots & \vdots & \cdots \\
\dfrac{1}{n} & \dfrac{2}{n} & \dfrac{3}{n} & \dfrac{4}{n} & \cdots \\
\vdots & \vdots & \vdots & \vdots & \cdots
\end{array}
$$

现在这个还不是一个排列, 但是按照下面这个走法, 这就是一个排列了:

$$1 \to 2 \to \frac{1}{2} \to 3 \to \frac{2}{2} \to \frac{1}{3} \to 4 \to \frac{3}{2} \to \frac{2}{3} \to \frac{1}{4} \to \cdots.$$

这里面有元素重复出现很多次, 那只要留下第一个, 删掉多余的就好.

15. 自然也可以证明全体有理数可以排成一列. 假设正有理数已经排列如下:

$$q_1, q_2, \cdots, q_n, \cdots,$$

于是就可以对全体有理数排列如下:

$$0, q_1, -q_1, q_2, -q_2, \cdots.$$

16. 参照全体正有理数可列的证明, 可以证明可列个可列集合的并集还是可列集合. 关键在于如何用符号把什么是可列个集合, 什么是可列个集合中可列个元素写清楚. 不论可列个物件——在这个问题里就是集合或者元素——具体是什么, 只要它们可以排成一列, 就可以按照在列中的位置, 给它们标上序号 $1, 2, 3, 4, \cdots$. 这是可列最重要的性质.

17. 因此我们不妨假设可列个集合分别为 $A_n, n = 1, 2, 3, \cdots$, 而每个 A_n 中的元素分别为

$$\{a_{n,1}, a_{n,2}, \cdots, a_{n,m}, \cdots\},$$

于是全体 $\{A_n\}$ 并起来所得集合就可以写为

$$\left\{ \begin{matrix} a_{1,1} & a_{1,2} & a_{1,3} & a_{1,4} & \cdots \\ a_{2,1} & a_{2,2} & a_{2,3} & a_{2,4} & \cdots \\ \vdots & \vdots & \vdots & \vdots & \cdots \\ a_{n,1} & a_{n,2} & a_{n,3} & a_{n,4} & \cdots \\ \vdots & \vdots & \vdots & \vdots & \cdots \end{matrix} \right\},$$

接下来的证明就和全体有理数可列的证明是一样的了.

18. 两个自然的问题:

    a. 有可列集合, 就有不可列集合. 可列与不可列谁多?

    b. 有哪些常见集合是不可列集?

19. 直挺挺想过去, 不可列应该更多一点. 因为按照可列的定义, 所谓不可列就是一列放不下, 那自然是要更多的. 可究竟怎么比较多少?

20. 回顾单射. 说集合 A 到集合 B 有一个单射, 就是说你可以把 A 原封不动放到 B 里面, 因此 B 中元素个数应该不少于 A 中元素个数. 若同时还存在从集合 B 到集合 A 的一个单射, 那就是 A 中元素个数应该不少于 B 中元素个数, 即 A, B 中元素个数相同.

    定义 1.1.2 设 A, B 为两个集合. 若存在从 A 到 B 的单射, 同时存在从 B 到 A 的单射, 则称 A, B 中元素 "个数相同". 若仅存在从 A 到 B 的单射, 但不存在从 B 到 A 的单射, 则称 A 的 "元素个数" 少于 B 的 "元素个数".

    在这个定义中, 之所以对 "元素个数" 打引号, 是因为这个说法肯定不对, 正确的说法是基数, 但我们就先不求那么正确了.

21. 两个可列集合的元素个数确实是一样多的. 因为排成一列, 就是说可列集合到 $\mathbb{N}_+$ 有一个双射. 双射本身是单射, 双射的逆映射也是单射. 也就是说, 可列意味着可以和正整数一一对应.

22. 不可列集合首先要有无穷多元素. 于是你先挑出一个元素做第一个, 在剩下的无穷多里再挑一个做第二个, 在剩下的无穷多里再挑第三个, 以此类推, 就得到了这个不可列集合中的可列个元素 $\{a_n\}_{n\in\mathbb{N}_+}$, 而把 n 映射到 a_n, 就给出了从正整数集合到这个不可列集合的单射. 反过来, 若存在从这个不可列集合到正整数集合的单射, 那依照元素像的序号, 就可以把集合中元素排成一列了, 这与不可列集合的定义矛盾. 因此可列多比不可列多要少.

23. 集合 $[0,1]$ 即不可列集. 事实上, 假设 $[0,1]$ 可列, 则其中元素可排列如下:

$$\left\{\begin{array}{l} 0.a_{1,1}a_{1,2}a_{1,3}a_{1,4}\cdots \\ 0.a_{2,1}a_{2,2}a_{2,3}a_{2,4}\cdots \\ \quad\quad\quad\vdots \\ 0.a_{n,1}a_{n,2}a_{n,3}a_{n,4}\cdots \\ \quad\quad\quad\vdots \end{array}\right\}$$

注意: $0.9999999\cdots$ 与 1 是一个数, 因此我们约定这一列小数表示中不出现 9 的无限循环. 则任取 $\{0,1,2,\cdots,9\}$ 中不等于 $a_{1,1}$ 的 ξ_1, 不等于 $a_{2,2}$ 的 ξ_2, 不等于 $a_{3,3}$ 的 ξ_3, 等等, 同时在这个过程中, 避免出现 9 的无限循环. 则

$$0.\xi_1\xi_2\cdots\xi_n\cdots$$

必不在列中.

24. 可列集合元素个数不仅少于不可列集合元素个数, 而且是远远少于, 就像没有一样. 这里有一个笑话, 只有学过数学分析, 以及测度论 (一般为实分析内容) 的人才能听懂: 一个数学家, 可以把一条白线染成红色, 而染色桶里一滴染料都不少.

1.1.2 变量的数学

在正式开始介绍极限之前, 我们解释一下什么叫变量. 或者说, 解释一下为什么要以数列和函数为研究对象.

数学分析是研究变量的数学, 这是和之前的数学最不一样的地方. 那么什么是变量? 变就是要动而不居, 变, 不能停.

最简单的可以一直变下去的就是自然数. 可能很多孩子的第一个恐怖故事都是正整数有无穷多个: 有 1 立刻就有 2, 有 2 就立刻有 3, 以此类推. 所以, **数**

列是可以描述一直变化这件事的: 随着正整数按照 $+1$ 的方式变化, 相应数值也跟着变化.

另一个可以一直变化的, 是我们学过的函数自变量. 描述因变量随着自变量变化而变化的, 就是函数. 所以, 函数也可以描述一直变化这件事. 初等数学中, 函数就是在研究变化之间的相互关系. 只不过那时我们是静止地讨论函数.

于是, 在本书中, 所谓变量, 就是指数列或者函数. 二者之间, 数列又相对简单一些. 事实上, 数列可以看作一种比较简单的函数: 其定义域为自然数集, 值域为实数集. 因此, 数学分析首先讨论数列这种变量, 以及这种变量的极限, 这是很自然的. 在分析中, **数列是讨论极限的最小单位**.

下面就要正式开始学习极限了. 变化不是静止的, 而是关于时间的, 所以请大家在**进程**中理解与极限相关的内容.

1.1.3 从日常生活到数列极限

本小节先以两个日常生活中的例子以及一个虚拟的对赌引入极限.

1. 所谓极限, 就是要用一列数逼近一个数. 而所谓逼近, 就是要让这列数**变得距离这个数要多近有多近**, 或者说**误差变得要多小有多小**.

2. 说清楚误差变得要多小有多小这件事, 源自日常需求和寻常心思. 假设一个人以 5 米每秒匀速向前运动, 那么任何一个时刻, 他的速度都是 5 米每秒. 可是如果他是变速运动, 要怎么知道每一时刻他的速度是多少? 例如, 假设一个人一共运动了 100 秒, 你想问第 50 秒时他的速度究竟是多少.

3. 凭着朴素的想法, 我们可以提出一个解决上述问题的设想: 先测出 50 秒至 60 秒之间, 这个人运动的距离, 然后用这个距离除以 10, 就得到了一个速度 v_1. 这个速度当然不是第 50 秒时的速度. 但没关系, 你又测量了 50 秒到 51 秒之间的平均速度 v_2, 50 秒到 50.1 秒之间的平均速度 v_3, 50 秒到 50.01 秒之间的平均速度 v_4 , 等等. 这些速度都不是 50 秒时的瞬时速度, 但是你相信, 它们越来越接近 50 秒时的瞬时速度. 严格一点写下来就是: 数列

$$v_1, v_2, v_3, \cdots$$

中的任何一个数都不是你想要的瞬时速度, 随着 n 的变大, 这个数列变得距离一个数值要多近有多近: 这个数值就应该是我们要找的瞬时速度. 或者说, 随着 n 的增加, v_n 与精确瞬时速度之间的误差变得要多小有多小.

4. 于是, 一个很自然的任务摆在我们眼前: 在数学上解释清楚, 什么叫一个数列变得距离一个数要多近有多近, 什么叫误差变得要多小有多小. 否则就无法探讨瞬时速度这一感官上看应该存在的概念.

5. 另外一个类似的问题就是求圆周率. 初等数学中就科普过一个求圆周率的办法——割圆术. 虽然没有办法一下子精确测出一个圆的圆周究竟是多少, 但是我们总可以用一个内接正 n 边形的周长近似估算圆的周长, n 越大, 估算的误差就越小. 当 n 向着无穷大变化时, 你所得到的由内接正 n 边形周长组成的数列距离圆周的真实周长要多近有多近, 或者说, 上述用内接多边形代替圆周计算圆周长的办法, 产生的误差变得要多小有多小.

6. 于是你又一次遇见了那个问题: 在数学上解释清楚什么叫一个数列变得距离一个数要多近有多近, 什么叫误差变得要多小有多小. 否则就没办法说单位圆周长是多少, 而圆周总该有一个长度.

7. 解决上述两个问题的基本思想, 都是我们数学分析的主题之一: 逼近. 逼近就是说, 当你没有办法直接精确求得一个数值时, 你可以先计算出一列数, 这列数会变得距离精确值要多近有多近, 即误差要多小有多小. 现在的关键是如何用精确的数学语言把逼近说清楚.

8. 你需要一个关于 "近" 的标准. 一个标准至少要涉及两个争论不休的人和一个裁判. 那么我们就设想, Cauchy, Berkeley 两个人遇见了一个变量, 数列 $\left\{x_n = \dfrac{1}{n}\right\}$. Cauchy 认为这个变量在 n 不断增大时, 变得距离 $a = 0$ 要多近有多近. Berkeley 反对.

9. 两人争论不休, 这时候你站了出来, 充当仲裁. 你提议, 先让 Berkeley 说多近算近, 只要 Cauchy 能说明这个数列距离 0 确实比 Berkeley 说的还要近就行了. Berkeley 说, 至少要 $\left|\dfrac{1}{n} - 0\right| \leqslant 1$ 才算离得近.

10. Cauchy 说, 这个数列里的所有数, 都满足 Berkeley 的要求. Berkeley 又说, 现在只是比较近, 算不得要多近有多近.

11. 你应该会觉得 Berkeley 的说法合理 (或者你觉得不合理, 那就停下来想一想, 此处重要的是你是否认同). 于是你让 Berkeley 再说一个数. Berkeley 提出, 至少要 $|x_n - 0| \leqslant \dfrac{1}{10}$ 才行.

12. Cauchy 说, 虽然不是数列中所有数都满足这一条件, 但只要 $n \geqslant 10$, 所有数 $x_n = \dfrac{1}{n}$ 都满足这个要求. 他继续说, 当然不可能要求所有数都距离 0

要多近有多近, **因为一个数距离另一个数要多近有多近, 只能是两个数相等**, 而既然我们要变量, 谈的是**变得**要多近有多近, 那么前面有限几个数就可以忽略不计——随着时间的流逝, 前有限个数迟早要成为过去.

13. 可以这样想象: 把数列依次写在一列气球上, 随着时间流逝, 从前往后依次扎爆一个气球. 只要某一个时刻, 剩下气球上的数都距离 0 足够近就好了. 这时候又轮到你用你的良心判断, Cauchy 的辩解是否合理. 如果你认可了 Cauchy 的辩解, 此回合就要判 Cauchy 胜出. 事实上, 回想最初设想的计算瞬时速度的方案, 具体从 10 秒时间段算起还是从 1 秒时间段算起对瞬时速度的计算并没有影响. 同样地, 在用一系列正 n 边形近似单位圆周长时, 正四边形、八边形、十六边形并没有什么所谓. 因而从最初的动机出发, Cauchy 的辩解是合理的.

14. 于是 Berkeley 继续挑战, 要距离小于 $\frac{1}{100}$, Cauchy 又说, 只要 $n \geqslant 100$, 就能达到要求. 以此类推, Berkeley 会一直挑战下去, 每次定的标准都要更加苛刻, Cauchy 则要不停接受挑战. 简单地说, 在判定是否变得要多近有多近这件事上, Berkeley 负责提要多近, Cauchy 负责验证有多近.

15. 只要不忘记 Cauchy 和 Berkeley 的初心, 就会发现, Cauchy 要在任意回合均能回应 Berkeley 的挑战, 你才能判定变量 $\left\{x_n = \dfrac{1}{n}\right\}$ 确实是变得距离 $a = 0$ 要多近有多近的. 反之, 只要 Cauchy 有一次不能回应挑战, 你就必须判定数列不会变得距离 $a = 0$ 要多近有多近.

16. 通过上面的过程, 我们就可以给出极限的精确定义了. 当下你不妨试试看, 能不能自行写出精确的极限定义来.

1.1.4 数列极限的严格定义

极限的模糊概念古代时就有了. 17 世纪时, Newton 和 Leibniz 就根据对极限这个概念的洞察和模糊表述创立了微积分. 但是直到 19 世纪, 才由 Cauchy 根据要多近有多近这个想法, 给出了极限的精确定义, 即延用至今的 ε-N 语言.

1. 极限的严格定义如下:

定义 1.1.3 设 $\{x_n\}$ 为一数列, a 是一个实数. 如果对任意 $\varepsilon > 0$ (其实为任意小的), 都存在一个 N (与 ε 有关, 也可记为 N_ε, ε 越小, N_ε 就要越大), 使得只要 $n \geqslant N$, 就有 $|x_n - a| \leqslant \varepsilon$, 则称 x_n 收敛于 a, a 为数列

$\{x_n\}$ 的极限, 记为 $\lim\limits_{n\to\infty} x_n = a$, 或 $x_n \to a, n \to \infty$. 称数列 $\{x_n\}$ 是收敛的, 如果存在实数 a, 使得 $\{x_n\}$ 收敛于 a.

2. 记住, 只要 Cauchy 有一次不能满足 Berkeley 的要求, 你就要判定数列不是距离 a 要多近有多近的. 而所谓 Cauchy 有一次不能回应 Berkeley 的挑战, 就是说 Berkeley 可以提出一个 $\varepsilon > 0$, Cauchy 无法找到一个 N, 使得对一切 $n \geqslant N$, 都有 $|x_n - a| \leqslant \varepsilon$.

定义 **1.1.4** 设 $\{x_n\}$ 为一数列, a 是一个实数. 如果存在一个 $\varepsilon > 0$, 对任意 N, 都存在一个 $n \geqslant N$, 有 $|x_n - a| \geqslant \varepsilon$, 则称 x_n 不收敛于 a. 若 $\{x_n\}$ 不收敛于任意实数 a, 则称 $\{x_n\}$ 发散.

3. 比较一下就会发现: 不收敛就是把收敛里的 "任意" 换成 "存在一个", 而把 "存在一个" 换成 "任意", 拧着来. 就是说, 上述两个定义恰好互为反命题. 因此一个数列, 要么收敛于 a, 要么不.

4. 按照定义, 想要证明一个数列是收敛于一个实数的, 至少要运算无数次才行. 但是神龟虽寿, 犹有竟时, 你不可能在有限时间内运算无数次. 所以证明一个数列收敛于某数时, 真正要做的, 是找到一个 $\varepsilon \mapsto N_\varepsilon$ 的公式或者程序, 使得对任意一个 ε, 都有对任意 $n \geqslant N_\varepsilon$, $|x_n - a| \leqslant \varepsilon$.

5. 现在, 我们提一下无穷小量: 收敛于 0 的数列称为无穷小量. 这涉及一次数学危机. 最早引入这一概念的是 Newton 和 Leibniz, 他们为了研究瞬时速度一类的问题, 用无穷短距离去除以无穷短时间, 并由此创立了微积分, 进而计算了行星运行轨道, 动摇了当时的神学根基.

6. 但是一个数想要无穷小, 就只能是 0 自己——这就是 Berkeley 主教反驳微积分的主要论点. 这一反击十分准确, 如果不能回应这一挑战, 那么微积分的根基就是错的.

7. 最后完整回应这一挑战的就是 Cauchy——无穷小量不是, 也不可能是一个数, 而是一列随着 n 的变化可以要多小有多小的数列, Berkeley 尽管去给一个关于什么是小的标准, 一个数列只要除了有限项之外都达到这个标准, 就可以说是无穷小量. 这就是我们上面讲过的 ε-N 语言的极限定义.

8. 无穷小量的概念可以解决很多古代悖论. 例如瞬间是没有时长的, 可一个个瞬间却组成了时间段. 原因就在于瞬间并不是简单的所谓当下, 而是一个由一列时间段组成的无穷小量. 这就是数学分析看待瞬间的方式.

9. 瞬间可以理解为时间的局部. 同理, 在数学分析里, 线段的局部并不是点, 而是一列长度为无穷小量的线段. 这就是数学分析看待局部的方式.

10. 确实, 无穷小量这个名字有点误导人, 它真正的名字应该是无穷小变量. 变量就应该是数列或者函数. 无穷小量的意思就是一个变得要多小有多小的变量.

11. 但是 Berkeley 的洞察依然是有意义的, 在数学分析里面, 我们要证明一个数 x 等于 0, 经常会采用下面的办法: 证明对任意 $\varepsilon > 0$, 有 $|x| \leqslant \varepsilon$. 这一技巧可以证明很多难以用大学以前的数学知识直接证明的等式.

1.1.5 极限的等价描述

本小节我们介绍几种极限的等价描述. 理解复杂概念的一个标准是能否用自己的话复述出来, 或者至少能够判断一个说法是否与之等价, 因此本小节可用于检验是否真正理解了极限的定义.

1. 对任意 N, 小于它的最多仅有限个数, 因此极限的定义其实可以转述为: $\forall \varepsilon > 0$, 除有限项外, 均有 $|x_n - a| \leqslant \varepsilon$. 你的困惑可能在于原本极限定义要求去掉前有限项, 新的叙述却只说去掉有限项就够了. 事实上, 前有限项不过是有限项, 而通过补充有限几项, 有限项就可以变成前有限项.

2. 这个叙述强调了一件事: 数列极限与任意有限项无关. 改变任意有限项的值, 不改变数列极限, 或者要改变数列极限, 至少要改变无限项.

3. 数列的极限与有限项, 或者说前有限项没有什么关系. 这是初学者总也不能接受, 以至于不能灵活使用的地方. 还记得依次扎爆的那一列气球吗? 极限为 a, 只要求某一时刻后全部剩余气球上的数趋于 a. 前面有限个数不论怎么改变, 都不会改变最后的极限.

4. 这个事实可以表述为如下命题: 对任意 $k \in \mathbb{N}_+$, $\lim\limits_{n \to \infty} x_n = a$ 当且仅当 $\lim\limits_{n \to \infty} x_{n+k} = a$. 请大家自行利用定义证明这一点.

5. 不要小瞧 "依次扎爆的一列气球" 这个关于极限的比喻. 在以后的数学里, 大家可能会碰到一种叫超极限的概念, 那时会发现, "依次扎爆的一列气球" 是更广泛的定义极限的方法.

6. 但是小心, 下面这个说法无法说明 $\lim\limits_{n \to \infty} a_n = a$: $\forall \varepsilon > 0$, 有无限项 $|a_n|$ 满足 $|a_n - a| \leqslant \varepsilon$. 例如数列 $1, 0, 1, 0, \cdots$ 不收敛于 0.

7. 虽然定义中的表述是 $\forall \varepsilon > 0$, 它的真实意思其实是对任意小的 $\varepsilon > 0$. 因此如下说法也是与极限定义等价的: $\forall 1 > \varepsilon > 0$, $\exists N$, 使得 $\forall n \geqslant N$, 有 $|a_n - a| \leqslant \varepsilon$.

8. 同时, 极限定义中还有一些字眼不必细究, 例如, 我们可以将 ε-N 语言稍做修改如下:

   设 $\{x_n\}$ 是一数列, a 是一个实数. 如果对于任意小的 $\varepsilon > 0$, 都存在一个 N (与 ε 有关, 也可记为 N_ε, ε 越小, N_ε 就要越大), 使得只要 $n \geqslant N$ (或者仅要求 $n > N$ 即可), 就有

   $$|x_n - a| \leqslant M\varepsilon \ (\text{或者 } |x_n - a| < M\varepsilon \text{ 即可}),$$

   则称 x_n 收敛于 a, 其中, M 为与 ε, N, n 均无关的固定的常数 (例如 $M = 2$).

9. 原因在于, 对于任意 $\varepsilon > 0$, 考虑 $\dfrac{\varepsilon}{M}$, 由上述修改后的 ε-N 语言, 存在 N, 使得对任意 $n \geqslant N$, 就有 $|x_n - a| \leqslant M\dfrac{\varepsilon}{M} = \varepsilon$. 于是对任意 ε, 我们确实构造了一个 N, 使得对任意 $n \geqslant N$, 有 $|x_n - a| \leqslant \varepsilon$.

10. 除此之外, $|a_n - a| \leqslant \varepsilon$ 可以换为 $|a_n - a| < \varepsilon$, 道理与上一条中证明相同; 极限定义中 $n \geqslant N$ 可以换为 $n > N$, 因为 $n > N$ 和 $n \geqslant N + 1$ 是一回事.

11. 但有些字眼非常重要, 例如 $\forall \varepsilon > 0$ 不可以换为 $\forall \varepsilon$, 否则取 $\varepsilon = -1$, 则这个世界上就不存在收敛数列了: $|a_n - a|$ 不可能小于 -1; 再如 $|a_n - a| < \varepsilon$ 不能换为 $a_n - a < \varepsilon$, 否则数列 $\{a_n = -1\}$ 就收敛于 0 了.

12. 在极限定义中, 是先给定 ε (先说要多近), 后找到 N (后说有多近). 而不是反过来给定一个 N 再去找 ε, 这不是讨论问题, 这是找茬. 在分析学里面有很多类似这种格式的定义, 理解的关键都在于明确谁在前谁在后, 谁依赖于谁.

13. 更准确地讲, 定义中 $\forall, \exists$ 这些字眼都不可替换, 也不可以交换顺序, 否则就会完全变成另外一番意思. 请体会如下几句话与极限定义的差别:

   $\exists N, \text{s.t.} \forall \varepsilon > 0, \forall n \geqslant N, |a_n - a| \leqslant \varepsilon;$

   $\forall N, \exists \varepsilon > 0, \text{s.t.} \forall n \geqslant N, |a_n - a| \leqslant \varepsilon;$

   $\exists \varepsilon > 0, \text{s.t.} \forall n \geqslant N, \exists N, \text{s.t.} |a_n - a| \leqslant \varepsilon;$

   $\exists N, \text{s.t.} \forall n > N, \exists \varepsilon > 0, \text{s.t.} |a_n - a| \leqslant \varepsilon.$

这几句话都不是极限的定义, 其中有些叙述仅有一个例子满足其要求, 还有些叙述所有例子都满足要求. 请大家自己体会理解一下.

1.1.6 什么时候不收敛

本小节我们反过来看看, 说明一个数列不收敛要怎么做.

1. 要按照定义证明不收敛, 我们就要找到一个 $\varepsilon > 0$ (Berkeley 利用这个小 ε 提出挑战), 然后对任意 N, 都要验证存在一个 $n > N$, 使得 $|x_n - a| > \varepsilon$ (Cauchy 无法回应 Berkeley 利用 ε 给出的挑战). 当然这需要你验证无穷次. 然而按照这个方式去证明不收敛就很麻烦了, 想起来就麻烦, 何况写起来. 可是你想, 验证无穷次, 就会得到无数个 n_k 使得 $|x_{n_k} - a| \geqslant \varepsilon$. 因此我们实际上做的就是找到一个 ε, 然后证明有无数个数 n_k, 使得 $|x_{n_k} - a| \geqslant \varepsilon$ 对任意 n_k 成立.

2. 其实, $\{x_{n_k}\}$ 也是一个数列, 是 $\{x_n\}$ 的子数列. 因为子数列在分析里面是常用的概念, 我们严格谈一下它的定义.

   定义 1.1.5 设 $\{x_n\}$ 为一个数列, 而

   $$n_1 < n_2 < n_3 < \cdots < n_k < n_{k+1} < \cdots$$

   是无限多严格增加的正整数, 则 $x_{n_1}, x_{n_2}, \cdots, x_{n_k}, \cdots$ 也构成了一个数列, 称为数列 $\{x_n\}$ 的子数列.

3. 利用子数列去证明分析中某些结论不正确, 是常规手段. 一般而言, **一个需要你验证运算无穷次才能得到的结论, 都会给你提供一个子数列**. 我们借助下面这个命题体会一下这件事:

   命题 1.1.1 (1) 数列 $\{x_n\}$ 收敛于 a, 则其任意子数列 $\{x_{n_k}\}$ 收敛于 a.
   (2) 数列 $\{x_n\}$ 不收敛于 a, 则一定存在一个 $\varepsilon > 0$, 以及一个子数列 $\{x_{n_k}\}$, 使得 $|x_{n_k} - a| \geqslant \varepsilon$ 对任意 n_k 成立.

4. 其中 (1) 是显然的. 只需证明 (2) 即可.

   证明 a. 假设 $\{x_n\}$ 不收敛于 a, 那么按照我们上面的分析, 存在一个 $\varepsilon > 0$, 使得对任意 N, 存在一个 $n > N$, 使得 $|x_n - a| \geqslant \varepsilon$.

   b. 先选定 $N_1 = 1$, 则找到 $n_1 > N_1, |x_{n_1} - a| \geqslant \varepsilon$.

   c. 再取 $N_2 = n_1$, 则找到 $n_2 > N_2, |x_{n_2} - a| \geqslant \varepsilon, \cdots$.

 d. 以此类推, 我们最终找到了一个子数列 $x_{n_1}, x_{n_2}, \cdots, x_{n_k}, \cdots$, 满足 $|x_{n_k} - a| \geqslant \varepsilon$. 得证.   □

5. 比如考虑数列 $\{1, -1, 1, -1, \cdots\}$. 其子数列 $\{x_{2n+1}\}$ 收敛于 1, 而子数列 $\{x_{2n}\}$ 收敛于 -1, 故其本身不收敛.

6. 大家可能会觉得 "一个需要你验证运算无穷次才能得到的结论, 都会给你提供一个子数列" 这句话很抽象, 难以理解. 回忆一下, 我们曾经提到过, 讨论极限的最小单位就是数列. 所以一旦一个关于收敛的条件成立或者不成立, 你都要用数列来说明它: 一个数出问题不会影响极限, 两个数出问题也不会, 一百个、一万个、一百万个数出问题都不会影响极限. 想要影响极限, 必须要无限多项出问题. 而数列中的无限多项, 就组成了子数列. 对几乎所有这种或者那种关于收敛的反命题, 都是沿着这个思路, 用子数列去说明的. 你可以在后续章节中慢慢熟悉这一点.

7. 子数列可以用来判断数列不收敛, 但在某些情况下, 也可用来计算数列极限. 例如若 $\lim\limits_{n \to \infty} x_{2n} = a$, $\lim\limits_{n \to \infty} x_{2n+1} = a$, 则 $\lim\limits_{n \to \infty} x_n = a$. 就是说若数列中全体偶数项构成的子列和全体奇数项构成的子列收敛于同一个数, 则数列本身也收敛于这一个数. 请大家自行证明这一命题, 只需借助极限定义即可. 这个命题虽然简单, 却常常可以显著简化极限计算.

1.1.7   大学数学从极限开始合适吗

 本小节我以自己的愚鲁揣测大家可能遇见的困惑, 解释一下究竟为什么要学习极限这个复杂的概念.

1. 在你学三角形之前, 你就见过无数三角形; 在你学线性方程组之前, 你就学过鸡兔同笼问题. 今天你学了极限, 不免会问, 这个东西我之前见过吗? 如果它真的重要, 我早就应该接触过, 而不至于等到现在.

2. 你确实已无数次接触过极限. 极限其实就是在描述逼近的精神: 我们做不到无限精确, 但是我们可以做到要多精确有多精确; 做不到误差为 0, 但可以做到误差要多小有多小. 设想在日常生活中, 老师们让你背诵 π, 你首先要问老师让你背到小数点后第几位 (老师想要多精确). 或者在物理课上, 老师要你测量一张纸的厚度, 你都会先问允许的误差是多少 (老师想要多精确). 再者, 找遍全宇宙也找不到真正的圆, 找遍全世界最高明的工匠, 也没人做得出真正的圆. 真正的圆, 只能由我们的大脑偷偷使用极限这个概念给画出来. 关键是不论他们想要多精确, 你都可以满足他们的要求. ε-N

语言的极限定义, 就是基于这些生活常识. 所以极限的概念并不陌生, 你很早就接触过它, 只是当时惘然, 没想到它竟然可以成为数学中的概念而已.

3. 即便如此, 极限真的有资格做整个分析学的基础吗? 至少曾经, 我是有这样困惑的. 原因其实有以下几点.

其一, 数学是精确的学科, 这所谓要多精确有多精确, 不就是差不多吗? 数学再怎么追求精确, 也只能在人类能力的框架内努力. 人类能做到的, 最多只能是要多精确有多精确, 那就一定要把要多精确有多精确这件事讲精确, 即给出极限的概念. 而且事实上, 要多精确有多精确, 虽然也是估算, 但它是极致的估算, 极致的估算就是精确, 绝不是差不多. 极限这个概念与数学精神丝毫不相左.

其二, 除了上面提到的那些日常场景, 我们真的需要极限吗? 它能做什么了不起的事情吗? 对于数学分析而言, 极限将被用于解释局部如何是整体的无穷小细分, 而整体如何是无限多的局部加总, 也将被用于利用简单数与函数逼近和表示复杂的数和函数. 这些都是初等数学解决不了, 而又非常关键的问题.

其三, 极限的定义一定要这么绕吗? 极限的定义确实和我们之前学过的其他定义不太一样. 但它不得不这样. 其实极限的概念存在于每一个有想象力的人的脑海里, 而每一个人都有想象力. 在还没有极限严格定义的古代世界, 古希腊、古代中国的很多数学家, 就已经不断用极限的想法猜测和推断精确结论了. 可是仅仅如此是不够的, 人们必须想办法驯服在 "想象力" 世界里 "野生的" 极限, 两千年的时间过去, 最后才由 Cauchy 找到驯服的办法, 即 ε-N 语言.

其四, 如此大费周章才能定义出来的概念, 真的好用吗? 无他, 唯手熟尔, 这就是我们要训练的内容. 一句话, 它确实是可算的、可用的、可分析的.

最后, 现阶段大家可能只熟悉在空间中做抽象, 但不熟悉在时间中做抽象. 时间和空间同等重要, 那么在时间中抽象与在空间中抽象, 就对数学同等重要. 仔细体会, 极限就是一个与时间有关的概念. 大家要尽快熟悉在时间中抽象这件事, 后面的分析学, 乃至全部数学, 经常要研究抽象的空间和时间对象, 用抽象的空间对象研究时间, 用抽象的时间对象研究空间.

4. 这些话可能并不能完全打消大家的疑虑. 但是边干边学, 请大家慢慢在后续内容中熟悉极限的概念, 乃至熟悉分析, 以及数学的精神.

1.1.8　数列极限的简单例子

当务之急是建立起一种信心: 数列极限是可以计算的. 而这其中的关键, 是明白要计算一个极限, 要做的究竟是什么.

1. 我们提到过, 要证明数列 $\{a_n\}$ 收敛于 a, 是要构造从 ε 到 N 的函数或者程序. 而要回到数列 $\{a_n\}$ 收敛于谁这个问题, 其实首要是估计极限应该是多少. 教大一数学分析两年之后, 我才知道原来上海高中生几乎人人掌握用计算器算极限的技术. 但其实, 计算器算极限也不过是估计. 而在估算这件事上, 人其实远远强于计算器. 因为计算器只有硬算几个数这一种估计方法, 人却可以借助许多线索.

2. 可以想象到, 对一切大于 1 的常数 C, C^n 迟早大于一个常数 $a > 1$, 所以你可以估计:

   例 1.1.1 当 $a > 1$ 时, $\lim\limits_{n \to \infty} \sqrt[n]{a} = 1$.

   而解决这个问题的思路就是设 $\sqrt[n]{a} = 1 + t_n$, 并验证 t_n 确实趋于 0.

3. 利用 Bernoulli 不等式可以验证这一点:

   证明 a. 我们考虑 $\sqrt[n]{a} = 1 + t_n$. 注意 $0 < t_n = \sqrt[n]{a} - 1$. 所以我们想说明 $|\sqrt[n]{a} - 1| \leqslant \varepsilon$, 就是要说明 $0 < t_n \leqslant \varepsilon$. 因此我们下面的任务就是估计 t_n.

   b. 注意到 $a = (1 + t_n)^n, t_n > 0$, 利用二项式展开, 可知

   $$1 + nt_n + \mathrm{C}_n^2 t_n^2 + \cdots + t_n^n = a,$$

   c. 于是得到 $nt_n \leqslant a$, i.e. $t_n \leqslant \dfrac{a}{n}$. 所以要想 $t_n \leqslant \varepsilon$, 只需要 $\dfrac{a}{n} \leqslant \varepsilon$, 只需要 $n > \dfrac{a}{\varepsilon}$.

   d. 因此取 $N_\varepsilon = \left[\dfrac{a}{\varepsilon}\right] + 1$ 即可.　　　　　　　　□

4. 利用 Bernoulli 不等式, 还可以证明:

   例 1.1.2 $\lim\limits_{n \to \infty} \sqrt[n]{n} = 1$.

   当然其中估计的道理是一样的: 对任意大于 1 的常数 C, 你首先可以估计, 当 n 很大时, 总有 $C^n > n$, 所以例中极限只能是 1. 简单叙述其证明过程如下:

a. 设 $1 + t_n = \sqrt[n]{n}, t_n > 0$. 于是 $(1 + t_n)^n = n$, 二项式展开可见

$$1 + nt_n + C_n^2 t_n^2 + \cdots = n.$$

b. 于是有

$$\frac{n(n-1)}{2} t_n^2 \leqslant n, \forall n \geqslant 2,$$

也即 $t_n^2 \leqslant \dfrac{2}{n-1}$, 即 $t_n \leqslant \sqrt{\dfrac{2}{n-1}}$. 剩余的步骤大家可以自动补齐.

5. 下面是一个关于估算的典型例子. 如果 $\{a_n\}$ 收敛于 a, 意味着绝大多数 a_n 落在 a 附近, 所以前 n 项的平均值就要渐渐地靠近 a. Cauchy 第一极限或 Cauchy 极限, 就严格说明了这一点.

例 1.1.3 设 $\lim\limits_{n \to \infty} a_n = a$, 则 $\lim\limits_{n \to \infty} \dfrac{\sum\limits_{k=1}^{n} a_k}{n} = a.$

6. 证明 Cauchy 极限涉及一个技巧: 把一个数列分成两个组成部分, 每一部分都变得很小, 而它们变得很小的原因并不相同. 其严格证明如下:

证明 不妨设 $\lim\limits_{n \to \infty} a_n = a = 0$. 如若不然, 我们可以考虑数列 $b_n = a_n - a$.

a. 我们要证明 $\lim\limits_{n \to \infty} \dfrac{\sum\limits_{k=1}^{n} a_k}{n} = 0$, 就是要对任意 $\varepsilon > 0$, 找一个 N, 使得只要 $n > N$, 就有 $\left| \dfrac{\sum\limits_{k=1}^{n} a_k}{n} \right| \leqslant \varepsilon$. 那么我们就一步一步分析, 先选定一个 $\varepsilon > 0$.

b. 注意到, 由于 $\lim\limits_{n \to \infty} a_n = 0$, 可知对此 ε, 有一个 K, 使得对任意 $n > K$, 有 $|a_n| \leqslant \varepsilon$.

c. 我们依据这个 K, 将这个数列里的每一个数都分成两部分的和.

$$\frac{a_1 + a_2 + \cdots + a_K + a_{K+1} + \cdots + a_n}{n}$$
$$= \frac{a_1 + a_2 + \cdots + a_K}{n} + \frac{a_{K+1} + \cdots + a_n}{n}.$$

d. 对第一部分, 注意我们的目的是给定 ε 找 N, 那么在找到 N 之前, ϵ 就是确定的, K 也是确定的, 因而此时 $a_1 + a_2 + \cdots + a_K$ 是确定的. 所以我们可以选一个足够大的 M, 满足只要 $n > M$, 必有

$$\left| \frac{a_1 + a_2 + \cdots + a_K}{n} \right| \leqslant \varepsilon.$$

e. 对第二部分, 注意到对任意 $n > K$, 都有 $|a_n| \leqslant \varepsilon$, 于是我们有

$$\left| \frac{a_{K+1} + \cdots + a_n}{n} \right| \leqslant \left| \frac{a_{K+1}}{n} \right| + \cdots + \left| \frac{a_n}{n} \right| \leqslant \frac{n-K}{n} \varepsilon \leqslant \varepsilon.$$

f. 于是, 对此 ε, 取 $N = \max\{M, K\}$, 只要 $n > N$, 就有

$$\left| \frac{a_1 + \cdots + a_n}{n} \right| \leqslant \left| \frac{a_1 + \cdots + a_K}{n} \right| + \left| \frac{a_{K+1} + \cdots + a_n}{n} \right| \leqslant 2\varepsilon.$$

得证. $\square$

7. 你可以称此证明方法为鲁迅方法. 鲁迅写过一句话: 在我的后园, 可以看见墙外有两株树, 一株是枣树, 还有一株也是枣树. 据此, 你可以知道, 鲁迅家后园的树, 全是枣树. 在上述证明里, 我们把数列分成了两个数列, 其中一个变得很小, 另一个也变得很小, 因此整个数列就变得很小. 这就是分析, 条分缕析.

8. 仔细回味这个证明过程也可以看出, 它就是在用数学语言说清楚: 前有限项, 在取平均值时所占的比重, 随着 n 的增加渐渐小到可以忽略不计. 这个定理和证明, 均与分析中渐近单位元的想法有关.

9. Cauchy 极限的逆命题是不对的. 例如你可以考虑如下数列

$$a_n = \begin{cases} 1, & n = 2k+1, \\ -1, & n = 2k. \end{cases}$$

10. 囿于篇幅, 接下来本书仅简要介绍数列极限的一些性质, 而略去其证明. 这些证明都不困难, 请需要的读者自行阅读相关书籍, 补充学习. 首先是数列极限的唯一性:

命题 **1.1.2** 设一个数列 $\{x_n\}$ 收敛, a, b 均是其极限, 则必有 $a = b$.

这个事实挺重要. 回想我们曾暗示过, 瞬时速度和圆周率都是经过极限过程定义而来, 那么你总不会希望瞬时速度既是 1 又是 2, 圆周率既是 $3.1415926\cdots$ 又是 $4.1359126\cdots$ 吧?

11. 收敛数列是有界的:

命题 **1.1.3** 设数列 $\{x_n\}$ 收敛, 则必有 $M > 0$, 使得 $\forall n, |x_n| \leqslant M$.

12. 数列极限保序性:

命题 1.1.4 设数列 $\{x_n\}$, $\{y_n\}$ 均收敛, 若 $a = \lim\limits_{n\to\infty} x_n < \lim\limits_{n\to\infty} y_n = b$, 则必存在正整数 N, 使得对任意 $n > N$, 有 $x_n < y_n$.

这一结论可以推出: 若 $x_n \leqslant y_n, \forall n$, 必有 $\lim\limits_{n\to\infty} x_n \leqslant \lim\limits_{n\to\infty} y_n$.

13. 数列极限的四则运算:

    命题 1.1.5 设 $\lim\limits_{n\to\infty} x_n = a$, $\lim\limits_{n\to\infty} y_n = b$, 设 α, β 为常数, 则

    - $\lim\limits_{n\to\infty} \alpha x_n + \beta y_n = \alpha a + \beta b$.

    - $\lim\limits_{n\to\infty} x_n y_n = ab$.

    - 若 $b \neq 0$, 则 $\lim\limits_{n\to\infty} \dfrac{x_n}{y_n} = \dfrac{a}{b}$.

14. 四则运算给出了数列收敛的一些常用必要条件:

    命题 1.1.6 设 p 为固定正整数. 若数列 $\{a_n\}$ 收敛, 则必有 $\lim\limits_{n\to\infty} (a_n - a_{n-p}) = 0$, 若 $\{a_n\}$ 收敛且极限不为 0, 则必有 $\lim\limits_{n\to\infty} \dfrac{a_n}{a_{n-p}} = 1$.

1.1.9 利用夹挤定理计算极限

夹挤定理又称夹逼定理, 是计算极限的重要工具, 叙述简单, 理解容易, 证明也不难. 但使用夹挤定理, 是运用之妙存乎一心. 其中关键, 还是先估计极限究竟是多少.

1. 夹挤定理是一个简单但十分常用的计算极限的方法, 其主要意义在于避免用定义证明极限的烦琐, 因而使想到如何证明极限成为可能. 因为很多时候, 是写不清楚才想不出来.

    命题 1.1.7 (数列极限的夹挤定理) 若不等式 $x_n \leqslant y_n \leqslant z_n, \forall n$ 成立, 且 $\lim\limits_{n\to\infty} x_n = \lim\limits_{n\to\infty} z_n = a$, 则 $\lim\limits_{n\to\infty} y_n = a$.

2. 事实上, Bernoulli 不等式说明了为什么指数增长速度远远快于幂次增长:

    例 1.1.4 设 $a > 0, k \in \mathbb{N}_+$, 则 $\lim\limits_{n\to\infty} \dfrac{n^k}{(1+a)^n} = 0$.

    只需考虑不等式

    $$0 < \frac{n^k}{(1+a)^n} < \frac{n^k}{\mathrm{C}_n^{k+1} a^{k+1}} \to 0$$

    并利用夹挤定理即可.

3. 虽然指数增长很快, 但阶乘增长比它更快:

例 1.1.5 设 $a > 1$, 则 $\lim\limits_{n\to\infty} \dfrac{a^n}{n!} = 0$.

事实上,

$$0 < \frac{a^n}{n!} < \frac{a^{[a]}}{[a]!} \cdot \frac{a}{n} \to 0.$$

后面要学到的 Stirling 公式, 刻画了阶乘的增长速度.

4. 虽然找到放缩思路进而利用夹挤定理并不容易, 也无一定之规, 但有些时候放缩的思路也是有迹可循的. 一个找思路的办法就是之前提到过的估算. 数学分析除了冷冰冰的严格推导之外, 还有灵活的猜测. 猜测方法一般是借助几何直观、类比、估算、等等. 估算, 可谓是数学分析的灵魂. 想当初于敏就是利用巧妙狂野而有根有据的估算, 找到了氢弹的理论构型. 学习数学分析, 当然要学会严格推导和证明, 但也要学会估算及其他猜测结果的方法.

例 1.1.6 求极限

$$\lim_{n\to\infty} \sum_{k=1}^{n} \left(\frac{1}{\sqrt[k]{n^k+1}} + \frac{1}{\sqrt[k]{n^k-1}} \right).$$

5. 其实可以大概估计, 当 n 很大时, $n^k \pm 1 \approx n^k$, 把这个估算代进去, 可发现上述极限应该差不多是 2. 可这不是严格证明, 要严格写出来, 可以围绕上述估计构造放缩不等式. 事实上, 当 $n \geqslant 2$ 时, 总有

$$(n-1)^k \leqslant n^k + 1 \leqslant (n+1)^k, \ (n-1)^k \leqslant n^k - 1 \leqslant (n+1)^k.$$

于是利用夹挤定理结论就一目了然了.

6. 夹挤定理还有一个简单应用, 即证明乘法版的 Cauchy 极限, 有时也称 Cauchy 第二极限.

例 1.1.7 $\forall n \in \mathbb{N}_+$, $a_n > 0$, $\lim\limits_{n\to\infty} a_n = a$, 则 $\sqrt[n]{a_1 a_2 \cdots a_n} \to a$.

因为若 $a \neq 0$, 则由均值不等式

$$\frac{n}{\frac{1}{a_1} + \frac{1}{a_2} + \cdots + \frac{1}{a_n}} \leqslant \sqrt[n]{a_1 a_2 \cdots a_n} \leqslant \frac{a_1 + a_2 + \cdots + a_n}{n}.$$

然后左右两边的极限都是 a. 若 a 是 0, 那就仅考虑右边不等式即可.

7. 这个例子可以被用于计算形如 $\sqrt[n]{a_n}, a_n > 0$ 形式数列的极限. 实际上, 总有

$$a_n = \frac{a_n}{a_{n-1}} \cdot \frac{a_{n-1}}{a_{n-2}} \cdots \frac{a_2}{a_1} \cdot a_1.$$

于是只要 $\lim\limits_{n\to\infty} \dfrac{a_n}{a_{n-1}}$ 存在, $\lim\limits_{n\to\infty} \sqrt[n]{a_n}$ 就存在且等于 $\lim\limits_{n\to\infty} \dfrac{a_n}{a_{n-1}}$. 而很多时候, 相比于计算 $\sqrt[n]{a_n}$, 计算 $\dfrac{a_n}{a_{n-1}}$ 会简单很多.

8. Cauchy 第二极限的反命题当然也是不对的, 例如你可以考虑数列

$$a_n = \begin{cases} 2, & n = 2k+1, \\ \frac{1}{2}, & n = 2k. \end{cases}$$

9. Cauchy 第二极限的解释与第一极限完全相同: 不论算术平均还是几何平均, 只要是平均值, 则当绝大多数元素落在某数附近时, 其平均值也落在该数附近. 以后大家可能会遇见各种各样的平均值, 只要它被称为平均值, 就应该试一下类似 Cauchy 第一、第二极限的结论对这个平均值是否成立.

10. 利用夹挤定理, 请大家尝试解决如下问题: 求

$$\lim_{n\to\infty} \left(\frac{1}{\sqrt{n^2+1}} + \cdots + \frac{1}{\sqrt{n^2+n}} \right)$$

(它大于 $\dfrac{n}{\sqrt{n^2+n}}$ 同时小于 $\dfrac{n}{\sqrt{n^2+1}}$). 更重要的是面对类似问题, 大家一定要避免一个错误: 四则运算是仅对有限个数列才定义的运算. 由极限四则运算法则, 有限个无穷小量相加还是无穷小量, 无穷个无穷小量相加却未必. 数列 $\dfrac{1}{\sqrt{n^2+1}} + \cdots + \dfrac{1}{\sqrt{n^2+n}}$ 就无法拆成有限个无穷小量相加. 每一个误差都越来越小, 可同时误差的个数却越来越多, 总的误差就可能不会趋于 0, 这个极限就是这个道理.

11. 只要 n 足够大, 2^n 就会在 3^n 面前不值一提. 因此下述极限实在情理之中:

例 1.1.8 求 $\lim\limits_{n\to\infty} \sqrt[n]{a_1^n + a_2^n + \cdots + a_k^n}$, 其中 $a_1 \geqslant a_2 \geqslant \cdots \geqslant a_k > 0$.

只需注意 $\sqrt[n]{a_1^n} < \sqrt[n]{a_1^n + a_2^n + \cdots + a_k^n} < \sqrt[n]{na_1^n}$, 而左右两边两个数列均趋于 a_1.

12. 上面我们说了很多关于估计的事, 可能会让你犯糊涂: 你说数学不是讲究确定的学科吗? 若你有一个估计, 我有一个估计, 听上去都有道理, 答案却

不一致, 那不是乱套了? 其实没有, 因为数学的严格性提供了一个关于估计的至高无上的尺度: 谁能用数学语言严格写出来, 谁就是对的, 写不出来就是错的. 因此, 很大程度上, 数学写作就是数学, 数学就是数学写作.

1.1.10　无穷大量: 趋于无穷

所谓渐行渐远渐无穷. 这个无穷, 目前只是我们想象到的模糊概念, 需要严格定义才能说清楚它究竟是什么. 本小节就以变得要多大有多大这个想法, 严格定义无穷大量, 或者更严格地, 叫无穷大变量.

1. 考虑数列 $\{n\}$, 这个数列也有一个明确的变化趋势, 就是变得要多大有多大. 这也是一种极限现象, 只是暂时未被收敛这一概念涵盖.

2. 我们模仿收敛的概念, 给出如下定义:

   定义　1.1.6 若对于任意实数 $G > 0$, 可以找到正整数 N, 使得对任意 $n > N$, 有 $|x_n| > G$, 则称数列 $\{x_n\}$ 为无穷大量, 记为 $\lim\limits_{n \to \infty} x_n = \infty$, 或记为 $x_n \to \infty$, $n \to \infty$.

   若对于任意实数 $G > 0$, 可以找到正整数 N, 使得对任意 $n > N$, 有 $x_n > G(-x_n > G)$, 则称数列 $\{x_n\}$ 为正 (负) 无穷大量, 记为 $\lim\limits_{n \to \infty} x_n = +\infty(-\infty)$, 或记为 $x_n \to +\infty(-\infty)$, $n \to \infty$.

3. 注意, 无穷大量是指一个数列, 而不是一个数. 它应该叫无穷大变量. 没有任何一个数可以是无穷大, 不论它多大, 就像无穷小的数只能是 0 一样. 无穷大量和无穷小量, 都是一个数列, 里面的无穷, 都是在暗指一个逼近过程. 这是一个关键.

4. 虽然定义中说的是对任意 $G > 0$, 它真实的意思其实是对任意大的 $G > 0$. 于是定义其实可改写成:

   若对于任意大的给定实数 $G > 0$, 可以找到正整数 N, 使得对任意 $n > N$, 有 $|x_n| > aG - b$, 其中 a, b 为与 G, N, n 无关的正常数, 则称数列 $\{x_n\}$ 为无穷大量, 记为 $\lim\limits_{n \to \infty} x_n = \infty$.

5. 回顾数列极限的四则运算, 在极限存在的情况下, 加减乘都很容易计算. 分子分母极限存在且分母极限非 0, 则除法也是容易计算的. 但是计算两个无穷大量相除的极限, 就不能如四则运算一般轻易了, 例如数列 $\dfrac{n^2}{n}$, $\dfrac{n}{n}$ 以及 $\dfrac{n}{n^2}$, 这三个数列的极限说明无穷大比无穷大一切皆有可能. 同时, 无穷小量比值的极限也是如此, 比如数列 $\dfrac{1}{n}$, $\dfrac{1}{n^2}$ 均是无穷小量, 但是 $\dfrac{1/n}{1/n^2}$ 和 $\dfrac{1/n^2}{1/n}$, 分别是无穷大量和无穷小量. 同时上述例子中两个无穷大量相除的极限也不能像四则运算一样简单计算.

6. 不仅如此, 我们还要强调 $+\infty-\infty$ 也是没有意义的, 例如 $n+1-n$, $n+2-n$, $2n-n$, 其极限一切皆有可能. 以前我们只知道 $\dfrac{a}{0}$ 是没有意义的, 以后大家还要注意以下几个禁忌: 无穷减无穷 (无穷大量减无穷大量), 无穷大乘无穷小 (无穷大量乘无穷小量) 都没有意义, 因为它们可能等于任意值.

7. 由于极限不能简单判定, 需要进一步计算, 上述的无穷大除无穷大 ($\dfrac{\infty}{\infty}$ 型), 无穷小比无穷小 ($\dfrac{0}{0}$ 型), 无穷小乘无穷大 ($0\cdot\infty$ 型), 无穷大减无穷大 ($+\infty-\infty$ 型), 无穷大的无穷小次幂 (∞^0 型, 如 $n^{\frac{1}{n}}$), 无穷小的无穷小次幂 (0^0 型, 如 $\sqrt[n]{\dfrac{1}{n}}$), 以及趋于 1 数列的无穷大次幂 (1^∞ 型, 如后面要重点学习的 $(1+\dfrac{1}{n})^n$), 都叫待定型. 不能用四则运算这类简单法则确定的待定型极限, 几乎都是 "估计" 出来的. 这本就是极限的精神, 估到极致即是精确.

8. 现在是厘清无穷 "∞" 这个符号的恰当时机. 无穷不是一个数, 也绝没有一个数是无穷大. 例如在无穷大量定义中, 一个数列趋于无穷的意思是它变得要多大有多大, 而绝没有哪个数就恰好等于无穷. 古希腊哲学家们曾仔细思索过这一点, 并以 "只有潜无穷, 没有实无穷" 作为研究无穷的纪律. 现在我们知道, 无穷大量其实是无穷大变量, 也即潜无穷.

9. 一旦厘清 "∞" 这个符号, 数学分析就真正可以解释整体何以是无限多局部的加总了: 局部是无穷小量, 整体是一个 $0\cdot\infty$ 型待定型的极限.

1.2 实数系的连续性与完备性

回想初学正整数加减法这个运算的时候, 很快就遇到了正整数不够用的问题, 于是你开始学负数. 刚学除法不久, 就遇见了整数不够用的问题, 于是学习了有理数. 后来, 又加入了无理数, 全体有理数和无理数组成了实数.

极限可以看成一种在实数中定义的, 由一列数得到一个数的运算. 那么一个自然的问题是, 对于这个运算而言, 实数够用吗? 实数是否连续, 即是否有坑?

正如辛钦在《数学分析八讲》中指出的: 没有极限, 就没有分析, 而没有实数系连续性, 极限运算就是不封闭的. 不封闭的运算, 定义就不合理. 极限定义不合理, 那连续性、导数、积分, 这些用极限定义的概念, 就无从谈起了. 整个分析当然也无从谈起了.

本节的主要任务, 是用数学语言描述清楚实数系的性质, 包括实数没有坑, 对于极限运算而言足够多, 以及其他一些性质.

1.2.1　用确界原理描述实数连续性

我们首先用确界原理描述实数的连续性.

1. 什么是实数连续性? 从日常经验角度看, 随手画一条直线, 这条直线就是连续的. 说实数有连续性, 就是说全部实数能够占满整条直线, 一个点也不漏掉, 一个坑都没有.

2. 最开始我们学习的是自然数, 全体自然数构成的集合记为 N. 自然数在加法和乘法下是封闭的, 就是说两个自然数相加相乘还是自然数. 两个自然数相减却不一定是自然数. 为了解决这个问题, 我们引入了负数的概念. 全体正负自然数构成整数集 ℤ. 全体整数在加减乘法下都是封闭的, 但是在除法下依然不是封闭的. 于是我们引入有理数 ℚ. 两个有理数加减乘除依然是有理数. 从自然数到整数到有理数的整个过程, 都叫数系扩张.

3. 在随手画的那条直线上, 任意截取一段, 不论这段有多么短, 里面都有无穷多个有理数. 这是整数不具备的性质. 有理数的这个性质叫作稠密性. 有理数是稠密的, 至少说明有理数在那条直线上密密麻麻, 无所不在. 但有理数真的布满整条直线了吗?

4. 并没有. 假设我们固定一个点做零点, 那么这个点向右走一个单位正方形对角线那么长的距离 ($\sqrt{2}$), 到达的那个点处就没有任何有理数. 原因就是 $\sqrt{2}$ 不是有理数.

5. 这说明有理数不能占满整条直线, 所以有理数系不是连续的. 至少在 $\sqrt{2}$ 处, 它断开了, 有空隙. 事实上, 有理数系的空隙比有理数本身要多得多. 所以我们需要扩充有理数系. 注意到每一个有理数都可以写成有限小数或者无限循环小数, 所以我们扩充有理数的一个自然想法就是加进去无限不循环小数. 称全体无限不循环小数为无理数. 实数系就是全体有理数和无理数, 记为 ℝ.

6. 要注意一点: $0.9999999\cdots$ 与 1 是一个数, 因为这两个数之间不能插进任何一个其他的实数. 我们可以感觉到全体实数严丝合缝地布满了整条直线. 可是这么讲还很模糊, 需要用分析语言严格描述这一现象. 关于实数连续性有很多等价的分析描述, 我们今天采用非空有界集合必有确界这一原理来描述它.

7. 有界集合很好理解, 说一个实数集 A 是有上界的, 若存在一个常数 M, 使得对任意 $x \in A$, 有 $x \leqslant M$, 称 M 为集合 A 的上界. 说一个实数集 A 是有下界的, 若存在一个常数 N, 使得对任意 $x \in A$, 有 $x \geqslant N$, 称 N 为集合 A 的下界. 上下界不是唯一存在的. 既有上界又有下界的集合称为有界集合.

8. 为了介绍什么是集合的上下确界, 我们先介绍什么是一个集合的最大数、最小数. 设 A 是一个非空数集, 若存在 $\eta \in A$, 使得 $\forall x \in A$, 有 $x \leqslant \eta$, 称 η 为集合 A 中的最大数, 记为 $\eta = \max A$. 最小数的定义类似. 最大数、最小数如果存在, 那一定是唯一存在, 但是它们未必存在. 例如 $A = (0,1)$, 这是非空有界集合, 但这一集合既没有最大数也没有最小数. 可以认为上下确界是最大数、最小数的一种推广.

9. 设 A 为一个非空有上界的集合. 定义 A 的上确界, 是想定义一个数, 这个数是 A 的上界, 而一切比这个数小的数, 都不是 A 的上界. 把上面这句汉语转写成数学语言就是:

定义 **1.2.1** 称 β 为 A 的上确界, 如果

- β 是 A 的上界: $\forall x \in A$, $x \leqslant \beta$;
- 一切小于 β 的数, 均不是 A 的上界: $\forall \varepsilon > 0$, $\exists x \in A$, 使得 $x > \beta - \varepsilon$.

10. 下确界的定义完全类似. 我们举一个例子: $(0,2)$ 这个集合的上确界就是 2, 但 2 不是最大数, 因为 2 不在集合里面.

11. 确界存在原理就描述了实数的连续性:

定理 **1.2.1** (确界存在原理: 实数系连续性定理) 非空有上界的实数集必有上确界; 非空有下界的实数集必有下确界.

12. 在给出证明之前, 我们先来说明一下, 为什么实数系连续性可以用确界存在原理来说明. 我们说连续就是能布满整条直线, 没有漏洞. 现在我们观察 "缺 2 实数系": $\mathbb{R} \backslash 2$. "缺 2 实数系" 在 2 处是有一个漏洞的. 同时, 明显

$(-\infty, 2)$ 是 $\mathbb{R} \backslash 2$ 这个 "缺 2 实数系" 里有上界的集合, 比如 3 就是其上界. 但是这个集合没有上确界. 一切小于 2 的数 x, 都不是上界, 因为 $\dfrac{x+2}{2}$ 比 x 大, 而任意大于 2 的数 x, $\dfrac{2+x}{2} < x$ 还是上界. 所以 $(-\infty, 2)$ 在 "缺 2 实数系" $\mathbb{R} \backslash 2$ 中是没有上确界的. 原因就是, "缺 2 实数系" $\mathbb{R} \backslash 2$ 在 2 这里断开了, 不连续了. 同理可见 $(2, +\infty)$ 在 "缺 2 实数系" $\mathbb{R} \backslash 2$ 中无下确界.

13. 也就是说, 如果实数系本身也是不连续的, 是有漏洞的, 那么一定有一个非空有上界集合在其中无上确界, 非空有下界集合在其中无下确界. 于是反过来, 如果任意非空有上界集合必有上确界, 非空有下界集合必有下确界, 就说明了实数系本身是连续的.

14. 下面我们来证明确界存在原理. 仅以证明非空有上界集合必有上确界为例. 这一证明其实是利用实数的小数表示做精细分析. 首先构造一个数 β, 然后证明 β 就是上确界. 注意任何一个实数 a 都可以写成

$$a = [a] + 0.a_1 a_2 \cdots a_n \cdots,$$

其中 $[a]$ 为 a 的向下取整, $a_1, a_2, a_3, \cdots$ 都是 $0, 1, 2, 3, \cdots, 9$ 中的一个. 注意到

$$[a] + 0.a_1 a_2 \cdots a_n 999999 \cdots = [a] + 0.a_1 a_2 \cdots (a_n + 1) 00000 \cdots,$$

为此, 我们约定不出现前者形式的实数表示. 这样, 每一个实数都有唯一的表示方式.

15. 设非空集合 A 有上界. 则 A 中元素的整数部分必有最大者, 设其为 a_0. 下面我们考虑一个新集合

$$A_0 = \{x | x \in A, [x] = a_0\}.$$

这个集合就是取出 A 中整数部分最大的一批数. 显然 A_0 不是空集. 观察 A_0 中元素, 将其中元素的第一位小数里最大的记为 a_1. 接下来我们再定义一个集合

$$A_1 = \{x | x \in A_0, x \text{的第一位小数为} a_1, \text{i.e.} x = a_0 + 0.a_1 \cdots \}.$$

同样 A_1 也不是空集. 注意, 只要 $x \in A_0$, 且 $x \notin A_1$, 必有 $x < a_0 + 0.a_1$. 以此类推, 我们可以定义集合 A_n 以及 $0 \sim 9$ 的整数 a_n. 总结起来, 我们获得了一列集合,

$$A \supset A_0 \supset A_1 \supset \cdots \supset A_n \supset \cdots$$

以及一列数

$$a_0 \in \mathbb{Z}, a_n \in \{0, 1, 2, \cdots, 9, \}, n \in \mathbb{N}_+,$$

然后令 $\beta = a_0 + 0.a_1 a_2 \cdots a_n \cdots$. 我们的目的是证明 β 就是 A 的上确界.

16. 因为上述构造 β 的过程比较抽象, 我们先用比较简单的例子具体演示 β 的构造过程, 然后再证明其就是上确界. 首先看集合 $A = (-4, 1)$. 于是按照上面的过程, a_0 是集合中全部数的整数部分的最大值, 那就是 0. 相应地, 集合 A_0 就是 $[0, 1)$. 而 a_1 是 $[0, 1)$ 中全体元素首位小数最大值, 显然就是 9, 于是集合 A_1 就是 $[0.9, 1)$. 以此类推, 可见, a_n 一直都是 9, 而集合 $A_n = (0.99 \cdots 9(n \text{个} 9), 1)$. 最后, 得到的 β 就是 $0.9999999 \cdots = 1$. 类似地, 可以看到 $[1, 4]$ 的上确界就是 $\beta = 4.00000 \cdots$.

17. 再看一个不一样的例子, 考虑集合 $A = \{x, x^2 < 2\}$. 首先, a_0, 最大的整数部分就是 1, 因为 1 的平方确实小于 2, 但 2 的平方大于 2. 于是集合 $A_0 = \{x \geqslant 1, x^2 < 2\}$. 同时 a_1 作为最大的首位小数, 就是 4, 因为 1.4 的平方小于 2, 但 1.5 的平方就大于 2, 于是集合 $A_1 = \{x \geqslant 1.4, x^2 < 2\}$. 依次可得最后的 β 就是 $1.414 \cdots$ 这个无限不循环小数. 大家知道, 它是 $\sqrt{2}$.

18. 现在来证明上面构造的 β 就是 A 的上确界:

a. 首先 β 一定是 A 的上界, 只需比较 A 中任何一个元素 x 与 β 的大小. 比较两个小数的大小就是一个数位一个数位地比较, 于是由定义, 这个 β 一定大于或者等于一切属于 A 的元素.

b. 同时, 一切比 β 小的都不是上界. 对任意 $\varepsilon > 0$, 总可以找到一个 $10^{-n} < \varepsilon$. 注意, 对一切 $x \in A_n$, 都有

$$x = a_0 + 0.a_1 \cdots a_n a'_{n+1} a'_{n+2} \cdots a'_{n+k} \cdots,$$

于是 $\beta - x \leqslant 10^{-n} < \varepsilon$. 证明就完成了.

19. 很容易通过定义得到, 非空有界集合的上下确界都是唯一的. 请大家自行说明这一点.

1.2.2 单调有界原理

单调有界原理也描述了实数系的连续性. 单调有界原理看起来非常显然, 实际却不然, 本小节我们介绍这一原理的内容.

1. 单调有界原理:

定理 1.2.2 实数中单调有界数列必有极限.

这个原理其实很好理解. 想象一个人, 他一直朝前走, 一步也不回头, 然后他前面有一堵墙, 那他早晚要停下来, 而且越来越靠近他最后停下的位置.

2. 所以大家会以为这个原理是显然的. 但事实上, 这一原理是基于实数系连续性的. 我们看下面这个例子. 考虑数集 $\mathbb{R}\backslash\sqrt{2}$, 以及数列 $1.4, 1.414, \cdots$, 我们知道, 这个数列是有界的, 里面的值都小于 1.5. 但是这个数列本身没有极限. 回顾之前的内容, 它如果有极限, 那极限应该是 $\sqrt{2}$, 可偏偏不巧, $\sqrt{2}$ 不在 $\mathbb{R}\backslash\sqrt{2}$ 里面. 或者可以想象一个人, 他第一步踩在 1 处, 第二步踩在 1.4 处, 以此类推, 他应该停在 $\sqrt{2}$ 处, 但是偏巧那里有一个坑……

3. 因此上面这个单调有界原理是需要证明的, 而刚才的分析表明, 我们需要利用实数系连续性去说明它. 只需回想一下, 我们最初是怎样描述实数系连续性的, 单调有界原理的证明就一目了然了.

证明 a. 假设 a_n 是一个单调有界数列. 不妨设 a_n 是单调递增的. 那么作为一个有界集合, $\{a_n\}$ 是有上确界的.

b. 设 a 为其上确界, 只需证明 a 为 a_n 的极限即可.

c. 这只需要利用上确界的数学定义: 即对任意 $\varepsilon > 0$, 存在 N, 使得 $a > a_N > a - \varepsilon$. 同时, 由于 a_n 单调递增, 可知对任意 $n > N$, 有 $a > a_n > a - \varepsilon$. $\square$

4. 如果一个单调递增数列无界会怎么样? 那当然是趋于正无穷. 单调数列要么有界要么无界, 有界就有极限, 无界就无穷大, 反之亦然.

例 1.2.1 设数列 $\{a_n\}$ 单调递增. 证明: 若 $\lim\limits_{n\to\infty} \dfrac{a_1 + \cdots + a_n}{n} = a$, 则 $\lim\limits_{n\to\infty} a_n = a$, 其中 a 为有限数或正无穷.

只需注意, $\{a_n\}$ 必然有一个极限, 不是有限数就是正无穷, 于是由 Stolz 定理, 这个极限必然是 a.

1.2.3 单调有界原理应用: e 和为什么要定义它

在数学上, e 是和 π 同样重要的一个无理数. 就像 π 作为单位圆周长与直径之比自然地出现, e 这个数会出现在一切速度与当下数值成比例的自然过程里.

1. 在自然界乃至人类社会中, 很多过程都以变化速率与当下数量成比例为其特点: 结晶, 灰尘结团, 放射性物质衰减, 学习一个学科 (开头最难, 知道越多学新知识越快), 阅读一本小说, 无限制条件下资本增值, 复利, 资源无限时人口增长, 细菌分裂, 等等.

2. 从这些过程中, 我们抽象出如下问题: 假设一个物体, 在 0 时刻质量是 M, 若这个物体在任意时刻质量增加的速度 $v(t)$ 恰好等于该时刻质量 $m(t)$, 问 $t = 1$ 时质量为多少?

3. 这个问题难就难在: 不是匀速的, 加速度都不是均匀的. 一旦想知道此时的速度, 就要知道此时的质量, 可是想知道此时的质量, 又必须知道它的速度. 我们像一个皮球一样, 被质量和速度踢来踢去. 时间一直在流逝, 质量和速度时刻在变化, 这两个东西, 我们哪一个也把握不住.

4. 那怎么办? **要是匀速就好了**, 大家脑海里闪过这样一个点子. 可是如果我们假设它是匀速的, 那么最后计算出来的结果一定是错误的. **时间越长, 误差越大**.

5. **那么时间短一点误差不就很小了吗?** 我们需要思索, 但关键是要决断. 按照前述思路, **我们把时间切成一个一个小区间, 每一个小段上都假设是匀速的**.

6. 将时间区间 $[0,1]$ 平均分成 n 个区间, 即

$$[0,1] = \cup_{i=1}^{n} \Delta_i,$$

其中 $\Delta_i = \left[\dfrac{i-1}{n}, \dfrac{i}{n} \right]$. 在 Δ_i 上可以假设速度恒为 $m\left(\dfrac{i-1}{n} \right)$.

7. 于是在区间 Δ_1 上速度为 M. 那么时刻 $\dfrac{1}{n}$ 时, 质量近似为

$$m\left(\frac{1}{n} \right) = M + M\frac{1}{n} = M\left(1 + \frac{1}{n} \right).$$

8. 于是在区间 Δ_2 上速度为 $m\left(\dfrac{1}{n} \right)$. 那么时刻 $\dfrac{2}{n}$ 时, 质量近似为

$$m\left(\frac{2}{n} \right) = m\left(\frac{1}{n} \right) + m\left(\frac{1}{n} \right)\frac{1}{n} = M\left(1 + \frac{1}{n} \right)^2.$$

9. 以此类推, 知道 $t = \dfrac{n}{n} = 1$ 的质量近似为

$$m(1) = M \left(1 + \frac{1}{n} \right)^n.$$

10. **这个毕竟不是准确值, 最后只是近似等于**. 我们很清楚误差是怎么来的: 划分的小区间段不够短, **区间段越长, 误差越大**.

11. 那只要把分段取得**要多短有多短**, 误差不就可以要多小有多小了吗? 于是, 1 时刻的精确质量值, 就应该是

$$m(1) = \lim_{n \to \infty} M \left(1 + \frac{1}{n} \right)^n.$$

这里用到了 "应该" 这个字眼, 因而它不是数学上合法的证明, 但作为自然的说明是可以的.

12. 于是很自然地, 我们遇见了一个求极限问题. 注意 $1 + \dfrac{1}{n}$ 趋于 1, 但 n 趋于无穷, 所以 $\lim\limits_{n \to \infty} \left(1 + \dfrac{1}{n} \right)^n$ 是否存在, 究竟是几都不是一目了然的. 然而根据上述分析, 我们隐约可以感觉到, 数列 $\left\{ \left(1 + \dfrac{1}{n} \right)^n \right\}$ 是单调递增的: 随着 n 的增加, 我们所假设质量增长的平均速度是增加的.

13. 既然是隐约的发现, 那么我们就需要一个证明. 首先有

$$\left(1 + \frac{1}{n} \right)^n = \left(1 + \frac{1}{n} \right)^n \cdot 1,$$

于是由几何平均值小于或等于算术平均值可见

$$\left(1 + \frac{1}{n} \right)^n \cdot 1 \leqslant \left(\frac{n + 1 + 1}{n + 1} \right)^{n+1} = \left(1 + \frac{1}{n + 1} \right)^{n+1}.$$

数列 $\left\{ a_n = \left(1 + \dfrac{1}{n} \right)^n \right\}$ 确实是单调递增的.

14. 刚刚我们分析了 $\left(1 + \dfrac{1}{n} \right)^n$, 那 $\left(1 + \dfrac{1}{n} \right)^{n+1}$ 会是怎样的呢? 首先我们知道,

$$\left(1 + \frac{1}{n} \right)^n < \left(1 + \frac{1}{n} \right)^{n+1}.$$

而事实上, $\left\{ b_n = \left(1 + \dfrac{1}{n}\right)^{n+1} \right\}$ 构成了一列单调递减数列, 于是由于几何平均值大于或等于调和平均值可见

$$\left(1 + \frac{1}{n}\right)^{n+1} = \left(1 + \frac{1}{n}\right)^{n+1} \cdot 1 \geqslant \left(\frac{n+2}{n+1}\right)^{n+2} = \left(1 + \frac{1}{n+1}\right)^{n+2}.$$

15. 于是得到, 数列 $\left\{ a_n = \left(1 + \dfrac{1}{n}\right)^n \right\}$ 单调递增, 数列 $\left\{ b_n = \left(1 + \dfrac{1}{n}\right)^{n+1} \right\}$ 单调递减, 而且对任意一个 n, 都有

$$a_1 \leqslant a_2 \leqslant \cdots \leqslant a_n \leqslant \cdots \leqslant b_n \leqslant \cdots \leqslant b_2 \leqslant b_1,$$

也就是说, 数列 $\{a_n\}$ 单调递增有界, 数列 $\{b_n\}$ 单调递减有界, 所以两个数列都有极限. 而且由于 $\lim\limits_{n \to \infty} \dfrac{b_n}{a_n} = 1$, 可知

$$\lim_{n \to \infty} b_n = \lim_{n \to \infty} a_n.$$

16. 于是定义

$$\mathrm{e} := \lim_{n \to \infty} \left(1 + \frac{1}{n}\right)^n = \lim_{n \to \infty} \left(1 + \frac{1}{n}\right)^{n+1}.$$

e 就这样自然出现了. 事实上, $\mathrm{e} = 2.718281828459\cdots$ 是一个无理数.

17. 现在我们可以说, 物质在 1 时刻的质量应为 Me. 凭借理性, 我们事实上会认同这个结果, 但也会提出: **虽然区间越来越短, 每个区间上的估算误差越来越小, 但是区间也越来越多, 有误差的地方也越来越多啊**, 想法没错, 可是我们需要更严格一点. 更严格一点这件事现在做不到, 需要微分学和积分学. 别着急, 这只是开始.

18. 按照定义, 对一切 n, 都有

$$\left(1 + \frac{1}{n}\right)^n < \mathrm{e} < \left(1 + \frac{1}{n}\right)^{n+1},$$

因而

$$\frac{1}{n+1} < \log_{\mathrm{e}} \left(1 + \frac{1}{n}\right) < \frac{1}{n}.$$

这就使得编写对数表成为可能. 因此称 $\log_{\mathrm{e}}$ 为自然对数, 记为 $\ln$.

1.2.4 单调有界原理应用: Euler 常数

Euler 常数的定义方式和 e 类似. 限于篇幅, 我们暂时不去解释这个常数的重要意义. 暂时只需知道, 它是在说随着 n 的增加,

$$\ln n \approx 1 + \frac{1}{2} + \cdots + \frac{1}{n},$$

且误差趋于一个常数.

1. 在定义 e 的分析里包含了一个技巧: 若数列 $\{a_n\}$ 单调递增, 数列 $\{b_n\}$ 单调递减, 且对任意 $n, a_n < b_n$, 则两个数列都是单调有界数列. 若 $a_n - b_n \to 0$, 则两个数列的极限相同. 本节我们再利用这一技巧定义一个常数.

2. 我们的目的是引入如下事实: 设

$$b_n = 1 + \frac{1}{2} + \frac{1}{3} + \cdots + \frac{1}{n} - \ln n,$$

则数列 $\{b_n\}$ 收敛.

3. 观察一下可以发现

$$b_{n+1} - b_n = \frac{1}{n+1} - \ln\left(1 + \frac{1}{n}\right),$$

故而 $b_{n+1} < b_n$, 数列单调递减.

4. 设

$$c_n = 1 + \frac{1}{2} + \frac{1}{3} + \cdots + \frac{1}{n-1} - \ln n,$$

和上面同样的分析可知, 数列 $\{c_n\}$ 单调递增.

5. 但是我们有 $\forall n, b_1 \geqslant b_n \geqslant c_n \geqslant c_1$, 故而 $\{b_n\}$ 单调有界有极限. 定义 Euler 常数为数列 $\{b_n\}$ 的极限, 一般记为 γ. 注意数列 $\{c_n\}$ 的极限也是 Euler 常数. 由定义可见, Euler 常数是一个小于 1 的正数.

6. Euler 常数的定义说明, 当 n 趋于正无穷的时候, $\ln n$ 距 $1 + \frac{1}{2} + \cdots + \frac{1}{n} - \gamma$ 要多近有多近. 因而在实践中, 工程师往往径直把 $\ln n$ 当成

$$1 + \frac{1}{2} + \cdots + \frac{1}{n} - \gamma.$$

你可能会认为这样的近似太草率, 但现实是, 以这样的近似为基础建造的高楼大厦、铁路桥梁都是经得住考验的.

7. 这样的近似不仅对工程师有用, 也能帮助我们解决数学问题:

例 1.2.2

$$\lim_{n\to\infty} \left(\frac{1}{n+1} + \cdots + \frac{1}{2n} \right) = \ln 2.$$

没有什么神秘的, 单纯因为 n 很大的时候,

$$1 + \frac{1}{2} + \cdots + \frac{1}{n} - \gamma.$$

就像 $\ln n$ 一样. 当然我们需要严格的证明:

证明 注意到

$$\lim_{n\to\infty} \left(1 + \frac{1}{2} + \cdots + \frac{1}{n} - \ln n \right) = \gamma$$

$$\lim_{n\to\infty} \left(1 + \frac{1}{2} + \cdots + \frac{1}{2n} - \ln 2n \right) = \gamma.$$

两式相减, 直接利用极限四则运算法则就可以得到

$$\lim_{n\to\infty} \left(\frac{1}{n+1} + \cdots + \frac{1}{2n} \right) = \ln 2,$$

证毕. □

1.2.5 闭区间套定理

本小节的定理已经隐约出现在之前的内容里面: 回忆我们如何证明

$$\lim_{n\to\infty} \left(1 + \frac{1}{n} \right)^n = e = \lim_{n\to\infty} \left(1 + \frac{1}{n} \right)^{n+1}.$$

本小节我们把它总结出来: 闭区间套定理. 这也是关于实数系连续性的定理.

1. 只要把我们上小节定义 e 和 Euler 常数 γ 时所用的技巧抽象出来, 立刻就可以得到下面这个定义:

定义 1.2.2 *如果一列有界闭区间 $[a_n, b_n]$ 满足如下条件:*

(1) $[a_{n+1}, b_{n+1}] \subset [a_n, b_n]$;

(2) $\lim_{n\to\infty} (b_n - a_n) = 0$,

则称这列闭区间形成一个闭区间套.

利用单调有界原理可以证明如下闭区间套定理:

定理 1.2.3 实数系中, 若 $\{[a_n, b_n]\}$ 形成一列闭区间套, 则存在唯一的实数 η 属于所有的闭区间 $[a_n, b_n]$, 且 $\eta = \lim_{n \to \infty} a_n = \lim_{n \to \infty} b_n$.

注意: $\cap_{n=1}^{\infty} \left(2, 2 + \dfrac{1}{n}\right)$ 等于空集, 不包含任何一个实数.

2. 只要简单挖掘上一节内容, 就可以利用单调有界原理以及极限保序性给出这个定理的证明:

a. 由单调有界原理, 可知数列 $\{a_n\}$, $\{b_n\}$ 均有极限, 且极限相同, 设极限为 η. 可知 $a_n \leqslant \eta \leqslant b_n$, 即 $\eta \in [a_n, b_n], \forall n$.

b. 设另有 $\xi \neq \eta$, $\xi \in [a_n, b_n], \forall n$, 则有 $b_n - a_n \geqslant |\eta - \xi| > 0, \forall n$, 与 $\lim_{n \to \infty} (b_n - a_n) = 0$ 矛盾.

3. 闭区间套定理常常被用于人们想捕捉某一个点的时候. 为了捕捉到一个点, 一方面人们往往要将搜索范围缩小; 另一方面, 人们也会担心搜索范围缩到无限小的时候里面什么都没有. 然而闭区间套定理就是说, 放心大胆缩小范围, 里面肯定有一个点, 而且是确定的唯一的点.

4. 在使用闭区间套定理证明某些问题时, 我们会根据需求构造一列闭区间套. 建议在构造完成后, 用一句话标注清楚这列闭区间套中每一个闭区间均满足的基本性质. 这对理清证明思路会很有帮助.

1.2.6 Bolzano-Weierstrass 定理

本小节我们介绍 Bolzano-Weierstrass 定理, 它描述的是实数系的拓扑性质.

1. 我们已经知道, 收敛数列一定是有界的, 但有界数列未必是收敛的. 比如

$$x_1 = 1, x_2 = -1, x_3 = 1, x_4 = -1, \cdots,$$

这是一个有界数列, 但是不收敛. 然而仔细观察这个数列, 这里面确实至少有一个子列是收敛的: $\{x_{2n}\}$.

2. 那么是否每一个有界数列里面都有一个收敛子列? 回答这一问题的就是 Bolzano-Weierstrass 定理.

定理 1.2.4 (Bolzano-Weierstrass 定理) 实数系中有界数列必有收敛子列.

3. 我们先来想一想为什么这个定理是对的. 简单说, 就是一种抽屉原理: 无穷多个数挤在有界区域里面, 必然在区间里的某一处附近挤了无穷多个数. 如果这句话不好理解, 那我们更直白一点: 把无穷个点分装在两个区间里, 一定有一个区间里放了无穷多个. 这其实就是证明.

证明 a. 设有界数列为 $\{x_n\}$, 包含在有界区间 $[a,b]$ 中. 把 $[a,b]$ 分为两半: $\left[a, \dfrac{a+b}{2}\right] \cup \left[\dfrac{a+b}{2}, b\right]$. 两者之中必有一个包含了 $\{x_n\}$ 中的无穷多项, 将这个区间取出来, 记为 $[a_1, b_1]$.

b. 再将 $[a_1, b_1]$ 平分为两部分: $\left[a_1, \dfrac{a_1+b_1}{2}\right] \cup \left[\dfrac{a_1+b_1}{2}, b_1\right]$. 两者之中亦必有一个包含数列 $\{x_n\}$ 中的无穷多项. 将这一区间记为 $[a_2, b_2]$.

c. 以此类推, 得到了一列闭区间 $\{[a_n, b_n]\}$, 且

$$[a_{n+1}, b_{n+1}] \subset [a_n, b_n], \ |b_n - a_n| = \frac{b-a}{2^n} \to 0.$$

因此这是一个闭区间套, 而闭区间套中有唯一的实数 η, 且有 $\lim\limits_{n \to \infty} a_n = \lim\limits_{n \to \infty} b_n = \eta$.

d. 下面我们来证明 η 恰为 $\{x_n\}$ 中某个子数列的极限. 事实上, 由于 $[a_1, b_1]$ 中包含无穷项, 我们可以选取其中一个 $x_{n_1} \in \{x_n\}$.

e. 而后, 由于 $[a_2, b_2]$ 上又有无穷项, 我们可以再从中找出一项 $x_{n_2} \in \{x_n\}, n_2 > n_1$.

f. 以此类推, 我们找到了一个子数列 $\{x_{n_k}\}$, 满足 $x_{n_k} \in [a_k, b_k]$. 于是由夹挤定理, 可知 $\lim\limits_{n_k \to \infty} x_{n_k} = \eta$. $\qquad\square$

4. 以后我们会知道, Bolzano-Weierstrass 定理描述了实数系中有界集的列紧性. 紧性和列紧性都是拓扑里非常重要的概念. 大家可以自己找一个 $\mathbb{Q}$ 里面 Bolzano-Weierstrass 定理不成立的例子. Bolzano-Weierstrass 的应用相当广泛. 尤其是当你非常希望一个数列有极限, 但它偏偏可能没有时.

1.2.7　Cauchy 收敛原理的叙述和解释

Cauchy 收敛原理揭示了收敛的本质, 也描述了实数系的完备性: 实数足够多. 我们先介绍并解释其内容, 再介绍其证明和应用.

1. 回顾我们之前给出的收敛的定义: 判断一个数列 $\{x_n\}$ 是收敛的, 首先要找到一个实数 a, 对任意 $\varepsilon > 0$, 存在 N, 使得任意 $n > N$, 有 $|x_n - a| < \varepsilon$. 这个定义麻烦的地方在于: 首先要在茫茫实数的大海中找到一个数, 然后对这个数验证 ε-N 语言. 如果只是想判断数列是否收敛, 而不那么想知道极限究竟是什么, 这个定义就有一点点多余了. 那有没有什么办法, 仅通过数列本身, 就可以判断其是否收敛, 而不需要额外找一个实数并验证 ε-N 语言?

2. 这个办法就是 Cauchy 收敛原理. 为叙述这一原理, 先引入一个概念:

   定义 1.2.3 (基本列) *称数列 $\{x_n\}$ 为基本列, 如果对于任意 (小) 给定的 $\varepsilon > 0$, 存在正整数 N, 使得当 $m > n > N$ 时 (或说 $m, n > N$ 时), 成立 $|x_n - x_m| \leqslant \varepsilon$.*

3. 通俗地讲, 所谓基本列就是所有数最终都挤到一起去的数列. 当然准确把握这一概念并不是很容易. 我们先介绍两个具体的例子, 然后介绍基本列定义的另外几个常用叙述.

   例 1.2.3 数列 $\left\{ x_n = \sum_{k=1}^{n} \dfrac{1}{k^2} \right\}$ 是基本列.

   一般而言, 要证明数列 $\{a_n\}$ 是基本列, 要先将 $|a_m - a_n|, m > n$, 放缩成仅与 n 有关的数, 进而反推要想 $|a_m - a_n| < \varepsilon$, N 应该怎么选.

4. **证明** 不妨假设 $m > n$, 则 $x_m - x_n$ 就是

$$
\frac{1}{(n+1)^2} + \frac{1}{(n+2)^2} + \cdots + \frac{1}{m^2}
$$

$$
\leqslant \frac{1}{n(n+1)} + \frac{1}{(n+1)(n+2)} + \cdots + \frac{1}{(m-1)m}
$$

$$
= \left(\frac{1}{n} - \frac{1}{n+1} \right) + \left(\frac{1}{n+1} - \frac{1}{n+2} \right) + \cdots + \left(\frac{1}{m-1} - \frac{1}{m} \right)
$$

$$
= \frac{1}{n} - \frac{1}{m} < \frac{1}{n}.
$$

那么很明显了, 对任意 $\varepsilon > 0$, 取 $N = \left[\dfrac{1}{\varepsilon} \right] + 1$, 则对任意 $m > n > N$, 有

$$
|x_n - x_m| \leqslant \frac{1}{n} \leqslant \varepsilon.
$$

$\square$

5. 按照之前的学习经验, 所谓不是基本列, 就是说: 要找到一个 $\varepsilon > 0$ (找到一个就可以), 使得对任意 N, 均存在一对 $m > n > N$ (或说任何一对 $m, n > N$), 使得 $|x_n - x_m| > \varepsilon$. 据此可以推出: 若 $\{x_n\}$ 不是基本列, 则存在 $\varepsilon > 0$, 以及一对子列 $\{x_{n_k}\}$, $\{x_{m_k}\}$, 使得 $|x_{m_k} - x_{n_k}| > \varepsilon$ 对任意 k 成立. 请自行推出这一结论. 来看一个不是基本列的数列:

例 1.2.4 数列 $\left\{ a_n = \sum_{k=1}^{n} \dfrac{1}{k} \right\}$ 不是基本列.

6. 一般而言, 可以如下方式证明一个数列不是基本列: 找到确定的一个 $\varepsilon > 0$, 找到一个 $m = m(n)$ 的函数, 满足 $|a_{m(n)} - a_n| \geqslant \varepsilon$ 对任意 n 成立.

证明 注意:

$$\frac{1}{2} = \frac{1}{2},$$

$$\frac{1}{3} + \frac{1}{4} > 2 \cdot \frac{1}{4} = \frac{1}{2},$$

$$\vdots$$

$$\frac{1}{n+1} + \cdots + \frac{1}{2n} > n\frac{1}{2n} = \frac{1}{2},$$

$$\vdots$$

所以我们不妨选择 $\varepsilon = \dfrac{1}{2}$, 对任意 N, 总存在 $m = 2n, n > N$, 且 $|a_m - a_n| > \dfrac{1}{2}$. $\qquad\qquad\Box$

7. 很多时候, 人们经常将基本列的条件写作

$$\lim_{n,m \to \infty} |x_n - x_m| = 0.$$

这个符号的意思就是说 $\forall \varepsilon > 0$, $\exists N$, 使得 $\forall n, m > N$, 有 $|x_n - x_m| \leqslant \varepsilon$. 但是因为人们完全可以将之前学过的极限各种法则直接平移到 $\lim\limits_{n,m \to \infty}$ 这种极限上, 所以这一写法可以帮我们厘清分析的思路, 使证明变得简洁.

8. 直观理解基本列的定义就是说对于任意 $\varepsilon > 0$, 下面这个图里

$$
\begin{array}{cccccc}
|x_1 - x_1| & |x_1 - x_2| & \dots & |x_1 - x_n| & \dots \\
 & |x_2 - x_2| & \dots & |x_2 - x_n| & \dots \\
 & & \ddots & \vdots & \vdots \\
 & & & |x_n - x_n| & \dots \\
 & & & & \ddots & \vdots
\end{array}
$$

某个右下角里面全部数字都小于 ε. 注意是全部, 少一个都不行. 或者说, 基本列要求对任意一对均足够大的 n, m, $|x_n - x_m| \leqslant \varepsilon$ 都要成立. 注意是任意一对, 少一个都不行. 同时注意: 不是 $n + m$ 足够大, 不是 nm 足够大, 而是 n 和 m 都足够大; 也不管 $m - n$ 是大是小, 不论它多大, 只要 n 和 m 都足够大, 差的绝对值就要小于 ε.

9. 现在你大概有一个感觉, 所谓基本列就是看上去好像收敛的数列——所有数渐渐挤到一处. 于是, 所谓 Cauchy 收敛原理就是说 "看上去收敛的数列确实有极限".

定理　1.2.5 数列 $\{x_n\}$ (在实数中) 收敛当且仅当其为基本列.

1.2.8　Cauchy 收敛原理的证明和应用

Cauchy 收敛原理的证明是标准的. 在以后的学习中, 我们将无数次学到各种各样的 Cauchy 收敛原理, 而其证明均与今天的证明大同小异.

1. 首先证明 $\{x_n\}$ 收敛, 则 $\{x_n\}$ 一定是基本列. 这非常简单, 只需要利用三角不等式即可. 由于 $\{x_n\}$ 收敛, 存在实数 x, 使得 $\forall \varepsilon > 0$, $\exists N$, 使得 $\forall n > N$, $|x_n - x| \leqslant \dfrac{\varepsilon}{2}$. 因此 $\forall \varepsilon > 0$, 索性就取刚刚的 N, 可知 $\forall n, m > N$, 有 $|x_n - x_m| \leqslant |x_n - x| + |x_m - x| \leqslant \varepsilon$.

2. 反之, 假设 $\{x_n\}$ 为基本列.

   a. 取定 1, 可知存在一个 N, 使得对任意 $n > N$, 有 $|x_n - x_{N+1}| \leqslant 1$.

   b. 因此基本列 $\{x_n\}$ 一定是一个有界数列. 而有界数列必有收敛子列 $\{x_{n_k}\}$. 设该子数列收敛于 x.

   c. 我们将要证明, 子列 $\{x_{n_k}\}$ 带领整个 $\{x_n\}$ 趋于 x. 要证明 $x_n \to x$, 就是要对任意 $\varepsilon > 0$, 构造一个 N, 使得对任意 $n > N$, 有 $|x_n - x| \leqslant \varepsilon$.

d. 注意对任意 $\varepsilon > 0$, 存在 N, 使得对任意 $n_k > n > N$, 有 $|x_{n_k} - x_n| < \varepsilon$. 保持 n 不动, $n_k \to \infty$, 由极限保序性立刻可得

$$|x_n - x| = \lim_{n_k \to \infty} |x_n - x_{n_k}| \leqslant \varepsilon, \forall n > N.$$

3. 刚刚我们提到了, 用一句汉语概括 Cauchy 收敛原理就是 "看上去收敛的数列确实收敛". 通过上面的证明, 我们能体会到, 所谓看上去好像收敛到真正收敛之间, 差别只在是否能找到一个数, 此数恰好为数列极限. 所以 Cauchy 收敛原理可以理解为: 实数系中有足够多的数, 以便给每一个看上去应该收敛的数列都分配一个极限. 因此 Cauchy 收敛原理又叫实数系完备性定理.

4. 大家可以自己想一下, Cauchy 收敛原理在有理数系里面是不成立的. 我们在以后的分析学中, 会无数次遇到 Cauchy 收敛原理, 它们无一例外, 都是在说我们分析的背景空间 (目前数学分析的背景空间就是实数系) 是完备的: 里面的数或元素足够多, 可以给每一个看上去好像收敛的列分配一个极限.

1.2.9   有界数列上下极限

我们介绍一个工具性的概念: 上下极限. 要点是: 极限未必存在 (存在指极限为常数或正负无穷), 但是上下极限一定存在. 只要灵活使用上下确界相关不等式, 就能简化很多证明过程.

我们希望快速介绍上下极限的概念、重要性质及其应用, 因而我们略去很多定理和命题的证明.

1. 对于一个有界数列 $\{x_n\}$, 考虑两个与它关系密切的单调数列

$$\xi_n = \inf_{k \geqslant n} x_k, \ \eta_n = \sup_{k \geqslant n} x_k,$$

称 $\{\xi_n\}$ 为下数列, $\{\eta_n\}$ 为上数列.

2. 简单说, 下数列 $\{\xi_n\}$ 就好像紧紧地从下面托住数列 $\{x_n\}$, 上数列 $\{\eta_n\}$ 仿

佛紧紧地从上面盖住 $\{x_n\}$. 参照如下图例

$$\eta_1 = \sup_{k \geqslant 1} x_k \qquad \cdots \qquad \eta_n = \sup_{k \geqslant n} x_k \qquad \cdots$$

$$x_1 \qquad \cdots \qquad x_n \qquad \cdots$$

$$\xi_1 = \inf_{k \geqslant 1} x_k \qquad \cdots \qquad \xi_n = \inf_{k \geqslant n} x_k \qquad \cdots$$

3. 从定义很容易看到, $\{\xi_n\}$ 是单调递增的, 因为集合中元素减少时, 下确界总归不会变大; 同时, $\{\eta_n\}$ 是单调递减的, 因为集合中元素减少时, 上确界可能变小或者不变. 另外, $\{\xi_n\}$ 有上界, 例如 $\eta_1 = \sup\limits_{k \geqslant 1} x_k$; $\{\eta_n\}$ 有下界, 例如 $\xi_1 = \inf\limits_{k \geqslant 1} x_k$. 因此它们都有极限.

定义　1.2.4 定义

$$\varliminf_{n \to \infty} x_n := \lim_{n \to \infty} \xi_n = \lim_{n \to \infty} \inf_{k \geqslant n} x_k; \quad \varlimsup_{n \to \infty} x_n := \lim_{n \to \infty} \eta_n = \lim_{n \to \infty} \sup_{k \geqslant n} x_k.$$

注意, ξ_n, η_n 只是由 x_n 定义而来, 完全不一定落在数列 $\{x_n\}$ 里面.

4. 由定义可见, 有界数列上下极限总是存在的. 而上下极限与极限的关系是:

命题　1.2.6 极限 $\lim\limits_{n \to \infty} x_n$ 存在当且仅当 $\varliminf\limits_{n \to \infty} x_n = \varlimsup\limits_{n \to \infty} x_n$, 此时必有 $\lim\limits_{n \to \infty} x_n = \varliminf\limits_{n \to \infty} x_n = \varlimsup\limits_{n \to \infty} x_n$.

证明很简单, 本书略去.

5. 设 $\{x_n\}, \{y_n\}$ 为两个数列, 且 $\forall n, x_n \geqslant y_n$, 那么很自然就有 $\forall n, \sup\limits_{k \geqslant n} x_k \geqslant \sup\limits_{k \geqslant n} y_k$, 同时 $\forall n, \inf\limits_{k \geqslant n} x_k \geqslant \inf\limits_{k \geqslant n} y_k$. 于是由极限保序性, 即可推出上下极限保序性:

命题　1.2.7 若对任意 n, 有 $x_n \geqslant y_n$, 则 $\varlimsup\limits_{n \to \infty} x_n \geqslant \varlimsup\limits_{n \to \infty} y_n$, $\varliminf\limits_{n \to \infty} x_n \geqslant \varliminf\limits_{n \to \infty} y_n$.

不仅如此, 由定义也立刻可见, 对任意 $\{x_n\}$ 的子列 $\{x_{n_k}\}$, 有

$$\varliminf_{n \to \infty} x_n \leqslant \varliminf_{n_k \to \infty} x_{n_k} \leqslant \varlimsup_{n_k \to \infty} x_{n_k} \leqslant \varlimsup_{n \to \infty} x_n.$$

6. 根据上下极限的定义以及上下确界的性质, 很容易得到如下不等式, 你可以把它们看作上下极限四则运算法则:

命题 1.2.8

$$\varliminf_{n\to\infty} x_n + \varliminf_{n\to\infty} y_n \leqslant \varlimsup_{n\to\infty} (x_n + y_n) \leqslant \varlimsup_{n\to\infty} x_n + \varlimsup_{n\to\infty} y_n,$$

$$\varlimsup_{n\to\infty} x_n + \varliminf_{n\to\infty} y_n \geqslant \varliminf_{n\to\infty} (x_n + y_n) \geqslant \varliminf_{n\to\infty} x_n + \varliminf_{n\to\infty} y_n.$$

证明是基本的, 本书略去.

7. 作为推论, 可以看到, 若 $\lim\limits_{n\to\infty} x_n \in (-\infty, +\infty)$ 存在, 则

$$\varlimsup_{n\to\infty} (x_n + y_n) = \lim_{n\to\infty} x_n + \varlimsup_{n\to\infty} y_n, \ \varliminf_{n\to\infty} (x_n + y_n) = \lim_{n\to\infty} x_n + \varliminf_{n\to\infty} y_n.$$

因为此时有

$$\varliminf_{n\to\infty} x_n = \varlimsup_{n\to\infty} x_n.$$

8. 类似地, 有以下命题:

命题 1.2.9 当 $x_n \geqslant 0, y_n \geqslant 0$ 时, 有

$$\varliminf_{n\to\infty} x_n \varliminf_{n\to\infty} y_n \leqslant \varlimsup_{n\to\infty} x_n y_n \leqslant \varlimsup_{n\to\infty} x_n \varlimsup_{n\to\infty} y_n,$$

$$\varlimsup_{n\to\infty} x_n \varlimsup_{n\to\infty} y_n \geqslant \varliminf_{n\to\infty} x_n y_n \geqslant \varliminf_{n\to\infty} x_n \varliminf_{n\to\infty} y_n.$$

更进一步, 若 $\lim\limits_{n\to\infty} x_n$ 存在且 $\lim\limits_{n\to\infty} x_n \neq 0$, 则有

$$\varlimsup_{n\to\infty} x_n y_n = \lim_{n\to\infty} x_n \varlimsup_{n\to\infty} y_n, \ \varliminf_{n\to\infty} x_n y_n = \lim_{n\to\infty} x_n \varliminf_{n\to\infty} y_n.$$

这个命题的证明我们略去不提, 请大家自行完成.

9. 和极限一样, 上下极限也可以描述一个有界数列在 n 趋于无穷时的变化趋势, 或者说控制一个数列的尾端. 当数列极限存在时, 对于所有足够大的 n, x_n 都落在极限附近. 一般情况下, 对于足够大的 n, 所有的 x_n 都落在

$$\left[\varliminf_{n\to\infty} x_n, \varlimsup_{n\to\infty} x_n \right]$$

这个闭区间附近.

10. 但对于有界数列 $\{x_n\}$, 仅要求除有限项外均落在闭区间 $[a,b]$ 附近并不能说明 a,b 就是下确界和上确界. 例如任取数列 $\{x_n\}$ 的下界 m 和上界 M, 都有 $\{x_n\}$ 始终包含于 $[m,M]$. 因此, 要想成为数列的上下极限, 一定还要有别的特别之处. 这特别之处就是它们必须分别是数列中某一子列的极限.

11. 我们将上面两个条目中所述事实叙述为如下命题:

    命题 1.2.10 设 x_n 为有界数列, 则

    (1) $\varlimsup\limits_{n\to\infty} x_n = H$ 的充分必要条件是:

    甲. 对于任意给定的 $\varepsilon > 0$, 存在正整数 N, s.t. $\forall n > N$, 有 $x_n < H + \varepsilon$.

    乙. 存在 $\{x_n\}$ 中子列 $\{x_{n_k}\}$, 满足 $\lim\limits_{n_k\to\infty} x_{n_k} = H$.

    (2) $\varliminf\limits_{n\to\infty} x_n = h$ 的充分必要条件是:

    甲. 对于任意给定的 $\varepsilon > 0$, 存在正整数 N, s.t. $\forall n > N$, 有 $x_n > h - \varepsilon$.

    乙. 存在 $\{x_n\}$ 中子列 $\{x_{n_k}\}$, 满足 $\lim\limits_{n_k\to\infty} x_{n_k} = h$.

    证明该命题并没有想象中那么复杂, 但需要耐心. 此处略去.

12. 为了更好看出上下极限究竟是什么, 我们介绍聚点的概念:

    定义 1.2.5 设 $\{x_n\}$ 为有界数列, 若存在子列 $\{x_{n_k}\}$, 使得 $\lim\limits_{n_k\to\infty} x_{n_k} = \lambda$, 则称 λ 为数列 $\{x_n\}$ 的聚点, 或者极限点.

13. 据前文所述, 可以看到, 数列的上极限是所有聚点中最大的, 而下极限是所有聚点中最小的. 即: 设 $E = \{\lambda | \lambda 是 \{x_n\} 的聚点\}$, 则集合 E 有最大值和最小值 (这一条本身就不是平凡的), 且

$$\varlimsup\limits_{n\to\infty} x_n = \max E, \quad \varliminf\limits_{n\to\infty} x_n = \min E.$$

14. 对于无界数列的上下极限, 其理论几乎完全平行. 只不过无界数列上下极限可能是 $\pm\infty$ 而已. 请大家开动大脑, 参照任意相关材料, 自行补齐.

15. 上下极限的妙处在于, 某种程度上, 它总是存在, 且可以代替极限. 因此, 上下极限经常可以简化证明. 不仅节省笔墨, 还会让人更容易找到证明的思路. 写起来清楚, 想起来就清楚.

    例 1.2.5 设 $\lim\limits_{n\to\infty} a_n = 0$, 证明 $\lim\limits_{n\to\infty} \dfrac{a_1 + \cdots + a_n}{n} = 0$.

16. 这并不是新题目, 但是之前的证明写起来比较麻烦, 利用上下极限, 其证明可以简化如下:

证明 a. 首先

$$0 \leqslant \varliminf_{n \to \infty} \left| \frac{a_1 + \cdots + a_n}{n} \right|.$$

b. 其次, 对任意 $\varepsilon > 0$, 存在 N, 使得 $\forall n \geqslant N$, 有 $|a_n| \leqslant \varepsilon$, 于是

$$\left| \frac{a_1 + \cdots + a_n}{n} \right| \leqslant \frac{|a_1 + \cdots + a_N|}{n} + \frac{n - N}{n} \varepsilon < \frac{|a_1 + \cdots + a_N|}{n} + \varepsilon.$$

c. 由上极限保序性, 有

$$\varlimsup_{n \to \infty} \left| \frac{a_1 + \cdots + a_n}{n} \right| \leqslant \varlimsup_{n \to \infty} \left| \frac{a_1 + \cdots + a_N}{n} \right| + \varepsilon = \varepsilon.$$

由于不等号对任意 $\varepsilon > 0$ 成立, 因此

$$\varlimsup_{n \to \infty} \left| \frac{a_1 + \cdots + a_n}{n} \right| = 0.$$

进而

$$\lim_{n \to \infty} \frac{a_1 + \cdots + a_n}{n} = 0.$$

$\square$

1.3 数项级数

数项级数与函数项级数是一个很大的课题. 但是在本书中, 它们都是**表示和逼近**的工具. 尤其是形如 $\displaystyle\sum_{n=1}^{\infty} a_n x^n$ 的幂级数, 及形如 $\displaystyle\sum_{n=1}^{\infty} (a_n \sin nx + b_n \cos nx)$ 的 Fourier 级数. 它们是用简单函数逼近和表示复杂函数的重要工具, 而数项级数是函数项级数的基础.

1.3.1 数项级数定义与基本问题

级数其实是一种数列极限.

1. 级数, 就是想对无穷项求和

$$\sum_{n=1}^{\infty} x_n = x_1 + x_2 + \cdots + x_n + \cdots.$$

可是直到世界毁灭, 也没有人可以计算无限次求和.

2. 然而我们知道, 在本书中, 无穷是一个极限. 所以我们可以如下方式合理解释符号 $\displaystyle\sum_{n=1}^{\infty} x_n$: 虽然我们想用这个写法表示无限次求和这个观念, 但它的数学意义是如下序列:

$$\left\{ x_1, x_1 + x_2, \cdots, S_n = \sum_{k=1}^{n} x_k, \cdots \right\}.$$

3. 打个比方, 在理解无穷求和的时候, 掌管想象力的右脑要知道, 它是一个求和, 而掌管分析的左脑要知道, 它其实在说一个数列.

定义 1.3.1 (级数) 设 $\{x_n\}$ 是可列个实数, 称数列

$$\left\{ x_1, x_1 + x_2, \cdots, S_n = \sum_{k=1}^{n} x_k, \cdots \right\}$$

为其数项级数, 记作下述 "求和":

$$\sum_{n=1}^{\infty} x_n = x_1 + x_2 + \cdots + x_n + \cdots.$$

4. 上述定义就是说: 当你脑海里想研究无限次求和时, 你所写出的

$$\sum_{n=1}^{\infty} x_n = x_1 + x_2 + \cdots + x_n + \cdots$$

指代的其实是一个数列 $\left\{ S_n = \displaystyle\sum_{k=1}^{n} x_k \right\}$. 称此数列为级数 $\displaystyle\sum_{n=1}^{\infty} x_n$ 的部分和序列. 若 $\displaystyle\lim_{n\to\infty} S_n$ 收敛于有限数 S, 则称级数 $\displaystyle\sum_{n=1}^{\infty} x_n$ 收敛, 记 $\displaystyle\sum_{n=1}^{\infty} x_n = S$. 否则, 称级数 $\displaystyle\sum_{n=1}^{\infty} x_n$ 发散.

5. 温故, 则可知级数并不陌生. 事实上, 任意无穷小数其实都可由级数严格定义:

$$a_0.a_1a_2\cdots a_n\cdots = a_0 + \sum_{n=1}^{\infty} a_n 10^{-n}.$$

6. 一定要习惯一件事, 虽然我们观念上是想研究无穷和, 但数学上并没有无穷和. 一旦你写下 $\sum_{n=1}^{\infty} x_n$, 你的意思其实是一个数列 $\left\{ S_n = \sum_{k=1}^{n} x_k \right\}$, 而一旦你写 $\sum_{n=1}^{\infty} x_n =$, 你的意思其实是 $\lim_{n\to\infty} S_n = $. 如果这一节你学着学着突然恍惚了, 那基本上是恍惚在这一点上. 你要让自己的右脑和左脑充分沟通, 但不要让它们吵架.

7. 既然级数就是一个极限, 那么它的首要问题, 是计算和判断敛散. 另外, 既然级数背后的想法是研究无穷和, 那么我们还要关心其作为 "一种求和", 是否依然满足加法律. 在深入研究这些问题之前, 我们需要先考察一些简单而重要的例子与结论.

8. 首先, 若 $|q| < 1$, 则几何级数

$$\sum_{n=1}^{\infty} q^{n-1} = \lim_{n\to\infty} \sum_{k=1}^{n} q^{k-1}$$

收敛. 其极限就是 $\dfrac{1}{1-q}$. 这个级数是庄子的 "日取其半, 万世不竭", 也是 Zeno 的 "Achilles 追小乌龟".

9. 再考虑一个发散级数的例子. 级数

$$\sum_{n=1}^{\infty} (-1)^{n-1} = \lim_{n\to\infty} \sum_{k=1}^{n} (-1)^{k-1}$$

是发散的. 因为当 $n = 2k+1$ 时, $S_n = 1$; 当 $n = 2k$ 时, $S_n = 0$. 这是一个发散级数.

10. 另外一个比较重要的级数是 p 级数. 级数

$$\sum_{n=1}^{\infty} \frac{1}{n^p}, p > 0$$

在 $p > 1$ 时收敛, 在 $0 < p \leqslant 1$ 时发散. 后面我们将利用反常积分给出这个事实的一个简单证明.

11. 根据极限四则运算, 首先有一个级数收敛的必要条件: 若级数 $\sum\limits_{n=1}^{\infty} x_n$ 收敛, 则必有 $\lim\limits_{n\to\infty} x_n = 0$. 其证明不过是极限四则运算的应用. 既然 $\lim\limits_{n\to\infty} S_n = \lim\limits_{n\to\infty}\sum\limits_{k=1}^{n} x_k$ 是有限数, 那么自然

$$\lim_{n\to\infty} x_n = \lim_{n\to\infty} (S_n - S_{n-1}) = 0.$$

12. 若数列收敛到某值, 则一切子数列都收敛到同一个值. 但是反过来, 某一个子数列收敛, 整个数列却未必. 体现在级数上, 就是说若级数 $\sum\limits_{n=1}^{\infty} x_n = a$ 收敛, 则对其任意加括号——保持顺序不变, 每次括起有限个数——所得新级数, 均收敛于 a. 这是因为 $\sum\limits_{n=1}^{\infty} x_n$ 是部分和序列 $\{S_n\}$ 的极限, 级数加括号后不过是 $\{S_n\}$ 某个子数列的极限.

13. 严格一点讲, 对 $\sum\limits_{n=1}^{\infty} x_n$ 加括号所得级数就是

$$(x_1 + \cdots + x_{n_1}) + (x_{n_1+1} + \cdots + x_{n_2}) + \cdots + (x_{n_{k-1}+1} + \cdots + x_{n_k}) + \cdots,$$

而后者不过是 $\{S_n\}$ 子数列 $\{S_{n_k}\}$ 的极限. 于是显然, 若级数 $\sum\limits_{n=1}^{\infty} x_n$ 收敛, 则

$$(x_1 + \cdots + x_{n_1}) + (x_{n_1+1} + \cdots + x_{n_2}) + \cdots + (x_{n_{k-1}+1} + \cdots + x_{n_k}) + \cdots$$

收敛.

14. 若一子数列发散, 则整个数列必然发散, 例如:

例 1.3.1 证明

$$1 - \frac{1}{2} + \frac{1}{3} + \frac{1}{4} - \frac{1}{5} + \frac{1}{6} + \frac{1}{7} - \frac{1}{8} + \frac{1}{9} + \cdots$$

发散.

三个三个看, 可见

$$
\begin{aligned}
S_{3n} &= \left(1 - \frac{1}{2} + \frac{1}{3}\right) + \left(\frac{1}{4} - \frac{1}{5} + \frac{1}{6}\right) + \cdots + \left(\frac{1}{3n-2} - \frac{1}{3n-1} + \frac{1}{3n}\right) \\
&\geqslant \frac{1}{3} + \frac{1}{6} + \cdots + \frac{1}{3n} \\
&= \frac{1}{3}\left(1 + \frac{1}{2} + \cdots + \frac{1}{n}\right),
\end{aligned}
$$

因而发散.

15. 但某一子列收敛, 数列本身未必收敛. 所以一个发散级数加括号, 可能就收敛了. 比如已知 $\displaystyle\sum_{n=1}^{\infty}(-1)^{n-1}$ 是发散的, 但是两两加括号

$$
(1 - 1) + (1 - 1) + \cdots + (1 - 1) + \cdots
$$

明显收敛于 0.

16. 加括号其实就是讨论结合律. 上面的那几条就可以总结成如下两句话: 收敛级数满足结合律, 发散级数未必满足结合律. 这意味着, 我们不能轻易通过加括号的方式判断级数敛散性. 然而, 在有些情况下, 加括号是很有效的解决问题的手段, 例如:

例 1.3.2 设 $x_n \to 0$, 则 $\displaystyle\sum_{n=1}^{\infty}(x_{2n-1} + x_{2n})$ 与 $\displaystyle\sum_{n=1}^{\infty} x_n$ 同时收敛发散, 其收敛时两者相等.

证明 仅以收敛的情况为例给出简要证明.

a. 设 $S_n = \displaystyle\sum_{k=1}^{n} x_k$, 则 $S_{2n} = \displaystyle\sum_{k=1}^{n}(x_{2k-1} + x_{2k})$. 设 $\displaystyle\lim_{n\to\infty} S_{2n} = A$.

b. 由于 $x_n \to 0$, 可知 $\displaystyle\lim_{n\to\infty} S_{2n+1} = \lim_{n\to\infty} S_{2n} = A$, 因此 $\displaystyle\lim_{n\to\infty} S_n = A$. □

17. 若每个括号内各项符号均相同, 则加括号后级数也与原级数敛散性相同.

例 1.3.3 若 $\displaystyle\sum_{n=1}^{\infty} x_n$ 加括号后所得级数

$$
(x_1 + \cdots + x_{n_1}) + (x_{n_1+1} + \cdots + x_{n_2}) + \cdots + (x_{n_{k-1}+1} + \cdots + x_{n_k}) + \cdots
$$

收敛, 且任意括号中各项符号相同, 则级数 $\displaystyle\sum_{n=1}^{\infty} x_n$ 收敛, 且级数和与上述加括号所得级数和相同.

证明　注意对任意 n, 均存在 $k \in \mathbb{N}_+$, 使得 $n_k < n \leqslant n_{k+1}$, 由条件, 此时必有 $S_{n_k} \leqslant S_n \leqslant S_{n_{k+1}}$ 或 $S_{n_k} \geqslant S_n \geqslant S_{n_{k+1}}$, 即 $|S_n - S_{n_k}| \leqslant |S_{n_{k+1}} - S_{n_k}|$. 因而由夹挤定理, $\lim\limits_{n \to \infty} |S_n - S_{n_k}| = 0$, 即 $\lim\limits_{n \to \infty} S_n = \lim\limits_{n_k \to \infty} S_{n_k}$. 得证.　□

1.3.2　Cauchy 与 d'Alembert 判别法

本小节我们介绍正项级数——通项非负的级数——敛散性的两个简单常用的判别法.

1. 回顾几何级数 $\sum\limits_{n=1}^{\infty} q^n, 0 < q$. 很明显下面这个极限 $\lim\limits_{n \to \infty} \sqrt[n]{q^n}$ 完全决定了几何级数的敛散性: 这个极限大于等于 1 则级数发散, 反之则收敛.

2. 以此为例, 将上述结论推广到一般级数. 我们遇见的第一个问题是, 对于一般地正项级数 $\sum\limits_{n=1}^{\infty} x_n$, 数列 $\sqrt[n]{x_n}$ 可能没有极限. 幸好, 我们有上下极限.

命题 **1.3.1** (Cauchy 判别法) 设 $\sum\limits_{n=1}^{\infty} x_n$ 为正项级数, 考虑 $r = \varlimsup\limits_{n \to \infty} \sqrt[n]{x_n}$.

(1) 若 $r < 1$, 则 $\sum\limits_{n=1}^{\infty} x_n$ 收敛;

(2) 若 $r > 1$, 则 $\sum\limits_{n=1}^{\infty} x_n$ 发散;

(3) 若 $r = 1$, 则可能收敛, 可能发散.

3. 证明就是将上述条件转化为与几何级数的比较. 对于 (1). 注意上下极限是如何控制数列的尾端的. 若 $r = \varlimsup\limits_{n \to \infty} \sqrt[n]{x_n}$ 小于 1, 则对于所有足够大的 n, 所有 $\sqrt[n]{x_n}$ 都小于 r 加一点点. 即存在 N, 使得 $\forall n \geqslant N$, 有

$$\sqrt[n]{x_n} < \frac{1+r}{2} \Rightarrow x_n < \left(\frac{1+r}{2}\right)^n.$$

而 $\dfrac{1+r}{2} < 1$. 得到结论.

4. 对于 (2). 注意一定有一个子数列趋于上极限. 因此存在 $\sqrt[n_k]{x_{n_k}} \to r > 1$. 因此存在 N, 使得 $n_k > N$ 时, 有

$$\sqrt[n_k]{x_{n_k}} > 1 \Rightarrow x_{n_k} > 1$$

不趋于 0, 与级数收敛的必要条件不符. 结论得证.

5. 对于 (3). 只需要分别举两个例子: $\sum\limits_{n=1}^{\infty} \dfrac{1}{n}$, $\sum\limits_{n=1}^{\infty} \dfrac{1}{n^2}$ 即可.

6. Cauchy 判别法的使用非常方便. 例如, 很快可以判断:

$$\sum_{n=1}^{\infty} \frac{n^3[\sqrt{2}+(-1)^n]^n}{3^n}$$

是收敛的. 但是有时候, 它也没那么方便. 例如判断级数

$$\sum_{n=1}^{\infty} \frac{n^n}{3^n n!}$$

计算 $\dfrac{n}{\sqrt[n]{n!}}$ 的极限 (为 e) 总归是麻烦的. 解决办法是开发一个不那么全面但很好用的判别法. 所谓性价比很重要.

命题 1.3.2 (d'Alembert 判别法) 设 $\sum\limits_{n=1}^{\infty} x_n$ 为正项级数, 且 $\lim\limits_{n\to\infty} \dfrac{x_{n+1}}{x_n} = r$ 存在.

(1) 若 $r < 1$, 则级数收敛;

(2) 若 $r > 1$, 则级数发散;

(3) 若 $r = 1$, 则判别法失效.

利用 Cauchy 第二极限, d'Alembert 判别法是显然的.

1.3.3 级数收敛的 Cauchy 收敛原理

本小节我们介绍级数的 Cauchy 收敛原理.

1. 对于一般项级数, 讨论收敛性最根本的办法是 Cauchy 收敛原理. 对于一般级数而言, 其收敛的 Cauchy 收敛原理就是:

定理 1.3.3 级数 $\sum\limits_{n=1}^{\infty} x_n$ 收敛当且仅当对任意 $\varepsilon > 0$, 存在 N, 使得对任意 $m > n > N$, 有

$$\left| \sum_{k=n}^{m} x_k \right| \leqslant \varepsilon.$$

2. 证明完全不需要重复. 有时候, 将 Cauchy 收敛原理写成: $\displaystyle\sum_{n=1}^{\infty} x_n$ 收敛当且仅当

$$\lim_{n,m\to\infty} \sum_{k=n}^{m} x_k = 0$$

有助于我们分析问题, 叙述证明. 可以用汉语把这句话总结为: 当求和片段趋于无穷远时, 求和一定趋于 0.

3. 利用 Cauchy 收敛原理, 很容易证明 Leibniz 级数一定是收敛的. 所谓交错级数, 是指形如

$$\sum_{n=1}^{\infty} (-1)^{n+1} u_n, u_n > 0$$

的级数. 若更进一步, u_n 单调递减趋于 0, 则称 $\displaystyle\sum_{n=1}^{\infty} (-1)^{n+1} u_n$ 为 Leibniz 级数.

4. Leibniz 级数一定是收敛的. 设 $\displaystyle\sum_{n=1}^{\infty} (-1)^{n+1} u_n$ 为 Leibniz 级数. 我们有

$$\left| \sum_{k=n+1}^{n+p} (-1)^{k+1} u_k \right| = |u_{n+1} - u_{n+2} + \cdots + (-1)^{p+1} u_{n+p}| \leqslant u_{n+1}.$$

5. 事实上, 若 p 是奇数, 则有 $u_{n+1} - u_{n+2} + \cdots + (-1)^{p+1} u_{n+p}$ 等于

$$\begin{cases} (u_{n+1} - u_{n+2}) + (u_{n+3} - u_{n+4}) + \cdots + u_{n+p} > 0, \\ u_{n+1} - (u_{n+2} - u_{n+3}) - \cdots - (u_{n+p-1} - u_{n+p}) < u_{n+1}. \end{cases}$$

若 p 是偶数, 则有 $u_{n+1} - u_{n+2} + \cdots + (-1)^{p+1} u_{n+p}$ 等于

$$\begin{cases} (u_{n+1} - u_{n+2}) + (u_{n+3} - u_{n+4}) + \cdots + (u_{n+p-1} - u_{n+p}) > 0, \\ u_{n+1} - (u_{n+2} - u_{n+3}) - \cdots - u_{n+p} < u_{n+1}. \end{cases}$$

6. 因此不论如何, 有

$$\lim_{n,n+p\to\infty} \left| \sum_{k=n+1}^{n+p} (-1)^{k+1} u_k \right| \leqslant \lim_{n\to\infty} u_{n+1} = 0.$$

即 Leibniz 级数满足 Cauchy 收敛原理.

7. 根据证明, 对于 Leibniz 级数 $\sum\limits_{n=1}^{\infty}(-1)^{n+1}u_n$, 有

$$0 \leqslant \sum_{n=1}^{\infty}(-1)^{n+1}u_n \leqslant u_1.$$

不仅如此, 设 $S_n = \sum\limits_{k=1}^{n}(-1)^{k-1}u_k$, 那么总有

$$S_{2n} \leqslant \sum_{k=1}^{\infty}(-1)^{k+1}u_k \leqslant S_{2n+1}.$$

而且, S_{2n} 单调递增, S_{2n+1} 单调递减, $S_{2n+1} - S_{2n} \to 0$, 这就是说

$$[S_{2n}, S_{2n+1}]$$

是一列闭区间套. 而交错级数的和, 就是这一列闭区间套中的那唯一的点.

1.3.4 级数的条件收敛与绝对收敛

本小节我们介绍条件收敛与绝对收敛, 并引入研究它们的两个小工具.

1. 利用 Cauchy 收敛原理, 可以证明, 若 $\sum\limits_{n=1}^{\infty}|x_n|$ 收敛, 则必有 $\sum\limits_{n=1}^{\infty}x_n$ 收敛. 事实上, 由 $\sum\limits_{n=1}^{\infty}|x_n|$ 收敛, 有 $\lim\limits_{n,m\to\infty}\sum\limits_{k=n}^{m}|x_k| = 0$, 于是由 $\left|\sum\limits_{k=n}^{m}x_k\right| \leqslant \sum\limits_{k=n}^{m}|x_k|$, 可知 $\lim\limits_{n,m\to\infty}\left|\sum\limits_{k=n}^{m}x_k\right| = 0$. 由 Cauchy 收敛原理, 可得 $\sum\limits_{n=1}^{\infty}x_n$ 收敛.

2. 反之当然是未必的, 例如 $\sum\limits_{n=1}^{\infty}(-1)^{n+1}\dfrac{1}{n}$ 本身收敛——后面我们会说明它等于 $\ln 2$ ——但 $\sum\limits_{n=1}^{\infty}\dfrac{1}{n}$ 发散. 称一个数列 $\sum\limits_{n=1}^{\infty}x_n$ 绝对收敛, 如果正项级数 $\sum\limits_{n=1}^{\infty}|x_n|$ 收敛; 称其条件收敛, 如果 $\sum\limits_{n=1}^{\infty}x_n$ 收敛, 而 $\sum\limits_{n=1}^{\infty}|x_n|$ 发散.

3. 为了进一步研究条件收敛与绝对收敛, 我们将借助下面两个工具: 对于任

意项级数 $\displaystyle\sum_{n=1}^{\infty} x_n$, 令

$$x_n^+ \;=\; \frac{|x_n| + x_n}{2} = \begin{cases} x_n, & x_n > 0, \\ 0, & x_n \leqslant 0, \end{cases}$$

$$x_n^- \;=\; \frac{|x_n| - x_n}{2} = \begin{cases} 0, & x_n > 0, \\ -x_n, & x_n \leqslant 0. \end{cases}$$

4. 于是 $\displaystyle\sum_{n=1}^{\infty} x_n^+$ 与 $\displaystyle\sum_{n=1}^{\infty} x_n^-$ 就是两个正项级数. 我们称它们为 $\displaystyle\sum_{n=1}^{\infty} x_n$ 的正部

和负部. 在继续之前, 请识别出级数 $\displaystyle\sum_{n=1}^{\infty}(-1)^{n+1}$ 的正部和负部. 其正部是

$$1 + 0 + 1 + 0 + 1 + 0 + \cdots,$$

而负部是

$$0 + 1 + 0 + 1 + 0 + \cdots.$$

注意, 不要省略不该省略的 0 们.

5. 这工具好用, 主要是因为

$$\sum_{n=1}^{\infty}(x_n^+ + x_n^-) = \sum_{n=1}^{\infty}|x_n|, \; \sum_{n=1}^{\infty}(x_n^+ - x_n^-) = \sum_{n=1}^{\infty} x_n.$$

6. 要是 $\displaystyle\sum_{n=1}^{\infty} x_n^+$ 和 $\displaystyle\sum_{n=1}^{\infty} x_n^-$ 都收敛, 那么

$$\sum_{n=1}^{\infty} x_n = \sum_{n=1}^{\infty} x_n^+ - \sum_{n=1}^{\infty} x_n^-, \; \sum_{n=1}^{\infty}|x_n| = \sum_{n=1}^{\infty} x_n^+ + \sum_{n=1}^{\infty} x_n^-$$

都收敛, 即此时级数 $\displaystyle\sum_{n=1}^{\infty} x_n$ 绝对收敛. 反之, 若 $\displaystyle\sum_{n=1}^{\infty}|x_n|$ 收敛, 则由比较判

别法, 有 $\displaystyle\sum_{n=1}^{\infty} x_n^{\pm}$ 均收敛. 因此, 级数绝对收敛当且仅当其正负部均收敛, 且

此时有

$$\sum_{n=1}^{\infty} x_n = \sum_{n=1}^{\infty} x_n^+ - \sum_{n=1}^{\infty} x_n^-, \; \sum_{n=1}^{\infty}|x_n| = \sum_{n=1}^{\infty} x_n^+ + \sum_{n=1}^{\infty} x_n^-.$$

7. 若 $\displaystyle\sum_{n=1}^{\infty} x_n^+$ 收敛而 $\displaystyle\sum_{n=1}^{\infty} x_n^-$ 发散, 那么

$$\sum_{n=1}^{\infty} x_n = \sum_{n=1}^{\infty} x_n^+ - \sum_{n=1}^{\infty} x_n^-, \sum_{n=1}^{\infty} |x_n| = \sum_{n=1}^{\infty} x_n^+ + \sum_{n=1}^{\infty} x_n^-$$

都发散. 但是级数发散不能推出正负部一个收敛一个发散, 还有可能两个都发散. 例如 $\displaystyle\sum_{n=1}^{\infty} (-1)^{n+1}$.

8. 若 $\displaystyle\sum_{n=1}^{\infty} x_n$ 只是条件收敛, 那么 $\displaystyle\sum_{n=1}^{\infty} x_n^+$ 和 $\displaystyle\sum_{n=1}^{\infty} x_n^-$ 均发散到正无穷. 否则根据上述两条, 级数要么绝对收敛, 要么发散. 因此, 可以认为, **条件收敛源于无穷减无穷**.

9. 只不过在 $\displaystyle\sum_{n=1}^{\infty} x_n^+$ 和 $\displaystyle\sum_{n=1}^{\infty} x_n^-$ 都发散时, 千万不要写

$$\sum_{n=1}^{\infty} x_n = \sum_{n=1}^{\infty} x_n^+ - \sum_{n=1}^{\infty} x_n^-,$$

因为无穷减无穷没有意义. 当然

$$\sum_{n=1}^{\infty} x_n = \sum_{n=1}^{\infty} (x_n^+ - x_n^-)$$

永远没错. 我们强调这个写法上的问题并不是吹毛求疵, 而是因为如果你乱写的话, 很容易不知不觉间走入死胡同, 还发现不了错误出在哪里.

1.3.5 作为无穷和的级数的结合律与交换律

本小节关注作为无穷和的级数是否满足加法结合律与交换律.

1. 我们研究级数, 是要研究一种求和. 既然是求和, 就肯定要问问这个求和是否满足加法规律: 结合律、交换律、分配律.

2. 结合律我们已经探讨过了. 回忆所谓加法结合律就是能否加括号. 在本节第一小节我们就解释过, 由于收敛数列的一切子列均收敛到该数列的极限, 因此, 对于收敛数列加括号——保持次序不变, 一次括起来有限项——不改变级数的和. 也就是说, **收敛级数满足结合律.**

3. 子列收敛数列未必收敛, 因此**发散级数未必满足结合律**. 相关内容已经解释过了, 只是为了整齐, 才将这句话加在这里.

4. 然而收敛级数却未必有交换律. 设 $\sum\limits_{n=1}^{\infty} x_n$ 为一般项级数, 将其项 x_n 任意重新排列, 得到新级数, 称为 $\sum\limits_{n=1}^{\infty} x_n$ 的更序级数, 记为 $\sum\limits_{n=1}^{\infty} x_n'$. 问级数是否满足交换律, 就是在问, 若 $\sum\limits_{n=1}^{\infty} x_n = A$ 收敛, 那么是否有 $\sum\limits_{n=1}^{\infty} x_n' = A$?

5. 利用结合律, 可求 $\sum\limits_{n=1}^{\infty} (-1)^{n-1} \dfrac{1}{n}$.

a. 可以先考虑其部分和序列中的偶数子列, 即 $S_{2n} = \sum\limits_{k=1}^{2n} (-1)^{k-1} \dfrac{1}{k}$. 注意 $S_{2n+1} - S_{2n}$ 趋于 0, 因此只要 $\lim\limits_{n\to\infty} S_{2n} = A$, 则 $\sum\limits_{n=1}^{\infty} (-1)^{n-1} \dfrac{1}{n} = A$.

b. 对于 S_{2n}, 我们可以两个两个看. 每两个放进一个屋子里, 然后按照房间号写出通项公式

$$S_{2n} = \sum_{k=1}^{n} \left(\frac{1}{2k-1} - \frac{1}{2k} \right).$$

c. 在上面的和式里, 每个括号中都缺 $\dfrac{1}{2k}$ 项, 那就补上:

$$S_{2n} = \sum_{k=1}^{n} \left(\frac{1}{2k-1} + \frac{1}{2k} - 2\frac{1}{2k} \right) = \sum_{k=1}^{2n} \frac{1}{k} - \sum_{k=1}^{n} \frac{1}{k}.$$

我们曾经利用 Euler 常数计算过, 最右边的极限是 $\ln 2$. 因此这个极限是

$$\sum_{n=1}^{\infty} (-1)^{n-1} \frac{1}{n} = \ln 2.$$

6. 现在我们将 $\sum\limits_{n=1}^{\infty} (-1)^{n-1} \dfrac{1}{n}$ 更序为如下级数:

$$1 + \frac{1}{3} - \frac{1}{2} + \frac{1}{5} + \frac{1}{7} - \frac{1}{4} + \frac{1}{9} + \cdots.$$

依然可以利用结合律计算这个级数:

a. 由于 $S_{3n+1} - S_{3n} \to 0$, $S_{3n+2} - S_{3n} \to 0$, 只需计算 $\lim\limits_{n \to \infty} S_{3n}$.

b. 对 S_{3n}, 三个三个放进一个屋子, 并按照房间号写出通项:

$$\sum_{k=1}^{n} \left(\frac{1}{4k-3} + \frac{1}{4k-1} - \frac{1}{2k} \right).$$

c. 每个括号里缺 $\dfrac{1}{4k-2}, \dfrac{1}{4k}$, 那就补齐. 于是上式等于

$$\sum_{k=1}^{n} \left(\frac{1}{4k-3} + \frac{1}{4k-2} + \frac{1}{4k-1} + \frac{1}{4k} \right) - \sum_{k=1}^{n} \left(\frac{1}{4k-2} + \frac{1}{4k} \right) - \sum_{k=1}^{n} \frac{1}{2k}.$$

因此 S_{3n} 等于

$$\sum_{k=1}^{4n} \frac{1}{k} - \frac{1}{2} \sum_{k=1}^{2n} \frac{1}{k} - \frac{1}{2} \sum_{k=1}^{n} \frac{1}{k} = \left(\sum_{k=1}^{4n} \frac{1}{k} - \sum_{k=1}^{2n} \frac{1}{k} \right) + \frac{1}{2} \left(\sum_{k=1}^{2n} \frac{1}{k} - \sum_{k=1}^{n} \frac{1}{k} \right),$$

其极限为 $\dfrac{3}{2} \ln 2$.

7. 也就是说, $\sum\limits_{n=1}^{\infty} (-1)^{n-1} \dfrac{1}{n} = \ln 2$, 可是它的更序却等于 $\dfrac{3}{2} \ln 2$. 再将这一级数更序为

$$1 - \frac{1}{2} - \frac{1}{4} + \frac{1}{3} - \frac{1}{6} - \frac{1}{8} + \cdots + \frac{1}{2k-1} - \frac{1}{4k-2} - \frac{1}{4k}.$$

注意到

$$\sum_{k=1}^{n} \left(\frac{1}{2k-1} - \frac{1}{4k-2} - \frac{1}{4k} \right) = \frac{1}{2} \sum_{k=1}^{n} \left(\frac{1}{2k-1} - \frac{1}{2k} \right) \to \frac{1}{2} \ln 2.$$

8. 上面的例子已经表明了, **收敛级数不满足交换律**. 可是究竟发生了什么? 两个原因, 以 $\sum\limits_{n=1}^{\infty} (-1)^{n-1} \dfrac{1}{n}$ 为例:

甲: 原本是一个公平的比试, 一个正对一个负, 最后双方在 $\ln 2$ 处停战; 突然正数要二打一, 最后当然要在 $\ln 2$ 右边停战; 若负数要二打一, 那自然要在 $\ln 2$ 左边停战. 你可能疑惑: 正负数本来一对一, 一样多, 怎么可能突然二打一? 你一定听说过 Hilbert 旅馆吧? 假设你有自然数那么多个房间, 房间号为 $1, 2, 3, \cdots$, 已经住满了人, 这时候又来了一个人, 你能给他安排

个房间吗? 当然可以, 老住客每个人都搬去下一个房间即可. 那如果每一个住客都招来了一个新客户呢? 还是可以, 只要 n 号房的人去 $2n$ 号房即可! 这就是无穷.

乙: 级数 $\displaystyle\sum_{n=1}^{\infty}(-1)^{n-1}\frac{1}{n}$ 中的正部和负部都是无穷大, 而无穷减无穷可以是任意值.

9. 你可能感觉原因乙有点勉强, 但这一点是本质的. 因为**绝对收敛级数满足交换律**. 是否满足交换律恰好是绝对收敛级数与条件收敛级数的本质区别. 注意, 绝对收敛级数里面的正部和负部都是收敛的. 下面我们严格证明绝对收敛级数满足交换律.

命题 1.3.4 若级数 $\displaystyle\sum_{k=1}^{\infty}x_k$ 绝对收敛, 则其任意更序级数 $\displaystyle\sum_{k=1}^{\infty}x'_k$ 也收敛, 且有 $\displaystyle\sum_{k=1}^{\infty}x_k=\sum_{k=1}^{\infty}x'_k$.

10. 证明 a. 首先可以注意到: 更序不改变正负号, 因此级数正部 $\displaystyle\sum_{k=1}^{\infty}x_k^+$ 的更序 $\displaystyle\sum_{k=1}^{\infty}(x_k^+)'$ 恰好是更序级数的正部 $\displaystyle\sum_{k=1}^{\infty}(x'_k)^+$, 级数负部 $\displaystyle\sum_{k=1}^{\infty}x_k^-$ 的更序 $\displaystyle\sum_{k=1}^{\infty}(x_k^-)'$ 恰好是更序级数的负部 $\displaystyle\sum_{k=1}^{\infty}(x'_k)^-$.

b. 既然 $\displaystyle\sum_{k=1}^{\infty}x_k$ 绝对收敛, 那么正项级数 $\displaystyle\sum_{k=1}^{\infty}x_k^+$ 收敛. 由单调有界原理, 可知 $\displaystyle\sum_{k=1}^{\infty}(x_k^+)'=\lim_{n\to\infty}\sum_{k=1}^{n}(x_k^+)'\leqslant\sum_{k=1}^{\infty}x_k^+$. 同理, $\displaystyle\sum_{k=1}^{\infty}x_k^+\leqslant\sum_{k=1}^{\infty}(x_k^+)'$, 即

$$\sum_{k=1}^{\infty}x_k^+=\sum_{k=1}^{\infty}(x_k^+)'=\sum_{k=1}^{\infty}(x'_k)^+.$$

c. 同理有 $\displaystyle\sum_{k=1}^{\infty}x_k^-=\sum_{k=1}^{\infty}(x_k^-)'=\sum_{k=1}^{\infty}(x'_k)^-$.

d. 因此

$$\sum_{k=1}^{\infty}x_k=\sum_{k=1}^{\infty}x_k^+-\sum_{k=1}^{\infty}x_k^-=\sum_{k=1}^{\infty}(x'_k)^+-\sum_{k=1}^{\infty}(x'_k)^-=\sum_{k=1}^{\infty}x'_k.$$

得证.   □

11. Riemann 给出的如下结果更能说明原因乙, 即无穷减无穷可以是任意值:

定理 1.3.5 设级数 $\sum\limits_{k=1}^{\infty} x_k$ 条件收敛, 则对任意给定的 $-\infty \leqslant a \leqslant +\infty$, 必存在 $\sum\limits_{k=1}^{\infty} x_k$ 的一个更序级数 $\sum\limits_{k=1}^{\infty} x_k' = a$.

12. 我们仅叙述证明大意, 细节请大家自行补齐. 以 a 为有限数为例: 先排出若干个正项, 总归可以大于 a (因为正部发散, 要多大有多大), 一旦大于 a 就立刻停止, 然后排负项, 总归又可以小于 a (因为负部发散, 要多大有多大), 一旦小于 a 立刻回头排正项, 以此类推. 这个更序级数就会在 a 两边, 以 x_k 的某个子列为限, 左右横跳. 但是由于 $x_k \to 0$, 它最后一定趋于 a.

13. 于是可以总结如下: **绝对收敛级数满足交换律, 条件收敛级数不满足交换律**. 当然, 对于一个收敛级数, 也不是任何级数更序都会改变级数和. 例如仅交换前有限项就完全无所谓.

1.3.6 分配律: 将级数的乘法展开成级数

如果级数不满足加法交换律, 那么你肯定不能指望它老老实实地满足加法分配律.

1. 所谓分配律, 就是将加法乘积写成加法. 那么无穷和的分配律, 就是要将两个收敛级数的乘法写成级数:

$$\sum_{k=1}^{\infty} a_k \sum_{k=1}^{\infty} b_k = \sum_{k=1}^{\infty} d_k.$$

研究如何将级数乘积写成级数这一问题并不是无意义的智力游戏, 搞清楚这个问题, 就可以定义无穷小数的乘积了.

2. 先用 $(a_1 + a_2)(b_1 + b_2)$ 这种简单例子回顾一下加法分配律. 展开这个乘法, 它就等于 $a_1 b_1 + a_1 b_2 + a_2 b_1 + a_2 b_2$. 即对如下正方形中四个数求和:

$$a_1 b_1 \quad a_1 b_2$$
$$a_2 b_1 \quad a_2 b_2$$

3. 那如果是 $(a_1 + a_2 + a_3)(b_1 + b_2 + b_3)$ 呢? 它是如下正方形中所有数的求

和:

$$
\begin{array}{ccc}
a_1b_1 & a_1b_2 & a_1b_3 \\
a_2b_1 & a_2b_2 & a_2b_3 \\
a_3b_1 & a_3b_2 & a_3b_3
\end{array}
$$

4. 可见 $(a_1 + a_2 + a_3)(b_1 + b_2 + b_3) - (a_1 + a_2)(b_1 + b_2)$ 就是下面那个三乘三正方形去掉那个二乘二正方形剩下的右边与下边的和.

5. 推广一下, 可得

$$
\sum_{k=1}^{n} a_k \sum_{k=1}^{n} b_k = \sum_{k=1}^{n-1} a_k \sum_{k=1}^{n-1} b_k + d_n,
$$

其中 d_n 就是如下正方形数组中

$$
\begin{array}{cccc}
a_1b_1 & a_1b_2 & \cdots & a_1b_n \\
a_2b_1 & a_2b_2 & \cdots & a_2b_n \\
\vdots & \vdots & \vdots & \vdots \\
a_nb_1 & a_nb_2 & \cdots & a_nb_n
\end{array}
$$

最右侧与最下侧所有数的和.

6. 那么一切都清晰了:

$$
\sum_{k=1}^{\infty} a_k \sum_{k=1}^{\infty} b_k = \lim_{n\to\infty} \sum_{k=1}^{n} a_k \sum_{k=1}^{n} b_k = \lim_{n\to\infty} \sum_{k=1}^{n} d_k = \sum_{k=1}^{\infty} d_k,
$$

其中 d_n 就是

$$
\begin{array}{cccc}
a_1b_1 & a_1b_2 & \cdots & a_1b_n \\
a_2b_1 & a_2b_2 & \cdots & a_2b_n \\
\vdots & \vdots & \vdots & \vdots \\
a_nb_1 & a_nb_2 & \cdots & a_nb_n
\end{array}
$$

中最右侧和最下侧所有数的和. 注意这里面, 具体以怎样的顺序做和求得每一个单独的 d_n 没有任何影响. 我们提到过, 有些换序不见得能改变求和结果.

7. 规范一点说, 级数 $\sum\limits_{k=1}^{\infty} d_k$ 的前 n 项和恰好是如下无穷数组

$$
\begin{array}{ccccc}
a_1 b_1 & a_1 b_2 & \cdots & a_1 b_n & \cdots \\
a_2 b_1 & a_2 b_2 & \cdots & a_2 b_n & \cdots \\
\vdots & \vdots & \vdots & \vdots & \cdots \\
a_n b_1 & a_n b_2 & \cdots & a_n b_n & \cdots \\
\vdots & \vdots & \vdots & \vdots & \cdots
\end{array}
$$

左上角的 $n \times n$ 数组的和. 根据其定义方式, 很容易知道, 只要 $\sum\limits_{k=1}^{\infty} a_k$ 和

$\sum\limits_{k=1}^{\infty} b_k$ 均收敛, $\sum\limits_{k=1}^{\infty} d_k$ 一定收敛, 且

$$
\sum_{k=1}^{\infty} a_k \sum_{k=1}^{\infty} b_k = \sum_{k=1}^{\infty} d_k.
$$

就是说, $\sum\limits_{k=1}^{\infty} d_k$ 总是对的. 我们称之为正方形求和或正方形乘积. 此处 d_n
的通项可以写作

$$
\sum_{k=1}^{n-1} a_k b_n + \sum_{k=1}^{n-1} a_n b_k + a_n b_n.
$$

8. 可能有人以为这样就足够了. 然而并不够, 因为还没发掘出有限和乘法分
配律的全部. 你没有考虑多项式乘法. 考虑 $(a_1 + a_2 x)(b_1 + b_2 x)$, 你需要展
开这个乘积, 并合并同类项. 就是说

$$
(a_1 + a_2 x)(b_1 + b_2 x) = a_1 b_1 + (a_1 b_2 + a_2 b_1)x + a_2 b_2 x^2.
$$

然后令 $x = 1$, 就是

$$
(a_1 + a_2)(b_1 + b_2) = a_1 b_1 + (a_1 b_2 + a_2 b_1) + a_2 b_2.
$$

9. 同样, 考虑 $(a_1 + a_2 x + a_3 x^2)(b_1 + b_2 x + b_3 x^2)$, 其为

$$
a_1 b_1 + (a_1 b_2 + a_2 b_1)x + (a_1 b_3 + a_2 b_2 + a_3 b_1)x^2 + (a_2 b_3 + a_3 b_2)x^3 + a_3 b_3 x^4.
$$

然后将 x 取成 1, 就有 $(a_1 + a_2 + a_3)(b_1 + b_2 + b_3)$ 等于

$$
a_1 b_1 + (a_1 b_2 + a_2 b_1) + (a_1 b_3 + a_2 b_2 + a_3 b_1) + (a_2 b_3 + a_3 b_2) + a_3 b_3.
$$

10. 设想你要乘起来的是 $\displaystyle\sum_{k=1}^{\infty} a_k x^k \sum_{k=1}^{\infty} b_k x^k$, 那么按照刚才的方式, 乘开合并同类项, 然后令 $x = 1$, 那就有

$$\sum_{k=1}^{\infty} a_k \sum_{k=1}^{\infty} b_k \ {``=\,"}\ \sum_{k=1}^{\infty} c_k,$$

其中 $c_k = \displaystyle\sum_{i+j=k+1} a_i b_j$. 这种乘积方式称为 Cauchy 乘积.

11. 之所以在等号上打引号, 是因为它是否真的相等, 并不是那么直接就可以看到的. 事实上, 很多时候, 它都不成立. 先从下面这个不那么直接的角度观察级数 $\displaystyle\sum_{k=1}^{\infty} c_k$. 这个求和, 是对刚刚那个无穷乘无穷数组

$$\begin{matrix}
a_1 b_1 & a_1 b_2 & \cdots & a_1 b_n & \cdots \\
a_2 b_1 & a_2 b_2 & \cdots & a_2 b_n & \cdots \\
\vdots & \vdots & \vdots & \vdots & \\
a_n b_1 & a_n b_2 & \cdots & a_n b_n & \cdots \\
\vdots & \vdots & \vdots & \vdots & \cdots
\end{matrix}$$

先加左上角的斜对角线 $a_1 b_1$, 然后加左上角起第二条斜对角线 $a_1 b_2 + a_2 b_1$, 然后第三条, 等等. 可以看到, 将 $\displaystyle\sum_{k=1}^{\infty} d_k$ 中每一个 d_k 括号去掉, 再更序, 再按照 Cauchy 乘积的定义加括号, 就得到 $\displaystyle\sum_{k=1}^{\infty} c_k$. 而上一小节我们知道, 级数更序可能改变级数和.

12. 事实上, 即便 $\displaystyle\sum_{k=1}^{\infty} a_k, \sum_{k=1}^{\infty} b_k$ 均收敛, 级数 $\displaystyle\sum_{k=1}^{\infty} c_k$ 也未必收敛. 例如

$$\sum_{k=1}^{\infty} a_k = \sum_{k=1}^{\infty} b_k = \sum_{k=1}^{\infty} (-1)^{n-1} \frac{1}{\sqrt{n}},$$

作为 Leibniz 级数, 它们是收敛的, 而它们的 Cauchy 乘积就是

$$\sum_{k=1}^{\infty} \sum_{i+j=k+1} (-1)^{k+1} \frac{1}{\sqrt{ij}}.$$

然而此时 Cauchy 乘积通项

$$\left| \sum_{i+j=k+1} (-1)^{k+1} \frac{1}{\sqrt{ij}} \right| \geqslant k \frac{2}{k+1}$$

都不趋于 0.

13. 然而我们有

命题 1.3.6 一旦 $\displaystyle\sum_{k=1}^{\infty} a_k, \sum_{k=1}^{\infty} b_k$ 均绝对收敛, 那么相应的 Cauchy 乘积

$\displaystyle\sum_{k=1}^{\infty} c_k$ 一定绝对收敛, 且 $\displaystyle\sum_{k=1}^{\infty} a_k \sum_{k=1}^{\infty} b_k = \sum_{k=1}^{\infty} c_k$.

14. 以下我们简要解释该命题成立的原因.

a. 首先, 考虑 $\displaystyle\sum_{k=1}^{\infty} |a_k| \sum_{k=1}^{\infty} |b_k|$, 则其等于正方形乘积.

b. 由单调有界原理, 打开正方形乘积中的括号, 其依然收敛.

c. 于是对下述数组以任何顺序求和

$$
\begin{array}{ccccc}
a_1 b_1 & a_1 b_2 & \cdots & a_1 b_n & \cdots \\
a_2 b_1 & a_2 b_2 & \cdots & a_2 b_n & \cdots \\
\vdots & \vdots & \vdots & \vdots & \cdots \\
a_n b_1 & a_n b_2 & \cdots & a_n b_n & \cdots \\
\vdots & \vdots & \vdots & \vdots & \cdots
\end{array}
$$

均收敛于同一值, 即收敛于

$$\sum_{k=1}^{\infty} d_k = \sum_{k=1}^{\infty} a_k \sum_{k=1}^{\infty} b_k.$$

d. 因此以斜对角线顺序对下述数组求和

$$
\begin{array}{ccccc}
a_1 b_1 & a_1 b_2 & \cdots & a_1 b_n & \cdots \\
a_2 b_1 & a_2 b_2 & \cdots & a_2 b_n & \cdots \\
\vdots & \vdots & \vdots & \vdots & \cdots \\
a_n b_1 & a_n b_2 & \cdots & a_n b_n & \cdots \\
\vdots & \vdots & \vdots & \vdots & \cdots
\end{array}
$$

就等于

$$\sum_{k=1}^{\infty} d_k = \sum_{k=1}^{\infty} a_k \sum_{k=1}^{\infty} b_k.$$

但是对斜对角线顺序求和加括号就得到 Cauchy 乘积.

15. 事实上, 只要有一个级数绝对收敛, Cauchy 乘积就收敛于级数和的乘积:

例 1.3.4 设 $\sum_{n=1}^{\infty} a_n = A$, $\sum_{n=1}^{\infty} b_n = B$, 若 $\sum_{n=1}^{\infty} a_n$ 绝对收敛, 则其 Cauchy

乘积收敛于 AB, 即 $\sum_{n=1}^{\infty} c_n = AB$.

本书略去该命题证明, 感兴趣的读者可自行查阅相关资料.

16. 在后文中, 利用幂级数, 我们可以证明, 在级数 $\sum_{k=1}^{\infty} a_k$, $\sum_{k=1}^{\infty} b_k$ 均收敛时,

Cauchy 乘积失效的唯一可能就是 Cauchy 乘积 $\sum_{k=1}^{\infty} c_k$ 发散, 也就是说只

要 $\sum_{k=1}^{\infty} c_k$ 也收敛, 则一定有 $\sum_{k=1}^{\infty} a_k \sum_{k=1}^{\infty} b_k = \sum_{k=1}^{\infty} c_k$.

17. 在写 Cauchy 乘积通项的时候, 一定要看清楚, 求和是从 $k = 1$ 开始的, 还
    是从 $k = 0$ 开始的. 如果从 1 开始, 则 Cauchy 乘积也从下标 1 开始做和,
    且 $c_k = \sum_{i+j=k+1} a_i b_j$. 若是从 0 开始, 则 Cauchy 乘积也从下标 0 开始做

    和, 且 $c_k = \sum_{i+j=k} a_i b_j$. 如果是 $\sum_{k=0}^{\infty} a_k \sum_{k=1}^{\infty} b_k$, 则 Cauchy 乘积从下标 0 或 1

    开始做和都可以, 请你自行写一下相应的 c_k 通项表达式.

18. 正方形乘积脱胎于数的乘积, 永远可靠, 但未必有用. Cauchy 乘积脱胎于
    多项式乘法, 因此对后面将要讨论的幂级数非常重要, 因为幂级数是无穷
    阶的多项式.

1.3.7　Cesàro 求和

所谓求和, 是对可列个数 $\{x_n\}$, 以求和的方式 $\sum_{n=1}^{\infty} x_n$ **决定**一个数 S. 求和只

是导出 S 的方式, 但是导出一个数, 不见得一定要做和. 如果无穷和发散, 那么
我们有没有别的合乎逻辑的方式, 通过 $\{x_n\}$, 决定一个数出来?

本小节仅介绍大概, 无意深究.

1. 在极限的定义还没有完善的时候, Euler 就问自己, 究竟

$$1 - 1 + 1 - 1 + 1 - 1 + \cdots$$

等于几? 他认为等于 $\dfrac{1}{2}$. 后来人们知道极限定义之后, 就发现 Euler 的结论是荒谬的.

2. 可真的是荒谬的吗? 事实上, Euler 的 "错误" 里包含了相当深刻的洞见. 本节我们介绍一个扩展的求和, Cesàro 求和. 在这一求和下,

$$1 - 1 + 1 - 1 + 1 - 1 + \cdots$$

确实是 $\dfrac{1}{2}$.

3. 回顾 Cauchy 第一极限, 若 $S_n \to A$, 则

$$\frac{S_1 + S_2 + \cdots + S_n}{n}$$

也收敛于 A. 但是有时候, 即便 S_n 发散,

$$\frac{S_1 + S_2 + \cdots + S_n}{n}$$

依然可能收敛.

4. 于是, 对于无穷和 $\displaystyle\sum_{k=1}^{\infty} x_k$ 而言, 令 $S_n = \displaystyle\sum_{k=1}^{n} x_k$. 若极限

$$\lim_{n \to \infty} \frac{S_1 + S_2 + \cdots + S_n}{n} = A, \ A \in \mathbb{R},$$

则称 A 为无穷和 $\displaystyle\sum_{k=1}^{\infty} x_k$ 的 Cesàro 和, 也称 $\displaystyle\sum_{k=1}^{\infty} x_k$ 是 Cesàro 可和的.

5. 由 Cauchy 第一极限可知, 若 $\displaystyle\sum_{k=1}^{\infty} x_k = A$ 本身收敛, 那么它的 Cesàro 和一定也是 A. 反之未必. 例如, 可以轻松验证, 无穷和 $1 - 1 + 1 - 1 + 1 - 1 + \cdots$ 的 Cesàro 和恰为 $\dfrac{1}{2}$.

6. 然而, 并不是所有级数都是 Cesàro 可和的. 事实上, $\sum_{k=1}^{\infty} x_k$ Cesàro 可和有一个必要条件: $\dfrac{x_n}{n} \to 0$. 因此 $\sum_{n=1}^{\infty} (-1)^{n-1} n$ 不是 Cesàro 可和的.

7. 证明不过是极限四则运算的习题:

   a. 首先, 注意

   $$\frac{S_1 + \cdots + S_{n-1}}{n} = \frac{S_1 + \cdots + S_{n-1}}{n-1} \cdot \frac{n-1}{n} \to A.$$

   b. 因此

   $$\frac{S_1 + \cdots + S_n}{n} - \frac{S_1 + \cdots + S_{n-1}}{n} \to 0,$$

   即 $\dfrac{S_n}{n} \to 0$.

   c. 同理, $\dfrac{S_{n-1}}{n} \to 0$, 即得 $\dfrac{x_n}{n} \to 0$.

1.4 函数连续性

本节我们讨论函数的连续性. 为此, 我们需要函数极限这个概念.

1.4.1 函数极限定义

数列可以看成自变量离散变化的函数, 本小节所研究的函数的自变量则是连续变化的. 我们需要把数列极限的理论 (自变量离散变化的极限) 推广到函数极限 (自变量连续变化的极限).

1. 可以描述变化的不仅仅是数列, 还有可能是函数. 数列 $\{x_n\}$ 描述的是 n 变化时, x_n 的变化. 而一般而言, 函数 $y = f(x)$ 描述了自变量 x 变化时, 因变量 y 的变化. 当然, 数列 $\{x_n\}$ 可以看成自变量为自然数、因变量为实数的函数: $n \mapsto x_n$, 相对地, 本章所研究的自变量都是连续变化的.

2. 数列极限刻画了数列的变化趋势. 相应地, 也有刻画函数变化趋势的函数极限.

定义 1.4.1 (函数极限) 设函数 $y = f(x)$ 在点 x_0 的某个去心邻域中有定义, 即存在 $\rho > 0$, 使得 $O(x_0, \rho) \backslash \{x_0\} \subset D_f$, 其中 $O(x_0, \rho) = (x_0 - \rho, x_0 + \rho)$. 如果存在实数 A, 对于任意 (小的) $\varepsilon > 0$, 可以找到 $\delta > 0$ (一般 $\varepsilon > 0$

越小则 δ 越小. 为强调其依赖于 ε, 可记为 δ_ε), 使得当 $0 < |x - x_0| < \delta$ 时, 有 $|f(x) - A| \leqslant \varepsilon$, 则称 A 是函数 $f(x)$ 在点 x_0 处的极限, 记为 $\lim\limits_{x \to x_0} f(x) = A$, 或 $f(x) \to A,\ x \to x_0$.

3. 函数极限定义大部分需要解释的地方, 都和数列极限一致, 不赘述. 但有一点需特别指出: 注意定义中 "去心邻域", 即 $0 < |x - x_0| < \rho$ 这个条件 ——函数 $f(x)$ 在 x_0 点的极限与其在 x_0 点的取值, 甚至与其在 x_0 处是否有定义毫无关系.

4. 与 x_0 点处取值无关是合理的: 目前我们要研究的是自变量靠近 x_0 时, 函数值的变化趋势 (到哪个值要多近有多近), 而不是探讨函数在 x_0 点处的取值. 比如下面这个函数

$$f(x) = \begin{cases} 0, & x \neq 0, \\ 1, & x = 0. \end{cases}$$

很明显, 在自变量趋于 0 时, 函数值有一个确定的变化趋势: 它们一直是 0. 不能因为 $f(0) \neq 0$ 就否定这个变化趋势的存在.

5. 我们其实是参照数列极限的定义方式, 平行地写出了函数极限的定义. 但函数极限定义本身也是很具体和直接的. 请随手画几个函数极限的例子. 比如 $\lim\limits_{x \to 0} f(x) = a$. 体会一下为什么一定会想到用 ε 与 δ 描述随着 x 走向 0, $f(x)$ 被压到 a 去这个过程. 事实上, 函数极限就像一个机关, 当自变量被两个竖直方向夹板夹到某一点处的时候, 函数值被两个水平方向的夹板夹到某个数去.

6. 函数极限与距离 x_0 比较远的 x 处取值没有关系. 类似于那一列依次扎爆的气球, 你可以如下过程理解函数极限: 首先把函数图像想象出来, 然后想象你由远及近, 向着 x_0 擦掉远处的函数图像, 而剩下的 x_0 点之外的全部函数值都聚集在 A 附近.

7. 反过来, 怎样才叫函数不收敛于某个值呢? 既然在学习数列极限时已经遇到过这个问题, 大家应该都有经验了, 所以我们直接给出其不收敛于某点的叙述.

定义 1.4.2 设函数 $y = f(x)$ 在点 x_0 的某个去心邻域中有定义, 即存在 $\rho > 0$, 使得 $O(x_0, \rho) \backslash \{x_0\} \subset D_f$. 对于实数 A, 若存在一个 $\varepsilon > 0$, 对于任意 $\delta > 0$, 都存在 x, 满足 $0 < |x - x_0| < \delta$, 且 $|f(x) - A| \geqslant \varepsilon$, 则称函数 $f(x)$ 在 x_0 处不收敛于 A.

8. 现在我们做一个小游戏，展开看一看不收敛于某一点的定义，究竟是在说什么：假设 $x \to x_0$ 时，$f(x)$ 不收敛于 A，那么按照定义，存在一个 $\varepsilon > 0$，使得对任意 $\delta > 0$，都存在一个 x，$0 < |x - x_0| < \delta$，有 $|f(x) - A| > \varepsilon$.

   a. 拿出这个 ε. 取 $\delta_1 = 1$，则可以找到一个 x_1，$0 < |x_1 - x_0| < \delta_1$，但 $|f(x_1) - A| > \varepsilon$.

   b. 取 $\delta_2 = \dfrac{|x_1 - x_0|}{2}$，则可以找到一个 x_2，$0 < |x_2 - x_0| < \delta_2$，但 $|f(x_2) - A| > \varepsilon$.

   c. 以此类推，就可以得到一列 $\{x_n\}$，其中 $0 < |x_n - x_0| < \dfrac{1}{2^n}$，而且 $|f(x_n) - A| > \varepsilon$ 对任意 n 成立. 这样我们就找到了一个趋于 x_0 的数列 $\{x_n\}$，而其函数值数列 $\{f(x_n)\}$ 不收敛于 A.

9. 也就是说，若 $\lim\limits_{x \to x_0} f(x) \neq A$——这里不等于可以是有极限而极限不等于 A，也可以是没有极限——就一定存在一个 $\varepsilon > 0$ 以及一个数列 $\{x_n\}$，其中 $\lim\limits_{n \to \infty} x_n = x_0$，而 $|f(x_n) - A| > \varepsilon, \forall n$. 注意根据证明，你甚至可以要求 $\{x_n\}$ 是单调的.

10. 意外吗？一点也不，我们已经知道：数列是探讨极限的最小单位，因此若不收敛，一定是一个数列出了问题，而不只是有限几个点. 因此数列极限不等于 A，至少是一个子数列出了问题；函数极限不等于 A，就至少是一个数列出了问题.

11. 类似地，有以下左右极限的概念.

    定义 1.4.3 设函数在 $(x_0 - \rho, x_0)$ 上有定义 $(\rho > 0)$，若存在实数 B，对任意给定的 $\varepsilon > 0$，存在一个 δ，使得当 $-\delta < x - x_0 < 0$ 时，有

    $$|f(x) - B| < \varepsilon,$$

    则称 B 为函数 $f(x)$ 在 x_0 处的左极限，记为 $\lim\limits_{x \to x_0^-} f(x) = B$. 一般地，记函数在 x_0 处的左极限为 $f(x_0^-)$. 右极限 $\lim\limits_{x \to x_0^+} f(x) = B$（记为 $f(x_0^+)$）的定义是类似的，请大家自行写出.

    由定义，$\lim\limits_{x \to x_0} f(x)$ 存在当且仅当 $\lim\limits_{x \to x_0^-} f(x)$，$\lim\limits_{x \to x_0^+} f(x)$ 均存在且相等.

12. 函数极限的概念还可以拓展为自变量趋于正负无穷以及函数值趋于正负无穷等情况，本书不赘述.

1.4.2 连续性

在这一小节中, 我们解释日常中以为的连续为什么被翻译成下面特定的数学定义, 以及介绍不连续的几种情况.

所谓连续就是不断, 就是 "下一个要与上一个挨着".

1. 因为自变量是全体实数, 我们没有办法像自然数一样, 谈实数的上一个下一个. 但是很自然的, 我们可以把 $f(x_0^-) = \lim\limits_{x \to x_0^-} f(x)$ (之前时刻的变化趋势) 当成 $f(x_0)$ 的上一个, 而把 $f(x_0^+) = \lim\limits_{x \to x_0^+} f(x)$ (之后时刻的变化趋势) 当成 $f(x_0)$ 的下一个. 于是有如下定义:

定义 1.4.4 a. 称函数 $f(x)$ 在 x_0 处连续, 如果 $f(x)$ 在 x_0 的某个邻域内有定义, 并且 $\lim\limits_{x \to x_0} f(x) = f(x_0)$. 若函数在一个开区间 (a,b) 内的任何一点处都连续, 则称函数 $f(x)$ 在 (a,b) 内连续.

b. 称函数 $f(x)$ 在 x_0 处左连续, 如果 $\lim\limits_{x \to x_0^-} f(x) = f(x_0)$. 称函数 $f(x)$ 在 x_0 处右连续, 如果 $\lim\limits_{x \to x_0^+} f(x) = f(x_0)$. 若函数 $f(x)$ 在 (a,b) 内连续, 在 a 处右连续, 在 b 处左连续, 则称 $f(x)$ 在闭区间 $[a,b]$ 上连续.

当然, 函数 $f(x)$ 在 x_0 处连续当且仅当其在该点处左连续并右连续.

2. 从定义可以看出, 所谓 f 在 x_0 处连续, 说的就是取极限和取函数值这两个过程可以交换次序. 为加深理解, 我们写一下函数 f 在 x_0 处连续的 ε-δ 语言定义: 对于任意 (小的) $\varepsilon > 0$, 可以找到 $\delta > 0$ (一般 $\varepsilon > 0$ 越小则 δ 越小. 为强调其依赖于 ε, 记为 δ_ε), 使得当 $|x - x_0| < \delta$ 时, 有 $|f(x) - f(x_0)| \leqslant \varepsilon$. 请注意这里和函数极限定义的区别.

例 1.4.1 试说明 $\dfrac{1}{x}$ 在 $(0, +\infty)$ 上是连续的.

3. 证明 a. 要说明其在任何 $x_0 \in (0, +\infty)$ 处连续, 即说明 $\lim\limits_{x \to x_0} \dfrac{1}{x} = \dfrac{1}{x_0}$.

b. 对任何 x_0, 首先我们可以限定一下要考虑的 x 的范围: 限定范围反正不会影响 $\lim\limits_{x \to x_0} \dfrac{1}{x}$ 的计算.

c. 我们限定在 $|x - x_0| \leqslant \dfrac{x_0}{2}$ ($\dfrac{x_0}{3}, \dfrac{x_0}{4}, \dfrac{x_0}{5}$ 等等都可以).

d. 为了让 $\left|\dfrac{1}{x} - \dfrac{1}{x_0}\right| < \varepsilon$, 那就是要 $\left|\dfrac{x - x_0}{x x_0}\right| < \varepsilon$, 只要 $|x - x_0| < \varepsilon |x x_0|$ 就

好了, 因为 x 最小只能取 $\dfrac{x_0}{2}$, 那么只要 $|x - x_0| < \varepsilon \dfrac{x_0^2}{2}$ 就一定万无一失了.

e. 于是很明显, 只要取 $\delta = \min\left\{\varepsilon \dfrac{x_0^2}{2}, \dfrac{x_0}{2}\right\}$ 即可. 上面的过程说明了

$\lim\limits_{x \to x_0} = \dfrac{1}{x_0}$.   □

请大家体会一下上面的例子中 δ 是如何依赖 x_0 的: x_0 距离 0 越近, 为了将函数值压在 $\dfrac{1}{x_0}$ 附近, δ 要越小才行, 而且必须要多小有多小.

例 1.4.2 试说明 x^2 在 $(-\infty, +\infty)$ 内是连续的.

4. 证明 a. 要说明对任何 $x_0 \in (-\infty, +\infty)$, $\lim\limits_{x \to x_0} x^2 = x_0^2$. 以 $x_0 \geqslant 0$ 为例子即可.

b. 对任何 x_0, 首先可以限定一下要考虑的 x 的范围: 限定范围反正不会影响 $\lim\limits_{x \to x_0} x^2$ 的计算.

c. 我们限定在 $|x - x_0| \leqslant 1$ 中.

d. 为了让 $|x^2 - x_0^2| < \varepsilon$, 那就是要 $|(x - x_0)(x + x_0)| < \varepsilon$, 只要 $|x - x_0| < \dfrac{\varepsilon}{|x + x_0|}$ 就好了, 因为 x 最大只能取 $x_0 + 1$, 那么只要 $|x - x_0| < \dfrac{\varepsilon}{|2 x_0 + 1|}$ 就一定万无一失了.

e. 于是很明显, 只要取 $\delta = \min\left\{\dfrac{\varepsilon}{|2 x_0 + 1|}, 1\right\}$ 即可. 上面的过程说明了

$\lim\limits_{x \to x_0} = x_0^2$.   □

请大家再次体会一下上面的例子中 δ 是如何依赖 x_0 的: x_0 越大, 为了将函数值压在 x_0^2 附近, δ 也要越小才行, 而且必须要多小有多小.

5. 为了强调与以后将要学习的另一个概念的区别, 我们在此写出函数在一个区间上连续的 ε-δ 语言表述:

函数 $f(x)$ 在某区间 D 上连续, 如果对于任意 $x \in D$, 任意 $\varepsilon > 0$ (先有 x, ε), 存在 δ (后有 δ, 此 δ 取决于 x 与 ε, 因此也可以记为 $\delta_{x, \varepsilon}$), 使得只要 $|y - x| < \delta$, 就有 $|f(y) - f(x)| < \varepsilon$.

6. 下面来看连续函数复合的问题.

命题 1.4.1 函数 $f(y)$ 在 y_0 处连续, 且 $\lim\limits_{x \to x_0} g(x) = y_0$, 则 $\lim\limits_{x \to x_0} f(g(x)) = f(y_0)$, 即 $\lim\limits_{x \to x_0} f(g(x)) = f(\lim\limits_{x \to x_0} g(x))$. 特别地, 连续函数的复合还是连续函数.

7. 证明很容易, 套两次 ε-δ 语言就好了, 简单到飞快, 飞快到你都反应不过来为什么非要 f 连续不可.

   证明 a. 对任意 $\varepsilon > 0$, 由于 $f(y)$ 在 y_0 处连续, $\delta' > 0$, 使得只要 $|g(x) - y_0| < \delta'$, 就有 $|f(g(x)) - f(y_0)| \leqslant \varepsilon$.

   b. 同时由于 $\lim\limits_{x \to x_0} g(x) = y_0$, 对 $\delta' > 0$, 存在一个 $\delta > 0$, 使得只要 $0 < |x - x_0| < \delta$, 就有 $|g(x) - y_0| < \delta'$.

   c. 对任意 a 中的 ε, 考虑 b 中的 δ 即可. 证明完毕. $\square$

8. 上面的证明是如此之快, 快到你可能看不到真正的问题. 真正的问题是, 若 f 不连续, 那么上述命题是不对的. 假设 $\lim\limits_{x \to x_0} g(x) = y_0$, 而 $\lim\limits_{y \to y_0} f(y) = A$, 一般而言我们并不能断言 $\lim\limits_{x \to x_0} f(g(x)) = A$. 一个简单的例子:

$$u = f(y) = \begin{cases} 1, & y \neq 0, \\ 0, & y = 0, \end{cases} \quad y = g(x) = x \sin \frac{1}{x}.$$

可见 $\lim\limits_{x \to 0} f(g(x))$ 都不存在.

9. 也就是说对一般函数, 函数极限不可复合计算, 但是为什么对连续函数就可以呢? 请大家自行写一下函数极限的 ε-δ 语言定义和函数连续的 ε-δ 语言定义, 并留心前者需要**去心邻域**, 后者却是整个邻域就好. 因此若假设 f 在 y_0 处连续, 则在上述命题的证明中, $g(x) = y_0$ 也无所谓; 若去掉 f 连续的条件, 那 $g(x) = y_0$ 就是一个很大的问题了.

10. 根据连续性的定义, 很容易知道, 不连续点, 或称间断点, 一共可分为三种:

    a. 函数 $f(x)$ 在 x_0 处左右极限均存在但不相等: 称为第一类间断点或跳跃间断点.

    b. 函数 $f(x)$ 在 x_0 处左右极限里面有一个不存在: 称为第二类间断点. 不存在是指极限是无穷如 $\lim\limits_{x \to 0^+} e^{\frac{1}{x}}$, 或者压根不收敛, 比如 $\lim\limits_{x \to 0^+} \sin \frac{1}{x}$.

    c. 函数 $f(x)$ 在 x_0 处左右极限都存在且相等, 但不等于 $f(x_0)$ 或者 f 在 x_0 处无定义, 则称为可去间断点.

11. 只需利用单调有界原理, 即可见开区间 (a, b) 内单调函数 (在其定义域即 (a, b) 内) 的不连续点只可能是跳跃间断点. 事实上, 以单调递增函数为例, 由单调有界原理, 必有在任意点 x_0 处, 其左右极限均存在为有限数, 且

$$\lim_{x \to x_0^-} f(x) \leqslant f(x_0) \leqslant \lim_{x \to x_0^+} f(x).$$

此时在其任意不连续点 x_0 处, $\left(\lim_{x \to x_0^-} f(x), \lim_{x \to x_0^+} f(x) \right)$ 均构成开区间, 且不同不连续点处开区间交为空集, 因而每一个区间中均包含了不同的有理数. 这其实说明了单调函数的不连续点最多仅可列个.

12. 为熟悉间断点概念, 试判断一下 Riemann 函数的间断点种类. 虽然有点反直觉, 但 Riemann 函数确实在一切无理数点连续, 不绝如缕. 反直觉的原因在于不连续点密密麻麻, 怎么看也不像上一个挨着下一个. 但是连续是一个局部概念, 只要你拿着放大镜看过去, 它是上一个挨着下一个即可.

1.4.3 一致连续性

本小节证明, 有界闭区间上连续函数必有一致连续性. 而一致连续性是在说, 相对于自变量误差, 一致连续的函数是稳定的.

1. 回顾 $f(x)$ 在 $D \in \mathbb{R}$ 上连续的 ε-δ 语言: 函数 $f(x)$ 在 D 上连续, 如果对于任意 $x \in D$, 任意 $\varepsilon > 0$ (先有 x, ε), 存在 $\delta > 0$ (后有 δ, 此 δ 取决于 x 与 ε, 因此也可以记为 $\delta_{x,\varepsilon}$), 使得只要 $|y - x| < \delta$, $y \in D$, 就有 $|f(y) - f(x)| < \varepsilon$.

2. 注意这里的 δ 是依赖于 ε 和 x 的. 直观理解一下, 对于一个 ε, 可取的 $\delta_{x,\varepsilon}$ 越小, 说明函数在 x 附近越敏感. 例如函数 $f(x) = \dfrac{1}{x}$ 在 $(0, +\infty)$ 内是连续函数, 但这个函数明显在 0 附近走极端, 变得要多敏感有多敏感, 自变量仅变化一点点, 函数值的变化就会很大. 回忆我们得到的用于验证 $\dfrac{1}{x}$ 在 $(0, +\infty)$ 内连续的 $\delta_{x_0,\varepsilon}$ 的公式.

3. 所谓一致连续, 就是说一个连续函数, 对任意 $\varepsilon > 0$, 可以一致地找到一个仅依赖于 ε 的 $\delta > 0$, 使得对任意 x, y, 只要 $|x - y| \leqslant \delta$, 而不论它们的位置在哪里, 就有 $|f(x) - f(y)| \leqslant \varepsilon$.

定义 1.4.5 设函数 $f(x)$ 定义在 $X \subset \mathbb{R}$ 上, 若对于任意 $\varepsilon > 0$, 存在一个 $\delta > 0$, 使得只要 $x, y \in X$ 满足 $|x - y| < \delta$, 就有 $|f(x) - f(y)| < \varepsilon$, 则称 $f(x)$ 在 X 上一致连续.

4. 按照我们之前的直观, 所谓一致连续, 大概是说, 函数不可以要多敏感有多敏感, 或者说, 函数有它最敏感的时候, 而不会走极端. 而不一致连续, 就是要多敏感有多敏感, 会走极端. 按照这个意思, 你大概可以推测, $\frac{1}{x}$ 在 $(0, +\infty)$ 内不一致连续, x^2 不一致连续. 然而, 要严格说明, 就需要一个严格的定义和定理.

定义 1.4.6 (不一致连续) 设函数 $f(x)$ 定义在实数集 X 上, 则 $f(x)$ 在 X 上不一致连续, 当且仅当存在一个 $\varepsilon > 0$, 使得对任意 $\delta > 0$, 存在 $x, y \in X$, 满足 $|x - y| < \delta$, 且 $|f(x) - f(y)| > \varepsilon$.

5. 这个定义几乎和之前不收敛的定义如出一辙: 拧着来就对了. 而只要你肯把这个定理再仔细写一下, 就可以得到如下命题:

命题 1.4.2 设函数 $f(x)$ 定义在区间 X 上, $f(x)$ 在 X 上不一致连续, 则存在一个 $\varepsilon > 0$, 以及数列 $\{x_n\} \subset X$, $\{y_n\} \subset X$, 满足 $\lim\limits_{n \to \infty} |y_n - x_n| = 0$, 同时 $|f(x_n) - f(y_n)| > \varepsilon$.

6. 更整齐一点, 就可以得到如下定理:

定理 1.4.3 (一致连续的充分必要条件) 设函数 $f(x)$ 定义在区间 X 上, 则 $f(x)$ 在 X 上一致连续, 当且仅当对任意点列 $\{x_n\}$, $\{y_n\}$, 只要 $\lim\limits_{n \to \infty} |y_n - x_n| = 0$, 就有 $\lim\limits_{n \to \infty} |f(y_n) - f(x_n)| = 0$.

充分性已经由前一个命题给出了. 而必要性的证明也是简单的.

a. f 一致连续, 所以对任意 $\varepsilon > 0$, $\exists \delta > 0$, 只要 $|x - y| \leqslant \delta$, 就有 $|f(y) - f(x)| \leqslant \varepsilon$.

b. 由于 $\lim\limits_{n \to \infty} |y_n - x_n| = 0$, 对上条中的 δ, 存在 N, 使得 $\forall n > N$, 有 $|y_n - x_n| \leqslant \delta$.

c. 于是 $|f(y_n) - f(x_n)| < \varepsilon, \forall n > N$. 证毕.

7. 上述命题和定理的叙述和证明看上去抽象, 其实很自然. 所谓一致连续, 就**是只要自变量变化越来越小, 不论自变量在哪里, 函数值变化就会小下去**. 相反, **如果自变量变化要多小有多小, 而函数值变化一直小不下去**, 那就不是一致连续. 因此用数列给出一致连续的充分必要条件是非常自然的.

8. 所以要验证 $\frac{1}{x}$ 在 $(0, +\infty)$ 内不一致收敛, 只需取 $x_n = \frac{1}{n}$, $y_n = \frac{1}{2n}$. 相应地, 要验证 x^2 不一致收敛, 只需取 $x_n = \sqrt{n}$, $y_n = \sqrt{n+1}$.

9. 在面对判断函数是否一致连续的问题时, 诀窍就是: 先大致感受一下函数是否变化稳定, 是否会走极端. 如果不是, 就尝试用定义证明其一致连续, 反之, 则向着走极端的方向找两个数列, 然后对这两个数列利用上面的充分必要条件判断其不一致连续.

10. 例如对 $f(x) = x \sin x, x \in [0, +\infty)$ 而言, x 趋于无穷时, 函数在长度为 π 的区间内要从更高的波峰落到波谷, 从波谷回到波峰, 因此函数越来越陡. 而只需令 $x_n = 2n\pi + \dfrac{1}{n}$, $y_n = 2n\pi$ 即可验证函数不一致收敛. 对函数 $f(x) = \sin x^2, x \in [0, +\infty)$ 而言, 由于随着 x 的增加, x^2 越来越快地走完一个长度为 π 的区间, 因此函数越来越陡. 而只需令 $x_n = \sqrt{2n\pi + \dfrac{\pi}{2}}$, $y_n = \sqrt{2n\pi}$ 即可验证其不一致连续.

11. 为什么要学习一致连续这样抽象的概念呢? 一致连续函数是比较可控的, 你踢自变量一脚, 只要控制好力度, 那么函数值的变化大约不会出你意料. 可是对不一致连续的连续函数, 你踢自变量一脚, 一会儿变化不大, 一会儿变化又十分剧烈, 而且是没有最剧烈, 只有更剧烈. 你肯定更希望和前者打交道, 就像你想和情绪稳定的人做朋友一样.

12. 在工程或者其他应用中, 对自变量的测量往往带有误差. 如果已知函数是一致连续的, 那么测量自变量的误差带来的麻烦总归是可估计的. 如果不是一致连续的, 那就需要另作分析了.

13. 计算机是画不了真正的函数曲线的. 它能做的, 是把整个区间分成一个又一个小区间段, 然后在每一个区间段上都假设函数是常值函数, 恒等于这个小区间段上某一点的函数值——手机也好电脑也罢, 再光滑的图也是一个一个非常小的正方形拼出来的. 回顾连续性, 若函数是连续的, 那么只要区间段够小, 把函数看成恒等于某一点函数值的常值函数是可行的, 误差不会太大. 这就是连续性这个概念的目的之一: 局部上的零阶近似. 但是若函数不是一致连续的, 那就意味着你不能通过把整个区间等分成几段, 分别零阶近似, 也就是说, 不能均匀地零阶近似. 而若一致连续, 这就不是问题了. 你可以想象, 计算机肯定更喜欢一致连续的函数.

14. 介绍 Lipschitz 条件也许有助于我们理解一致连续性. 称函数 f 满足 Lipschitz 条件, 若存在常数 $M > 0$, 使得 $|f(x) - f(y)| < M|y - x|$ 对任意 x, y 均成立. 很明显, 满足 Lipschitz 条件的函数都是一致连续的. 当然, 一致连续未必满足 Lipschitz 条件. 利用接下来要介绍的一些定理, 我们可以给出几个反例.

15. 上面已经看到, 开区间上的连续函数未必一致连续, 那么闭区间上的函数呢?

   定理 1.4.4 (Cantor 定理) 有界闭区间上的连续函数一致连续.

   于是 $\sqrt{x}$ 在 $[0,1]$ 上是一致连续的, 但可以验证它不满足 Lipschitz 条件.

16. 其证明就要利用上面对一致连续的几个刻画.

   证明 a.   假设不一致收敛, 则存在 $\varepsilon > 0$, 以及数列 $\{x_n\}$, $\{y_n\}$, 使得 $|x_n - y_n| \to 0$, 而 $|f(x_n) - f(y_n)| > \varepsilon, \forall n$ 成立.

   b.   由 Bolzano-Weierstrass 定理, 有收敛子列 $\{x_{n_k}\}$. 由 a 中条件可知, $\{y_{n_k}\}$ 收敛, 且 $\lim\limits_{n_k \to \infty} x_{n_k} = \lim\limits_{n_k \to \infty} y_{n_k}$, 设其极限为 $x_0 \in [a,b]$.

   c.   由于在 x_0 处连续, 我们有 $\lim\limits_{n_k \to \infty} f(x_{n_k}) = \lim\limits_{n_k \to \infty} f(y_{n_k}) = f(x_0)$, 与 a 矛盾. $\square$

1.4.4   有界闭区间上连续函数像为有界闭区间

   本节介绍的三个性质总结起来说了一件事: 连续函数把有界闭区间映射为有界闭区间.

1. 所谓证明就是把正确的事情说清楚. 本节的几个定理证明, 难就难在: 这些定理的叙述, 至少在你看来已经清楚得不得了, 它却要你说得更清楚. 这是数学训练的一个目的: 能分辨正确的话和清楚的话, 并把正确的话说清楚.

2. 有界性: 有界闭区间上的连续函数是有界的.

   定理 1.4.5 若函数 $f(x)$ 在闭区间 $[a,b]$ 上连续, 则它在 $[a,b]$ 上有界.

   请自行举例说明为什么有界闭区间和函数连续这两个条件缺一不可.

3. 自然可以想到应该用反证法证明这个定理. 假设 $f(x)$ 无界. 可是事实上, 验证一个函数无界需要你运算验证无数次, 一旦你要运算无数次以验证一个条件, 你就可以得到一个数列. 如果这个数列有极限就好了, 可它偏偏不一定有. 当你特别希望一个数列有极限, 而它不一定有的时候, 就用 Bolzano-Weierstrass 定理. 这样我们就可以找到一个子列收敛到一个点, 在这个点处, 会发生矛盾. 这就是证明的想法, 现在我们来严格写一下这个过程.

4. **证明** 假设 $f(x)$ 无界.

   a. 先取 $M_1 = 1$, 可知必然存在 $x_1 \in [a,b]$, 使得 $|f(x_1)| > M_1$.

   b. 令 $M_2 = 2$, 则有 $x_2 \in [a,b]$, 使得 $|f(x_2)| > M_2$.

   c. 以此类推, 可见存在一个数列 $\{x_n\} \subset [a,b]$, 使得 $\lim\limits_{n\to\infty} f(x_n) = \infty$.

   d. 由于 $\{x_n\} \subset [a,b]$ 有界, 由 Bolzano-Weierstrass 定理, 可知存在一个收敛子列 $\{x_{n_k}\}$. 显然, $\lim\limits_{n_k\to\infty} f(x_{n_k}) = \infty$.

   e. 设 $\lim\limits_{n_k\to\infty} x_{n_k} = x_0 \in [a,b]$, 于是由连续性, 可知 $\lim\limits_{n_k\to\infty} f(x_{n_k}) = f(x_0)$, 矛盾. $\qquad\qquad\square$

5. 有界闭区间上的连续函数有界是说, 如果 f 是有界闭区间 $[a,b]$ 上的连续函数, 那么实数集

   $$E = \{f(x) | x \in [a,b]\}$$

   就是有界集合. 下面的定理就是说: 对于有界闭区间 $[a,b]$ 上的连续函数 f, E 有最大值和最小值, 也就是说, 一定存在 ξ, η, 使得 $f(\xi) = \inf E, f(\eta) = \sup E$.

6. 确界性: 有界闭区间上的连续函数可以取得其最大值和最小值.

   定理 1.4.6 若函数 $f(x)$ 在闭区间 $[a,b]$ 上连续, 则它在 $[a,b]$ 上必能取得其最大值和最小值, 即存在 ξ,η, 使得

   $$f(\xi) \leqslant f(x) \leqslant f(\eta), \forall x \in [a,b].$$

   请大家自行举例说明为什么有界闭区间和函数连续这两个条件缺一不可.

7. 有界闭区间上的连续函数的值域既然是有界的, 那么一定有上下确界. 最大最小值必然一定是这个上下确界, 所以我们索性证明连续函数一定可以取得上下确界即可. 验证一个数是一个集合的上下确界本质上也需要运算无数次, 于是得到一个数列, 也就得到收敛子列, 也就得到一个极限点, 而极限点, 就是我们要找的 ξ, η.

8. 严格证明如下:

   证明 以最大值为例. $f(x)$ 有界, 因此有上确界, 设为 M.

   a. 考虑 $\varepsilon_1 = 1$, 则由于 M 为上确界, 必存在 $x_1 \in [a,b]$, 使得 $M - \varepsilon_1 \leqslant f(x_1) \leqslant M$.

b. 考虑 $\varepsilon_2 = \dfrac{1}{2}$, 必存在 $x_2 \in [a,b]$, 使得 $M - \varepsilon_2 \leqslant f(x_2) \leqslant M$.

c. 以此类推, 得到一个数列 $\{x_n\} \in [a,b]$, 使得 $\lim\limits_{n \to \infty} f(x_n) = M$.

d. 有界数列必有收敛子列, 设为 $\{x_{n_k}\}$, 首先有 $\lim\limits_{n_k \to \infty} f(x_{n_k}) = M$.

e. 设 $\lim\limits_{n_k \to \infty} x_{n_k} = \eta$, 则由连续性可知

$$f(\eta) = \lim_{n_k \to \infty} f(x_{n_k}) = M.$$

证毕. □

9. 介值性: 有界闭区间上的连续函数可以取得其最大值和最小值之间的一切值. 为简化证明, 我们先证明一个零点存在定理.

定理 1.4.7 若函数 $f(x)$ 在闭区间 $[a,b]$ 上连续, 且 $f(a)f(b) < 0$, 则一定存在 ξ, 使得 $f(\xi) = 0$.

10. 零点存在定理可以推出介值定理.

定理 1.4.8 若函数 $f(x)$ 在有界闭区间 $[a,b]$ 上连续, 设 $M = \max\{f(x)\}$, $m = \min\{f(x)\}$, 则对任意 $c \in [m, M]$, 存在 $\xi \in [a,b]$, 使得 $f(\xi) = c$.

事实上, 由确界定理, 可知存在 $\alpha, \beta \in [a,b]$, 使得 $f(\alpha) = M, f(\beta) = m$. 设

$$F(x) = f(x) - c.$$

可知 $F(\alpha) > 0$, $F(\beta) < 0$, 于是利用零点存在定理即可.

11. 证明零点存在定理相当于给出一个求解 $f(x) = 0$ 的方法. 闭区间套定理提供了一个这样的方法: 二分法.

证明 不妨设 $f(a) < 0$.

a. 首先考虑 $c_1 = \dfrac{a+b}{2}$. 若 $f(c_1) = 0$, 问题得证; 若 $f(c_1) < 0$, 则令 $[a_1, b_1] = [c_1, b]$; 若 $f(c_1) > 0$, 则令 $[a_1, b_1] = [a, c_1]$.

b. 考虑 $c_2 = \dfrac{a_1 + b_1}{2}$. 若 $f(c_2) = 0$, 问题得证; 若 $f(c_2) < 0$, 则令 $[a_2, b_2] = [c_2, b_1]$; 若 $f(c_2) > 0$, 则令 $[a_2, b_2] = [a_1, c_2]$.

c. 以此类推, 若有 n 使得 $f(c_n) = 0$, 问题得证. 若对任意 n 均有 $f(c_n) \neq 0$, 则可得一列闭区间套 $\{[a_n, b_n]\}$, 其中 $f(a_n) < 0, f(b_n) > 0$ 对任意 n 成立. 设 $\eta = \lim\limits_{n \to \infty} a_n = \lim\limits_{n \to \infty} b_n$, 则由连续性以及极限保序性立得 $f(\eta) = 0$, 得证. □

12. 零点存在定理和介值定理是两个很重要的定理. 比如利用零点存在定理可以证明最简单的不动点定理:

定理 1.4.9 设 $f(x)$ 为闭区间 $[a,b]$ 上的连续函数, 且有 $f([a,b]) \subset [a,b]$, 证明存在 $\xi \in [a,b]$, 使得 $f(\xi) = \xi$.

证明非常简单, 只要对函数 $F(x) = f(x) - x$ 使用零点存在定理即可.

13. 以上三个定理合在一起说明了一件事: 连续函数把连续的实数系的一个有界闭区间连续地映成有界闭区间. 或者通俗地说, 连续函数把连续的实数系连续地弯了一下.

第 2 章

导数与微分

本章只有一个目的: 引入导数与微分, 这两个不论对人类历史, 还是对我们自己的大脑, 都具有划时代意义的概念.

导数和微分是重要的局部概念: 仅仅与一点周围可以要多小有多小的邻域有关. 所谓局部概念, 就是用放大倍数要多大有多大的放大镜观察函数时所关心的概念, 局部与整体是数学分析的一对重要主题. 对局部的研究, 就是从这一章开始.

本章需要掌握的技巧很少, 但需要深入解释的概念非常多. 这样的内容看上去简单, 其实很难.

2.1 一元函数导数与微分

本节首先介绍导数的定义. 我们按照数学家、物理学家、天文学家、自然哲学家以及皇家铸币厂官员 Newton 的思路介绍导数, 其含义相当直接.

继而介绍微分. Leibniz 最早引入了微分的概念. 他是一位数学家, 也是一位哲学家.

2.1.1 作为瞬时速度的导数

Newton 发明导数的一个初衷是研究瞬时速度.

1. 回顾一开始我们就探讨过的瞬时速度定义问题, 大家应该能接受, 所谓 t_0

时刻的瞬时速度, 就是

$$\lim_{\Delta t \to 0} \frac{s(t_0 + \Delta t) - s(t_0)}{\Delta t},$$

如果这个待定型极限存在的话. 其中 t 是时间, s 是路程函数.

2. 把上面的定义推广到一般函数, 就得到导数的定义:

定义 2.1.1 (导数与导函数) a. 设函数 $f(x)$ 在开区间 (a, b) 内有定义, 若在 $x_0 \in (a, b)$ 处, 如下极限

$$\lim_{\Delta x \to 0} \frac{f(x_0 + \Delta x) - f(x_0)}{\Delta x}$$

存在 (为有限数), 则称函数 f 在 x_0 处可导, 并记

$$f'(x_0) := \lim_{\Delta x \to 0} \frac{f(x_0 + \Delta x) - f(x_0)}{\Delta x}.$$

b. 若函数 $f(x)$ 在任意 $x \in (a, b)$ 处可导, 则称函数 f 在 (a, b) 内可导, 并记 f' 为 f 在各点处导数所定义的函数, 称为导函数.

通过定义, 不难看出, 可导和导数 $f'(x)$ 均是局部概念.

3. 用日常语言说, 就是导数描述了**瞬间变化率**. 当然, 这是 Newton 的解释. Leibniz 则从几何角度阐述导数意义: 导数是函数曲线的**切线斜率**. 切线是割线的 "极限", 而按照定义, 割线斜率的极限就是导数.

4. 从 Leibniz 对导数的解释出发, 也可以给出可导的一个几何解释: 拿着一个倍数越来越大的放大镜, 对着函数在某一点附近的函数图像去看, 函数在这点处可导, 就是说在这些倍数越来越大的放大镜下, 函数在该点处的图像越来越像一条直线, 即该点处的切线, 且此切线不垂直于 x 轴.

5. 正是因为可以从物理和几何角度解释导数, 关于它的很多问题都可以通过 Euclid 几何学解决. 只不过之前学 Euclid 几何时, 那些点和线是静止的, 而现在需要让图形里的那些点和线动起来. Newton 的巨著《自然哲学的数学原理》就是用动态的 Euclid 几何学写就的. 但过分依赖 Euclid 几何, 也会限制思路和思维速度. 代数推导也很重要. 历史上, 在微积分诞生之后的一段时期内, 重视代数推导的欧洲大陆数学家, 比跟随 Newton 脚步只重视几何方法的英国数学家, 走得更快更远. 初学者应该两者都掌握.

6. 类似于左右连续, 也有左导数 $f'_-(x_0)$ 以及右导数 $f'_+(x_0)$, 其中

$$f'_{\pm}(x_0) = \lim_{\Delta x \to 0^{\pm}} \frac{f(x_0 + \Delta x) - f(x_0)}{\Delta x}.$$

大家不难发现, 函数在某点处可导当且仅当其在该点处左右导数均存在且相等. 一般而言, 我们说函数 f 在 $[a,b]$ 上可导, 若其在 (a,b) 内可导, 且在 a 处右可导, 在 b 处左可导.

7. 接下来我们看几个不可导的例子. 首先 $f(x) = |x|$ 在 $x = 0$ 处不可导, 因为其在 0 左右导数不相等. 其次 $f(x) = \sqrt[3]{x}$ 也在 $x = 0$ 处不可导, 因为

$$\lim_{x \to 0} \frac{\sqrt[3]{x}}{x} = \lim_{x \to 0} \frac{1}{\sqrt[3]{x^2}} = \infty.$$

另外函数

$$f(x) = \begin{cases} x \sin \dfrac{1}{x}, & x \neq 0, \\ 0, & x = 0 \end{cases}$$

在 $x = 0$ 处也不可导. 请按定义验证这一点.

8. 函数可导和函数连续之间的关系显而易见: 上述几个例子说明, 连续未必可导. 而由定义, 可导一定连续. 事实上, 若可导, 则

$$\lim_{x \to x_0} f(x) - f(x_0) = \lim_{x \to x_0} \frac{f(x) - f(x_0)}{x - x_0}(x - x_0) = 0.$$

9. 初学者经常把函数可导与导函数连续搞混. 其实仔细写一下导函数定义和函数极限定义, 就会看清楚函数可导与导函数连续, 这两个概念之间没有太多联系. 例如函数

$$f(x) = \begin{cases} x^2 \sin \dfrac{1}{x}, & x \neq 0, \\ 0, & x = 0 \end{cases}$$

在 $x = 0$ 处可导, 导函数却在 0 处不连续. 关于 f 的导函数计算, 在 0 处可由定义算得为 0, 但在非 0 处, 其导函数可由马上要谈到的初等函数求导以及求导法则求得

$$f'(x) = 2x \sin \frac{1}{x} - \cos \frac{1}{x}.$$

2.1.2 简单初等函数导数

本小节目的是解释几个重要函数的导数为什么是这个样子的.

1. 对于幂函数、正弦函数、指数函数以及对数函数, 大家应该早已熟知其导数究竟是什么. 然而, 仅仅机械计算不足以让我们理解它们的导数为什么恰好是这个样子: 为什么幂函数的导函数恰好是低一阶的幂函数乘上幂次本身? 为什么正弦的导函数恰好是余弦? 为什么自然指数的导函数还是自己? 为什么自然对数的导函数恰好是自变量的倒数?

2. 要回答这些问题, 就要回溯这些重要函数本来的定义. 例如, 函数 x^2 的导数为什么是 $2x$? 这其实很好解释. 假设有一个正方形, 边长为 x_0, 面积就是 x_0^2. 如果边长稍微变化了一点点 Δx, 那面积变化 Δx^2 就是 $\Delta x^2 = (x_0 + \Delta x)^2 - (x_0)^2 = (\Delta x)^2 + 2x_0 \Delta x$.

3. 关键是, 很容易就可以在图上看出, 哪里是 $(\Delta x)^2$, 哪里有两个 $x_0 \Delta x$, 于是导数是多少就一目了然了. 类似地, 对一切自然数, 可以解释为什么 $(x^k)' = kx^{k-1}$, 考虑 k 维正 "立方体" 即可.

4. 下面解释 $\sin x$ 的导数为什么是 $\cos x$ (见图 2.1.1). 设 $\angle CAD$ 为角度 x, 于是线段 CD 的长度就是 $\sin x$. 设角度 $\angle EAC$ 为 Δx. 那么弧长 $\overset{\frown}{CE}$ 就

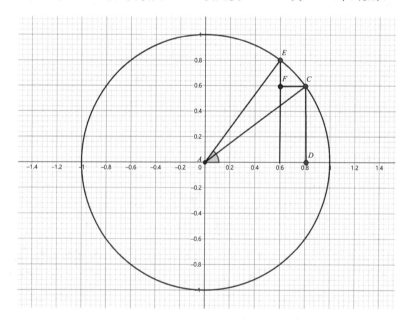

图 2.1.1: $\sin x$ 的导数为什么应该是 $\cos x$

是 Δx, 线段 EF 的长度就是 $\Delta \sin x$. 当 Δx 变小的时候, 弧 $\overset{\frown}{CE}$ 长得越来越像线段 CE, 同时 "三角形" ECF 也和三角形 CAD 越发相似. 于是直角边长 $\Delta \sin x$ 比 "斜边长" Δx, 就趋于 $\cos x$.

5. 我们再试试解释指数函数导数这件事. 考虑函数 2^t. 那么在每个单位时间里, 函数 2^t 都增加了 $2^{t+1} - 2^t = 2^t$. 也就是说这种指数函数, 其变化速率是与当下数值成比例的. 但是 $2^{t+1} - 2^t$ 只是在计算一个单位时间内的平均速率, 并不是瞬时速率. 在已经合理推断其瞬时增长速率与当下数值成正比的情况下, 有什么办法计算其瞬时速率呢?

6. 假设 2^t 在 t 时刻瞬时增长速率为 $k2^t$, 目的就是算出比例系数 k. 对此我们曾经介绍过一个办法: 把单位时间分成 n 等份, 假设每一小段时间上都是匀速变化的. 于是可以推出

$$2^t \left(1 + \frac{k}{n}\right)^n \approx 2^{t+1},$$

即

$$\left(1 + \frac{k}{n}\right)^n \approx 2.$$

且当 $n \to \infty$ 时, 应该有

$$\lim_{n \to \infty} \left(1 + \frac{k}{n}\right)^n = 2,$$

即 $\mathrm{e}^k = 2$, $k = \ln 2$. 因此 $(2^t)' = 2^t \ln 2$.

7. 通过上述推理也可以看出, 要想找到一个数 a, 使得 a^t 在 t 时刻变化速率恰好是 a^t, 那就应该有

$$\lim_{n \to \infty} \left(1 + \frac{1}{n}\right)^n = a,$$

所以 a 就应该是 e. 这样去想, $(\mathrm{e}^x)' = \mathrm{e}^x$ 就是自然的了.

8. 至于对数函数导数为自变量的倒数这件事, 可以根据指数函数导数以及反函数求导法则给出解释.

2.1.3 求导法则

本小节介绍一些求导的运算法则.

1. 再要计算一些导数就要首先建立一些关于导数的运算法则. 很容易就可以知道, $(af + bg)' = af' + bg'$, 其中 f, g 均可导, a, b 是常数.

2. 其次, 是简单而无处不在的 Leibniz 法则. 假设 f 与 g 均可导, 则 $(fg)' = f'g + fg'$. 事实上

$$
\begin{aligned}
&\lim_{x \to x_0} \frac{f(x)g(x) - f(x_0)g(x_0)}{x - x_0} \\
= \ &\lim_{x \to x_0} \frac{f(x)g(x) - f(x)g(x_0) + f(x)g(x_0) - f(x_0)g(x_0)}{x - x_0} \\
= \ &\lim_{x \to x_0} f(x) \lim_{x \to x_0} \frac{g(x) - g(x_0)}{x - x_0} + g(x_0) \lim_{x \to x_0} \frac{f(x) - f(x_0)}{x - x_0} \\
= \ &f(x_0)g'(x_0) + g(x_0)f'(x_0).
\end{aligned}
$$

3. 另外, 设 g 可导, 且无零点, 则 $\dfrac{1}{g}$ 也可导, 其导函数为

$$
\lim_{x \to x_0} \frac{\dfrac{1}{g(x)} - \dfrac{1}{g(x_0)}}{x - x_0} = \lim_{x \to x_0} \frac{\dfrac{g(x_0) - g(x)}{g(x)g(x_0)}}{x - x_0} = -\frac{g'(x_0)}{g(x_0)^2}.
$$

由此以及 Leibniz 法则, 可知函数除法的求导公式:

$$
\left(\frac{f}{g}\right)' = \frac{f'g - fg'}{g^2}.
$$

4. 一个稍微不那么平凡的法则, 是反函数求导法则. 设 $y = f(x)$, 假设在 $y_0 = f(x_0)$ 处, f 的导数是 $a \neq 0$, 那么函数 $x = f^{-1}(y)$ 在 $x_0 = f^{-1}(y_0)$ 处的导数就是 $\dfrac{1}{a}$.

5. 事实上, 对于单调函数而言, $x \to x_0$ 意味着 $y \to y_0$, 因此若 $a = f'(x_0) = \lim\limits_{x \to x_0} \dfrac{y - y_0}{x - x_0}$, 则有 $\dfrac{1}{a} = \lim\limits_{y \to y_0} \dfrac{x - x_0}{y - y_0} = (f^{-1})'(y_0)$. 利用导数的切线解释, 这个计算的几何意义是非常显然的: 在一点处, 切线以 x 为自变量看过去的斜率, 恰好是以 y 为自变量看过去的斜率的倒数. 请大家自行画图体会这一点.

6. 用导函数的写法来看反函数求导法则, 就是说: 设 $y = y(x) = f(x)$, $x = x(y) = f^{-1}(y)$, 那么

$$
(f^{-1})'(y) = \frac{1}{f'(x)}, \text{ 其中 } y = f(x), \ x = f^{-1}(y).
$$

"其中" 后面的等式是为了强调反函数求导法则等号左右 y 与 x 之间的对应关系.

7. 有很多同学, 求反函数在一点处的导数还好, 可是一到实际计算中, 要利用反函数求导法则求某个函数导数时就算不清楚了. 我们将这个计算过程写开如下:

   a. 函数是 $y = f(x)$, 或者记为 $y(x)$, 反函数则是 $x = f^{-1}(y)$, 或者记为 $x = x(y)$. 假设已知 $(f^{-1})'(y)$ 的表达式.

   b. 要求 $f'(x)$. 按照规则, 有 $f'(x) = \dfrac{1}{(f^{-1})'(y)}$, 其中 $y = f(x)$.

   c. 注意函数 $f'(x)$ 的自变量应该是 x, 所以要把 $\dfrac{1}{(f^{-1})'(y)}$ 中的 y 代换成 x. 注意所谓代换, 就是要利用 $y = f(x)$ 来代换, 而不是单纯符号替换.

   d. 即 $f'(x) = \dfrac{1}{(f^{-1})'(y)} = \dfrac{1}{(f^{-1})'(y(x))} = \dfrac{1}{(f^{-1})'(f(x))}$.

8. 一个简单的例子. 想求 $y = \ln x$ 在 x 处的导数. 函数 $\ln x$ 的导函数是 $x = e^y$ 导函数的倒数, 因此 $\ln' x$ (导函数在 x 处取值) 就是 $\dfrac{1}{e^y}$ 在 x 处取值, 就是 $\dfrac{1}{e^{\ln x}} = \dfrac{1}{x}$.

9. 再来看一个稍微复杂一点的例子: 求 $y = \arcsin x$ 的导函数. 首先反函数是 $x = \sin y$, 反函数的导函数是 $\cos y$, 于是 $y = \arcsin x$ 在 x 处的导数应该是 $\dfrac{1}{\cos y}$. 但是导函数应该用自变量表示, 因此需要把 y 换成 x, 即 $\dfrac{1}{\cos \arcsin x}$. 而 $\cos \arcsin x = \sqrt{1 - \sin^2(\arcsin x)} = \sqrt{1 - x^2}$, 因此 $\arcsin' x = \dfrac{1}{\sqrt{1 - x^2}}$.

10. 下面我们讨论关于复合函数求导的重要法则. 先想一个简单的例子. 假设 $y = ax, x = bz$, 那么 y 是 z 的 ab 倍. 进一步看一下这个例子, 就会发现, a 其实是 $y = ax$ 的导数, b 是 $x = bz$ 的导数, 而 $y = abz$ 本身是 $y = ax$ 和 $x = bz$ 的复合函数, 它的导数恰好是 ab.

11. 这恰好就是链式法则的意义: 复合函数的导数是函数导数的乘积. 证明的

思路非常简单, 由四则运算:

$$\lim_{x \to x_0} \frac{f(g(x)) - f(g(x_0))}{x - x_0}$$

$$= \lim_{x \to x_0} \frac{(f(g(x)) - f(g(x_0)))(g(x) - g(x_0))}{(g(x) - g(x_0))(x - x_0)}$$

$$= \lim_{x \to x_0} \frac{f(g(x)) - f(g(x_0))}{g(x) - g(x_0)} \lim_{x \to x_0} \frac{g(x) - g(x_0)}{x - x_0}$$

$$= f'(g(x_0))g'(x_0).$$

12. 这个思路有一个小问题, 就是如果 $g(x) - g(x_0) = 0$, 则 $\dfrac{f(g(x)) - f(g(x_0))}{g(x) - g(x_0)}$ 没有意义. 但这个问题没有太大的关系, 因为若 $g(x) - g(x_0) = 0$, 就用 $f'(g(x_0))$ 替换 $\dfrac{f(g(x)) - f(g(x_0))}{g(x) - g(x_0)}$, 上述全部等号依然成立. 因此可以如下方式写出链式法则的证明: 令

$$h(x) = \begin{cases} \dfrac{f(g(x)) - f(g(x_0))}{g(x) - g(x_0)}, & g(x) \neq g(x_0), \\ f'(g(x_0)), & g(x) = g(x_0), \end{cases}$$

则可见 $\lim_{x \to x_0} h(x) = f'(g(x_0))$, 且

$$\frac{f(g(x)) - f(g(x_0))}{x - x_0} = h(x) \frac{g(x) - g(x_0)}{x - x_0},$$

于是由四则运算可得结论.

13. 回头看可以发现, 反函数求导法则其实可以由复合函数求导法则推出. 事实上, 既然

$$f^{-1}(f(x)) = x,$$

那么就有

$$(f^{-1})'(f(x))f'(x) = 1.$$

2.1.4　高阶无穷小量

在介绍微分之前, 我们先介绍高阶无穷小量的概念.

1. 设 $u(x), v(x)$ 在 $x \to x_0$ 时为两个无穷小量. 若 $\lim_{x \to x_0} \dfrac{u(x)}{v(x)} = 0$, 则表明 $u(x) \to 0$ 的速度更快一些, 故称 $u(x)$ 是 $v(x)$ 的高阶无穷小量. 只要看

一下 x^2 与 x 在趋于 0 时谁快谁慢, 就明白为什么要称其为高阶无穷小量. 相应地, 称 $v(x)$ 为 $u(x)$ 的低阶无穷小量. 上述关系记录为

$$u(x) = o(v(x)), x \to x_0.$$

一般地, 我们用符号 $u(x) = o(1), x \to x_0$ 表示 $u(x)$ 为 $x \to x_0$ 时的无穷小量. 例如, $x^2 = o(x), x \to 0$, $x^3 = o(x), x \to 0$.

2. 类似地, 还有高阶无穷大量的概念, 本书略去其详细叙述. 事实上, 高阶无穷小量和无穷大量的概念源于实际应用. 在实际应用中, 经常要估计自变量很大, 或者趋于 0 时的函数值. 以 $x \to 0$ 时, $u(x)$ 是 $v(x)$ 的高阶无穷小为例. 要估计 $w(x) = u(x) + v(x)$ 的值, 则当 x 足够小时, $v(x)$ 起主要作用, $u(x)$ 对 $w(x)$ 的贡献微不足道. 这样的估计在实际应用中是非常常见且重要的. 感兴趣的同学可以去看《功勋》这部电视剧的 "无名英雄于敏" 这个单元, 相信你一定可以在某些镜头里, 看到黑板上写着 "起主要作用" 这一类词句.

2.1.5 微分在干什么: 线性近似

在面对变速运动时, 人们总是会设想: 如果能刻画瞬时速度就好了. 正如上文介绍过的, 导数可以刻画瞬时速度. 其实还有另外一种朴素的想法, 即在非常小的时间段内把运动近似为匀速运动. 这个想法非常棒, 几乎每个人都曾想到过它, 但并不是每个人都能用它解决问题. 我们需要用严格的数学概念实现这一想法, 微分可以帮我们做到这一点.

微分就是要在某一点附近对微小的函数变化做线性近似. 按照这一句话可以推出微分的全部理论, 但首先我们要明白为什么要这么做, 以及怎么样才算线性近似.

1. 还是假设有一个正方形, 边长为 x_0, 面积就是 x_0^2. 如果边长稍微变化了一点点 Δx, 那面积变化 Δx^2 是多少? 这太简单了, 那就是 $\Delta x^2 = (x_0 + \Delta x)^2 - (x_0)^2 = (\Delta x)^2 + 2x_0\Delta x$.

2. 可是这个数字算起来并不容易, 麻烦就麻烦在 $(\Delta x)^2$, 尤其当 Δx 很小时. 如果只是对一个小 Δx 算一下 Δx^2 的话, 那不过一时的麻烦, 倒是没什么. 可是要对所有 Δx 计算 Δx^2, 那就是一个永远的麻烦. 永远的麻烦, 就是没有解决的困难.

3. 世间事相反相成. 当 Δx 很小时, 忽略 $(\Delta x)^2$ 也没什么大不了的. 因此不要计算 $(\Delta x)^2 + 2x_0\Delta x$, 了, 反正它差不多等于 $2x_0\Delta x$, 就计算 $\Delta x^2 \approx 2x_0\Delta x$ 好了.

4. 这个突然的想法很棒. 可是一旦想着去把握它, 就会发现它有点模棱两可. 首先, 当 Δx 很小的时候, 直接就有 $\Delta x^2 \approx 0$. 那约等于 0 才是最一了百了的事情. 都是约等于, 凭什么不用约等于 0, 却要约等于 $2x_0\Delta x$?

5. 此时思维的混乱在于缺乏近似的标准. 近似应服从两个标准: 第一是容易计算, 第二是在第一条的基础上, 误差最小. 因为我们追求的是局部近似, 因此所谓误差最小, 说的是 Δx 很小时, 误差最小. 这个世界上, 最容易计算的函数, 是线性函数, 因而我们要用 $a\Delta x$ 形式的线性函数去近似.

6. 而在所有线性函数中, 局部上最小的近似误差就是 $o(\Delta x)$. 事实上, 假设 $\Delta x^2 = a\Delta x + o(\Delta x)$, 则对任意 $b \neq a$, 都有 $\Delta x^2 - b\Delta x = (a-b)\Delta x + o(\Delta x)$, 其误差绝对值将在 Δx 很小时远远大于 $o(\Delta x)$. 这不仅说明了最小的近似误差应为 $o(\Delta x)$, 还说明了若指定误差为 $o(\Delta x)$, 则 a 是唯一确定的.

7. 根据这两个原则, 可以发现, 要近似 Δx^2, 只有一个选择, 那就是利用线性的 $2x_0\Delta x$. 它是线性的, 同时 $\Delta x^2 - 2x_0\Delta x = o(\Delta x), \Delta x \to 0$. 此时的误差在所有不同线性近似中最小, 它消失得非常快, 比 Δx 自身消失得还要快——或者说在 Δx^2 中, $2x_0\Delta x$ 占主要地位, 于是我们就把

$$\Delta x^2 \approx 2x_0\Delta x$$

这样的约等于, 称为**线性近似**.

8. 那么, 是否可以将上述想法推广到一般地函数上面? 具体说, 就是: **是否可以在某点附近, 对函数变化量做线性近似?** 我们用一个定义将上述想法固定下来.

定义　2.1.2 (可微) a. 对函数 $y = f(x)$ 定义域中的一点 x_0, 若存在一个其系数仅与 x_0 有关的关于 Δx 的线性函数, 即存在仅与 x_0 有关的数 $g(x_0)$, 使得 $\Delta x \to 0$ 时, 恒成立

$$\lim_{\Delta x \to 0} \frac{f(x_0 + \Delta x) - f(x_0) - g(x_0)\Delta x}{\Delta x} = 0,$$

即

$$f(x_0 + \Delta x) - f(x_0) = g(x_0)\Delta x + o(\Delta x), \Delta x \to 0,$$

则称函数 $y = f(x)$ 在 x_0 处可微.

b. 若函数 $y = f(x)$ 在某区间中的每一点处都可微, 则称 $f(x)$ 在该区间上可微.

9. 从几何上看, 所谓在 x_0 处可微, 就是用倍数越来越大的放大镜看那条函数在 x_0 附近的图像, 会感觉它越来越像直线. 反过来, 在 x_0 附近越看越像直线, 也就是说函数可以线性近似. 局部上看起来像直线, 意味着可以用直线的性质预测可微函数局部上的性质, 这就是可微的本意.

10. 为方便, 记 $f(x_0 + \Delta x) - f(x_0)$ 为 Δf 或 Δy. 我们强调, 对于可微函数, 指定误差为 $o(\Delta x), \Delta x \to 0$, 则近似 Δf 的 $g(x_0)\Delta x$ 的线性函数是唯一的, 且在局部上看是最佳的线性近似. 事实上, 对任意 $h(x_0) \neq g(x_0)$, 都有

$$\lim_{\Delta x \to 0} \frac{f(x_0 + \Delta x) - f(x_0) - h(x_0)\Delta x}{\Delta x}$$

$$= \lim_{\Delta x \to 0} \frac{f(x_0 + \Delta x) - f(x_0) - g(x_0)\Delta x}{\Delta x} + g(x_0) - h(x_0)$$

$$= g(x_0) - h(x_0) \neq 0.$$

11. 在可微定义中, $g(x_0)\Delta x$ 是 Δf 的等价无穷小, 而误差在 $\Delta x \to 0$ 时是 $o(\Delta x)$, 即 $g(x_0)\Delta x$ 在 Δf 中发挥主要作用. 因此有时也称 $g(x_0)\Delta x$ 为 **Δf 的线性主要部分**. 在 $\Delta x \to 0$ 时, 我们就将 Δx 记作 $\mathrm{d}x$, 将线性主部记为 $\mathrm{d}y|_{x_0}$, 或 $\mathrm{d}f|_{x_0}$, 称为 f 的微分. 因而

$$\mathrm{d}y|_{x_0} = \mathrm{d}f|_{x_0} = g(x_0)\,\mathrm{d}x.$$

12. 为什么要单独给线性主部一个名字? 因为在实际中, 很多时候只要计算线性主部就足够了. 例如十年复利年化 0.012 和十年单利年化 0.015 这两笔贷款, 你只需要算一下 $(1 + x)^{10}$ (二项式展开即可) 的线性主部, 就应该知道选前者.

13. 我们已经介绍过一个可微函数的例子: $f(x) = x^2$ 在 $\forall x_0 \in \mathbb{R}$ 处可微, 此时也称它在 $(-\infty, +\infty)$ 内可微. 现在来看一个不可微函数的例子: 函数 $f(x) = x^{\frac{2}{3}}$ 在 $x = 0$ 处不可微. 直接计算有

$$\Delta f = f(\Delta x) - f(0) = (\Delta x)^{\frac{2}{3}}.$$

而 $\Delta x \to 0$ 时, $(\Delta x)^{\frac{2}{3}}$ 是低阶无穷小, 因此 Δf 不可能写成 Δx 与其高阶无穷小的和.

14. 按照定义就可以知晓, 可微函数必定是连续的. 而上面的例子指出, 连续函数未必可微.

2.1.6　微分究竟是什么: 假假真真的解释

上一小节, 我们说, 微分 $\mathrm{d}f$ 就是 Δf 的线性主部. 可是, 线性主部究竟是什么? 这个问题之所以关键, 在于微分马上就要参与加法运算、比值运算等各种运算. 不是所有对象都可以做加法、做除法的, 苹果除橘子, 没有意义.

本小节, 我们以两种方式解释微分这个概念: 一种是那种足够说服自己的; 一种是可以说服一切人的. 前面一个容易理解——对一元微积分完全够用; 后面一个精确无误——多元微积分和更深的数学需要这个精确解释.

1. 在 Leibniz 看来, 微分就是一个无穷小但不是 0 的量, $\mathrm{d}x$ 就是微小的 Δx, 而 $\mathrm{d}f = a\,\mathrm{d}x$, 在 Δx 微小但不是 0 的时候, 就约等于 Δf, 即 $\mathrm{d}f \approx \Delta f$. 等式 $\mathrm{d}f = a\,\mathrm{d}x$ 就解释为无限小但非 0 的 f 的变化, 是无限小但非 0 的 x 变化的 a 倍.

2. 可以如下方式模糊地理解无穷小但不是 0: 它于时间则是一弹指、一瞬间、一刹那; 于空间则是一金尘、一微、一极微. 例如在等式 $\mathrm{d}f = a\,\mathrm{d}x$ 中, $\mathrm{d}f$ 可以代表空间中的一极微变化, 而 $\mathrm{d}x$ 可以是时间上的一刹那, 而 a 就是这一刹那间的瞬时速度.

3. 也可以借助物理中的质点概念理解 $\mathrm{d}x$, 例如你可以把非常小的 $\mathrm{d}x$ 当成一个质点, 把 $\mathrm{d}x$ 的那个无限小但不是 0 的量理解为这个质点的质量. 于是 $\mathrm{d}f$ 也可以理解为一个质点, 而这个质点的质量是 $\mathrm{d}x$ 的 a 倍. 质点这个源于物理学思维实验的概念, 往往可以帮我们接受数学分析中关于 $\mathrm{d}x$ 这种无限小但不是 0 的量.

4. 要是好奇 Leibniz 为什么能有这么精妙的想法, 发明这么精妙的概念, 就想想他其实是一个哲学家. 作为哲学家, 他发明了单子论, 说单子是一种不可分割的精神实体. 我没说 Leibniz 的微分和他的单子论有关系, 毕竟这么说是需要大量考证的. 我只是说, 发明了单子论的人发明了微分, 似在情理之中.

5. 这个解释足以帮助我们理解一元微积分里关于微分的几乎一切内容. 然而渐渐地, 我们还是会起疑心, 这东西到底是什么? 例如 $\mathrm{d}f$, $\mathrm{d}x$ 这些符号, 会出现在数乘运算里: $a\,\mathrm{d}f$; 出现在加法运算里: $\mathrm{d}f + \mathrm{d}g$; 出现在除法里: $\dfrac{\mathrm{d}f}{\mathrm{d}g}$; 出现在积分号后面: $\displaystyle\int_a^b f\,\mathrm{d}x$; 出现在重积分后面: $\displaystyle\iint_D f(x,y)\,\mathrm{d}x\,\mathrm{d}y$; 出现在外积运算里: $\mathrm{d}f \wedge \mathrm{d}g$; 等等, 无处不在.

6. 当面对越来越多的运算时, 上面的模糊解释渐渐就不够了. 我们会开始怀疑 df 究竟是什么. 它是数吗? 不是数为什么可以数乘、加法、除法等等? 是数那无限小的数只能是 0, 定义它还有什么意义? 接着我们会怀疑这样或那样使用微分是不是对的, 对的话就应该能说清, 说不清就应该是不对的, 可是它还这么有用, 当然我也不知道这么用对不对……不要惊慌, 我们的心路历程和数学发展的历程是吻合的.

7. 最开始, Leibniz 等人当然已经精准抓住了微分的内涵, 但是他手头并没有合适的语言讲清楚微分究竟是什么. 他只能说, 这是一个无限微小但不是 0 的量. 由于当时有很多足够聪明的数学家可以准确使用这一概念, 解决许多问题, 因此其中的模糊之处就被暂时搁置. 直到 Berkeley 问: 微分究竟是什么? 无限微小是什么? 如果无限微小不是数, 为什么可以做除法? 如果无限微小是数, 无限微小的数只能是 0, 那定义它又有什么意义呢? 甚至有人认为, 微分这个东西, 当它不在分母上的时候, 就是 0, 在分母位置上的时候, 就不是 0.

8. Berkeley 的疑问切中了问题的实质: 微分是要做线性近似这个内涵是清晰的, 可是它需要一个身份. 在那个年代, 这个切中实质的疑问, 直接动摇了微积分的基础. 悲观者选择放弃, 乐观者称微积分为巧妙的谬误. 坚持相信微积分的不少, 但他们的论证说服得了自己, 说服不了别人.

9. 经过很长时间的发展, 数学家终于明白, Δx, 以及线性主部 $g(x_0)\Delta x$ 都不是静止不动的某一个数, 而是变动的. 因此 dx, df 都不是不动的数量, 而是随着 Δx 的变化不断变化的无穷小变量. 而变量, 是函数.

10. 因此, 微分是一个函数, 而且是一个线性函数. 更进一步, 线性函数 df 是函数 $\Delta f = f(x_0 + \Delta x) - f(x_0)$, 在 $\Delta x \to 0$ 时的同阶无穷小量. 这个无穷小量不是 $\sin \Delta x$, 不是 $\ln(1 + \Delta x)$, 不是 $e^{\Delta x} - 1$, 而是 Δx 乘一个常数.

11. 注意, 微分不是关于自变量 x 的函数, 而是固定 x_0 之后, 关于 Δx 的函数. 特别地, dx 就是恒同函数:

$$\mathrm{d}x(\Delta x) = \Delta x,$$

而对每一个固定的 x_0, df 都是一个关于 Δx 的函数:

$$\mathrm{d}f(\Delta x) = g(x_0)\,\mathrm{d}x(\Delta x) = g(x_0)\Delta x.$$

其中 $g(x_0)$ 就是这个线性函数的系数.

12. 一言以蔽之, 这个 $\mathrm{d}f$ **就是线性近似函数 Δf 的线性函数**. 由于对于任意一个 x, 都有一个该点处的微分, 即 Δx 的线性函数, 因此得一**族** Δx 的线性函数, 记

$$\mathrm{d}f = g(x)\,\mathrm{d}x, \mathrm{d}f(\Delta x) = g(x)\,\mathrm{d}x(\Delta x) = g(x)\Delta x.$$

13. 这样, 就自然而然地得到了微分的精确定义:

定义 2.1.3 a. 设 $y = f(x)$ 是以 x 为自变量的可微函数. 定义一个关于 Δx 的**线性函数**:

$$\mathrm{d}x : \mathrm{d}x(\Delta x) = \Delta x.$$

称此系数为 1 的线性函数为**自变量的微分**. 设 x_0 处, $y = f(x)$ 可微, 且

$$\lim_{\Delta x \to 0} \frac{f(x_0 + \Delta x) - f(x_0) - g(x_0)\Delta x}{\Delta x} = 0,$$

则称关于 Δx 的**线性函数** $g(x_0)\Delta x$ 为 f 在 x_0 处的**微分**, 记为 $\mathrm{d}y|_{x_0}$ 或 $\mathrm{d}f|_{x_0}$. 这一线性函数是自变量微分的 $g(x_0)$ 倍, 即 $g(x_0)\,\mathrm{d}x$, 因此我们有

$$\mathrm{d}y|_{x_0} = \mathrm{d}f|_{x_0} = g(x_0)\,\mathrm{d}x.$$

b. 若 f 在其定义域上可微, 则对任意 x, 均有一个该点处的微分, 即 Δx 的线性函数, 因此得一**族** Δx 的线性函数, 记为

$$\mathrm{d}f = g(x)\,\mathrm{d}x,$$

其中

$$\mathrm{d}f(\Delta x) = g(x)\,\mathrm{d}x(\Delta x) = g(x)\Delta x.$$

14. **一定要区分** $g(x)$ 里的 x, $\mathrm{d}x$ **和** Δx. 事实上, x 生活在以 0 为原点的实数轴里, 而 Δx 生活在以 x 为原点的实数轴里面, $\mathrm{d}x$ 则是这个以 x 为原点的实数轴上的线性函数. 也就是说, 函数 $f(x)$ 在 x 处的微分 $\mathrm{d}f = g(x)\,\mathrm{d}x$, 以及该点处的微分 $\mathrm{d}x$, 这两个线性函数的图像, **必须画在以 $(x, f(x))$ 为原点的坐标系里**.

15. 你可能会怀疑, 取出近似的线性函数, 而不是一个数, 会让问题变得很复杂. 你有这样的顾虑, 原因是担心线性函数无法像数一样运算, 而这是杞人忧天: 线性函数可以相加减, 加减之后还是线性函数; 可以乘一个常数; 可以为 0, 也就是值恒为 0 的线性映射. 总之, 微分作为一个线性函数, 它参加后续的各种运算, 合理合法.

16. 事实上, 可以做加减数乘运算又有 0 的, 不是数量就是向量. 一个线性函数不是数量, 自然只能是向量. 全体一元线性函数其实构成了一个一维向量空间. 于是 $df = g(x)dx$ 这个等式可以被解释成在 x 处, 向量 df 写成基底 dx 的线性组合, 其系数是一个仅与 x 有关的常数 $g(x)$.

17. 在高等代数的最后, 你会学到, 向量空间 (比如全体 Δx 构成的向量空间) 上的全体线性函数构成了一个新的向量空间, 称为**对偶空间**. 于是, 微分就成了一种向量: **余切向量**. 如果大家有机会学习微分几何与微分流形, 就会遇见微分的向量定义. 到时候不要慌, 说微分怎么突然变成向量了, 你要回忆起这个遥远的昏昏欲睡的上午或下午或晚上: 微分一直都是线性函数, 而线性函数一直都是向量.

18. 我们给出了微分这个概念的两种不同理解, 精确而不易理解的, 不精确但易理解的. 以后使用微分的时候, 请大家分别尝试用这两种理解去解释为什么微分可以这样或那样使用, 为什么可以参与这样或那样的运算. 你必须真正理解微分, 你也只能在使用中理解微分.

19. 你可以先按照不精确的解释使用微分, 毕竟它好记. 等到彻底熟悉了, 你会不知不觉间发现精确的解释十分自然, 那就彻底明白了. 也就是说, 你可以让主管想象的右脑记住微分的不精确解释: 微分是无穷小但不是 0 的微小量; 但同时让主管分析的左脑记住微分的精确解释: 它是一个线性函数. 在使用微分时, 你可以先听右脑的, 而一旦涉及关于微分的严格分析, 就要听左脑的. 当你可以把微分当成线性函数而熟练使用它时, 你就真的懂微分了. 目前, 你要让左右脑充分沟通, 但不要吵架.

20. 根据定义, 大家可以体会到, 微分是一个局部的概念: $\Delta x \to 0$ 时, 才定义 dx, 以及 df. 所以完整地讲, 微分是对函数做局部线性近似.

21. 说了这么多, 可能还有一件事是你难以接受的: 数学是讲究精确的学科, 再怎么巧妙的, 起主要作用的局部线性近似, 它也不过是差不多而已. 其实本书后续内容, 有一条暗含的线索: **局部上的线性近似, 如何无损精确分析, 不仅如此, 没有局部上的线性近似, 很多精确概念, 如定积分 (面积)、重积分 (体积)、曲线曲面积分乃至几何拓扑中的许多概念, 根本无从定义和构造**. 请大家在以后的学习中, 注意体会这一点. 如果你能完全明白局部线性近似并使用它, 你就掌握了数学分析全部精神的一半.

22. 最后, 我们以如下一问一答形式总结微分的定义:

   • 微分 df 是什么? 是一个线性函数.

- 谁的线性函数? 自变量变化 Δx 的线性函数.

- 微分 $\mathrm{d}x$ 又是什么? 它们是最简单的 Δx 的线性函数, 恒同函数.

- 等式 $\mathrm{d}f = a\,\mathrm{d}x$ 是什么意思? 指 $\mathrm{d}f$ 是 $\mathrm{d}x$ 的 a 倍.

- 定义 $\mathrm{d}f$ 这个线性函数干什么? 线性近似函数值在 Δx 下的变化量.

- 精确分析为什么可以做线性近似? 线性近似不妨碍精确分析, 同时没有线性近似, 就没有精确分析.

- 请你证明最后这句话. 这句话不是要证明的, 是要体会的.

2.1.7 停下来回顾

有必要先停下来回顾一下微分和导数的定义, 再进入新的内容.

1. 为了定义微分, 目前看来, 我们需要:

    a. 确定自变量是谁. 假设 x 是自变量, 则可定义 $\mathrm{d}x$, $\mathrm{d}x(\Delta x) = \Delta x$.

    b. 若函数 f 可微, 则 $\Delta f = g(x)\Delta x + o(\Delta x)$.

    c. 定义 $\mathrm{d}f := g(x)\,\mathrm{d}x$.

2. 微分是在局部上用线性函数 $\mathrm{d}f$ 近似 Δf, 也就是局部上的 f 本身. 可以说, 微分 $\mathrm{d}f$ 为 Δf 的等价无穷小, 当 Δx 很小的时候, $\mathrm{d}f$ 约等于 Δf. 也可以更精确地说, $\mathrm{d}f$ **是在局部上近似函数 f 的一元线性函数. 全体一元线性函数构成一维向量空间**, $\mathrm{d}x$ 是一个基底, 等式 $\mathrm{d}f = g(x)\,\mathrm{d}x$ 就是在 x 处的 $\mathrm{d}f$ 写成 $\mathrm{d}x$ 的线性组合.

3. 另一方面, 为了定义导数, 需要:

    a. 确定自变量是谁: 假设 x 是自变量.

    b. 则若 f 可导, 导数为极限 $\lim\limits_{\Delta x \to 0} \dfrac{\Delta f}{\Delta x}$.

    导数的意义要直接很多, 它就是一个数, 是瞬时变化率或者切线斜率.

4. 函数可微当且仅当函数可导. 一方面假设可微, 则

$$f(x_0 + \Delta x) - f(x_0) = g(x_0)\Delta x + o(\Delta x).$$

直接得

$$\lim_{\Delta x \to 0} \frac{f(x_0 + \Delta x) - f(x_0)}{\Delta x} = g(x_0).$$

另一方面, 若可导, 则

$$\lim_{\Delta x \to 0} \frac{f(x_0 + \Delta x) - f(x_0)}{\Delta x} = f'(x_0),$$

于是

$$\lim_{\Delta x \to 0} \frac{f(x_0 + \Delta x) - f(x_0) - f'(x_0)\Delta x}{\Delta x} = 0,$$

也就是说

$$f(x_0 + \Delta x) - f(x_0) - f'(x_0)\Delta x = o(\Delta x).$$

5. 函数可微当且仅当可导, 算是第一个说明**为什么线性近似的小误差无损精确分析**的例子.

6. 现在我们不仅证明了可微可导等价, 还说明了 $\mathrm{d}f = g(x_0)\,\mathrm{d}x$ 中的 $g(x_0)$ 就是 $f'(x_0)$. 因此又有第二个等式

$$\frac{\mathrm{d}f}{\mathrm{d}x}(x_0) = f'(x_0).$$

这两个等式描述了导数和微分的关系.

7. 得到第二个等式不奇怪, 奇怪的是它的意义. 如果大家把 $\mathrm{d}f$ 就单纯理解为无穷小, 那么左边就是在说无穷小之比的待定型极限. 而如果大家把微分理解为线性函数, 那么左边就是线性函数系数之比: 线性函数 $\mathrm{d}f$ 关于 Δx 的系数就是其导数. 或者更正规地, 将 $\mathrm{d}f$ 比 $\mathrm{d}x$ 理解为求向量 $\mathrm{d}f$ 关于向量 $\mathrm{d}x$ 的线性系数.

8. 用汉语描述上面这两个等式则是: 微分, 就是以导数为斜率的线性函数, 在局部上近似函数. 由此看来, Leibniz 能想到导数是切线斜率这个解释并不意外: Leibniz 以线性近似为切入点引入微分, 而线性近似曲线的图形, 正是切线.

9. 于是通过导数, 可以迅速得到求微分的法则. 如求微分的线性法则即

$$\mathrm{d}(af + bg) = a\,\mathrm{d}f + b\,\mathrm{d}g.$$

微分的 Leibniz 法则即

$$\mathrm{d}fg = f\,\mathrm{d}g + g\,\mathrm{d}f.$$

10. 反过来, 用微分看反函数导数公式是很直接的. 我们已经知道

$$\left(f^{-1}\right)' = \frac{\mathrm{d}x}{\mathrm{d}y}, f' = \frac{\mathrm{d}y}{\mathrm{d}x}.$$

于是反函数求导法则证明了

$$\frac{\mathrm{d}x}{\mathrm{d}y} = \frac{1}{\dfrac{\mathrm{d}y}{\mathrm{d}x}}.$$

就是说, 从今天开始, 可以放心使用这个等式.

11. 设 $f = f(u)$, $u = g(x)$, 则链式法则可以表述为

$$f \circ g'(x) = \frac{\mathrm{d}f}{\mathrm{d}x} = \frac{\mathrm{d}f}{\mathrm{d}u} \cdot \frac{\mathrm{d}u}{\mathrm{d}x}.$$

于是, 以后在具体计算中可以放心约掉中间的 $\dfrac{\mathrm{d}u}{\mathrm{d}u}$ 了. 注意, 这和

$$\frac{\sin x}{n} = 6$$

可不是一回事.

12. 根据微分和导数之间的关系, n 阶导数有时候也表示为 $\dfrac{\mathrm{d}^n f}{\mathrm{d}x^n}$. 不要被这个符号误导, 并没有 d^2, $(\mathrm{d}x)^2$ 这一类东西, $\dfrac{\mathrm{d}^2 y}{\mathrm{d}x^2}$ 只是在缩写

$$\frac{\mathrm{d}\dfrac{\mathrm{d}y}{\mathrm{d}x}}{\mathrm{d}x}.$$

2.1.8 微分形式不变性

本小节的目的在于说明微分是**良定义**的. 如果你对代数比较熟悉, 你会认为这一小节应该紧跟着微分定义. 而如果你对代数还不那么有感觉, 那这一小节在哪都无所谓: 你很可能不知道它在说什么. 没关系, 暂时会用就行.

1. 如果改变参数, 那么函数的导数会发生变化. 设 $u = g(x)$, 那么作为数值, $f'(x) \neq f'(u)$. 这很容易理解, 如果你改变了时间的计量方式, 得出的速度值自然是要发生改变的. 那什么是不变的? 路程等于速度乘以时间, 这个公式的形式是不变的. 也就是说, 路程关于时间的线性函数的系数在参数变换下会变化, 但是这个路程关于时间的线性函数本身是不变的.

2. 而一阶微分就是这样的函数: $\mathrm{d}f$ (路程的小变化) 等于 $f'(x)$ (速度) 乘以 $\mathrm{d}x$ (时间的微小变化). 有了这个例子支撑, 我们就要抽象广泛地研究所谓一阶微分的形式不变性.

3. 首先要在心理上确定, 你对不变性这三个字其实并不陌生. 函数是 $\mathbb{R}$ 到 $\mathbb{R}$ 之间的映射关系, 不论你以怎样不同的参数给定作为原像集的 $\mathbb{R}$ 以坐标, **这个函数本身是不变的, 即这个对应关系是不变的, 尽管在定义它的时候, 你一般要先确定参数是谁.**

4. 与定义函数相同, 原本定义微分的时候, 是要先固定好自变量的. 固定自变量 x, 于是有 $\mathrm{d}x : \mathrm{d}x(\Delta x) = \Delta x$, 于是有 $\mathrm{d}f = f'(x)\,\mathrm{d}x$. 假设 $x = g(u)$, 于是 f 也可以写成以 u 为自变量的函数 $f(u) = f \circ g(u) = f(g(u))$. 既然 u 是自变量, 那就有 $\mathrm{d}u : \mathrm{d}u(\Delta u) = \Delta u$, 于是又有 $\mathrm{d}f = f \circ g'(u)\,\mathrm{d}u$.

5. 问题在于: **不同的参数都定义了 $\mathrm{d}f$, 那这两个 $\mathrm{d}f$ 是一个吗? 当然应该是一个.** 虽然一般而言, 要写出函数 f 需要指定自变量, 但作为两个实数轴之间的对应关系, f 的定义与自变量没有关系, 于是 f 的最佳线性近似 $\mathrm{d}f$ 也应该不依赖于自变量选取. 但注意: **这不是证明!** 事实上, 凡是用到 "应该" 这个字眼的, 都只是说明.

6. 我们可以利用求导的链式法则给出一个严格证明:

$$
\begin{aligned}
\text{以} x \text{ 为自变量定义的 } \mathrm{d}f \;&=\; f'(x)\,\mathrm{d}x \\
&=\; f'(g(u))\,\mathrm{d}g(u) \\
&=\; f'(g(u))g'(u)\,\mathrm{d}u \\
&=\; f \circ g'(u)\,\mathrm{d}u = \text{以 } u \text{ 为自变量定义的 } \mathrm{d}f.
\end{aligned}
$$

这就是说, 虽然在最开始定义 $\mathrm{d}f$ 的时候需要先指定自变量是谁, 但是 $\mathrm{d}f$ 这个线性函数, 其实与自变量选取无关. 这就是微分的形式不变性.

7. 从代数角度而言, 微分的形式不变性就是在说, 微分的定义是**良定义**的. 作为一个线性函数, 微分是一个向量, 因此其是代数的研究对象. 为定义微分, 我们需要首先指定自变量. 但是自变量这个东西, 你有一个我有一个, 怎么确定我们两个要谈的微分是同一个, 而不是鸡同鸭讲? 于是从代数的角度而言, 最基本的问题就是, 微分这个线性函数是否真的与自变量选取无关. 一切与自变量选取有关的, 都不是好的研究对象, 因为交流起来可能会出现歧义. 只有不依赖于自变量选取, 你的微分我的微分才是同一个微分, 交流起来才不会出现歧义, 即**良定义**的.

8. 于是理论上, **尤其是在几何、拓扑等基础学科中, 潜力更大的还是交流起来不会出现歧义的微分**. 以后你也会看到, 是微分符号出现在各种积分中, 而不是导数. 这方面我们暂时解释不了太多, 接下来仅立足本章内容, 浅要解释一下微分的优势.

9. 依据微分形式不变性, 可以更好地理解链式法则. 还是那句话, 所有微分都是不需要指定自变量而可以明确定义的线性函数, 于是下述等式

$$\frac{\mathrm{d}f}{\mathrm{d}x} = \frac{\mathrm{d}f}{\mathrm{d}u} \cdot \frac{\mathrm{d}u}{\mathrm{d}x}$$

是天经地义的: 假设线性函数 $\mathrm{d}f$ 是线性函数 $\mathrm{d}u$ 的 a 倍, 线性函数 $\mathrm{d}u$ 是线性函数 $\mathrm{d}x$ 的 b 倍, 那么线性函数 $\mathrm{d}f$ 自然是线性函数 $\mathrm{d}x$ 的 ab 倍. 也就是说, **复合函数的微分, 恰好是微分的复合**.

10. 上一条目其实也解释了求导为什么一定要满足链式法则: 因为线性函数就是这样. 导数的精神, 或者说微分的精神, 其实是局部上用线性函数代替函数, **一个结论对线性函数是对的, 在局部上就对可微函数是对的**. 这句话可以说是微分拓扑等很多更高深数学方向的内核.

11. 微分还可以简化理论计算和推演. 因为形式不变性, 对一个函数, 不要管自变量是谁, 直接 "d" 它. 不管不顾算下去, 结果就是对的, 仿佛冥冥中有一只手在保佑你的计算一样. 这只手其实就是代数, 它保佑你, 因为你已经证明微分是良定义的.

12. 比如可以用微分计算 $\mathrm{e}^{\sqrt{1+\sin x}}$ 的导数. 完全不用管谁是自变量, 就先 "d" 了它, $\mathrm{d}\mathrm{e}^{\sqrt{1+\sin x}}$. 然后我们把这个微分一点一点展开. 先固定 $\sqrt{1+\sin x}$ 为自变量, 于是

$$\mathrm{d}\mathrm{e}^{\sqrt{1+\sin x}} = \mathrm{e}^{\sqrt{1+\sin x}} \mathrm{d}\sqrt{1+\sin x}.$$

再进一步, 把 $1+\sin x$ 当自变量去展开 $\mathrm{d}\sqrt{1+\sin x}$, 以此类推一点一点展开, 就有

$$\begin{aligned}
\mathrm{d}\mathrm{e}^{\sqrt{1+\sin x}} &= \mathrm{e}^{\sqrt{1+\sin x}} \mathrm{d}\sqrt{1+\sin x} \\
&= \frac{1}{2}\mathrm{e}^{\sqrt{1+\sin x}}(1+\sin x)^{-\frac{1}{2}} \mathrm{d}(1+\sin x) \\
&= \frac{1}{2}\mathrm{e}^{\sqrt{1+\sin x}}(1+\sin x)^{-\frac{1}{2}} \cos x \, \mathrm{d}x.
\end{aligned}$$

13. 再如可利用微分形式不变性, 通过反函数求导公式

$$\frac{\mathrm{d}x}{\mathrm{d}y} = \frac{1}{y'},$$

推出高阶反函数求导的公式:

$$\frac{\mathrm{d}^2 x}{\mathrm{d}y^2} = -\frac{y''}{(y')^3}.$$

14. 事实上, 对公式

$$\frac{\mathrm{d}x}{\mathrm{d}y} = \frac{1}{y'}$$

两端直接求微分, 可得

$$\mathrm{d}\frac{\mathrm{d}x}{\mathrm{d}y} = \mathrm{d}\frac{1}{y'} = -\frac{1}{(y')^2}\,\mathrm{d}y' = -\frac{y''}{(y')^2}\,\mathrm{d}x = -\frac{y''}{(y')^3}\,\mathrm{d}y,$$

计算结束. 请按照这个方法自行推导反函数三阶导数.

15. 若是局限于导数, 这些计算就不能这么简洁了. 因为对一个函数 f, 不能上来就不管不顾地导它. 一旦你要写 f', 就要么在纸上写好谁是自变量, 要么在心里默念好谁是自变量. 总之你要和另一个人约好用哪个自变量, 心照不宣也是约定.

16. 例如纯用导数推导反函数高阶求导公式时, 一定要在每一步骤都记清楚自变量是谁. 一个办法是利用

$$y(x) = y(x(y)), x(y) = x(y(x)), y'(x) = y'(x(y))$$

等关系式. 其中所谓 $x(y)$ 就是 $y = y(x)$ 的反函数. 例如

$$\frac{\mathrm{d}^2 x}{\mathrm{d}y^2} = \frac{\mathrm{d}\dfrac{1}{y'(x(y))}}{\mathrm{d}y}.$$

而后由复合函数求导法则可见

$$\frac{\mathrm{d}\dfrac{1}{y'(x(y))}}{\mathrm{d}y} = -\frac{1}{(y')^2} \cdot \frac{\mathrm{d}y'(x(y))}{\mathrm{d}y} = -\frac{y''}{(y')^2} \cdot \frac{\mathrm{d}x(y)}{\mathrm{d}y} = -\frac{y''}{(y')^3}.$$

17. 数学计算其实是用符号记录推演过程. 下面是 3 世纪数学家 Diophantus 的一个方程:

$$K^Y \bar{\alpha}\xi\bar{\iota} \pitchfork \Delta^Y \bar{\beta}M\bar{\alpha}'i\delta M\bar{\varepsilon}.$$

要阅读这个方程, 首要是识别. 凡是头上带一横的, 都是数字: $\bar{\alpha}$ 代表 1, $\bar{\iota}$ 代表 10, $\bar{\beta}$ 代表 2, 而 $\bar{\varepsilon}$ 代表 5. 然后你要找到未知量在哪里. ξ 代表未知

量, K^Y 代表未知量 ξ 的 3 次方, Δ^Y 是 ξ 的 2 次方, M 是 0 次幂. 最后,
那个鱼叉代表减法, $'\iota\delta$ 是希腊语等于的缩写. 直译为由 Viete 开始建立起
来的现代代数语言, 就是

$$x^3 1x10 - x^2 2x^0 1 = x^0 5,$$

即

$$x^3 + 10x - 2x^2 - 1 = 5.$$

现在你应该可以体会到, 为什么在近代来临之前, 代数发展得如此之慢了:
若能读懂一个方程已经很不容易, 便莫谈沉思它的内容了. 可以说, 如 Dio-
phantus 一般记录方程, 永无可能发现五次方程并无求解公式.

18. 因此符号系统并不是可有可无的东西. 事实上, 它代表了数学的抽象精神.
好的抽象, 可以放飞你的逻辑推理和想象力, 解放你为存储而筋疲力竭的
大脑, 让原本看不见的事实, 瞬间清晰起来. 代数的伟大意义就在于此, 没
有代数, 人们就永远只能在浅显的几何直观里打转, 而不能进入更深层次
的数学.

19. 微分形式不变性是大家在高等代数外, 第一次学习**向量在坐标变换下不变**:
坐标辅助我们研究向量, 向量独立于坐标存在. 而我们强调过, **微分是一个
向量**. 微分的形式不变性在微分几何里就表述为 $\mathrm{d}f$ 是与坐标变换无关的
余切向量场. 以后学到的时候, 不要忘记温故知新.

20. 目前我们其实没有办法定义高阶微分. 你可以利用 Leibniz 法则和 $\mathrm{d}\,\mathrm{d}x =$
0 形式上给出高阶微分的定义, 但这个定义并不是合理的: 典型表现就是
其依赖于自变量或者说坐标选取, 也就是没有形式不变性. 高阶微分真正
合理的定义方法其实是**协变微分**, 它是微分几何中的重要概念. 在微分几
何里, 要定义协变微分, 必须先要定义所谓**联络**, 而定义联络, 就是为了解
决不变性的问题.

21. 本节一直在说微分的好处, 但导数也有其优势. 导数的优势在于浅白直接,
因此在实际应用里, 导数更常见.

2.2 从 Fermat 引理到 Taylor 展开

本节我们简要介绍一元函数导数与微分的应用.

2.2.1 Fermat 引理及其推论

虽然 Fermat 引理是关于通过求导找函数极值的引理, 但 Fermat 去世时, Newton 才二十多岁. 难道说 Fermat 先于 Newton 发现了导数吗? 不是的, 但 Fermat 最早意识到, 一个函数, 要在某点处达到极大值, 那它在这点处的切线必须是水平的. Descartes 也研究了这个极值问题, 但不论是计算上还是理论上, 都是 Fermat 的成果更有生命力. 本节我们就介绍 Fermat 引理, 以及接踵而来的一系列推论.

一句话概括本小节的内涵就是: 导数是变化率, 也是切线斜率.

1. 面对一个函数, 人们自然会问, 函数的极大值或者极小值在哪里?

   定义 2.2.1 (极值) a. 设函数 $f(x)$ 在 (a,b) 内有定义, $x_0 \in (a,b)$, 如果存在 x_0 的某一个邻域 $O(x_0, \delta) \subset (a,b)$ 使得

   $$f(x) \leqslant f(x_0), \forall x \in O(x_0, \delta),$$

   则称 x_0 为一个极大值点, $f(x_0)$ 称为相应的极大值.

   b. 请补齐极小值点与极小值的定义.

   请一定注意, 不论取值如何, $x_0 = a$, b 两点都不可能是极值点, 因为极值点定义要求 "存在 x_0 的某一个邻域 $O(x_0, \delta) \subset (a,b)$".

2. 极大 (小) 值未必是最大 (小) 值, 甚至极小值可能大于极大值. 同时, 极大 (小) 值也未必是唯一的. 通过定义就可以看出来, 极值仅是一个局部概念. 极值点还可能有无数个: 比如 $\sin \dfrac{1}{x}$, Riemann 函数等. 同时注意, 极值的定义与连续性、可微性均无关.

3. 假设函数有可微性, 我们有如下引理:

   定理 2.2.1 (Fermat 引理) 设 x_0 是 $f(x)$ 的极值点, 且 $f(x)$ 在 x_0 处导数存在, 则 $f'(x_0) = 0$.

   其意义很明显: 月满则亏, 日中则仄. 古人的观察是敏锐的, 但是理解反了. 则亏则仄不是诅咒, 而是但凡不亏不仄, 它就不是极值.

   证明 a. 假设 x_0 是极大值, 意味着 $\exists \delta > 0$, $|x - x_0| < \delta$, 则 $f(x) < f(x_0)$.

b. 于是 $\lim\limits_{x \to x_0^-} \dfrac{f(x) - f(x_0)}{x - x_0} \geqslant 0$, $\lim\limits_{x \to x_0^+} \dfrac{f(x) - f(x_0)}{x - x_0} \leqslant 0$. 由可导, 可知

$$\lim_{x \to x_0^-} \frac{f(x) - f(x_0)}{x - x_0} = 0.$$

$\square$

4. 注意最值点未必是极值点, 因为最值点可能出现在边界上. 而出现在区间内部的最值点一定是极值点. 利用这个事实, 借助 Fermat 引理, 可以推出两个重要定理: Rolle 定理和 Darboux 引理.

5. Rolle 定理的意义非常明显: 如果要回到起点, 那一定有回头的时候, 回头那一刻的速度就是 0. 另外注意, 回到起始点的运动, 其平均速度就是 0.

定理 2.2.2 (Rolle 定理) 设 $f(x)$ 在 $[a, b]$ 上连续, 在 (a, b) 内可导, $f(a) = f(b)$, 则存在 $\xi \in (a, b)$, 使得 $f'(\xi) = 0$.

证明 由 f 在 $[a, b]$ 上连续, 则 f 必可在 $[a, b]$ 上取得最大值 M 和最小值 m. 若 M 和 m 均在 a, b 处取得, 则由 $f(a) = f(b)$, f 为常值函数, 结论得证. 若不然, 则不妨假设 M 在 $\xi \in (a, b)$ 内部取得. 则 ξ 是极大值点, 故 $f'(\xi) = 0$. $\square$

6. Darboux 引理是说只要一个函数是另一个函数的导函数, 那么这个函数就一定满足零点存在定理.

定理 2.2.3 (Darboux 引理) 设函数 f 在 $[a, b]$ 上可导, 且 $f'(a)f'(b) < 0$, 则一定存在 $x \in (a, b)$, $f'(x) = 0$.

Darboux 引理是导函数的零点存在定理. 它可以推出导函数的介值定理. 假设 f 在 $[a, b]$ 上可导, $f'(a) < c$, $f'(b) > c$. 那么考虑 $F(x) = f(x) - cx$, 则 $F'(a) < 0$, $F'(b) > 0$, 于是存在 $\xi \in (a, b)$, 使得 $F'(\xi) = 0$, 即 $f'(\xi) = c$.

7. 注意我们并没有假设 f' 是连续函数. 按照 Darboux 引理, 以下两种函数不可能是任何函数的导函数:

$$f(x) = \begin{cases} 1, & x \geqslant 0, \\ 0, & x < 0, \end{cases} \qquad f(x) = \begin{cases} 1, & x = 0, \\ x^2, & x \neq 0. \end{cases}$$

特别地, 导函数不可能有跳跃间断点.

例 2.2.1 导函数若单调, 就必然是连续的.

8. Darboux 引理的证明方式和 Rolle 定理的证明方式如出一辙:

证明 不妨设 $f'(a) < 0, f'(b) > 0$, 利用导数定义可以知道, 存在 $x \in [a,b], f(x) < f(a)$, 以及 $y \in [a,b], f(y) < f(b)$. 因此 $f(a), f(b)$ 都不是最小值. 但是连续函数 f 必须取得最小值, 那就一定是在 (a,b) 里面取得. 因此这个最小值一定是极小值, 此处的导数就是 0. □

9. Lagrange 中值定理, 又叫微分中值定理, 是 Fermat 引理的一个重要推论:

定理 2.2.4 (Lagrange 中值定理) 设函数在 $[a,b]$ 上连续, 在 (a,b) 内可导, 则一定存在 $\xi \in (a,b)$, 使得

$$f'(\xi) = \frac{f(b) - f(a)}{b - a}.$$

10. 这个定理的直观想法是: 一定有一个时刻的瞬时速度, 恰好是平均速度. 根据 Darboux 引理, 这个事实很好解释. 最快速度肯定大于平均速度, 最慢速度肯定小于平均速度, 那一定有一个时刻的速度恰好是平均速度.

11. 但我们将利用 Rolle 定理证明 Lagrange 中值定理. 因为前者就是后者在 $f(a) = f(b)$ 时的特例. 因此我们的证明策略是将一般情形归结为 $f(b) = f(a)$ 的特殊情形. Rolle 定理其实是说若函数过 $(a, f(a))$, $(b, f(b))$ 两点的割线与 x 轴平行, 则有一点处切线与 x 轴平行. 平行关系其实是与坐标无关的. 因此如果你学过线性代数, 你可以借助坐标变换直接证明这个问题.

12. 如果没有学过, 只需让函数图像 "减去" 一个线段图像即可:

证明 令

$$F(x) = f(x) - \frac{f(b) - f(a)}{b - a}(x - a),$$

可见

$$F(a) = F(b) = f(a).$$

于是由 Rolle 定理, 可知 $\exists \xi \in (a,b)$, $F'(\xi) = 0$, 也就是

$$f'(\xi) = \frac{f(b) - f(a)}{b - a}.$$

□

13. Lagrange 中值定理常被用于研究函数值的差. 例如可以利用 Lagrange 中值定理说明: 若函数的导函数恒为 0, 则它一定是常值函数. 否则, 假设 $f(x) \neq f(y)$, 一定可以在 x, y 之间找到一个点, 其导数为 $\dfrac{f(y) - f(x)}{y - x} \neq 0$.

14. Cauchy 中值定理是 Lagrange 中值定理的推广, 同时也是分析形如 $\dfrac{f(x)}{g(x)}$ 函数性质的有力工具. 例如大家所熟知的 L'Hospital 法则, 就是 Cauchy 中值定理的一个推论.

   定理 2.2.5 设 f, g 都在闭区间 $[a, b]$ 上连续, 在 (a, b) 内可导, 且 $g'(x) \neq 0, \forall x \in (a, b)$, 则至少存在一个 $\xi \in (a, b)$, 使得

   $$\frac{f'(\xi)}{g'(\xi)} = \frac{f(b) - f(a)}{g(b) - g(a)}.$$

15. 微妙之处在于, 对等式右边分子分母分别使用 Lagrange 中值定理是不可以的, 因为等式左边要求分子分母上的 ξ 必须相同.

   证明 先证明 $\exists \xi \in (a, b)$, 使得等式

   $$f'(\xi)(g(b) - g(a)) = (f(b) - f(a))g'(\xi)$$

   成立. 只需考虑函数

   $$F(x) = f(x)(g(b) - g(a)) - (f(b) - f(a))g(x)$$

   在 a, b 处取值是否相等. 很容易验证 $F(b) = F(a)$. 由 Rolle 定理 (或者 Lagrange 中值定理), 知存在 $\xi \in (a, b)$ 使得

   $$f'(\xi)(g(b) - g(a)) - (f(b) - f(a))g'(\xi) = 0$$

   成立. 注意, 由于 $g' \neq 0$, 可见 $g(b) - g(a) \neq 0$ 以及 $g'(\xi) \neq 0$, 得证.   □

2.2.2 单调性与凸性

   借助微分中值定理, 我们可以用导数来分析函数的性质, 本节主要集中考虑两个性质: 单调性与凸性. 继续体会作为变化率的导数.

1. 单调递增是说 $\forall x > y$, 有 $f(x) \geqslant f(y)$. 严格单调递增是说 $\forall x > y$, 则有 $f(x) > f(y)$. 相应地, 还有单调递减与严格单调递减这一对概念.

2. 单调增过渡为单调减的那个点就是一个极大值点, 单调减过渡为单调增的那个点就是一个极小值点.

3. 凸性是另外一组重要概念. 下凸是说, 对任意 $x_1 < x_2 < x_3$, 有

$$\frac{f(x_2) - f(x_1)}{x_2 - x_1} \leqslant \frac{f(x_3) - f(x_2)}{x_3 - x_2}.$$

几何上, 这一不等式是说: 在函数图像上任取三个点, 做三角形, 则左弦斜率小于或等于右弦斜率.

4. 上面的条件立刻可以推出如下不等式

$$\frac{f(x_2) - f(x_1)}{x_2 - x_1} \leqslant \frac{f(x_3) - f(x_1)}{x_3 - x_1} \leqslant \frac{f(x_3) - f(x_2)}{x_3 - x_2}.$$

事实上

$$\begin{aligned}
\frac{f(x_3) - f(x_1)}{x_3 - x_1} &= \frac{f(x_3) - f(x_2) + f(x_2) - f(x_1)}{x_3 - x_1} \\
&\leqslant \frac{f(x_3) - f(x_2) + (f(x_3) - f(x_2))\dfrac{x_2 - x_1}{x_3 - x_2}}{x_3 - x_1} \\
&\leqslant \frac{(f(x_3) - f(x_2))(x_3 - x_1)}{(x_3 - x_1)(x_3 - x_2)} \\
&= \frac{f(x_3) - f(x_2)}{x_3 - x_2}.
\end{aligned}$$

同样道理, 有

$$\frac{f(x_2) - f(x_1)}{x_2 - x_1} \leqslant \frac{f(x_3) - f(x_1)}{x_3 - x_1}.$$

几何上, 这组不等式是说: 在函数图像上任取三个点, 做三角形, 则左弦斜率小于或等于中弦斜率小于或等于右弦斜率. 其实中弦斜率是左弦斜率和右弦斜率的加权平均值, 所以上一条目中的不等式可以推出本条目中的这组不等式是显而易见的. 请大家自行画图, 体会这些内容.

5. 下凸还有一个等价的定义: 对任意 x_1, x_2, 以及 $0 \leqslant \lambda \leqslant 1$, 有

$$\lambda f(x_1) + (1 - \lambda)f(x_2) \geqslant f(\lambda x_1 + (1 - \lambda)x_2).$$

这一条件的几何意义就是说割线永远位于曲线上面. 或者说, 下凸函数始终向上转弯.

6. 需要强调的是, 点 $\lambda x_1 + (1 - \lambda)x_2$, 是距离 x_1 为 $(1 - \lambda)(x_2 - x_1)$ 的点, 距离 x_2 为 $\lambda(x_2 - x_1)$ 的点, 是 x_1 权重为 λ, x_2 权重为 $1 - \lambda$ 的加权平均值. 假设你有一根杠杆, 两端分别为 x_1 和 x_2, x_1 一端重量为 λ, x_2 一端重量为 $1 - \lambda$, 那么点 $\lambda x_1 + (1 - \lambda)x_2$ 就是这根杠杆的平衡点. 比如 $\lambda = \dfrac{1}{2}$ 时, 其恰好为中点. 谁的权重小, 这一点就距离谁远一点. 所以上面不等式的解释就是: 函数值的加权平均大于加权平均的函数值.

7. 请大家自主推出上面两个下凸函数的定义等价. 事实上, 要证明它们等价, 并不需要太多复杂的代数推导, 只要参照上图, 或最好自己画图, 而后利用初等数学中学过的相似三角形等知识即可.

8. 我们对下凸函数感兴趣, 很大一部分原因在于其极小值一定是最小值. 注意, 极小值是局部概念, 而最小值则是整体概念, 因而这是一个相当不平凡同时让人欢喜的结论.

   例 2.2.2 设 f 为 $[a,b]$ 上的下凸函数, 若 $x_0 \in (a,b)$ 为 f 的极小值点, 则 x_0 即 f 的最小值点.

   证明 设 $\forall x \in (x_0 - \delta, x_0 + \delta) \subset [a,b]$, 有 $f(x) \geqslant f(x_0)$. 令 $x_0 - \delta < x_1 < x_0 < x_2 < x_0 + \delta$. 则对任意 $x \in [x_0 + \delta, b]$, 由

   $$\frac{f(x) - f(x_0)}{x - x_0} \geqslant \frac{f(x_2) - f(x_0)}{x_2 - x_0} \geqslant 0,$$

   因而 $f(x) \geqslant f(x_0)$. 同理 $\forall x \in [a, x_0 - \delta]$, 有 $f(x) \geqslant f(x_0)$, 得证.   □

9. 同时, 我们有上凸 (即 $\dfrac{f(x_2) - f(x_1)}{x_2 - x_1} \geqslant \dfrac{f(x_3) - f(x_2)}{x_3 - x_2}$)、严格下凸以及严格上凸 (相应不等号为严格大于或严格小于) 等相应概念. 想要理解这些概念, 请随手画一个单位圆, 指出哪一段是上凸的, 哪一段是下凸的. 上 (下) 凸段过渡到下 (上) 凸段的那一点, 称为拐点.

10. 如果函数具有可微性, 那么我们可以用导数来描述函数的单调性和凸性. 单调性对应的是一阶导数, 而凸性对应的是二阶导数.

    命题 2.2.6 (导数与单调性) 考虑可导函数:

    a. 函数单调递增 (减) 当且仅当 $f'(x) \geqslant (\leqslant)0, \forall x \in D_f$.

    b. 若 $\forall x \in D_f, f'(x) > (<)0$, 则函数严格单调递增 (减).

注意严格单调递增未必有导数在任意点处均严格大于 0, 如 $f(x) = x^3$. 事实上, 只要除有限个点处为 0 之外, 恒有 $f'(x) > 0$, 就可以推出 $f(x)$ 严格单调递增. 你也可以动手画一个有界闭区间上的连续可导函数, 其在可列个点处导数为 0, 但依然严格单调递增.

11. 这个命题很直白. 导数就是速度, 速度大于 0 则距离增加, 小于 0 就减少. 距离增加, 平均速度一定大于 0, 反之亦然. 它的证明也确实很简单.

   证明 a. 假设 $f'(x) \geqslant 0, \forall x \in D_f$. 于是 $\forall y > x$, 若 $f(y) < f(x)$, 则由 Lagrange 中值定理, 一定可以找到 $\xi \in (x, y), f'(\xi) < 0$, 矛盾. 同样道理, 可以证明若 $f'(x) > 0, \forall x \in D_f$, 则 $f(x)$ 严格单调递增.

   b. 若函数递增, 则对任意 $y > x$, 有 $f(y) \geqslant f(x)$, 那么由极限保序性,

   $$\lim_{y \to x^+} \frac{f(y) - f(x)}{y - x} \geqslant 0.$$

   c. 关于递减的证明是一样的, 略.   □

12. 于是可以给出如下观察:

   命题 **2.2.7** 设 f 在 x_0 附近可导, 那么若 $f'(x)$ 在 $(x_0 - \delta, x_0)$ 与在 $(x_0, x_0 + \delta)$ 内符号相反, 则 x_0 是极值点, 反之, 则一定不是.

13. 关于凸性, 暂时仅讨论函数二次可导的情况:

   命题 **2.2.8** (二阶导与凸性) 设函数 f 二次可导.

   a. 函数 f 下 (上) 凸当且仅当 $f^{(2)}(x) \geqslant (\leqslant)0, \forall x \in D_f$.

   b. 若 $f^{(2)}(x) > (<)0, \forall x \in D_f$, 则函数 f 严格下 (上) 凸.

   同样, 注意函数严格下凸不能推出二次导数严格大于 0, 比如 $f(x) = x^4$. 事实上, 只要除有限个点处为 0 之外, 恒有 $f^{(2)}(x) > 0$, 就可以推出 $f(x)$ 严格下凸.

14. 和刚才的证明如出一辙. 先看充分性.

   a. 假设 $f^{(2)}(x) \geqslant 0$, 则 $f'(x)$ 单调递增. 于是对任意 $x < y < z$, 利用 Lagrange 中值定理, 可推出下凸条件, 即

   $$\frac{f(z) - f(y)}{z - y} \geqslant \frac{f(y) - f(x)}{y - x}.$$

b. 若 $f^{(2)}(x) > 0$, 则 $f'(x)$ 严格单调递增, 于是对任意 $x < y < z$, 有

$$\frac{f(z) - f(y)}{z - y} > \frac{f(y) - f(x)}{y - x},$$

即严格下凸.

15. 要证明必要性, 可以从如下条件出发: 若 $x_1 < x_2 < x_3$, 则

$$\frac{f(x_2) - f(x_1)}{x_2 - x_1} \leqslant \frac{f(x_3) - f(x_1)}{x_3 - x_1} \leqslant \frac{f(x_3) - f(x_2)}{x_3 - x_2},$$

得到对任意 $x < z, w < y$, 有

$$\frac{f(z) - f(x)}{z - x} \leqslant \frac{f(y) - f(x)}{y - x} \leqslant \frac{f(y) - f(w)}{y - w},$$

于是分别令 $z \to x, w \to y$, 直接可得 $f'(x) \leqslant f'(y)$.

16. 从上述证明中可以看出, 在仅仅假设可导的情况下, 下 (上) 凸当且仅当导函数单调递增 (减), 同时导函数严格单调递增 (减) 可推出严格下 (上) 凸.

17. 因此, 若假设 $f(x)$ 在 x_0 处二阶可导 (因此在 x_0 附近有一阶导函数), 关于拐点有类似于 Fermat 引理的结论.

命题 **2.2.9** 若 x_0 是 $f(x)$ 的拐点, 则 $f''(x_0) = 0$.

要说明这个结论, 只需注意到, 拐点其实是一阶导函数的极值点, 因为在一阶可导时, 上下凸性等价于导函数的单调性.

2.2.3 Jensen 与 Hölder 不等式

凸性可以推出很多重要不等式, 不应对此感到意外, 因为它本身就是由不等式定义的.

1. 利用凸性证明不等式的基础之一, 是 Jensen 不等式.

例 **2.2.3** (Jensen 不等式) 设 f 为区间 I 上的下凸 (上凸) 函数, 则对任意 $x_i \in I$, 以及 $\sum\limits_{i=1}^{n} \lambda_i = 1, \lambda_i > 0$, 有

$$f\left(\sum_{i=1}^{n} \lambda_i x_i\right) \leqslant \sum_{i=1}^{n} \lambda_i f(x_i) \quad \left(f\left(\sum_{i=1}^{n} \lambda_i x_i\right) \geqslant \lambda_i \sum_{i=1}^{n} f(x_i)\right).$$

特别地, 取 $\lambda_i = \dfrac{1}{n}$, 则有

$$f\left(\sum_{i=1}^{n}\frac{x_i}{n}\right) \leqslant \sum_{i=1}^{n}\frac{f(x_i)}{n} \quad \left(f\left(\sum_{i=1}^{n}\frac{x_i}{n}\right) \geqslant \sum_{i=1}^{n}\frac{f(x_i)}{n}\right).$$

Jensen 不等式的证明很简单: 对下凸函数而言, 加权平均的函数值小于函数值的加权平均. 证明细节从略.

2. 只要不等式涉及均值, 则其很有可能是 Jensen 不等式.

例 2.2.4 证明 $a\ln a + b\ln b \geqslant (a+b)[\ln(a+b) - \ln 2]$ $(a, b > 0)$. 更进一步, 证明

$$x_1 \ln x_1 + x_2 \ln x_2 + \cdots + x_n \ln x_n \geqslant (x_1 + \cdots + x_n)[\ln(x_1 + \cdots + x_n) - \ln n].$$

只需利用 $x\ln x$ 的凸性. 求二阶导可知其为下凸函数, 立刻就有函数值的平均值大于等于平均值的函数值, 因此

$$\frac{x_1 \ln x_1 + x_2 \ln x_2 + \cdots + x_n \ln x_n}{n} \geqslant \frac{x_1 + \cdots + x_n}{n} \ln\left(\frac{x_1 + \cdots + x_n}{n}\right),$$

结论得证.

3. Young 不等式是很重要的不等式, 它的离散版本可由函数的凸性推出.

例 2.2.5 证明 Young 不等式, 即对任意 $a > 0, b > 0, p > 0, q > 0$, 且 $\dfrac{1}{p} + \dfrac{1}{q} = 1$, 证明

$$ab \leqslant \frac{1}{p}a^p + \frac{1}{q}b^q.$$

若 $p = q = 2$, 则 Young 不等式就是均值不等式.

4. 只需借助取对数即可证明 Young 不等式. 面对乘法和幂次, 本来就应该取对数试一下. 若能证明

$$\ln(ab) \leqslant \ln\left(\frac{1}{p}a^p + \frac{1}{q}b^q\right),$$

则由单调性就可以得到结论. 而取对数可以发现

$$\ln(ab) = \frac{1}{p}\ln a^p + \frac{1}{q}\ln b^q.$$

然后对数函数作为一个上凸函数, 很明确地可以知道, 函数值的加权平均要小于或等于加权平均的函数值. 得证.

5. 基于 Young 不等式, 可以推得 Hölder 不等式: 对任意 $a_i > 0, b_i > 0, i = 1, 2, \cdots, n, p > 0, q > 0$, 且 $\dfrac{1}{p} + \dfrac{1}{q} = 1$, 有

$$\sum_{i=1}^{n} a_i b_i \leqslant \left(\sum_{i=1}^{n} a_i^p \right)^{\frac{1}{p}} \left(\sum_{i=1}^{n} b_i^q \right)^{\frac{1}{q}}.$$

当 $p = q = 2$ 时, Hölder 不等式就是内积的 Cauchy 不等式.

6. 只需要对任意 i, 考虑如下 Young 不等式

$$\frac{a_i}{\left(\sum\limits_{i=1}^{n} a^p \right)^{\frac{1}{p}}} \frac{b_i}{\left(\sum\limits_{i=1}^{n} b_i^q \right)^{\frac{1}{q}}} \leqslant \frac{1}{p} \left(\frac{a_i}{(\sum\limits_{i=1}^{n} a_i^p)^{\frac{1}{p}}} \right)^{p} + \frac{1}{q} \left(\frac{b_i}{(\sum\limits_{i=1}^{n} b_i^q)^{\frac{1}{q}}} \right)^{q}.$$

对 i 求和则右边为 1, 然后移项整理即可.

2.2.4　Taylor 公式的导出

本小节我们推导两种 Taylor 公式.

1. 我们的目的是用多项式近似一般函数. 微分就是用一次多项式近似函数. 函数 f 在 x_0 处微分的一次项系数恰好就是 f 在 x_0 处的导数:

$$f(x) = f(x_0) + f'(x_0)(x - x_0) + o(x - x_0), x \to x_0.$$

就是说, 后面一次多项式在 x_0 处的一阶导数恰好就是函数自己在 x_0 处的一阶导数. 我们之前已经解释过, 要想做到最佳近似, 误差就要消失得比 $x - x_0$ 还快, $x - x_0$ 前面的系数只能是 $f'(x_0)$.

2. 若想更进一步, 用二次多项式近似函数呢? 假设 $f''(x_0)$ 存在, 并假设该二次多项式为

$$f(x_0) + a_1(x - x_0) + a_2(x - x_0)^2,$$

我们会发现, 若要最佳近似, 依然要做到让近似

$$f(x) - [f(x_0) + a_1(x - x_0) + a_2(x - x_0)^2]$$

的误差是 $(x - x_0)^2$ 在 $x \to x_0$ 时的高阶无穷小, 于是 a_1 和 a_2 又是唯一确定的.

3. 事实上, 若

$$f(x) = f(x_0) + a_1(x - x_0) + a_2(x - x_0)^2 + o((x - x_0)^2),$$

那首先 $a_2(x - x_0)^2 + o((x - x_0)^2)$ 就是 $(x - x_0)$ 在 $x \to x_0$ 时的高阶无穷小. 所以 a_1 只能是 $f'(x_0)$.

4. 那现在有

$$f(x) - [f(x_0) + f'(x_0)(x - x_0) + a_2(x - x_0)^2] = o((x - x_0)^2), x \to x_0.$$

稍作变换即有

$$\frac{f(x) - f(x_0) - f'(x_0)(x - x_0)}{(x - x_0)^2} = a_2 + \frac{o((x - x_0)^2)}{(x - x_0)^2}, x \to x_0.$$

两边取极限, 即可知

$$a_2 = \lim_{x \to x_0} \frac{f(x) - f(x_0) - f'(x_0)(x - x_0)}{(x - x_0)^2}.$$

5. 首先, $f''(x_0)$ 存在意味着 $f'(x)$ 在 x_0 的小邻域内存在. 于是该极限用一次 Cauchy 中值定理计算,

$$a_2 = \lim_{x \to x_0} \frac{f'(x) - f'(x_0)}{2(x - x_0)} = \frac{f''(x_0)}{2}.$$

6. 再进一步, 若有 $x \to x_0$ 时,

$$f(x) = f(x_0) + a_1(x - x_0) + a_2(x - x_0)^2 + a_3(x - x_0)^3 + o((x - x_0)^3),$$

就需要 $a_1 = f'(x_0)$, $2!a_2 = f''(x_0)$, $3!a_3 = f^{(3)}(x_0)$. 这就是 Taylor 展开的想法.

7. 带 Peano 余项的 Taylor 展开是在局部上用多项式近似或者表示函数, 它推广了微分, 后者用线性函数近似函数.

定理 2.2.10 (带 Peano 余项的 Taylor 展开) 设 $f(x)$ 在 x_0 处有 n 阶导数 (那么在其附近至少要 $n-1$ 次可导), 则存在 x_0 的一个邻域, 对任意其上的 x, 有

$$f(x) = f(x_0) + \sum_{k=1}^{n} \frac{f^{(k)}(x_0)}{k!}(x - x_0)^k + r_n(x),$$

且当 $x \to x_0$ 时, $r_n(x) = o((x - x_0)^n)$.

在证明定理之前, 请大家动笔试一下如下计算:

$$\left[\sum_{k=0}^{n}\frac{f^{(k)}(x_0)}{k!}(x-x_0)^k\right]' = \sum_{k=1}^{n}\frac{f^{(k)}(x_0)}{(k-1)!}(x-x_0)^{k-1},$$

$$\left[\sum_{k=0}^{n}\frac{f^{(k)}(x_0)}{k!}(x-x_0)^k\right]'' = \sum_{k=2}^{n}\frac{f^{(k)}(x_0)}{(k-2)!}(x-x_0)^{k-2}.$$

8. 证明就是重复利用 $n-1$ 次 Cauchy 中值定理.

证明　只需证明

$$\lim_{x\to x_0}\frac{r_n(x)}{(x-x_0)^n}=0.$$

应用 $n-1$ 次 Cauchy 中值定理

$$\lim_{x\to x_0}\frac{r_n(x)}{(x-x_0)^n}$$

$$= \lim_{x\to x_0}\frac{f(x)-\left(f(x_0)+\sum\limits_{k=1}^{n}\dfrac{f^{(k)}(x_0)}{k!}(x-x_0)^k\right)}{(x-x_0)^n}$$

$$= \lim_{x\to x_0}\frac{f'(\xi_1)-\left(f'(x_0)+\sum\limits_{k=2}^{n}\dfrac{f^{(k)}(x_0)}{(k-1)!}(\xi_1-x_0)^{k-1}\right)}{n(\xi_1-x_0)^{n-1}}$$

$$= \cdots$$

$$= \lim_{x\to x_0}\frac{f^{(n-1)}(\xi_{n-1})-f^{(n-1)}(x_0)-f^{(n)}(x_0)(\xi_{n-1}-x_0)}{n!(\xi_{n-1}-x_0)},$$

于是由 $f^{(n)}(x_0)$ 的定义可见, 上述极限为 0. □

9. 重复刚刚的分析, 或者直接计算就可以看出: **Taylor 展开是唯一的**, 不论怎么求, 只要想尾项是 $(x-x_0)^n$ 的高阶无穷小, 则前几项的系数一定是那个样子. 一般而言, 我们称

$$f(x_0)+f'(x_0)(x-x_0)+\frac{f''(x_0)}{2}(x-x_0)^2+\cdots+\frac{f^{(n)}(x_0)}{n!}(x-x_0)^n$$

为 Taylor 多项式.

10. Peano 余项的展开仅仅关心 x_0 附近的情况, 也就是说, 仅关心 $x\to x_0$ 时, **代表 Taylor 多项式近似函数误差的余项 $r_n(x)$ 是否消失得足够快**, 即是

否为 $(x-x_0)^n$ 在 $x \to x_0$ 时的高阶无穷小. 带 Lagrange 余项的 Taylor 展开则可以在整体上大致估算多项式近似的误差. 它关心的是, **是否可以粗略估计在固定 x 处, 函数 f 与 Taylor 多项式的差**. 它推广了 Lagrange 中值定理.

定理 2.2.11 (带 Lagrange 余项的 Taylor 展开) 设 $f(x)$ 在 $[a,b]$ 上有 n 阶连续导函数, 且在 (a,b) 内有 $n+1$ 阶导函数, 设 $x_0 \in [a,b]$, 则 $\forall x \in [a,b]$, 有

$$f(x) = f(x_0) + \sum_{k=1}^{n} \frac{f^{(k)}(x_0)}{k!}(x-x_0)^k + r_n(x),$$

其中 $r_n(x) = \dfrac{f^{(n+1)}(\xi)}{(n+1)!}(x-x_0)^{n+1}$, 而 ξ 为 x_0 与 x 之间的某一点.

11. 证明是反复使用 Cauchy 中值定理.

证明 不妨设 $x > x_0$. 考虑

$$F(x) = f(x) - \left(f(x_0) + \sum_{k=1}^{n} \frac{f^{(k)}(x_0)}{k!}(x-x_0)^k \right),$$

注意

$$F(x_0) = F'(x_0) = \cdots = F^{(n)}(x_0) = 0.$$

于是可对

$$\frac{F(x)}{(x-x_0)^{n+1}} = \frac{F(x) - F(x_0)}{(x-x_0)^{n+1}}$$

使用 Cauchy 中值定理, 可见存在 $\xi \in (x_0, x)$, 使得上式等于

$$\frac{F'(\xi)}{(n+1)(\xi-x_0)^n} = \frac{f'(\xi) - \left(f'(x_0) + \sum_{k=2}^{n} \frac{f^{(k)}(x_0)}{(k-1)!}(\xi-x_0)^{k-1} \right)}{(n+1)(\xi-x_0)^n}.$$

然而其在 (x_0, ξ) 上依然可以使用 Cauchy 中值定理, 以此类推可得结论.

$\square$

2.2.5 若干初等函数 Taylor 展开

之前, 我们虽然也算熟悉一些关于初等函数的性质, 但是并不能直接看到它们究竟是什么样子. 又熟悉又陌生, 感觉不是特别舒服. 今天, 我们将首次直接

看到这些初等函数本来的面目: 用多项式函数近似它们. 本小节的学习需要大家
自己动手演算.

在本小节中, 我们约定 θ 为 $(0,1)$ 内未定某数.

1. 我们大致确定某些重要函数在 0 点附近的模样, 即在 0 点处的 Taylor 展
开, 又称 Maclaurin 展开.

2. 直接展开

$$e^x = 1 + x + \frac{x^2}{2!} + \cdots + \frac{x^n}{n!} + r_n(x),$$

其中 $r_n(x) = o(x^n), x \to 0, r_n(x) = \frac{e^{\theta x}}{(n+1)!} x^{n+1}$.

3. 观察 e^x 在 0 处的 Taylor 多项式, 它确实有点导数就是它自己的意思. 另
外, e^x 的 Taylor 展开也给出了 e 的另一个逼近:

$$\lim_{n \to \infty} \left(1 + 1 + \frac{1}{2!} + \cdots + \frac{1}{n!} - e \right) = \lim_{n \to \infty} \frac{e^{\theta}}{(n+1)!} = 0.$$

4. 不仅如此, 还可以利用这个展开说明 e 是一个无理数. 假设 e 为有理数, 等
于 $\frac{m}{n}$, 则 $n!e$ 应为整数, 但

$$n!e = n! \left(1 + 1 + \frac{1}{2!} + \cdots + \frac{1}{n!} + \frac{e^{\theta}}{(n+1)!} \right),$$

其中 $\frac{e^{\theta}}{n+1}$ 对任意 $n \geqslant 2$ 都绝不可能是整数.

5. 直接展开

$$\sin x = x - \frac{x^3}{3!} + \frac{x^5}{5!} + \cdots + (-1)^n \frac{x^{2n+1}}{(2n+1)!} + 0 + r_{2n+2}(x),$$

其中 $r_{2n+2}(x) = o(x^{2n+2}), x \to 0, r_{2n+2}(x) = (-1)^{n+1} \frac{\cos \theta x}{(2n+3)!} x^{2n+3}$.

6. 直接展开

$$\cos x = 1 - \frac{x^2}{2!} + \frac{x^4}{4!} + \cdots + (-1)^n \frac{x^{2n}}{2n!} + 0 + r_{2n+1}(x),$$

其中 $r_{2n+1}(x) = o(x^{2n+1}), x \to 0, r_{2n+1}(x) = (-1)^{n+1} \frac{\cos \theta x}{(2n+2)!} x^{2n+2}$.

7. 为介绍 $(1+x)^\alpha, x > -1$ 的 Maclaurin 展开, 我们先介绍一组符号, 它们是组合数的推广. 令 $\begin{pmatrix} \alpha \\ k \end{pmatrix} = \dfrac{\alpha(\alpha-1)\cdots(\alpha-k+1)}{k!}$, 且 $\begin{pmatrix} \alpha \\ 0 \end{pmatrix} = 1$, 则

$$(1+x)^\alpha = \begin{pmatrix} \alpha \\ 0 \end{pmatrix} + \begin{pmatrix} \alpha \\ 1 \end{pmatrix} x + \begin{pmatrix} \alpha \\ 2 \end{pmatrix} x^2 + \cdots + \begin{pmatrix} \alpha \\ n \end{pmatrix} x^n + r_n(x),$$

其中 $r_n(x) = o(x^n), x \to 0, r_n(x) = \begin{pmatrix} \alpha \\ n+1 \end{pmatrix}(1+\theta x)^{\alpha-n-1}x^{n+1}$. 特别地,

$$\frac{1}{1+x} = 1 - x + x^2 + \cdots + (-1)^n x^n + r_n(x),$$

$$r_n(x) = o(x^n), x \to 0, r_n(x) = (-1)^{n+1}\frac{x^{n+1}}{(1+\theta x)^{n+2}}.$$

这一展开明显是二项式展开的推广.

8. 请大家自行按照公式写一下 $\sqrt{1+x}$ 及 $\dfrac{1}{\sqrt{1+x}}$ 的 Maclaurin 展开. 注意, 假设 f 在 0 处 $n+1$ 次可导, 则其在 0 处 $n+1$ 次 Taylor 多项式的导数恰好是 $f'(x)$ 在 0 处的 n 次 Taylor 多项式. 因而设

$$\ln(1+x) = \sum_{i=0}^{n} a_i x^i + o(x^n), x \to 0.$$

则由

$$\ln'(1+x) = \frac{1}{1+x} = 1 - x + x^2 + \cdots + (-1)^{n-1}x^{n-1} + o(x^{n-1}), x \to 0,$$

以及由待定系数可知,

$$\ln(1+x) = x - \frac{x^2}{2} + \cdots + (-1)^{n-1}\frac{x^n}{n} + o(x^n), x \to 0.$$

此时其 Lagrange 余项需单独计算, 为 $(-1)^n \dfrac{1}{n+1} \cdot \dfrac{1}{(1+\theta x)^{n+1}} x^{n+1}$.

2.3 多元函数与向量值函数微分

对于多元函数以及多元向量值函数, 我们依然是利用微分在局部上线性近似它, 进而研究它. 到此, 一个或明或暗的线索逐渐明晰起来: 若一个结论对线

性函数或线性映射是正确的, 则局部上, 它对可微的多元函数与多元向量值函数也是正确的.

本节我们将介绍微分学中的主要研究工具, 包括函数的微分、梯度、偏导数、方向导数、向量值函数的微分、Jacobi 矩阵, 以及其基本性质.

在本节后, 我们经常在区域上分析问题. 而区域, 就是指连通开集.

2.3.1　多元函数的微分

本小节首先考虑多元函数的微分.

1. 定义多元函数微分的动机, 与定义一元函数微分的动机相同, 都是**局部上用自变量变化线性地近似函数的变化.** 你可以试试, 是否根据这一句话, 就可以推出全部微分概念.

2. 要推出全部微分概念, 首先要明确自变量的变化, 以及自变量变化的线性函数是什么. 对于 $\mathbb{R}^n$ 上的多元函数而言, 其自变量是 n 维向量

$$\boldsymbol{x} = (x_1, x_2, \cdots, x_n)^{\mathrm{T}}.$$

于是在 $\boldsymbol{x}_0$ 处, 自变量的变化可写成

$$\boldsymbol{x} - \boldsymbol{x}_0 = (x_1 - x_1^0, \cdots, x_n - x_n^0)^{\mathrm{T}},$$

或者记为

$$\Delta\boldsymbol{x} = (\Delta x_1, \cdots, \Delta x_n)^{\mathrm{T}}.$$

此时, $\Delta\boldsymbol{x}$ 依然是一个 n 维向量.

3. 对于 n 维向量, 线性函数 $L(\Delta\boldsymbol{x})$ 就是一个只有一行的矩阵乘以向量本身, 即 $\boldsymbol{A} \cdot (\Delta\boldsymbol{x})^{\mathrm{T}}$, 其中 $\boldsymbol{A}$ 是一个行向量

$$\boldsymbol{A} = (a_1, \cdots, a_n).$$

将这个线性函数写成分量形式就是

$$a_1\Delta x_1 + \cdots + a_n\Delta x_n.$$

4. 这样就可以定义多元函数的可微性以及微分了. 与之前相同, **微分就是在局部上对函数值变化量做线性近似.**

定义 2.3.1 设 $z = f(\boldsymbol{x})$ 为区域 $D \subset \mathbb{R}^n$ 上的多元函数, 称其在 $\boldsymbol{x}_0$ 处可微, 如果存在一个仅与 $\boldsymbol{x}_0$ 有关的自变量为 $\Delta \boldsymbol{x}$ 的线性函数, 也即存在仅与 $\boldsymbol{x}_0$ 有关的行向量 $A_{\boldsymbol{x}_0}$, 使得

$$\lim_{\Delta \boldsymbol{x} \to 0} \frac{|f(\boldsymbol{x}_0 + \Delta \boldsymbol{x}) - f(\boldsymbol{x}_0) - A_{\boldsymbol{x}_0} \cdot \Delta \boldsymbol{x}|}{\|\Delta \boldsymbol{x}\|} = 0,$$

也即

$$f(\boldsymbol{x}_0 + \Delta \boldsymbol{x}) - f(\boldsymbol{x}_0) - A_{\boldsymbol{x}_0} \cdot \Delta \boldsymbol{x} = o(\|\Delta \boldsymbol{x}\|).$$

称 $\Delta \boldsymbol{x}$ 的**线性函数** $A_{\boldsymbol{x}_0} \cdot \Delta \boldsymbol{x}$ 为 f 在 $\boldsymbol{x}_0$ 处的**微分**, 记为 $\mathrm{d}f|_{\boldsymbol{x}_0}$ 或 $\mathrm{d}z|_{\boldsymbol{x}_0}$. 即

$$\mathrm{d}f|_{\boldsymbol{x}_0}(\Delta \boldsymbol{x}) = A_{\boldsymbol{x}_0} \cdot \Delta \boldsymbol{x}.$$

称 $z = f(\boldsymbol{x})$ 在区域 D 上可微, 若其在 D 中任意点处可微分.

5. 与一元分析中一样, 可微函数当然是连续的. 而且对于可微函数而言, 微分是**唯一存在的**. 微分是局部上近似 Δf 的**最佳线性函数**——任意其他 $\Delta \boldsymbol{x}$ 的线性函数, 在 $\Delta \boldsymbol{x}$ 变得很小时, 距离 Δf 的误差都比微分要大.

6. 将可微的定义写成分量形式就是: 设 $z = f(\boldsymbol{x})$ 为 $D \subset \mathbb{R}^n$ 上的多元函数, 称其在 $\boldsymbol{x}_0$ 处可微, 如果存在一个仅与 $\boldsymbol{x}_0$ 有关的自变量为 $\Delta \boldsymbol{x}$ 的线性函数, 也即存在仅与 $\boldsymbol{x}_0$ 有关的行向量 $A_{\boldsymbol{x}_0} = (a_1(\boldsymbol{x}_0), \cdots, a_n(\boldsymbol{x}_0))$, 使得

$$f(x_1^0 + \Delta x_1, \cdots, x_n^0 + \Delta x_n)$$
$$= f(x_1^0, \cdots, x_n^0) + \sum_{k=1}^{n} a_k(\boldsymbol{x}_0)\Delta x_k + o\left(\sqrt{(\Delta x_1)^2 + \cdots + (\Delta x_n)^2}\right).$$

此时,

$$\mathrm{d}f|_{\boldsymbol{x}_0}(\Delta x_1, \cdots, \Delta x_n) = a_1(\boldsymbol{x}_0)\Delta x_1 + \cdots + a_n(\boldsymbol{x}_0)\Delta x_n.$$

7. 上面已经看到, 任何 n 维向量空间上的线性函数都是一个 n 维向量, 那么它就可以写成 n 个基底的线性组合. 确实有 n 个现成的简单线性函数可以作为基底. 考虑线性函数 $\mathrm{d}x_i$:

$$\mathrm{d}x_i(\Delta \boldsymbol{x}) = \mathrm{d}x_i(\Delta x_1, \cdots, \Delta x_n)^{\mathrm{T}} = \Delta x_i.$$

根据定义直接可见,

$$\mathrm{d}f|_{\boldsymbol{x}_0} = a_1(\boldsymbol{x}_0)\,\mathrm{d}x_1 + \cdots + a_n(\boldsymbol{x}_0)\,\mathrm{d}x_n.$$

因此有时称 $\mathrm{d}f$ 为全微分.

8. 若函数 f 在区域 D 中任意点处均可微, 则有

$$\mathrm{d}f|_{\boldsymbol{x}} = a_1(\boldsymbol{x})\,\mathrm{d}x_1 + \cdots + a_n(\boldsymbol{x})\,\mathrm{d}x_n, \forall \boldsymbol{x} \in D.$$

9. 此时, $\boldsymbol{x}$ 与 $\Delta \boldsymbol{x}$ 的区分相比一元分析时变得更明显了: $\boldsymbol{x}$ 是原点在 $\boldsymbol{0}$ 处的 Euclid 空间 $\mathbb{R}^n$ 中的一个**点**, 而 $\Delta \boldsymbol{x}$ 是以 $\boldsymbol{x}_0$ 为原点的 n 维向量空间中的一个**向量**, 这个空间其实是 $\mathbb{R}^n$ 在 $\boldsymbol{x}_0$ 处的切空间, 是微分的原像空间, 只不过它们恰好重合而已.

10. 与学习一元微分的时候相同, 最开始的时候, 你可以将 $\mathrm{d}f$ 就当成一个约等于 $\Delta f = f(\boldsymbol{x} + \Delta \boldsymbol{x}) - f(\boldsymbol{x})$ 的很小的量, 并将 $\mathrm{d}x_i$ 当成微小而不是 0 的 Δx_i. 在很多涉及极限的运算中, 由于 $\mathrm{d}f$ 与 Δf 的差别很小, 你可以大胆地用 $\mathrm{d}f$ 代替 Δf. 但同时, 你要尽快想清楚为什么 $\mathrm{d}f$ 其实是一个线性函数, 而 $\mathrm{d}x_i$ 是一组基底. 仅仅想清楚不够, 还要熟悉这一点, 它至少是学习曲线与曲面积分的基础. 还是那句话, 你必须理解微分, 你也只能在使用中理解微分.

11. 我们以如下问答形式总结微分的定义:

   - 微分 $\mathrm{d}f$ 是什么? 是一个线性函数.

   - 谁的线性函数? 自变量变化 $\Delta \boldsymbol{x}$ 的线性函数.

   - 微分 $\mathrm{d}x_1, \cdots, \mathrm{d}x_n$ 又是什么? 它们是最简单的 $\Delta \boldsymbol{x}$ 的线性函数, 且它们线性无关.

   - 等式 $\mathrm{d}f = a_1\,\mathrm{d}x_1 + \cdots + a_n\,\mathrm{d}x_n$ 是什么意思? 它是在说 $\mathrm{d}f$ 是 $\mathrm{d}x_1, \cdots, \mathrm{d}x_n$ 的线性组合.

   - 定义 $\mathrm{d}f$ 这个线性函数要干什么? 要线性近似函数值在 $\Delta \boldsymbol{x}$ 下的变化量.

   - 精确分析为什么可以做线性近似? 线性近似不妨碍精确分析, 同时没有线性近似, 就没有精确分析.

   - 请你证明这句话. 这句话不是要证明的, 它会在后续内容中不断展现自身.

12. 通过定义可以看到, 有一个向量对 $\mathrm{d}f|_{\boldsymbol{x}}$ 非常重要, 即

$$\mathrm{grad}f := (a_1(\boldsymbol{x}), \cdots, a_n(\boldsymbol{x}))^{\mathrm{T}}.$$

下一小节, 我们会看到这个向量究竟是什么.

2.3.2 多元函数偏导数与方向导数

本节我们仅以二元函数说明问题.

1. 所谓二元函数偏导数, 就是固定一个变量之后, 所得一元函数的导数:

定义 2.3.2 设 $(x_0, y_0) \in D$ 是区域 D 中的一点, $z = f(x, y)$ 为区域 D 上的二元函数. 若极限

$$\lim_{\Delta x \to 0} \frac{f(x_0 + \Delta x, y_0) - f(x_0, y_0)}{\Delta x}$$

存在, 则称 $f(x, y)$ 在 (x_0, y_0) 处可以关于 x 偏导, 称此极限为 $f(x, y)$ 在 (x_0, y_0) 处关于 x 的偏导数, 记为 $\dfrac{\partial f}{\partial x}(x_0, y_0)$, 或 $\dfrac{\partial z}{\partial x}(x_0, y_0)$. 同理可以定义关于 y 的偏导数.

若 f 在 (x_0, y_0) 处关于各个变量偏导数均存在, 则可定义其梯度:

$$\operatorname{grad} f = \left(\frac{\partial f}{\partial x}(x_0, y_0), \frac{\partial f}{\partial y}(x_0, y_0) \right)^{\mathrm{T}}.$$

2. 偏导数有时也记为 f_x, z_x. 它的几何意义很明显. 考虑 $\mathbb{R}^3$ 中由 $z = f(x, y)$ 画出的图像:

$$\begin{cases} x = x, \\ y = y, \\ z = f(x, y). \end{cases}$$

这一图像给出了一个曲面. 该曲面与过 $(x_0, y_0, 0)$ 点, 平行于 x, z 坐标平面的平面相交, 得到一条曲线. 该曲线的切向量就是

$$(1, 0, f_x).$$

固定 y 的前提下, 若 $f_x \neq 0$, 则沿着这一方向, z 值也就是函数值增加.

3. 即便一个函数关于各个自变量均可求偏导, 它本身也未必连续. 这是因为偏导数只是在描述各个坐标轴上函数的连续性与变化率. 例如二元函数

$$f(x, y) = \begin{cases} \dfrac{xy}{x^2 + y^2}, & (x, y) \neq (0, 0), \\ 0, & (x, y) = (0, 0), \end{cases}$$

其在 $(0, 0)$ 处偏导数存在, 但是在这一点处它不连续.

4. 在假定函数可微的情况下, 偏导数的意义就更加清晰了. 设 $f(x, y)$ 在 (x_0, y_0) 处可微. 那么根据可微的定义,

$$f(x_0 + \Delta x, y_0) - f(x_0, y_0)$$
$$= a_1(x_0, y_0)\Delta x + a_2(x_0, y_0)\Delta y + o\left(\sqrt{(\Delta x)^2 + (\Delta y)^2}\right).$$

注意此时 $\Delta y = 0$, $o\left(\sqrt{(\Delta x)^2 + (\Delta y)^2}\right) = o(\Delta x)$. 因此两边除以 Δx 并取极限, 可见 f 关于 x 可偏导,

$$a_1(x_0, y_0) = f_x(x_0, y_0).$$

同理可见 f 关于 y 可偏导, 且

$$a_2(x_0, y_0) = f_y(x_0, y_0).$$

因此偏导数就是微分的系数.

5. 对于一般多元可微函数 $z = f(x_1, \cdots, x_n)$, 同理可见

$$\mathrm{d}f = \frac{\partial f}{\partial x_1}\,\mathrm{d}x_1 + \frac{\partial f}{\partial x_2}\,\mathrm{d}x_2 + \cdots + \frac{\partial f}{\partial x_n}\,\mathrm{d}x_n.$$

另外, 根据定义可见,

$$\mathrm{grad}f = \left(\frac{\partial f}{\partial x_1}, \frac{\partial f}{\partial x_2}, \cdots, \frac{\partial f}{\partial x_n}\right)^{\mathrm{T}}.$$

6. 下面的概念是要研究函数沿各个方向的连续性与变化率.

   定义 2.3.3 设 $z = f(x, y)$ 为区域 D 上的二元函数, $\boldsymbol{v} = (v_1, v_2)$ 为一个方向, 即 $v_1^2 + v_2^2 = 1$. 若极限

$$\lim_{t \to 0^+} \frac{f(x_0 + tv_1, y_0 + tv_2) - f(x_0, y_0)}{t}$$

   存在, 则称 f 在 (x_0, y_0) 处沿 $\boldsymbol{v}$ 方向的方向导数存在, 并记上述极限为此方向导数, 记为 $\dfrac{\partial f}{\partial \boldsymbol{v}}$, 或 $\dfrac{\partial z}{\partial \boldsymbol{v}}$.

7. 偏导数与方向导数并不完全是同一个东西, 也不要混淆左右导数和方向导数. 例如沿着 x 轴的正向是 $\boldsymbol{e}_1 = (1, 0)$, 负向则是 $-\boldsymbol{e}_1 = (-1, 0)$. 于是 $f(x, y)$ 关于 x 的偏导数存在当且仅当沿 $\boldsymbol{e}_1$ 和 $-\boldsymbol{e}_1$ 的方向导数均存在且互为相反数. 这是因为在定义方向导数时, 我们只考虑 0 处的右极限.

8. 在假设函数可微的时候, 我们可以通过梯度计算方向导数. 设 $f(x,y)$ 为二元函数, $\boldsymbol{v} = (v_1, v_2)$ 是一个方向, 即 $v_1^2 + v_2^2 = 1$. 于是由微分定义, 有

$$f(x_0 + tv_1, y_0 + tv_2) - f(x_0, y_0) = \frac{\partial f}{\partial x} tv_1 + \frac{\partial f}{\partial y} tv_2 + o(t),$$

两边除以 t 取极限即可见,

$$\frac{\partial f}{\partial \boldsymbol{v}} = \frac{\partial f}{\partial x} v_1 + \frac{\partial f}{\partial y} v_2 = \langle \operatorname{grad} f, \boldsymbol{v} \rangle.$$

9. 这个公式说明若可微分, 则方向导数关于方向是线性的. 于是只要梯度不为 $\boldsymbol{0}$, 函数值就会有变化, 而且沿梯度方向, 函数值增加最快.

10. 即使全部偏导数存在, 方向导数存在, 再加上函数自身的连续性, 也未必推得出可微性. 个中原因就在于, 可微意味着在局部上像线性函数一样, 但偏导数均存在, 外加方向导数均存在, 也做不到函数长得像线性函数. 以二元函数为例, 可微意味着局部上看函数图像长得像一张平面, 但你随便搭一搭积木, 或者捏一捏橡皮泥, 就能造出偏导数和方向导数均存在, 但长得不像平面的曲面:

$$f(x, y) = \sqrt{x^2 + y^2} \sin 4\theta,$$

其中 θ 为向量 (x, y) 与 x 轴的正向夹角. 于是可见函数连续, 在 x 轴和 y 轴上恒为 0, 且沿着各个方向的方向导数均存在. 但是该函数不可微, 因为其方向导数并不总是等于梯度与方向的内积.

11. 但我们有

命题 2.3.1 假设函数 $f(x,y)$ 的两个偏导数在 (x_0, y_0) 的一个邻域内存在, 且偏导函数在 (x_0, y_0) 处连续, 则可以推得函数在 (x_0, y_0) 处可微.

因此在后续内容中, 当我们说一个函数的各个偏导数存在且连续时, 隐含地已经在说这个函数是可微的. 因此, 有时也称偏导数连续的函数为连续可微函数.

12. 只需要借助微分中值定理即可证明这一点, 不妨假设 $(x_0, y_0) = (0,0)$, 则

$$f(\Delta x, \Delta y) - f(0, 0)$$
$$= f(\Delta x, \Delta y) - f(\Delta x, 0) + f(\Delta x, 0) - f(0, 0).$$

而借助微分中值定理, 可见

$$f(\Delta x, \Delta y) - f(\Delta x, 0) + f(\Delta x, 0) - f(0, 0)$$
$$= f_y(\Delta x, \theta\Delta y)\Delta y + f_x(\lambda\Delta x, 0)\Delta x.$$

其中 $0 < \theta, \lambda < 1$.

13. 而由连续性, 我们有

$$f_x(\lambda\Delta x, 0)\Delta x + f_y(\Delta x, \theta\Delta y)\Delta y - f_x(0, 0)\Delta x - f_y(0, 0)\Delta y$$
$$= (f_x(\lambda\Delta x, 0) - f_x(0, 0))\Delta x + (f_y(\Delta x, \theta\Delta y) - f_y(0, 0))\Delta y$$
$$= o(\Delta x) + o(\Delta y) = o\left(\sqrt{(\Delta x)^2 + (\Delta y)^2}\right).$$

14. 可微虽然可以推出偏导存在, 却不足以说明偏导数连续, 例如在 $(0, 0)$ 处可微的函数

$$f(x, y) = \begin{cases} (x^2 + y^2)\sin\dfrac{1}{x^2 + y^2}, & x^2 + y^2 \neq 0, \\ 0, & x^2 + y^2 = 0, \end{cases}$$

在 $(0, 0)$ 处偏导数不连续. 在后续内容中, 只要可能, 我们总是考虑连续可微函数.

15. 仅从定义即可见偏导数满足 Leibniz 法则, 我们不赘述其推导过程, 请大家自行补充.

2.3.3　多元函数高阶偏导数

设 $f(x, y)$ 是二元函数, 且处处可求偏导, 那么 f_x, f_y 也是两个二元函数. 若这两个函数的偏导数均存在, 就又可以对它们求偏导. 例如对 f_x 关于 x 求偏导, 则记为 $\dfrac{\partial^2 f}{\partial x\partial x}$, 或者 $\dfrac{\partial^2 f}{\partial x^2}$. 对 f_x 关于 y 求偏导, 则记为 $\dfrac{\partial^2 f}{\partial x\partial y}$.

1. 一般而言, 对 f_x 关于 y 求偏导, 与对 f_y 关于 x 求偏导, 是不相等的. 也就是说, 先 x 后 y 求偏导所得 $\dfrac{\partial^2 f}{\partial x\partial y}$, 与先 y 后 x 求偏导 $\dfrac{\partial^2 f}{\partial y\partial x}$, 得到的值是不一样的. 但我们有

   命题 2.3.2 若 $\dfrac{\partial^2 f}{\partial x\partial y}, \dfrac{\partial^2 f}{\partial y\partial x}$ 均在 (x_0, y_0) 处连续, 则有

   $$\frac{\partial^2 f}{\partial x\partial y}(x_0, y_0) = \frac{\partial^2 f}{\partial y\partial x}(x_0, y_0).$$

本命题的证明并不困难, 本书略去.

2. 在应用时, 我们总是考虑性质足够好的多元函数. 因此本节以后, 本书假定求**高阶偏导与顺序**无关. 例如

$$\frac{\partial^3 f}{\partial x \partial y \partial x} = \frac{\partial^3 f}{\partial x^2 \partial y}.$$

2.3.4 向量值函数微分与 Jacobi 矩阵

接下来, 我们要定义向量值函数的微分. 你会发现, 在本书所处理的 Euclid 空间这种简单直接的情形, 对向量值函数求微分, 就是对其各个分量分别求微分.

另外, 虽然与本书内容无关, 但还是希望大家能记住: 我们所讨论的向量值函数的微分, 其实是微分几何中向量场协变微分最简单的特例.

1. 本节我们考虑从区域 $D \subset \mathbb{R}^n$ 到 $\mathbb{R}^m$ 的向量值函数 $\boldsymbol{y} = \boldsymbol{f}(\boldsymbol{x})$. 此时, 定义微分的动机与之前相同: 在局部上用自变量变化的线性映射近似 $\boldsymbol{f}$ 的变化. 如果你对之前的微分理论比较熟悉, 你完全可以依据这一句话推导出向量值函数微分的理论.

2. 所谓从 $\mathbb{R}^n$ 到 $\mathbb{R}^m$ 的线性映射, 就是线性代数的主要研究对象. 每一个线性映射, 在确定坐标的前提下, 都对应了一个矩阵, 即其表示矩阵.

3. 称向量值函数 $\boldsymbol{f}(\boldsymbol{x})$ 在 $\boldsymbol{x}_0 \in D$ 处可微, 如果存在一个仅与 $\boldsymbol{x}_0$ 有关的从 n 维 Euclid 空间到 m 维 Euclid 空间的线性映射, 即仅与 $\boldsymbol{x}_0$ 有关的 $m \times n$ 矩阵 $\boldsymbol{A}_{\boldsymbol{x}_0}$, 使得

$$\lim_{\Delta \boldsymbol{x} \to \boldsymbol{0}} \frac{\|\boldsymbol{f}(\boldsymbol{x}_0 + \Delta \boldsymbol{x}) - \boldsymbol{f}(\boldsymbol{x}_0) - \boldsymbol{A}_{\boldsymbol{x}_0} \Delta \boldsymbol{x}\|}{\|\Delta \boldsymbol{x}\|} = 0.$$

上述极限等式等价于

$$\boldsymbol{f}(\boldsymbol{x}_0 + \Delta \boldsymbol{x}) = \boldsymbol{f}(\boldsymbol{x}_0) + \boldsymbol{A}_{\boldsymbol{x}_0} \Delta \boldsymbol{x} + o(\|\Delta \boldsymbol{x}\|).$$

称其在区域 D 上可微, 若其在 D 中任意点处可微.

4. 记 $\mathrm{d}\boldsymbol{x}$ 为如下线性映射:

$$\mathrm{d}\boldsymbol{x}(\Delta \boldsymbol{x}) = \Delta \boldsymbol{x}.$$

由基本的线性代数知识可知, $\mathrm{d}\boldsymbol{x}$ 对应了如下由线性函数组成的列矩阵:

$$(\mathrm{d}x_1, \mathrm{d}x_2, \cdots, \mathrm{d}x_n)^{\mathrm{T}},$$

即

$$\mathrm{d}\boldsymbol{x}(\Delta\boldsymbol{x}) = (\,\mathrm{d}x_1(\Delta\boldsymbol{x}),\,\mathrm{d}x_2(\Delta\boldsymbol{x}),\cdots,\,\mathrm{d}x_n(\Delta\boldsymbol{x}))^{\mathrm{T}}.$$

也可以认为 $\mathrm{d}\boldsymbol{x}$ 为单位矩阵诱导的恒同线性映射.

5. 于是, 我们称线性映射 $\boldsymbol{A}_{\boldsymbol{x}_0}\,\mathrm{d}\boldsymbol{x}$ 为 $\boldsymbol{f}$ 在 $\boldsymbol{x}_0$ 处的微分, 记为 $\mathrm{d}\boldsymbol{f}$. 并称 $\boldsymbol{A}_{\boldsymbol{x}_0}$ 为 $\boldsymbol{f}$ 在 $\boldsymbol{x}_0$ 处的 Jacobi 矩阵. 一般地, 我们记 Jacobi 矩阵为 $\boldsymbol{f}'$ 或 $J_{\boldsymbol{f}}$. 于是有 $\mathrm{d}\boldsymbol{f} = \boldsymbol{f}'\,\mathrm{d}\boldsymbol{x}$. 因此所谓 Jacobi 矩阵, 就是近似 $\boldsymbol{f}$ 的线性映射 $\mathrm{d}\boldsymbol{f}$ 的诱导矩阵.

6. 下面我们用分量形式写出 $\mathrm{d}\boldsymbol{f}$ 和 $\boldsymbol{f}'$. 设 $\boldsymbol{f}$ 的分量形式为

$$\begin{cases} y_1 = f_1(\boldsymbol{x}), \\ \qquad\vdots \\ y_m = f_m(\boldsymbol{x}). \end{cases}$$

将 $\boldsymbol{f}'$ 写成如下分块矩阵形式

$$\boldsymbol{f}' = \begin{pmatrix} \boldsymbol{\alpha}_1 \\ \vdots \\ \boldsymbol{\alpha}_m \end{pmatrix},$$

其中 $\boldsymbol{\alpha}_i, i = 1, \cdots, m$ 均为行向量.

7. 于是可见,

$$\lim_{\Delta\boldsymbol{x}\to\boldsymbol{0}} \frac{\|\boldsymbol{f}(\boldsymbol{x}_0 + \Delta\boldsymbol{x}) - \boldsymbol{f}(\boldsymbol{x}_0) - \boldsymbol{A}_{\boldsymbol{x}_0}\Delta\boldsymbol{x}\|}{\|\Delta\boldsymbol{x}\|} = 0$$

当且仅当

$$\lim_{\Delta\boldsymbol{x}\to\boldsymbol{0}} \frac{|f_i(\boldsymbol{x}_0 + \Delta\boldsymbol{x}) - f_i(\boldsymbol{x}_0) - \boldsymbol{\alpha}_i \cdot \Delta\boldsymbol{x}|}{\|\Delta\boldsymbol{x}\|} = 0, i = 1, \cdots, m$$

均成立. 这说明, $\boldsymbol{f}$ 可微当且仅当各分量 f_i 均可微, 且线性函数 $\boldsymbol{\alpha}_i \cdot \Delta\boldsymbol{x}$ 恰好是近似 f_i 的线性函数, 也就是说

$$\boldsymbol{\alpha}_i = \left(\frac{\partial f_i}{\partial x_1}, \frac{\partial f_i}{\partial x_2}, \cdots, \frac{\partial f_i}{\partial x_n} \right).$$

8. 于是, $\mathrm{d}\boldsymbol{y} = \mathrm{d}\boldsymbol{f}$ 就可以写作

$$
\begin{pmatrix} \mathrm{d}f_1 \\ \mathrm{d}f_2 \\ \vdots \\ \mathrm{d}f_m \end{pmatrix} = \begin{pmatrix} \dfrac{\partial f_1}{\partial x_1} & \dfrac{\partial f_1}{\partial x_2} & \cdots & \dfrac{\partial f_1}{\partial x_n} \\ \dfrac{\partial f_2}{\partial x_1} & \dfrac{\partial f_2}{\partial x_2} & \cdots & \dfrac{\partial f_2}{\partial x_n} \\ \vdots & \vdots & \vdots & \vdots \\ \dfrac{\partial f_m}{\partial x_1} & \dfrac{\partial f_m}{\partial x_2} & \cdots & \dfrac{\partial f_m}{\partial x_n} \end{pmatrix} \begin{pmatrix} \mathrm{d}x_1 \\ \mathrm{d}x_2 \\ \vdots \\ \mathrm{d}x_n \end{pmatrix} = \boldsymbol{f}' \begin{pmatrix} \mathrm{d}x_1 \\ \mathrm{d}x_2 \\ \vdots \\ \mathrm{d}x_m \end{pmatrix}.
$$

9. 同时, 注意 Jacobi 矩阵

$$
\boldsymbol{f}' = \begin{pmatrix} \dfrac{\partial f_1}{\partial x_1} & \dfrac{\partial f_1}{\partial x_2} & \cdots & \dfrac{\partial f_1}{\partial x_n} \\ \dfrac{\partial f_2}{\partial x_1} & \dfrac{\partial f_2}{\partial x_2} & \cdots & \dfrac{\partial f_2}{\partial x_n} \\ \vdots & \vdots & \vdots & \vdots \\ \dfrac{\partial f_m}{\partial x_1} & \dfrac{\partial f_m}{\partial x_2} & \cdots & \dfrac{\partial f_m}{\partial x_n} \end{pmatrix}
$$

的每一行均是 f_i 的 Jacobi 矩阵. 由此也可以看出, 要定义 Jacobi 矩阵, 实际上只需要每个 f_i 关于各个变量均可求偏导, 而不需要可微. 而与多元函数微分类似, 若向量值函数 $\boldsymbol{f}$ 的 Jacobi 矩阵连续, 则 $\boldsymbol{f}$ 可微. 基于这个原因, 有时也称 Jacobi 矩阵连续的向量值函数为连续可微向量值函数.

10. 由矩阵乘法可以看出, Jacobi 矩阵将以 $\boldsymbol{x}_0$ 为原点的 n 维向量

$$
\boldsymbol{e}_i = (0, \cdots, 0, 1, 0, \cdots, 0)^{\mathrm{T}},
$$

即第 i 个坐标为 1, 其他坐标为 0 的向量, 映射为以 $\boldsymbol{f}(\boldsymbol{x}_0)$ 为原点的 m 维列向量

$$
\left(\dfrac{\partial f_1}{\partial x_i}, \quad \dfrac{\partial f_2}{\partial x_i}, \quad \cdots, \quad \dfrac{\partial f_m}{\partial x_i} \right)^{\mathrm{T}}.
$$

11. 与之前相同, 可微向量值函数的微分是唯一存在的, 而且是局部上对 $\Delta\boldsymbol{f}$ 的最佳线性近似.

12. 我们再次强调: 一定要区分点 $\boldsymbol{x}$ 与向量 $\Delta\boldsymbol{x}$. 前者是以 $\boldsymbol{0}$ 为原点的 Euclid 空间中的点, 是向量值函数的自变量, 后者是以 $\boldsymbol{x}_0$ 为原点的向量空间中的向量, 是微分的自变量. 以 $\boldsymbol{x}_0$ 为原点的向量空间其实是 $\mathbb{R}^n$ 在 $\boldsymbol{x}_0$ 处的切空间, 只不过此时它与 $\mathbb{R}^n$ 看上去重合了而已.

2.3.5 从 Jacobi 矩阵的链式法则到微分形式不变性

链式法则是说: 复合映射的线性近似等于线性近似的复合. 微分的形式不变性是说, 微分是与坐标选取无关的线性映射. 虽然听起来不太一样, 但它们说的其实是同一件事.

1. 先讨论 Jacobi 矩阵的链式法则. 回顾线性代数, 每一个线性映射都在一定坐标系下有一个表示矩阵, 而矩阵乘积对应的就是相应线性映射的复合. 假设 $\boldsymbol{f}: \mathbb{R}^n \to \mathbb{R}^m$, $\boldsymbol{g}: \mathbb{R}^m \to \mathbb{R}^k$ 都是线性映射, 那么按照定义就可以看出, 在固定坐标系下, 它们的 Jacobi 矩阵就是表示矩阵. 因此 $\boldsymbol{g} \circ \boldsymbol{f}(\boldsymbol{x})$ 的 Jacobi 矩阵就是 $\boldsymbol{g}$ 的 Jacobi 矩阵与 $\boldsymbol{f}$ 的 Jacobi 矩阵的乘积.

2. 而所谓微分要做的事情, 就是说明: 对线性映射正确的结论, 在局部上对函数也正确. 这句话在某种程度上是本章的精神. 于是链式法则就是说:

命题 **2.3.3** 设 $\boldsymbol{f}: \mathbb{R}^n \to \mathbb{R}^m$, $\boldsymbol{g}: \mathbb{R}^m \to \mathbb{R}^k$ 为两个可微向量值函数, 其中

$$\boldsymbol{y} = \boldsymbol{f}(\boldsymbol{x}), \boldsymbol{z} = \boldsymbol{g}(\boldsymbol{y}).$$

那么

$$\boldsymbol{z} = \boldsymbol{g} \circ \boldsymbol{f}(\boldsymbol{x})$$

也可微, 而且 $\boldsymbol{g} \circ \boldsymbol{f}$ 的 Jacobi 矩阵恰好是 $\boldsymbol{g}$ 的 Jacobi 矩阵与 $\boldsymbol{f}$ 的 Jacobi 矩阵的乘积, 即

$$(\boldsymbol{g} \circ \boldsymbol{f})'(\boldsymbol{x}) = \boldsymbol{g}'(\boldsymbol{f}(\boldsymbol{x})) \times \boldsymbol{f}'(\boldsymbol{x}).$$

3. 我们先用二元二维向量值函数来具体说明一下要证明的是什么. 设 $\boldsymbol{y} = \boldsymbol{f}(\boldsymbol{x}), \boldsymbol{z} = \boldsymbol{g}(\boldsymbol{y})$, 其中

$$\boldsymbol{f}(\boldsymbol{x}) = (y_1(x_1, x_2), y_2(x_1, x_2)), \quad \boldsymbol{g}(\boldsymbol{y}) = (z_1(y_1, y_2), z_2(y_1, y_2)),$$

链式法则是说:

$$(\boldsymbol{g} \circ \boldsymbol{f})' = \begin{pmatrix} \dfrac{\partial z_1}{\partial x_1} & \dfrac{\partial z_1}{\partial x_2} \\ \dfrac{\partial z_2}{\partial x_1} & \dfrac{\partial z_2}{\partial x_2} \end{pmatrix} = \begin{pmatrix} \dfrac{\partial z_1}{\partial y_1} & \dfrac{\partial z_1}{\partial y_2} \\ \dfrac{\partial z_2}{\partial y_1} & \dfrac{\partial z_2}{\partial y_2} \end{pmatrix} \begin{pmatrix} \dfrac{\partial y_1}{\partial x_1} & \dfrac{\partial y_1}{\partial x_2} \\ \dfrac{\partial y_2}{\partial x_1} & \dfrac{\partial y_2}{\partial x_2} \end{pmatrix} = \boldsymbol{g}' \times \boldsymbol{f}'.$$

4. 下面我们通过求偏导证明链式法则:

证明 只需证明如下特殊情况即可: 设 $(u,v) = \boldsymbol{f}(x,y)$ 是 $\mathbb{R}^2 \to \mathbb{R}^2$ 可求偏导的向量值函数, 而 $z = g(u,v)$ 是 $\mathbb{R}^2 \to \mathbb{R}$ 的可微函数, 记 $(u_0, v_0) = \boldsymbol{f}(x_0, y_0)$, 则有

$$\frac{\partial z}{\partial x}(x_0, y_0) = \frac{\partial z}{\partial u}(u_0, v_0)\frac{\partial u}{\partial x}(x_0, y_0) + \frac{\partial z}{\partial v}(u_0, v_0)\frac{\partial v}{\partial x}(x_0, y_0).$$

事实上,

$$g(u(x_0 + \Delta x, y_0), v(x_0 + \Delta x, y_0)) - g(u(x_0, y_0), v(x_0, y_0))$$
$$= \frac{\partial z}{\partial u}(u_0, v_0)\Delta u + \frac{\partial z}{\partial v}(u_0, v_0)\Delta v + o\left(\sqrt{(\Delta u)^2 + (\Delta v)^2}\right),$$

其中

$$\Delta u = u(x_0 + \Delta x, y_0) - u(x_0, y_0), \ \Delta v = v(x_0 + \Delta x, y_0) - v(x_0, y_0).$$

于是两边同时除以 Δx 取极限即可看到结论. □

5. 注意在这个证明里, 我们其实只需要 g 可微, 而对 f 只需要其关于各个分量可求偏导. 但是仅仅要求 g 求偏导是不足以保证 Jacobi 矩阵的链式法则的. 例如考虑

$$g(x,y) = \begin{cases} \dfrac{2xy^3}{x^2 + y^4}, & x^2 + y^2 \neq 0, \\ 0, & x^2 + y^2 = 0, \end{cases} \quad \boldsymbol{f}(t) = \begin{pmatrix} t^2 \\ t \end{pmatrix}.$$

大家可自行验证在 $t = 0$ 处, 链式法则不成立.

6. 利用链式法则, 可以说明 Jacobi 矩阵的几何意义. 设 $\boldsymbol{f}: \mathbb{R}^n \to \mathbb{R}^m$ 为可微映射, 不妨设其把 $\boldsymbol{x}_0$ 映成 $\boldsymbol{y}_0$. 设 $\gamma: [0,1] \to \mathbb{R}^n$ 为一条过 $\boldsymbol{x}_0$ 的可微曲线, 则 $\boldsymbol{f} \circ \gamma: [0,1] \to \mathbb{R}^m$ 是过 $\boldsymbol{y}_0$ 的可微曲线, 那么 $\boldsymbol{f}$ 在 $\boldsymbol{x}_0$ 处的 Jacobi 矩阵, 就把 γ 在 $\boldsymbol{x}_0$ 处的切向量映射成 $\boldsymbol{f} \circ \gamma$ 在 $\boldsymbol{y}_0$ 处的切向量. 因此 Jacobi 矩阵诱导的线性映射又称为切映射.

7. 不应对此感到丝毫意外. Jacobi 矩阵本就是为在局部上线性近似函数而生. 切线是曲线的线性近似, 既然函数把曲线映成曲线, 那么它的线性近似就应该把切线映成切线. 做不到这一点才是奇怪的.

8. 下面来讨论微分的形式不变性. 定义微分 $\mathrm{d}\boldsymbol{f}$ 需要指定坐标, 即指定自变量, 但事实上, 这个线性映射与坐标无关: 设 $\boldsymbol{z} = \boldsymbol{z}(\boldsymbol{y}), \boldsymbol{y} = \boldsymbol{y}(\boldsymbol{x})$, 则

$$\mathrm{d}\boldsymbol{z} = \boldsymbol{z}'(\boldsymbol{y})\,\mathrm{d}\boldsymbol{y} = \boldsymbol{z}'(\boldsymbol{y})\boldsymbol{y}'(\boldsymbol{x})\,\mathrm{d}\boldsymbol{x} = \boldsymbol{z}'(\boldsymbol{x})\,\mathrm{d}\boldsymbol{x}.$$

就是说不论是以 y 为自变量还是以 x 为自变量, 定义出来的微分 $\mathrm{d}z$ 都是同一个.

9. 微分与坐标选取无关, 意味着微分这个线性映射是良定义的, 是不会引起歧义的. 于是面对一个映射, 不需要管自变量是谁, 直接 d 它准没错. 相对地, 要谈 Jacobi 矩阵, 则必须时刻记好自变量是谁.

2.3.6　从微分形式不变性到 Jacobi 矩阵的链式法则

本小节我们从微分形式不变性出发, 去理解 Jacobi 矩阵的链式法则. 但请注意, **本节只是说明, 不是证明!**

1. 回想所谓映射, 就是空间之间的对应关系, 本就与坐标无关. 这个观点是线性代数的基础: 线性映射本身就是空间之间的对应关系, 与坐标无关, 与坐标有关的是其在特定坐标下的表示矩阵.

2. 设

$$\boldsymbol{f} : D \subset \mathbb{R}^n \quad \rightarrow \quad \mathbb{R}^m,$$
$$\boldsymbol{y} \quad \rightarrow \quad \boldsymbol{z} = \boldsymbol{f}(\boldsymbol{y})$$

为空间之间的可微映射, 它与坐标无关, 那么近似它的**最佳线性映射, $\mathrm{d}\boldsymbol{f}$, 肯定也与坐标无关**. 也就是说, 变换原像空间 $\mathbb{R}^n$, 不改变微分 $\mathrm{d}z$.

3. 也就是说, 设

$$\boldsymbol{g} : E \subset \mathbb{R}^l \quad \rightarrow \quad D \subset \mathbb{R}^n,$$
$$\boldsymbol{x} \quad \rightarrow \quad \boldsymbol{y} = \boldsymbol{g}(\boldsymbol{x}),$$

那么不论以 $\boldsymbol{y}$ 为自变量定义 $\mathrm{d}z$ 还是以 $\boldsymbol{x}$ 为自变量定义 $\mathrm{d}z$, 所得微分相同. 即应有

$$\boldsymbol{z}'(\boldsymbol{x})\,\mathrm{d}\boldsymbol{x} = \boldsymbol{z}'(\boldsymbol{y})\,\mathrm{d}\boldsymbol{y} = \boldsymbol{z}'(\boldsymbol{y})\boldsymbol{y}'(\boldsymbol{x})\,\mathrm{d}\boldsymbol{x},$$

也就得到了 Jacobi 矩阵的链式法则, 即 $\boldsymbol{z}'(\boldsymbol{x}) = \boldsymbol{z}'(\boldsymbol{y})\boldsymbol{y}'(\boldsymbol{x})$.

4. 上述内容并不新鲜, 你在线性代数中就已经对其习以为常: 假设 $T : V \rightarrow W$ 是一个从 n 维线性空间 V 到 m 维线性空间 W 的线性映射. 请你写一下在选定 W 坐标不变, 而 V 的坐标变换时, T 的表示矩阵的变化.

2.4 隐函数定理

接下来这一节, 我们要做的事情就是利用微分和偏导数来研究一些几何问题. 其中根本的道理就是一条: 既然可微函数在局部上近似于一个线性函数, 那么在局部上, 很多线性函数满足的性质, 可微函数也满足. 关键是如何将这一道理用数学语言讲清楚.

在这一节里, 请大家重点体会 Jacobi 矩阵作为分析工具, 究竟有什么用处, 该怎么用.

我们将从隐函数定理谈起.

2.4.1 隐函数定理的动机和道理

我们首先解释隐函数定理究竟是什么意思, 以及为什么它应该是对的.

1. 隐函数定理关心的问题是: 一个隐函数 $F(x, y) = c$, 何时可表示如 $x = g(y)$, 或者 $y = f(x)$ 形式的显函数? 本节先用两个例子解释, 为什么这是一个问题, 以及隐函数定理为什么应该成立.

2. 所谓 $F(x, y) = 0$ 是否可表示显函数 $y = f(x)$, 就是说是否存在这样的函数, 使得 $F(x, f(x)) = 0$. 这是一个存在性的问题, 它又可以转化为: 对固定的 x, 能否解出关于 y 的方程 $F(x, y) = 0$ 的唯一解 $y = f(x)$, 这样当 x 变化时, $y = f(x)$ 就是一个函数了.

3. 解决存在性问题之后, 我们还可以进一步追问, $f(x)$ 或 $g(y)$ 是不是唯一的, 是否连续, 是否可微, 如果可微导数怎么求等问题.

4. 考虑最简单的隐函数的例子 $x^2 + y^2 = 1$. 只要 $x \neq \pm 1$, y 就至少有两个解, 于是 y 就不可能是 x 的函数. 反之亦然.

5. 所以首先, 这个如此简单的例子表明, 将隐函数 $F(x, y) = 0$ 写成关于 x 或者 y 的显函数, 只能在局部上实现. 就是说想将 $F(x, y) = 0$ 写成显函数, 一定要限定 x, y 的范围. 比如假设 (x_0, y_0) 这个点满足 $F(x_0, y_0) = 0$, 则我们只能尝试在某个以 (x_0, y_0) 为中心的长方形区域内将 $F(x, y) = 0$ 写成显函数.

6. 限定在以 $\left(\dfrac{\sqrt{2}}{2}, \dfrac{\sqrt{2}}{2} \right)$ 为中心, $\dfrac{\sqrt{2}}{2}$ 为边长的正方形邻域内, 隐函数 $x^2 + y^2 = 1$ 确实可以写出显函数. 其实, 只要限制 $y > 0$, 就可以写出 $y = \sqrt{1 - x^2}$, 或者限制 $x > 0$, 就有 $x = \sqrt{1 - y^2}$.

7. 但是, 即便限制在局部上, 有时侯也未必能写成特定自变量的显函数. 还是看 $x^2 + y^2 = 1$ 这个例子. 在 $(1, 0)$ 的任意小 δ 邻域内, 一个 x 都对应两个 y. 同理, 在以 $(0, 1)$ 为中心的任意长方形区域内, 这个隐函数都不可能写出以 y 为自变量的显函数.

8. 因此可以看到, 将隐函数写成显函数, 这确实是一个问题, 而且不那么简单. 停下来总结一下就是: 要想将隐函数写成显函数, 首先应该限制在局部上. 即便限制在局部上也未必能解决问题, 还需要加上一些其他条件. 下面的这个例子可以说明, 这个其他条件究竟是什么条件.

9. 考虑 $F(x, y) = ax + by + c$, 于是 $F(x, y) = 0$ 构成了一个隐函数. 对于这个隐函数, 只要 $a \neq 0$, 就可以写成 x 关于 y 的显函数, 即

$$x = -\frac{b}{a}y - \frac{c}{a},$$

而如果 $a = 0$, 则一定写不成. 同时, 只要 $b \neq 0$, 就可以写成 y 关于 x 的显函数, 即

$$y = -\frac{a}{b}x - \frac{c}{b},$$

而如果 $b = 0$, 则一定写不成.

10. 而这里的 a 和 b, 其实分别是 $\dfrac{\partial F}{\partial x}$ 和 $\dfrac{\partial F}{\partial y}$. 这样, 对于线性函数, 我们的问题就已经解决了: 只要偏导数不等于 0 就好.

11. 而对于一般函数要怎么办呢? 设 $F(x_0, y_0) = 0$, 我们要在 (x_0, y_0) 附近解出显函数. 只要这个函数可微, 就一定有一个线性函数在局部上与它非常相似, 即

$$F(x, y) - F(x_0, y_0) \approx \frac{\partial F}{\partial x}|_{(x_0, y_0)} \times (x - x_0) + \frac{\partial F}{\partial y}|_{(x_0, y_0)} \times (y - y_0).$$

注意 $F(x_0, y_0) = 0$. 那么只要

$$\frac{\partial F}{\partial x}|_{(x_0, y_0)} \times (x - x_0) + \frac{\partial F}{\partial y}|_{(x_0, y_0)} \times (y - y_0) = 0$$

可解出显函数, $F(x, y) = 0$ 就**应该**在 (x_0, y_0) 附近可以解出线性函数. 而这个线性函数可以解出显函数, 只需要

$$\frac{\partial F}{\partial x}|_{(x_0, y_0)} \neq 0 \text{ 或 } \frac{\partial F}{\partial y}|_{(x_0, y_0)} \neq 0.$$

注意, 这段里出现了 "应该", 因此这不是证明.

12. 从这个角度去理解, 如下隐函数定理就不出人意料了:

定理 2.4.1 若二元函数 $F(x,y)$ 满足如下条件:

(1) $F(x_0, y_0) = 0$.

(2) 在闭矩形

$$D = \{(x,y)| |x - x_0| \leqslant a, |y - y_0| \leqslant b\}$$

上, $F(x,y)$ 连续, 且具有连续偏导数 $\dfrac{\partial F}{\partial x}, \dfrac{\partial F}{\partial y}$.

(3) $\dfrac{\partial F}{\partial y}(x_0, y_0) \neq 0$.

则:

(a) 存在性: 在 (x_0, y_0) 附近可以唯一从函数方程

$$F(x,y) = 0$$

确定函数

$$y = f(x), x \in O(x_0, \rho),$$

满足

$$F(x, f(x)) = 0, y_0 = f(x_0).$$

(b) 连续性: 函数 $y = f(x)$ 在 $O(x_0, \rho)$ 上连续.

(c) 可微性: 函数 $y = f(x)$ 在 $O(x_0, \rho)$ 上有连续导数, 且

$$\frac{\mathrm{d}y}{\mathrm{d}x} = -\frac{\dfrac{\partial F}{\partial x}(x,y)}{\dfrac{\partial F}{\partial y}(x,y)}.$$

13. 我们强调, 在上述隐函数定理中, $F_y(x_0, y_0) \neq 0$ 并不是在 (x_0, y_0) 附近 y 可解为 $f(x)$ 的必要条件. 但这种情况一般比较复杂. 例如隐函数 $F(x,y) = x^2 - y^3 = 0$, 明显 $F_y(0,0) = 0$, 这个隐函数可以解出显函数 $y = \sqrt[3]{x^2}$, 但这个显函数在 $x = 0$ 处不可导. 再如 $F(x,y) = y^2 - x^4 = 0$, 有 $F_y(0,0) = 0$, 这个隐函数在 $(0,0)$ 附近也可以解出显函数, 而且解出来的显函数还是可微的, 但这样的解是不唯一的.

14. 类似道理, 可以得到多元函数的隐函数定理.

定理 2.4.2 设 $\boldsymbol{x} = (x_1, \cdots, x_n)$, 则对 $n+1$ 元函数 $F(\boldsymbol{x}, y)$, 若 $F(\boldsymbol{x}, y)$ 满足如下条件:

(1) $F(\boldsymbol{x}_0, y_0) = 0$.

(2) 在闭长方体

$$D = \{(\boldsymbol{x}, y) | \|\boldsymbol{x} - \boldsymbol{x}_0\| \leqslant a, |y - y_0| \leqslant b\}$$

上, $F(\boldsymbol{x}, y)$ 连续, 且具有连续偏导数 $\dfrac{\partial F}{\partial x_i}, \dfrac{\partial F}{\partial y}$.

(3) $\dfrac{\partial F}{\partial y}(\boldsymbol{x}_0, y_0) \neq 0$.

则:

(a) 存在性: 在 $(\boldsymbol{x}_0, y_0)$ 附近可以唯一从函数方程

$$F(\boldsymbol{x}, y) = 0$$

确定多元函数

$$y = f(\boldsymbol{x}), \boldsymbol{x} \in O(\boldsymbol{x}_0, \rho),$$

满足

$$F(\boldsymbol{x}, f(\boldsymbol{x})) = 0, y_0 = f(\boldsymbol{x}_0).$$

(b) 连续性: 函数 $y = f(\boldsymbol{x})$ 在 $O(\boldsymbol{x}_0, \rho)$ 上连续.

(c) 可微性: 函数 $y = f(\boldsymbol{x})$ 在 $O(\boldsymbol{x}_0, \rho)$ 上有连续偏导数, 且

$$\frac{\partial y}{\partial x_i} = -\frac{\dfrac{\partial F}{\partial x_i}(\boldsymbol{x}, y)}{\dfrac{\partial F}{\partial y}(\boldsymbol{x}, y)}.$$

15. 函数的隐函数定理, 不论是一元函数还是多元函数, 都是在解只有一个未知量的方程. 而向量值函数的隐函数定理, 则是在解方程组. 虽然如此, 向量值函数隐函数定理的道理与函数的隐函数定理完全类似, 我们长话短说, 只谈重点.

16. 仅靠 $F(x, y, u, v) = 0$ 这一个假设确定 (u, v) 关于 (x, y) 的函数是不可能的, 因为一个方程解不出两个未知量. 此时, 我们要考虑的是两个隐函数方程的方程组. 因此我们的问题是: 假设 (x_0, y_0, u_0, v_0) 满足

$$\begin{cases} F(x_0, y_0, u_0, v_0) = 0, \\ G(x_0, y_0, u_0, v_0) = 0, \end{cases}$$

则是否可以由

$$\begin{cases} F(x,y,u,v)=0, \\ G(x,y,u,v)=0, \end{cases}$$

在 (x_0,y_0,u_0,v_0) 附近, 写出 (u,v) 关于 (x,y) 的显式向量值函数?

17. 在 (x_0,y_0,u_0,v_0) 附近考虑近似这两个隐函数的线性向量值函数, 即

$$\begin{cases} \dfrac{\partial F}{\partial x}\cdot(x-x_0)+\dfrac{\partial F}{\partial y}\cdot(y-y_0)+\dfrac{\partial F}{\partial u}\cdot(u-u_0)+\dfrac{\partial F}{\partial v}\cdot(v-v_0), \\ \dfrac{\partial G}{\partial x}\cdot(x-x_0)+\dfrac{\partial G}{\partial y}\cdot(y-y_0)+\dfrac{\partial G}{\partial u}\cdot(u-u_0)+\dfrac{\partial G}{\partial v}\cdot(v-v_0). \end{cases}$$

18. 你可以想象, 如果对线性方程组

$$\begin{cases} \dfrac{\partial F}{\partial x}\cdot(x-x_0)+\dfrac{\partial F}{\partial y}\cdot(y-y_0)+\dfrac{\partial F}{\partial u}\cdot(u-u_0)+\dfrac{\partial F}{\partial v}\cdot(v-v_0)=0, \\ \dfrac{\partial G}{\partial x}\cdot(x-x_0)+\dfrac{\partial G}{\partial y}\cdot(y-y_0)+\dfrac{\partial G}{\partial u}\cdot(u-u_0)+\dfrac{\partial G}{\partial v}\cdot(v-v_0)=0, \end{cases}$$

可以通过固定 x,y 解出 u,v, 那么方程组

$$\begin{cases} F(x,y,u,v)=0, \\ G(x,y,u,v)=0 \end{cases}$$

也**应该**可以通过固定 x,y 解出 u,v. 而要想上面的这个线性方程组有解, 必须且只需 (x_0,y_0,u_0,v_0) 处的矩阵

$$\begin{pmatrix} \dfrac{\partial F}{\partial u} & \dfrac{\partial F}{\partial v} \\ \dfrac{\partial G}{\partial u} & \dfrac{\partial G}{\partial v} \end{pmatrix}$$

可逆, 即行列式非零.

19. 特别地, 我们记矩阵

$$\begin{pmatrix} \dfrac{\partial F}{\partial u} & \dfrac{\partial F}{\partial v} \\ \dfrac{\partial G}{\partial u} & \dfrac{\partial G}{\partial v} \end{pmatrix}$$

的行列式为

$$\dfrac{\partial(F,G)}{\partial(u,v)}.$$

20. 这就是向量值隐函数定理, 其严格叙述如下:

定理 2.4.3 设函数 $F(x, y, u, v), G(x, y, u, v)$ 满足条件

(1)
$$\begin{cases} F(x_0, y_0, u_0, v_0) = 0, \\ G(x_0, y_0, u_0, v_0) = 0. \end{cases}$$

(2) 在一个以 (x_0, y_0, u_0, v_0) 为中心的闭长方体上, F, G 连续, 且具有连续偏导数.

(3) $\dfrac{\partial(F, G)}{\partial(u, v)}(x_0, y_0, u_0, v_0) \neq 0.$

则

(a) 存在性: 在 (x_0, y_0, u_0, v_0) 附近可以唯一从函数方程组

$$\begin{cases} F(x, y, u, v) = 0, \\ G(x, y, u, v) = 0 \end{cases}$$

确定向量值函数

$$\begin{pmatrix} u \\ v \end{pmatrix} = \begin{pmatrix} f(x, y) \\ g(x, y) \end{pmatrix}, (x, y) \in O((x_0, y_0), \rho),$$

满足

$$\begin{cases} F(x, y, f(x, y), g(x, y)) = 0, \\ G(x, y, f(x, y), g(x, y)) = 0, \end{cases} \begin{pmatrix} u_0 \\ v_0 \end{pmatrix} = \begin{pmatrix} f(x_0, y_0) \\ g(x_0, y_0) \end{pmatrix}.$$

(b) 连续性: 向量值函数

$$\begin{pmatrix} u \\ v \end{pmatrix} = \begin{pmatrix} f(x, y) \\ g(x, y) \end{pmatrix}$$

在 $O((x_0, y_0), \rho)$ 上连续.

(c) 可微性: 向量值函数

$$\begin{pmatrix} u \\ v \end{pmatrix} = \begin{pmatrix} f(x, y) \\ g(x, y) \end{pmatrix}$$

在 $O((x_0, y_0), \rho)$ 上有连续 Jacobi 矩阵, 且其 Jacobi 矩阵

$$\begin{pmatrix} \dfrac{\partial u}{\partial x} & \dfrac{\partial u}{\partial y} \\ \dfrac{\partial v}{\partial x} & \dfrac{\partial v}{\partial y} \end{pmatrix} = - \begin{pmatrix} \dfrac{\partial F}{\partial u} & \dfrac{\partial F}{\partial v} \\ \dfrac{\partial G}{\partial u} & \dfrac{\partial G}{\partial v} \end{pmatrix}^{-1} \begin{pmatrix} \dfrac{\partial F}{\partial x} & \dfrac{\partial F}{\partial y} \\ \dfrac{\partial G}{\partial x} & \dfrac{\partial G}{\partial y} \end{pmatrix}.$$

21. 更一般地, 可以考虑 $n+m$ 元含 m 个隐函数的函数组. 相关叙述这里就不给出了, 请大家自行补齐.

2.4.2 隐函数定理的证明

本小节我们证明上一小节叙述的三个隐函数定理.

1. 首先证明一元函数的隐函数定理. 想要快速理解这个证明, 最好的办法就是跟随下述语句, 一步一步地画出这个证明过程.

   证明 首先不妨假设 $\dfrac{\partial F}{\partial y}(x_0, y_0) > 0$.

   a. 由于偏导数连续, 存在矩形

   $$\{(x,y) \mid |x-x_0| < a, |y-y_0| < b\},$$

   使得 $\dfrac{\partial F}{\partial y}(x,y) > 0$ 在该矩形中恒成立.

   b. 由偏导数定义, 在这个矩形中, 固定 x, 则以 y 为自变量的函数 $F(x,y)$ 单调递增.

   c. 由于 $F(x_0, y_0) = 0$, 因此 $F(x_0, y_0 - b) < 0$, $F(x_0, y_0 + b) > 0$.

   d. 由函数连续性, 存在 $\rho > 0$, 使得对任意 $|x-x_0| < \rho$, 有

   $$F(x, y_0 - b) < 0, F(x, y_0 + b) > 0.$$

   e. 于是对任意 $|x-x_0| < \rho$, 在 $[y_0 - b, y_0 + b]$ 上应用介值定理. 即对任意 $|x-x_0| < \rho$, 存在唯一的 $y(x) \in [y_0 - b, y_0 + b]$, 使得

   $$F(x, y(x)) = 0.$$

   记此 $y(x)$ 为 $f(x)$. 注意 $f(x_0) = y_0$. 这样就解出了一个显函数.

   f. 事实上, 连续性的证明已经隐含在刚刚关于存在性的证明里了. 设 $|\bar{x} - x_0| \leqslant \rho$, 则对任意 $\varepsilon > 0$, 应有 $F(\bar{x}, f(\bar{x}) - \varepsilon) < 0$, $F(\bar{x}, f(\bar{x}) + \varepsilon) > 0$, 因此存在 $\delta > 0$, 使得对任意 $|x-\bar{x}| \leqslant \delta$, 有 $F(x, f(\bar{x}) - \varepsilon) < 0$, $F(x, f(\bar{x}) + \varepsilon) > 0$. 因此由定义, 对于一切 $|x - \bar{x}| \leqslant \delta$, 按照介值定理解得的 $f(x)$ 一定在 $f(\bar{x}) - \varepsilon$ 与 $f(\bar{x}) + \varepsilon$ 之间, 连续性得证.

   g. 最后看可导性. 注意在 x_0 附近,

   $$F(x + \Delta x, f(x) + \Delta f) - F(x, f(x)) = 0,$$

其中 $\Delta f = f(x + \Delta x) - f(x).$

h. 由微分中值定理可见, 存在 θ, 使得

$$F_x(x + \theta\Delta x, f(x) + \theta\Delta f)\Delta x + F_y(x + \theta\Delta x, f(x) + \theta\Delta f)\Delta f = 0.$$

i. 因此

$$\frac{\Delta f}{\Delta x} = -\frac{F_x(x + \theta\Delta x, f(x) + \theta\Delta f)}{F_y(x + \theta\Delta x, f(x) + \theta\Delta f)}.$$

于是由连续性和极限四则运算可得 f 在 x_0 附近可导, 且导函数为

$$-\frac{F_x(x, y)}{F_y(x, y)},$$

连续. 隐函数定理证明完毕.   □

2. 多元函数的隐函数定理的证明完全类似, 兹不赘述. 下面我们以四元函数组简要说明向量值函数隐函数定理的证明. 这一证明其实是在模仿线性代数中所学的高斯消元. 设四元隐函数组为

$$\begin{cases} F(x, y, u, v) = 0, \\ G(x, y, u, v) = 0, \end{cases}$$

且在 (x_0, y_0, u_0, v_0) 处, 有

$$\frac{\partial(F, G)}{\partial(u, v)} = \det\begin{pmatrix} F_u & F_v \\ G_u & G_v \end{pmatrix} \neq 0.$$

目的是在 (x_0, y_0, u_0, v_0) 附近, 解出 u, v 关于 x, y 的向量值函数.

证明 a. 首先由于

$$\det\begin{pmatrix} F_u & F_v \\ G_u & G_v \end{pmatrix} \neq 0,$$

上述矩阵中至少有一个位置不等于 0, 不妨设 F_u 在 (x_0, y_0, u_0, v_0) 处非 0.

b. 于是由多元函数隐函数定理, 可以在以 (x_0, y_0, v_0) 为中心的一个邻域内解出偏导数连续的函数

$$u = h(x, y, v), u_0 = h(x_0, y_0, v_0), F(x, y, h(x, y, v), v) = 0.$$

c. 将 $u = h(x, y, v)$ 代入 $G(x, y, u, v) = 0$, 可得方程

$$G(x, y, h(x, y, v), v) = 0.$$

求 $G(x, y, h(x, y, v), v)$ 关于 v 的偏导数, 可得这一偏导数恰好为

$$\frac{1}{F_u} \cdot \frac{\partial(F, G)}{\partial(u, v)}.$$

d. 于是又可以由多元函数隐函数定理在 (x_0, y_0) 附近解出偏导数连续的函数 $v = g(x, y)$, 使得

$$G(x, y, h(x, y, g(x, y)), g(x, y)) = 0, v_0 = g(x_0, y_0),$$

于是记 $u = h(x, y, g(x, y)) = f(x, y)$ 即可.

e. 至于连续性和可微性, 是在函数的隐函数定理证明中就已显明的了. 于是对如下方程组

$$\begin{cases} F(x, y, f(x, y), g(x, y)) = 0, \\ G(x, y, f(x, y), g(x, y)) = 0, \end{cases}$$

直接对两边求微分 (微分形式不变性保证你可以这样做而不产生任何歧义), 可见

$$\begin{cases} F_x \, dx + F_y \, dy + F_u \, df(x, y) + F_v \, dg(x, y) = 0, \\ G_x \, dx + G_y \, dy + G_u \, df(x, y) + G_v \, dg(x, y) = 0, \end{cases}$$

即

$$\begin{pmatrix} du \\ dv \end{pmatrix} = \begin{pmatrix} df(x, y) \\ dg(x, y) \end{pmatrix} = - \begin{pmatrix} \dfrac{\partial F}{\partial u} & \dfrac{\partial F}{\partial v} \\ \dfrac{\partial G}{\partial u} & \dfrac{\partial G}{\partial v} \end{pmatrix}^{-1} \begin{pmatrix} \dfrac{\partial F}{\partial x} & \dfrac{\partial F}{\partial y} \\ \dfrac{\partial G}{\partial x} & \dfrac{\partial G}{\partial y} \end{pmatrix}.$$

于是根据微分的定义, 即可看到映射 $(u, v) = (f(x, y), g(x, y))$ 的 Jacobi 矩阵就是

$$- \begin{pmatrix} \dfrac{\partial F}{\partial u} & \dfrac{\partial F}{\partial v} \\ \dfrac{\partial G}{\partial u} & \dfrac{\partial G}{\partial v} \end{pmatrix}^{-1} \begin{pmatrix} \dfrac{\partial F}{\partial x} & \dfrac{\partial F}{\partial y} \\ \dfrac{\partial G}{\partial x} & \dfrac{\partial G}{\partial y} \end{pmatrix},$$

证明结束. $\qquad\qquad\qquad\qquad\qquad\qquad\qquad\qquad\qquad\qquad\qquad$ □

3. 请大家利用线性代数的知识**解释**为什么 $G(x, y, f(x, y, v), v)$ 关于 v 的偏导数恰好为

$$\frac{1}{F_u} \cdot \frac{\partial(F, G)}{\partial(u, v)}.$$

事实上, 如果你不明白代数, 这个结论不过是稀里糊涂计算之后的偶然所得. 但如果你熟悉代数, 那这个结论你早就知道, 计算是给别人看的.

4. 假设你面对的是一个线性方程组

$$\begin{cases} ax + by = e, \\ cx + dy = f, \end{cases}$$

即

$$\begin{pmatrix} a & b \\ c & d \end{pmatrix} \begin{pmatrix} x \\ y \end{pmatrix} = \begin{pmatrix} e \\ f \end{pmatrix}.$$

那么解这个方程组, 就是要对矩阵

$$\begin{pmatrix} a & b \\ c & d \end{pmatrix}$$

做行变换, 把它变成上三角或者下三角矩阵.

5. 假设 $a \neq 0$, 那么上述矩阵可以行变换为

$$\begin{pmatrix} a & b \\ 0 & d - \dfrac{bc}{a} \end{pmatrix}.$$

然后你知道此时对角线乘积就是矩阵

$$\begin{pmatrix} a & b \\ c & d \end{pmatrix}$$

的行列式, 而 $d - \dfrac{bc}{a}$ 就是

$$\frac{1}{a} \det \begin{pmatrix} a & b \\ c & d \end{pmatrix}.$$

6. 现在你应该明白, $G(x, y, f(x, y, v), v)$ 关于 v 的偏导数恰好为

$$\frac{1}{F_u} \cdot \frac{\partial(F, G)}{\partial(u, v)}$$

并非偶然, 而是命中注定. 数学里的命中注定, 多半都是代数.

7. 2023 年以前, 我从来都不知道有人会犯如下这个错误: 假设 $F(x, y, z) = 0$ 确定了 $z = z(x, , y)$, 那么按照隐函数定理

$$z_x = -\frac{F_x}{F_z},$$

F_z 的计算没问题, 但 $F_x = F_x + F_z z_x$, 因为 z 是关于 x, y 的函数. 这显然是一个错误, 因为它会推出一个荒谬的结果.

8. 会犯这个错误, 大概是把隐函数定理的推导过程和结论中的 x 混淆了. 事实上, 在已知 $F(x, y, z) = F(x, y, z(x, y)) = 0$ 时, 对等式两边关于 x 求偏导, 即得

$$F_x + F_z z_x = 0,$$

于是推出 $z_x = -\dfrac{F_x}{F_z}$. 也就是说, 在推导之初, 要求的 F_x 里的 x 是二元函数 $G(x, y) = F(x, y, z(x, y))$ 中的 x, 而在推导出来的结论中, F_x 里的 x 是三元函数 $F(x, y, z)$ 里的 x.

9. 为了方便, 数学上经常 "滥用符号", 在上述推导中, 混淆 $F(x, y, z(x, y))$ 中的 x 和 $F(x, y, z)$ 中的 x 就是一例. 而对求导而言, 这是有风险的. 有一个办法可以避免这种风险, 就是利用微分去写隐函数定理的推导: 由 $F(x, y, z) = 0$, 两边直接求微分: $\mathrm{d}F(x, y, z) = 0$, 即得

$$F_x \,\mathrm{d}x + F_y \,\mathrm{d}y + F_z \,\mathrm{d}z = 0, \text{i.e.}\, \mathrm{d}z = -\frac{F_x}{F_z}\,\mathrm{d}x - \frac{F_y}{F_z}\,\mathrm{d}y,$$

因此 z_x 是什么就一目了然了.

10. 印象中, 我自己, 我的同学们, 乃至我之前教过的学生们, 都没有犯过类似的错误. 但这并不能说明我们聪明, 相反, 不会犯此错误很可能是因为从未深入思考. 我们就好像处处不留心的人, 踩在井盖上, 忘记了下面有坑, 也就不会注意到井盖. 但突然有一天, 有一个细心的人提出了一个问题: 为什么我们可以踩在坑上而不掉下去, 这才让所有人明白, 原来是因为井盖.

2.4.3　曲面与等值面

隐函数定理说明, 我们似乎可以将一个多元函数的定义域拆成等值线或者面, 至少局部上是这样的. 本小节以等值面为例说明问题.

1. 若向量值函数

$$\begin{cases} x = x(u,v), \\ y = y(u,v), \quad (u,v) \in D \subset \mathbb{R}^2 \\ z = z(u,v) \end{cases}$$

的 Jacobi 矩阵

$$\begin{pmatrix} x_u & x_v \\ y_u & y_v \\ z_u & z_v \end{pmatrix}$$

连续且恒满秩, 则其像画出了三维空间中的一个曲面. 按照我们对 Jacobi 矩阵的解释, 该曲面的切平面即由向量

$$(x_u, y_u, z_u)^{\mathrm{T}}, \ (x_v, y_v, z_v)^{\mathrm{T}}$$

张成.

2. 这里 Jacobi 矩阵连续且恒满秩叫作非退化条件. 你可以想象, 若不是满秩的, 那么向量

$$(x_u, y_u, z_u)^{\mathrm{T}}, \ (x_v, y_v, z_v)^{\mathrm{T}}$$

就是线性相关的, 于是简单通俗地说, 函数

$$\begin{cases} x = x(u,v), \\ y = y(u,v), \quad (u,v) \in D \subset \mathbb{R}^2 \\ z = z(u,v) \end{cases}$$

的像可能就坍缩成了一条线或者一个点. 事实上, 满足这种非退化条件, 可以规避掉很多比较复杂的情形: 例如向量值函数

$$\begin{cases} x = u(u^2 + v^2), \\ y = v(u^2 + v^2), \quad (u,v) \in \mathbb{R}^2 \\ z = u^2 + v^2 \end{cases}$$

在 $(u,v) = (0,0)$ 处不满足非退化条件. 相应地, 函数的像在 $(x,y,z) = (0,0,0)$ 处呈现为一个尖点. 请大家用 Geogebra 等作图软件画图, 看看究竟发生了什么.

3. 特别地, 若 $z(x,y)$ 连续可微, 则函数

$$\begin{cases} x = x, \\ y = y, \quad (x,y) \in D \subset \mathbb{R}^2 \\ z \doteq z(x,y) \end{cases}$$

天然满足非退化条件.

4. 除此之外, 曲面还有另一种表示方式. 设 $F : \mathbb{R}^3 \to \mathbb{R}$ 的 Jacobi 矩阵连续且处处满秩. 此时, F 的等值集合

$$\{(x, y, z) | F(x, y, z) \equiv C\}$$

就给出了一个曲面.

5. 事实上, 此时 F_x, F_y, F_z 至少有一个非零, 例如, 在 $\mathbf{0}$ 附近, F_z 非 0. 于是, 至少在 $\mathbf{0}$ 附近, $F(x, y, z) = a$, 可以解出显函数 $z = f_a(x, y)$, 而这就给出了 $\mathbb{R}^3$ 中的一个曲面. 当 a 在 $F(0, 0, 0)$ 附近变化的时候, $\mathbb{R}^3$ 至少在 $\mathbf{0}$ 附近被分成了一层层的等值面.

6. 当 (x, y, z) 沿着等值面变化时, 函数值 $F(x, y, z)$ 不变. 而沿着梯度方向, 函数值 $F(x, y, z)$ 增加最快. 因此, 在任意点处, 函数 $F(x, y, z)$ 的梯度方向都是垂直于其等值面的, 即与其等值面的切平面垂直.

7. 以 $F(x, y, z) = x^2 + y^2 + z^2$ 为例, 除了 $\mathbf{0}$ 点之外, 整个 $\mathbb{R}^3$ 被分成了一层又一层的球面 $x^2 + y^2 + z^2 = r^2$. 你可以计算一下, $\mathbf{0}$ 点之外, F 在每一点的梯度, 都是这一点所在的球面的半径方向.

8. 一般而言, 很难直接写出等值面的参数方程, 例如曲面 $x^2 + y^2 + z^2 = r^2$. 但我们依然可以分片将等值面写成参数方程. 这其实就是微分流形这个概念要做的事情: 每一个局部都是可以写出参数方程的小曲面, 然后这些小曲面规则地拼接到一起. 流形是几何与拓扑学的核心研究对象, 请大家留个印象.

9. 在本书后续内容中, 所谓非退化条件一般是指 Jacobi 矩阵连续且处处满秩. 非退化条件可以帮我们排除复杂而病态的情况. 例如设向量值函数 $L : [0, 1] \to \mathbb{R}^3$,

$$\begin{cases} x = x(t), \\ y = y(t), \\ z = z(t) \end{cases}$$

满足非退化条件, 即其 Jacobi 矩阵连续且恒满秩, 则此时 L 的像就在空间中画出一条曲线, 这条曲线不会坍缩成一个点, 或者在某点处原路返回. 满足非退化条件的 L 也常被称为光滑曲线.

10. 再如若向量值函数 $(F(x,y,z), G(x,y,z))^{\mathrm{T}}$ 的 Jacobi 矩阵

$$\begin{pmatrix} F_x & F_y & F_z \\ G_x & G_y & G_z \end{pmatrix}$$

连续且处处满秩, 则由隐函数定理, 方程组

$$\begin{cases} F(x,y,z) = 0, \\ G(x,y,z) = 0 \end{cases}$$

定义了一条曲线. 这条曲线其实是两个曲面

$$F(x,y,z) = 0, \ G(x,y,z) = 0$$

的交, 而非退化条件保证了这两个曲面不是平行的.

2.4.4 反函数定理

本节我们重点叙述和介绍一些反函数定理的推论, 我们以二元二维向量值函数为例叙述反函数定理.

1. 反函数定理就是说, 若近似 $\boldsymbol{f}$ 的 Jacobi 矩阵 $\boldsymbol{f}'$ 可逆, 则局部上看, 这个向量值函数 $\boldsymbol{f}$ 可逆, 且逆映射 $\boldsymbol{g}$ 的 Jacobi 矩阵 $\boldsymbol{g}'$ 就是 $\boldsymbol{f}'$ 的逆矩阵:

定理 2.4.4 考虑向量值函数 $\boldsymbol{f}(u,v)$,

$$\begin{cases} x = x(u,v), \\ y = y(u,v), \end{cases}$$

并设 $x_0 = x(u_0, v_0), y_0 = y(u_0, v_0)$. 若该向量值函数有连续 Jacobi 矩阵, 且在 (u_0, v_0) 处, 有

$$\frac{\partial(x,y)}{\partial(u,v)} \neq 0,$$

那么,

(1) 存在 $\delta > 0$, 以及包含 (x_0, y_0) 的开集 V, 使得 $\boldsymbol{f}: O((u_0, v_0), \delta) \to V$ 是一一映射.

(2) 在 V 上存在唯一的 $\boldsymbol{f}$ 的反函数 $\boldsymbol{g}(x,y)$,

$$\begin{cases} u = u(x,y), \\ v = v(x,y), \end{cases}$$

有连续 Jacobi 矩阵, 满足 $\boldsymbol{g} \circ \boldsymbol{f}(u,v) = (u,v)$, 且 $\boldsymbol{g}'$ 恰好为 $\boldsymbol{f}'$ 的逆矩阵.

反函数定理实在情理之中, 不在意料之外: 毕竟 Jacobi 矩阵距离向量值函数本身非常近. 事实上, 隐函数定理可以直接推出反函数定理.

2. 反函数定理还说明了如下重要事实: 假设 $\boldsymbol{f}: \mathbb{R}^n \to \mathbb{R}^n$ 有连续 Jacobi 矩阵, 且其 Jacobi 矩阵处处可逆, 那么对于任意 $\mathbb{R}^n$ 中的集合 Ω, $\boldsymbol{f}$ 总将 Ω 的内点映射为 $\boldsymbol{f}(\Omega)$ 的内点. 因此若 Ω 本身是开集, 则 $\boldsymbol{f}(\Omega)$ 一定是开集. 把开集映射成开集的映射, 称为开映射.

3. 不应对此感到意外. 设想如果 $\boldsymbol{f}$ 是可逆的线性映射, 那么上述结论是自然成立的. 而对一般的 $\boldsymbol{f}$, 一定有一个线性映射在局部上与它非常相似, 即其 Jacobi 矩阵对应的线性映射. 因此若上述结论对可逆线性映射成立, 就应该也对 Jacobi 矩阵可逆的 $\boldsymbol{f}$ 也成立 (注意这不是证明).

4. 然而需要注意的是, 即使映射 $\boldsymbol{f}: \Omega \to \boldsymbol{f}(\Omega)$ 有连续 Jacobi 矩阵, 且其 Jacobi 矩阵处处可逆, 也不能保证 $\boldsymbol{f}$ 是 Ω 整体上的一一映射. 例如映射

$$\boldsymbol{f}: (0, +\infty) \times [0, 2\pi) \quad \to \quad \mathbb{R}^2 \backslash \{(0,0)\},$$
$$(r, \theta) \quad \to \quad (r\cos 4\theta, r\sin 4\theta),$$

这个映射的 Jacobi 矩阵处处连续且可逆, 但把 $\mathbb{R}^2 \backslash \{(0,0)\}$ 叠成四叠覆盖在了 $\mathbb{R}^2 \backslash \{(0,0)\}$ 上. 再如映射

$$\boldsymbol{f}: \mathbb{R}^2 \quad \to \quad \mathbb{R}^2,$$
$$(x, y) \quad \to \quad (\mathrm{e}^x \cos y, \mathrm{e}^x \sin y),$$

其 Jacobi 矩阵连续且处处可逆, 但任何一点均有无穷多原像.

5. 设 D 为区域, 若已知 $\boldsymbol{f}: D \to \boldsymbol{f}(D)$ 是一一映射, 则可知 $\boldsymbol{f}$ 有逆映射 $\boldsymbol{g}: \boldsymbol{f}(D) \to D$. 此时若 $\boldsymbol{f}$ 的 Jacobi 矩阵连续且恒可逆, 则由反函数定理, $\boldsymbol{g}$ 的 Jacobi 矩阵也连续恒可逆, 且 $\boldsymbol{f}$ 和 $\boldsymbol{g}$ 均为开映射, 也即 $\boldsymbol{x} \in D$ 为内点当且仅当 $\boldsymbol{f}(\boldsymbol{x}) \in \boldsymbol{f}(D)$ 是内点.

2.4.5 极值问题

极值问题有两种: 无条件极值和条件极值. 求解它们, 都是利用梯度.
如无特殊说明, 本小节仅考虑连续可微函数.

1. 所谓无条件极值问题, 就是单纯对一个函数求其极值的问题. 想要极大或者极小, 就不能继续变大或者变小, 就是说, 梯度为 $\boldsymbol{0}$ 向量. 梯度为 $\boldsymbol{0}$ 向量当然未必是极大或者极小值, 即便是也未必是最大或最小解. 但没关系, 一

般而言, 只要找到梯度为 **0** 向量的点, 距离找到最值就不远了, 大不了一个一个试.

2. 条件极值也是求一个函数的极值, 但对自变量有限制条件. 为了真正理解条件极值问题的含义, 本节先以几何观点详述二维空间中条件极值问题, 而后将结果推广至高维情形.

3. 假设我们想求可微函数 $f(x, y)$ 的极值点, 但是有一个限制条件, 即 (x, y) 要满足 $g(x, y) = 0$. 我们要假设 $g(x, y)$ 满足非退化条件, 即其梯度不等于 **0** 向量. 按照隐函数定理, 此时 $g(x, y) = 0$ 就画出了一条曲线, 而这条曲线不会退化成一个点. 这一问题称为条件极值问题.

4. 于是问题转化为: (x, y) 沿着曲线 $g(x, y) = 0$ 移动, 移动到哪里时, $f(x, y)$ 取得极值? 当 (x, y) 沿着曲线 $g(x, y) = 0$ 移动时, 它其实穿过一条条 $f(x, y)$ 的等值线. 想要取得极值, 就必须不穿过某条等值线, 即碰到某条等值线之后就往回走, 也就是与这条等值线相切. 这就需要一个必要条件, 即在这点处, 运动轨迹 $g(x, y)$ 的梯度与等值线 $f(x, y)$ 的梯度平行.

5. 于是, 在限制条件 $g(x, y) = 0$ 下, 函数 $f(x, y)$ 在 (x_0, y_0) 处取得极值点的必要条件是存在 λ, 使得

$$\left(\frac{\partial f}{\partial x}(x_0, y_0), \frac{\partial f}{\partial y}(x_0, y_0) \right) = \lambda \left(\frac{\partial g}{\partial x}(x_0, y_0), \frac{\partial g}{\partial y}(x_0, y_0) \right).$$

建议对在 $g(x, y) = x^2 + y^2 = 1$ 这个条件下求 $f(x, y) = y$ 的极值这一问题画图, 体会一下我们描述的过程 (要画出单位圆周, 以及若干条平行于 y 轴的直线).

6. 因此要求极值点, 就要求如下联立方程组

$$\begin{cases} \operatorname{grad} f = \lambda \operatorname{grad} g, \\ g(x, y) = 0, \end{cases}$$

或者展开写为

$$\begin{cases} \dfrac{\partial f}{\partial x} = \lambda \dfrac{\partial g}{\partial x}, \\ \dfrac{\partial f}{\partial y} = \lambda \dfrac{\partial g}{\partial y}, \\ g(x, y) = 0. \end{cases}$$

三个方程, 三个未知数 λ, x, y, 求解是有可能的.

7. 再试分析一下三维空间条件极值问题. 假设我们要求函数 $f(x,y,z)$ 在限制条件

$$\begin{cases} G(x,y,z) = 0, \\ H(x,y,z) = 0 \end{cases}$$

下的极值点. 此时我们也加入一个非退化条件: $\operatorname{grad} G, \operatorname{grad} H$ 线性无关, 即

$$\begin{pmatrix} G_x & H_x \\ G_y & H_y \\ G_z & H_z \end{pmatrix}$$

是满秩的. 按照隐函数定理, 在这一条件下,

$$\begin{cases} G(x,y,z) = 0, \\ H(x,y,z) = 0 \end{cases}$$

确实画出了一条曲线. 想象一下, $G(x,y,z) = 0$ 与 $H(x,y,z) = 0$ 分别画出了两个等值面, 而非退化条件是说这两个面的法向量并不平行, 也就是说这两个面确实相交, 且交为一条曲线.

8. 与二维时的分析并无不同, (x,y,z) 在函数组 G, H 画出的曲线上移动, 不断穿过 $f(x,y,z)$ 的等值面. 想要取得极值, 就必须不跨过某个等值面, 即碰到某个等值面就往回走, 即与这个等值面相切, 即 f 的梯度落在 G, H 画出曲线的法平面内. 于是求解此极值问题, 就是要解如下联立方程组

$$\begin{cases} \operatorname{grad} f = \lambda \operatorname{grad} G + \mu \operatorname{grad} H, \\ G(x,y,z) = 0, \\ H(x,y,z) = 0, \end{cases}$$

展开写就是

$$\begin{cases} \dfrac{\partial f}{\partial x} = \lambda \dfrac{\partial G}{\partial x} + \mu \dfrac{\partial H}{\partial x}, \\[2mm] \dfrac{\partial f}{\partial y} = \lambda \dfrac{\partial G}{\partial y} + \mu \dfrac{\partial H}{\partial y}, \\[2mm] \dfrac{\partial f}{\partial z} = \lambda \dfrac{\partial G}{\partial z} + \mu \dfrac{\partial H}{\partial z}, \\[2mm] G(x,y,z) = 0, \\ H(x,y,z) = 0. \end{cases}$$

五个方程, 五个未知数 λ, μ, x, y, z, 求解是有可能的.

9. 下面我们叙述最一般地条件极值问题, 下述定理中所有函数均为可微函数:

定理 2.4.5 考虑 $\mathbb{R}^n$ 上的函数 $f(x_1, \cdots, x_n)$, 以及

$$G_i(x_1, \cdots, x_n) = 0, 1 \leqslant i \leqslant m < n.$$

设函数组 $\{G_i\}$ 满足非退化条件, 即向量组 $\{\operatorname{grad} G_i\}$ 线性无关. 于是若点 $\boldsymbol{x}_0 = (x_1^0, \cdots, x_n^0)$ 为 $f(x_1, \cdots, x_n)$ 在约束条件

$$G_i(x_1, \cdots, x_n) = 0, 1 \leqslant i \leqslant m < n$$

下的极值点, 则

$$\begin{cases} \operatorname{grad} f(x_1^0, \cdots, x_n^0) = \sum_i \lambda_i \operatorname{grad} G_i(x_1^0, \cdots, x_n^0), \\ \qquad\qquad G_i(x_1^0, \cdots, x_n^0) = 0, \end{cases}$$

即

$$\begin{cases} \dfrac{\partial f}{\partial x_j}(x_1^0, \cdots, x_n^0) = \sum_i \lambda_i \dfrac{\partial G_i}{\partial x_j}(x_1^0, \cdots, x_n^0), \\ \qquad\qquad G_i(x_1^0, \cdots, x_n^0) = 0. \end{cases}$$

于是求解极值问题就变成了 $n + m$ 个方程求解 $n + m$ 个未知数 λ_i, x_j^0 的问题. 这个求解条件极值问题的方法又叫 Lagrange 乘子法. 注意, 本节确实**说明**了这个定理, 但没有**证明**. 限于篇幅, 证明从略.

2.4.6 梯度与机器学习

为了让计算机学会用梯度解决问题, 数学家与计算机学家们的奇思妙想足以让人拍案称奇.

如无特殊说明, 本小节仅考虑连续可微函数.

1. 数学上, 所谓回归, 是说最开始, 不论因为偶然性, 数据有多么异常, 随着时间的推移, 数据总应回归到正常状态. 例如一场篮球, 你第一节连续命中 5 个 3 分, 但到了第四节, 你的发挥大概率会回到训练水平, 如果不能, 那下一场总归如此; 再如你去投硬币, 连续投出 10 个正面, 但当你投 100 次 1000 次, 正面反面的次数总会接近一半一半.

2. 说我们认为数据应有一个正常状态, 是说认为数据应该服从一个函数. 因此所谓回归问题, 就是根据已有数据, 猜出那个函数是什么. 线性回归, 就是说你认定, 背后的函数为线性函数. 假设通过理论研究, 你认定数据

(x, y) 应服从线性关系, 例如力与加速度, 数据量与人工智能学习速度的对数, 等等. 你知道有一个函数 $y = ax + b$, 但是不知道具体 (a, b) 是多少. 你需要做实验, 得到若干组 (x_i, y_i), 然后根据这些数据去猜最合适的 (a, b). 已知的 (x_i, y_i) 不见得要严格满足 $y_i = ax_i + b$, 我们说 (a, b) 合适, 是说未来的新数据将会回归到直线 $y = ax + b$ 附近.

3. 不要指望两组 (x_i, y_i) 就可以确定 (a, b), 实验与测量中误差永远存在. 为了精确, 往往需要很多组, 十组、一百组、几千几万组等等. 我们将这个问题抽象如下:

例 2.4.1 已知 n 组数据 $(x_i, y_i), i = 1, \cdots, n$ 大致满足线性关系 $y_i = ax_i + b$. 求出最佳的 (a, b).

这个问题称为线性回归问题, 也称为线性拟合问题, 解决它是机器学习中的核心任务之一.

4. 最小二乘法是解决这个问题的常用方法. 最小二乘法首先给出了 "最佳" 的标准, 即使得

$$Q(a, b) = \sum_{i=1}^{n} (y_i - ax_i - b)^2$$

取最小值的 a 和 b. 这样问题就变成了无条件极值问题, 即 (a, b) 首先应该是下述线性方程组的解

$$\frac{\partial Q}{\partial a} = 2a \sum_{i=1}^{n} x_i^2 - 2 \sum_{i=1}^{n} x_i y_i + 2b \sum_{i=1}^{n} x_i = 0,$$

$$\frac{\partial Q}{\partial b} = 2a \sum_{i=1}^{n} x_i - 2 \sum_{i=1}^{n} y_i + 2nb = 0.$$

即

$$\begin{pmatrix} \sum_i x_i^2 & \sum_i x_i \\ \sum_i x_i & n \end{pmatrix} \begin{pmatrix} a \\ b \end{pmatrix} = \begin{pmatrix} \sum_i x_i y_i \\ \sum_i y_i \end{pmatrix}.$$

于是解出 a 和 b 就变成了一个线性代数的问题.

5. 你可能会问, 为什么不考虑最小一乘法, 即求

$$Q(a, b) = \sum_{i=1}^{n} |y_i - ax_i - b|$$

的最小值点? 这是因为我们无法用导数去研究不可导的绝对值. 之所以不考虑最小四乘等, 是因为它们的导函数依然很复杂, 不像最小二乘法, 导函数就是线性函数.

6. 理论上是如此, 但在实践中, 最小一乘法有其优势和意义. 假设你通过 $(x_i, y_i), i = 1, 2, \cdots, n$, 利用最小二乘法回归, 或者说拟合出线性函数 $y = ax + b$. 这个时候, 你又获得一个新数据 (x_{n+1}, y_{n+1}), 只不过你不知道这个新数据已经受到了污染, 以至于 y_{n+1} 与 $ax_{n+1} + b$ 相差甚远. 于是当你把这个新数据考虑进去, 重新做最小二乘法, 回归或者拟合出来的 $(a_{\text{new}}, b_{\text{new}})$, 也将会与 (a, b) 差得很远: 因为平方.

7. 但如果你最开始就用最小一乘法得到 (a, b), 那么加入新数据后得到的 $(a_{\text{new}}, b_{\text{new}})$, 距离原来的 (a, b) 偏差就会稍微小一点. 这意味着相对最小二乘法, 最小一乘法回归出来的线性函数, 面对数据污染会更稳定一些. 稳定是求解回归问题时不可忽视的要求. 当然, 因为已经提到的原因, 最小一乘法的求解要复杂一些.

8. 更一般地, 我们经常需要求 $\|Ax - b\|^2$ 的极值问题. 这里 A 是一个行数 n 远大于列数 k 的列满秩矩阵, 其每一行均是一组输入数据, b 是一个 n 维向量, 每个分量均是一个输出数据. 而 k 维向量 x 就是我们想学习的向量. 求解 $Ax = b$ 肯定这不现实, 因为方程个数太多, 而未知量太少. 求解这个极值问题却可行. 因为

$$\|Ax - b\|^2 = \langle Ax - b, Ax - b \rangle = (Ax - b)^{\mathrm{T}}(Ax - b),$$

求其关于 x 的梯度, 恰为 $2A^{\mathrm{T}}Ax - 2A^{\mathrm{T}}b$ (请自行计算). 当 A 列满秩时, $A^{\mathrm{T}}A$ 就是可逆的 (你需要回想些线性代数的内容), 于是

$$x = (A^{\mathrm{T}}A)^{-1}A^{\mathrm{T}}b$$

就是极值问题的解.

9. 可以从线性变换和线性空间的角度解释这一结果: 我们要求的, 其实是 A 的列空间张成的 $\mathbb{R}^n$ 的 k 维子空间里, 距离向量 b 最近的向量, 那自然是 b 向该子空间的投影. 而到该子空间的投影, 其实恰好就是 $A(A^{\mathrm{T}}A)^{-1}A^{\mathrm{T}}$ (线性代数的练习题), 因此最近的向量就是 $A(A^{\mathrm{T}}A)^{-1}A^{\mathrm{T}}b$, 故而 $x = (A^{\mathrm{T}}A)^{-1}A^{\mathrm{T}}b$ 就是解.

10. 若很不幸, 你的数据量 n 不够大, 以至于它虽然大于 k, 但不足以保证 A 列满秩, 那 $A^{\mathrm{T}}A$ 就不是可逆的了. 这个时候, 我们有伪逆这个工具. 注意

$A^{\mathrm{T}}A$ 自伴, 一定可以对角化, 即存在可逆矩阵 Q, 使得

$$A^{\mathrm{T}}A = Q^{-1}\begin{pmatrix} \lambda_1 & & & \\ & \lambda_2 & & \\ & & \ddots & \\ & & & 0 \end{pmatrix}Q,$$

那么 $A^{\mathrm{T}}A$ 的伪逆就是

$$(A^{\mathrm{T}}A)^{\dagger} = Q^{-1}\begin{pmatrix} \lambda_1^{-1} & & & \\ & \lambda_2^{-1} & & \\ & & \ddots & \\ & & & 0 \end{pmatrix}Q.$$

于是此时, 极值问题的解就是 $x = (A^{\mathrm{T}}A)^{\dagger}A^{\mathrm{T}}b$, 因为此时

$$Ax = A(A^{\mathrm{T}}A)^{\dagger}A^{\mathrm{T}}b$$

也是 b 向 A 的各列张成的线性空间的投影. 此时, $(A^{\mathrm{T}}A)^{\dagger}A^{\mathrm{T}}$ 就是 A 的 Moore-Penrose 伪逆.

11. 最小二乘法的幸运之处在于可以将回归问题转化为线性方程组的求解. 在机器学习中, 很多回归问题都转化为求一个多元函数 $f(x)$ 的最小值点, 但 $\operatorname{grad} f = 0$ 往往不是线性方程组, 因此直接求解它可能会比较麻烦. 这时你就需要想一些其他办法去求 $f(x)$ 的最小值点.

12. 而我们知道, 在任何一个点 x 处, 沿着梯度方向的反方向, 函数值下降最快. 因此要求最小值, 可以考虑从任意 x_0 出发, 让 x 沿着梯度反方向移动, 它就可以很快滑向最小值点. 计算机无法做到让 x 连续运动, 那我们就用迭代来近似连续运动. 即对某个固定常数 $\alpha > 0$, 考虑

$$x_{n+1} = x_n - \alpha \operatorname{grad} f(x_n), n = 0, 1, 2, \cdots.$$

在实际问题中, α 被称为学习率, 一般而言取值较小, 例如取 0.01.

13. 求梯度需要求很多次导数, 而方向导数只需要求一次. 于是人们想到了一个天才般的迭代方法:

$$x_{n+1} = x_n - \alpha\frac{\partial f}{\partial v_n}(x_n)v_n, \|v_n\| = 1, n = 0, 1, 2, \cdots,$$

也就是说, x_n 沿着 v_n 反向移动 $\alpha\dfrac{\partial f}{\partial v_n}(x_n)$ 那么多.

14. 你说这根本没有解决问题啊, 你怎么知道 $\boldsymbol{v}_n$ 恰好就是 $\operatorname{grad} f(\boldsymbol{x}_n)$ 的方向? 关键来了: 如果 $\boldsymbol{v}_n$ 与 $\operatorname{grad} f(\boldsymbol{x}_n)$ 所在直线夹角较大, 则移动距离

$$\alpha \frac{\partial f}{\partial \boldsymbol{v}_n}(\boldsymbol{x}_n) = \alpha \langle \operatorname{grad} f(\boldsymbol{x}_n), \boldsymbol{v}_n \rangle$$

就比较小, 特别地, 当 $\boldsymbol{v}_n \perp \operatorname{grad} f(\boldsymbol{x}_n)$ 时, 移动距离为 0; 如果 $\boldsymbol{v}_n$ 与 $\operatorname{grad} f(\boldsymbol{x}_n)$ 所在直线夹角较小, 则移动距离较大, 特别地, 如果 $\boldsymbol{v}_n$ 与 $\operatorname{grad} f(\boldsymbol{x}_n)$ 同方向, 则

$$-\alpha \frac{\partial f}{\partial \boldsymbol{v}_n}(\boldsymbol{x}_n) = -\alpha \langle \operatorname{grad} f(\boldsymbol{x}_n), \boldsymbol{v}_n \rangle < 0$$

的绝对值就比较大, 如果 $\boldsymbol{v}_n$ 与 $-\operatorname{grad} f(\boldsymbol{x}_n)$ 同方向, 则

$$-\alpha \frac{\partial f}{\partial \boldsymbol{v}_n}(\boldsymbol{x}_n) = -\alpha \langle \operatorname{grad} f(\boldsymbol{x}_n), \boldsymbol{v}_n \rangle > 0$$

的绝对值也比较大. 这样虽然每个方向都是随机乱选的, 但整个运动的**期望**, 还是沿着梯度反方向下降. 这就是概率论的妙处.

15. 在实际应用中, 往往从期望为 $\boldsymbol{0}$ 方差为 1 的高维正态分布中选取 $\boldsymbol{v}_n$. 虽然随机选取下降方向看起来不像确定沿着梯度反方向下降来得有效, 但实际上随机下降几乎没怎么浪费时间.

16. 另外, 即便精确求出方向导数, 计算机也无法胜任, 因而我们经常用差分

$$\frac{f(\boldsymbol{x} + \eta \boldsymbol{v}) - f(\boldsymbol{x} - \eta \boldsymbol{v})}{2\eta}, \eta > 0$$

近似 $\boldsymbol{v}$ 方向的方向导数, 其中 η 为根据实际问题选取的比较小的常数, 例如可取 0.01. 综上, 我们就得到了一个完整的方法: 随机梯度下降.

17. 实际应用中, 梯度下降还会遇见各种各样的问题, 例如学习率的选取, 迭代不收敛, 收敛速度不快, 梯度下降只能找到极小值点而未必是最小值点, 等等. 这些问题, 有些其实不需要解决, 有些已经解决, 有些则有待来者继续研究. 纸上得来终觉浅, 学习这个领域的最好办法是实践. 因此本书就不赘述了.

第3章

积 分

本章我们介绍积分: 把整体写成无穷多无穷小局部的和. 之前的内容, 都可以看成数学分析如何处理局部. 这一章开始讨论整体. 没有整体的局部是片面的, 数学分析不能不讨论整体.

3.1 定积分

本节我们介绍定积分的定义. 我们先从一个实际例子出发引入定积分, 然后再介绍定积分的严格定义. 建议大家体会线性近似在定义定积分过程中所起的作用.

3.1.1 定积分概念的引入

先来探讨定积分是要干什么, 并尝试用通俗的语言解释它的内涵. 可以认为, 本小节的目的, 是给出定积分的假定义.

1. 用一句话概括定积分就是: 整体是局部的和, 当局部无限小时, 和就是积分. 它的灵魂是: 将整体看成局部加总, 然后对局部做线性近似. 之所以这样做是基于很现实的原因: 整体不好算, 因此切成局部; 局部不好算, 就做线性近似; 然而此时局部和产生了误差, 那就取极限, 毕竟极限就是在说误差会不会变得要多小有多小.

2. 我们用一个具体的问题解释这两句话: 计算 $[0,1]$ 区间上, $f(x) = x^2$ 的图像与 x 轴围成的图形的面积.

3. 我们很早就知道, 想算一个复杂图形的面积, 可以将它分成几个小图形, 分别计算, 然后加起来. 比如, 可以沿着底部, 就是自变量, 将上面要计算的面积分成一片一片.

4. 在我们的问题下, 可以将整个图形分成 $\left[0, \frac{1}{2}\right]$ 和 $\left[\frac{1}{2}, 1\right]$ 之间的图形这两部分, 分别算一下两部分的面积, 再加起来. 还可以分成 $\left[0, \frac{1}{3}\right]$, $\left[\frac{1}{3}, \frac{2}{3}\right]$, $\left[\frac{2}{3}, 1\right]$ 这三个部分, 分别算一下面积, 再加起来.

5. "这不是废话吗?" 你心想. "关键是每一个小局部的面积都算不了." 可是, 我们想象一下, 假如每个部分的底部无限小呢?

6. "这比废话还废话," 你说, "底部无穷小的那就是线, 面积都是 0, 怎么加也加不出一个非零实数来." 这就是你的不对了. 经过前面的学习, 你应该能明白, 所谓无穷小, 是指要多小有多小, 然后取极限.

7. "那好一点, 不至于连废话都不如了, 可它还是废话啊. 你想, 先分出几个局部来, 分别计算面积然后加起来, 等于总面积. 局部分得更小一点, 分别计算面积, 加起来, 还是总面积. 不论怎么分, 最后加起来都是总面积, 局部越来越小, 要多小有多小, 相应的面积总归是个常数值, 就是总面积自己, 最后的极限还是它自己. 但还是那个老问题, 每一个小局部的面积都不容易计算出来. 废话, 还麻烦."

8. 这就是我们这个策略狡猾的地方: 当局部足够小的时候, 不去求局部面积的精确值, 而是求一个近似的矩形的面积. 矩形面积是线性的, 线性的总归是容易计算的. 于是局部越小, 误差越小, 越局部, 加起来得到的和就距离整体面积越近. 当局部无限小的时候, 这个极限很有可能就是真正的整体面积.

9. 为了确保最后的极限确实是真实面积, 我们取两个线性近似, 一个是在每一个局部上都取函数的极大值为近似矩形的高, 另一个则取极小值作为矩形的高. 这样, 前一种近似矩形的总面积一定大于真实面积, 后一种则一定小于. 若两种近似方式最后取极限得到同一个值, 那么这个值就一定是真实面积.

10. 回到那个具体问题: 计算 $[0,1]$ 之间, $f(x) = x^2$ 的图像与 x 轴围成的面积. 先将 $[0,1]$ 分成两部分, 每一部分上的图形面积都用一个矩形面积近似计算. 前半部分近似矩形面积就是 $f\left(\dfrac{1}{2}\right)\cdot\dfrac{1}{2}$ (或者 $f(0)\cdot\dfrac{1}{2}$), 后半部分面积就近似为 $f(1)\cdot\dfrac{1}{2}$ (或者 $f\left(\dfrac{1}{2}\right)\cdot\dfrac{1}{2}$), 再加起来. 再将 $[0,1]$ 三等分, 然后每一个部分上的图形面积继续用矩形近似计算, 然后求和, 就是

$$\frac{1}{3}\left[\left(\frac{1}{3}\right)^2+\left(\frac{2}{3}\right)^2+1^2\right] \quad \text{或} \quad \frac{1}{3}\left[0^2+\left(\frac{1}{3}\right)^2+\left(\frac{2}{3}\right)^2\right].$$

分得越来越小, 取个极限, 那就是

$$\lim_{n\to\infty}\frac{1}{n}\sum_{i=1}^{n}\left(\frac{i}{n}\right)^2 \quad \text{或} \quad \lim_{n\to\infty}\frac{1}{n}\sum_{i=1}^{n}\left(\frac{i-1}{n}\right)^2.$$

11. 从图上 (图 3.1.1) 可以看出, 这两个极限, 都一定是那个真正的整体面积, 因为它们一个肯定大于要求的那个面积, 另一个小于, 且这两个极限最后是相等的: 它们之间的空隙面积趋于零.

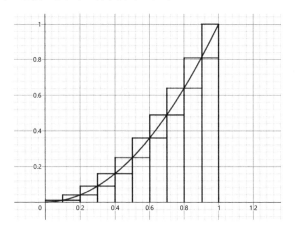

图 3.1.1: 分块求和的计算策略

12. 事实确实如此:

$$\lim_{n\to\infty}\frac{1}{n}\sum_{i=1}^{n}\left(\frac{i}{n}\right)^2-\lim_{n\to\infty}\frac{1}{n}\sum_{i=1}^{n}\left(\frac{i-1}{n}\right)^2=\lim_{n\to\infty}\frac{1}{n}=0.$$

进一步, 可以由 Stolz 定理计算得

$$\lim_{n\to\infty}\frac{1}{n}\sum_{i=1}^{n}\left(\frac{i}{n}\right)^2=\frac{1}{3}.$$

13. 这个策略就是**积分**, 对函数 $f(x) = x^2$ 在 $[0,1]$ 上求积分. 最粗略描述就是: **整体是部分和** (按照自变量 x 分成部分), **当部分无限小时** (自变量变化无限小), **就是积分.**

14. 稍微精细一点说就是, **整体是部分求和** (按照自变量 x 分成部分), **对部分做线性近似** (近似为线性的矩形面积), **当部分无限小时** (自变量变化无限小), **整体上误差消失, 得到精确整体** (最大近似和最小近似极限相同).

15. 将上述计算中的全部关键想法总结起来, 就可以给出定积分的一个 "定义".

    定义 **3.1.1** 设 f 在 $[a,b]$ 上有界. 将区间 n 等分为

    $$a = x_0 < x_1 < \cdots < x_n = b, x_i = a + \frac{i(b-a)}{n}.$$

    设 $M_i = \sup\limits_{x \in [x_{i-1}, x_i]} f(x), m_i = \inf\limits_{x \in [x_{i-1}, x_i]} f(x)$, 则可定义相应求和

    $$\overline{S}(n) = \sum_{i=1}^{n} M_i \frac{b-a}{n}, \ \underline{S}(n) = \sum_{i=1}^{n} m_i \frac{b-a}{n}.$$

    若

    $$\lim_{n \to \infty} \overline{S}(n) = \lim_{n \to \infty} \underline{S}(n),$$

    则称函数 f 在 $[a,b]$ 上 Riemann 可积. 此时 $\forall \xi_i \in [x_{i-1}, x_i]$, 均有

    $$\lim_{n \to \infty} \overline{S}(n) = \lim_{n \to \infty} \underline{S}(n) = \lim_{n \to \infty} \sum_{i=1}^{n} f(\xi_i) \frac{b-a}{n},$$

    并称此极限为 f 在 $[a,b]$ 上的 Riemann 积分, 记为 $\int_a^b f(x) \, \mathrm{d}x$.

16. 这个定义比较容易理解, 但对我们后续研究定积分的性质并不方便. 因此下一小节, 我们将扩展本小节的概念, 给出关于定积分看起来复杂, 但用起来方便的定义.

3.1.2 定积分的定义

本小节我们将上一小节的全部想法翻译成数学语言, 给出积分的精确定义.
本小节我们考虑定义域为有界闭区间 $[a,b]$ 的有界函数 f.

1. 将 $[a, b]$ 分成一段一段, 叫作 **分划**. 严格讲, 一个分划就是指找到一组分点

$$P : a = x_0 < x_1 < x_2 < \cdots < x_{n-1} < x_n = b,$$

这样, 闭区间 $[a, b]$ 就被分割为 n 段:

$$[x_0, x_1] \cup [x_1, x_2] \cup \cdots \cup [x_{n-1}, x_n].$$

2. 上面每一个 $[x_{i-1}, x_i]$ 就是一个小局部, 记 $\Delta x_i = x_i - x_{i-1}$. 在每一个这样的小局部上, 我们都想把 f 近似为一个常值函数, 即希望在 $[x_{i-1}, x_i]$ 上, $f(x)$ 约等于 $f(\xi_i)$, 其中 ξ_i 是在 $[x_{i-1}, x_i]$ 中任意选定的一点. 但这样的近似误差很大, 一般而言, Δx_i 越大, 误差越大.

3. 为了让每一个区间都足够小, 只要让 **分划的直径** 足够小. 对于一个分划 P, 所谓分划的直径, 就是

$$\lambda(P) := \max_i |x_i - x_{i-1}| = \max_i \Delta x_i.$$

很明显, 当 λ 趋于 0 时, 分划里的每一个小区间都会变得要多小有多小.

4. 这样, 每给定一个分划, 我们就有一个求和

$$\sum_i f(\xi_i)\Delta x_i.$$

这一求和称为 Riemann 和. 在 Riemann 和里, 每一个小局部的面积都被近似为区间长度的线性函数值.

5. 回想上一节的例子, Riemann 和到你真正想要的数还有一定距离. 比如, 有很多不同的分划, 即便确定 $\lambda = \varepsilon$, 也可以选出无穷多种分划; 在每一个分划上, ξ_i 也有好多种选择. 而且, 即便分划再怎么小, ξ_i 的选取再怎么精妙, $f(x)$ 也不是真正等于 $f(\xi_i)$.

6. 按照上一小节的想法, 还剩下一个环节: 取极限. 如果在极限下, 上一条中的全部距离, 或者说误差, 都消失为 0, 就万事大吉了. 现在我们补上这个最后环节, 给出函数的定积分 (又称 Riemann 积分) 的精确定义如下:

定义 **3.1.2** (Riemann 积分) 设 $f(x)$ 是定义在有界区间 $[a, b]$ 上的有界函数, 若不论如何选择分划 P 与 ξ_i, 极限

$$\lim_{\lambda \to 0} \sum_i f(\xi_i)\Delta x_i$$

均存在且相等, 即极限既与分划 P 的选择无关, 又与 ξ_i 的选择无关, 则称
$f(x)$ 在 $[a,b]$ 上 **Riemann 可积**. 并记

$$\int_a^b f(x)\,\mathrm{d}x := \lim_{\lambda \to 0} \sum_i f(\xi_i)\Delta x_i,$$

称为函数 f 在 $[a,b]$ 上的 **Riemann 积分**或 **定积分**. 其中 a 称为积分下
限, b 称为积分上限, f 是被积函数, x 是被积变量.

在不产生误解的前提下, Riemann 积分有时也简称积分.

7. 在这个定义里, 首先要确定的就是那个极限是什么意思. 我们学过函数极
限, 学过数列极限, 但是 Riemann 和既不是关于 λ 的函数, 也不是关于它
的数列. 那这个极限是什么意思? 事实上, 极限

$$\lim_{\lambda \to 0} \sum_i f(\xi_i)\Delta x_i = I$$

的意思就是:

对任意 $\varepsilon > 0$, 存在 $\delta > 0$, 只要 $\lambda(P) < \delta$, 则不论分划 P 具体长什么样子,
不论各 ξ_i 具体怎样选取, 一定有

$$\left| \sum_i f(\xi_i)\Delta x_i - I \right| < \varepsilon.$$

8. 我们强调, 之所以在定义中要求函数有界, 是因为无界函数 Riemann 和不
会以上述方式收敛. 所以可以认为, Riemann 可积函数一定是有界的. 当
然, 这个结论我们就不去证明了, 请大家自己思考.

9. 下面我们初步解释一下定积分的记号为什么要长这个样子. 所谓定积分是
Riemann 和的极限

$$\lim_{\lambda \to 0} \sum_i f(\xi_i)\Delta x_i.$$

我们说过, 在不严格的意义下, 可以认为 $\mathrm{d}x$ 就是微小的 Δx_i , 因此在 λ
趋于 0 时, Riemann 和中的 Δx_i 就变成 $\mathrm{d}x$, $f(\xi_i)\Delta x_i$ 就变成了 $f(x)\,\mathrm{d}x$.
同时, 求和号 $\sum$ 是有限个数求和, 在极限状态下, 跃变为 $\int_a^b$. 你看看那
个 $\int$, 它像不像拉到极限的 S? 而 S 是求和 sum 的首字母.

10. 上面关于 $\mathrm{d}x$ 的解释利用了微分的第一种不严格的解释. 在这个解释中一定要注意一点: $\mathrm{d}x$ 无限小但不是 0, 因此积分不是对所有 $f(x)$ 求和, 而是对所有无限细的矩形面积 $f(x)\,\mathrm{d}x$ 求和. 也可以借助质点来理解对 $f(x)\,\mathrm{d}x$ 求和这件事. 每一个 $\mathrm{d}x$ 都是一个质点, $f(x)$ 赋予其质量, 对这些质量求和, 即做积分, 就是总质量.

11. 但我们还是需要知道关于定积分符号的严格解释. 回顾 $\mathrm{d}x$ 的严格意义, 局部上看, $\mathrm{d}x$ 是关于 Δx 的恒同函数, 于是有

$$\lim_{\lambda \to 0} \sum_i f(\xi_i)\Delta x_i = \lim_{\lambda \to 0} \sum_i f(\xi_i)\,\mathrm{d}x(\Delta x_i),$$

那么在 $\lambda \to 0$ 时 Riemann 和的极限记为 $\displaystyle\int_a^b f(x)\,\mathrm{d}x$ 就很好理解了.

12. 在后一个解释里, $\mathrm{d}x$ 被解释成测量工具, 任给一个 $[x_{i-1}, x_i]$, $\mathrm{d}x$ 都能读取它的长度

$$\mathrm{d}x([x_{i-1}, x_i]) = \mathrm{d}x(\Delta x_i) = \Delta x_i.$$

在以后的分析中, 大家会知道, 积分号后面的微分 $\mathrm{d}x$ 其实代表了一种叫测度的概念. 你品品测度这个名字. 测度是实分析的核心概念.

13. 现在你可能接受不了这个严格解释, 但是没关系, 在学习多元微积分时, 我们会更详细地介绍积分符号的内涵.

14. 在上述定义中, 我们假定 $a < b$, 定义了 $\displaystyle\int_a^b f(x)\,\mathrm{d}x$, 但其实 $\displaystyle\int_b^a f(x)\,\mathrm{d}x$ 也是有意义的, 我们规定

$$\int_b^a f(x)\,\mathrm{d}x = -\int_a^b f(x)\,\mathrm{d}x.$$

个中原因可理解为

$$\mathrm{d}x([x_{i-1}, x_i]) = \Delta x_i, \; \mathrm{d}x([x_i, x_{i-1}]) = -\Delta x_i.$$

15. 对定积分的精确定义做如下简单总结: **分划** (将定义域分划到局部), **线性近似** (用任意函数值近似计算局部值, 产生误差), **做和** (将各线性近似值加起来), **取极限**. 若取极限时, 近似局部值产生的所有误差消失, 则其可积, 相应极限就是定积分. 若误差依然顽强存在, 则称不可积.

16. 积分是无限多无限小局部的求和, 而求和是靠对局部做线性近似完成的. 这又是一个例子, 它说明, 局部线性近似无损精确分析, 不仅如此, 没有线性近似, 根本无从定义 Riemann 积分这样的精确分析概念.

17. 关于线性近似这件事你可能体会得不够深, 没关系, 先不急理解它, 把它当一个咒语记住, 在本章后续的学习中慢慢体会其意即可.

18. 由上一小节可以很清晰地看到, 定积分的一个几何意义是函数图像与 x 轴围成的面积. 可是, 它可不只是面积. 现代社会里, 到处都是积分. 后面的分析, 天天都是积分. 美国数学家 Wiener 甚至认为, 没有积分号的文章不算数学文章. 现在多说无益, 不如后面边学边体会, 积分是如何无处不在的.

3.1.3　可积的充分必要条件

本小节简述关于函数可积性的一些基本结论. 一言以蔽之, 有界函数 f 在 $[a,b]$ 上 Riemann 可积当且仅当其不要过分不连续.

1. 研究函数的可积性的主要工具是:

定义　3.1.3 (Darboux 大和, Darboux 小和与振幅和) 记 $f(x)$ 在 $[a,b]$ 上的上确界、下确界分别为 M, m, 在 $[x_{i-1}, x_i]$ 上的上确界、下确界分别为 M_i, m_i. 对任意分划

$$a = x_0 < x_1 < x_2 < \cdots < x_{n-1} < x_n = b,$$

定义 Darboux 大和与 Darboux 小和分别为如下和式

$$\overline{S}(P) = \sum_{i=1}^{n} M_i \Delta x_i, \quad \underline{S}(P) = \sum_{i=1}^{n} m_i \Delta x_i.$$

同时在 $[x_{i-1}, x_i]$ 上, 函数 f 的振幅就是其极大值与极小值的差

$$\omega_i = M_i - m_i = \sup_{x,y \in [x_{i-1}, x_i]} |f(x) - f(y)|.$$

同时, 对于一个分划

$$P : a = x_0 < \cdots < x_n = b,$$

函数的 "振幅和" 就是 $\sum_i \omega_i \Delta x_i$.

2. 我们简要叙述关于 Darboux 大和与小和的基本结论: 在分划加细下, Darboux 大和不增, 小和不减, 因此, 在分划加细下, 振幅和不增且有下界 (大于 0). 于是类似单调有界原理的道理, 我们可以证明在分划直径趋于 0 时, 振幅和必有极限 (Darboux 引理). 问题在于极限是不是 0. 而可积分, 当且仅当振幅和极限为 0.

3. 回味振幅和的定义, 你大概就可以体会到为什么可积分当且仅当不是过分不连续的了: 振幅太大的区间总长度不能太长, 否则振幅和不会趋于 0.

命题 3.1.1 有界函数 f 在 $[a, b]$ 上 Riemann 可积当且仅当对任意 $\varepsilon > 0$ 与 $\delta > 0$, 存在一个分划 P, 使得振幅 $\omega_i \geqslant \varepsilon$ 的小区间 $[x_{i-1}, x_i]$ 的长度之和 $\sum\limits_{\omega_i \geqslant \varepsilon} \Delta x_i \leqslant \delta$.

所谓振幅和就是若干或高或长的矩形面积之和, 那要想振幅和比较小, 那么当然高的矩形一定要窄, 长的矩形一定要矮. 我们略去该命题的证明, 请感兴趣的同学自行尝试.

4. 只需要再加上一点点测度论的技巧和观念即可证明如下关于 Riemann 可积性最全面清晰的描述:

定理 3.1.2 (Lebesgue 定理) 闭区间 $[a, b]$ 上的有界函数 f Riemann 可积当且仅当其全体不连续点可以被总长度要多小有多小的可数个闭区间的并集包住, 即全体不连续点的测度为 0.

当然, 我们把这最直接的结论留到实变函数里面去讨论.

5. 附带一提: 可以被总长度要多小有多小的可数个闭区间的并集包住的集合称为零测集. 更精确地讲: $\mathbb{R}$ 中集合 E 称为零测集, 若对任意 $\varepsilon > 0$, 总存在一列闭区间 $[a_n, b_n]$, 使得 $E \subset \cup_n [a_n, b_n]$ 且 $\sum\limits_{n=1}^{\infty} (b_n - a_n) \leqslant \varepsilon$. 零测集可以理解为 "长度" 为零的集合.

6. 通过对 Darboux 大和、小和以及振幅和的分析, 我们还可以说明:

命题 3.1.3 有界函数 f 在 $[a, b]$ 上 Riemann 可积当且仅当存在一列分划 P_n, 满足 $\lim\limits_{n \to \infty} \lambda(P_n) = 0$, 使得相应振幅和 $\lim\limits_{n \to \infty} \sum\limits_i \omega_i \Delta x_i = 0$.

这个命题就说明了我们前两小节给出的两个定积分定义是互相等价的.

7. 最后, 我们要说明, 假设有界函数 f 在 $[a,b]$ 上 Riemann 可积, 则对任意 $\varepsilon > 0$, 一定存在一个分段常值函数 g, 使得 $\displaystyle\int_a^b |f - g| \, \mathrm{d}x < \varepsilon$. 很简单, 只需要取一个足够大的 n, 然后考虑 $[a,b]$ 的 n 等分划, 在每个小区间上, 将 $g(x)$ 的值定义为这个小区间上 f 的下确界即可. 这个事实对于我们分析定积分相当重要: 我们可以先对分段常值函数说明某结论成立, 然后利用这个事实, 得寸进尺地试试该结论是否对一般 Riemann 可积函数也是正确的. 这其实就是逼近的思想, 是分析的核心手段.

3.1.4 定积分的应用: 微元法

虽然之前一直在唠叨, 积分是在局部上做线性近似而后求和, 但大家可能没有感受到为什么一定要强调线性近似. 线性近似对定义积分很重要, 没有什么比积分的应用更能体现这一点了.

1. 定积分的应用总是借助微元法, 将一个科学问题过渡为积分问题. 所谓微元法就是如下步骤:

   - 将所要求的真实值 S 分成一个个小局部 ΔS 的和.

   - 依据具体问题, 在局部上将 ΔS 线性近似为 $f(x)\Delta x$.

   - 将近似局部值求和取极限得到 $\displaystyle\int_a^b f(x) \, \mathrm{d}x$.

   - 验证公式是否正确, 即取出 $\displaystyle\int_a^b f(x) \, \mathrm{d}x$ 的任意 Darboux 大和与小和, 若确实有 S 小于 Darboux 大和, 大于 Darboux 小和, 则公式正确, 否则不正确. 一般而言, 若公式正确, 说明第二步中的 $f(x)\Delta x$ 确实是线性近似: 误差为 Δx 的高阶无穷小; 否则, 说明 $f(x)\Delta x$ 选取有误.

   但是值得说明的是, 作为一种方法, 微元法先于微积分而存在, 或者说, 线性近似是人的本能, 它先于严密理论而存在. 例如在 Newton 和 Leibniz 之前很久, 祖暅就得到了祖暅原理: 缘幂势既同, 则积不容异.

2. 我们以极坐标图形面积公式体会一下微元法的一般过程. 设 $r = r(\theta), \alpha \leqslant \theta \leqslant \beta$ 为一曲线. 要计算该曲线与角度为 α, β 的射线围成的扇形面积. 直接计算是很困难的. 因此想法就是将这个扇形分成若干小扇形. 也即对角度做 n 等分分划:
$$\alpha = \theta_0 < \theta_1 < \cdots < \theta_n = \beta.$$

于是在每一个 $[\theta_{i-1}, \theta_i]$ 的小扇形上, 要利用 $\Delta\theta_i$ 的**线性函数**去**近似**这个小扇形的面积. 于是在这个区间上, 取 $r(\theta_i)$, 并将这个小扇形的面积近似为

$$\frac{1}{2}r^2(\theta_i)\Delta\theta_i.$$

而后将这些近似值加在一起, 得到

$$\sum_i \frac{1}{2}r^2(\theta_i)\Delta\theta_i.$$

这是一个 Riemann 和. 于是对分划的直径取趋于 0 的极限, 就得到

$$\frac{1}{2}\int_\alpha^\beta r^2(\theta)\,\mathrm{d}\theta.$$

3. 目前我们其实仅给出了扇形面积计算公式的一个猜测, 但猜测是否正确还有待商榷. 关键问题是, 在上述过程中, 取线性近似的方法是偶然的. 我们并没有说明为什么

$$\frac{1}{2}r^2(\theta_i)\Delta\theta_i$$

就是线性近似. 都不知道小扇形的真实值, 怎么能说这个公式是真实值的近似值呢?

4. 检验方式, 就是拿出积分 $\dfrac{1}{2}\displaystyle\int_\alpha^\beta r^2(\theta)\,\mathrm{d}\theta$ 的 Dabourx 大和与小和. 若可以证明, Darboux 大和确实比真实面积大, Darboux 小和确实比真实面积小, 那么由夹挤定理, 就可以知道

$$\frac{1}{2}\int_\alpha^\beta r^2(\theta)\,\mathrm{d}\theta$$

确实是真实面积, 那么此时

$$\frac{1}{2}r^2(\theta_i)\Delta\theta_i$$

也就确实是局部小扇形的线性近似. 通过画图可以很轻松地证明这一点.

5. 由于构造微分时无法事先确定所取线性近似是不是真的近似, 在得到积分之后, 一定要用 Darboux 大小和去验证所求得的积分是否等于真实所求值. 不然的话, 很容易犯如下错误: 用 $|x(t_i) - x(t_{i-1})|$ 或者 $|y(t_i) - y(t_{i-1})|$ 去近似从 P_{i-1} 到 P_i 的小弧段长度, 进而得到弧长等于 $\displaystyle\int_0^1 |x'(t)|\,\mathrm{d}t$ 或者

$\int_0^1 |y'(t)|\,\mathrm{d}t$ 这样的错误结论. 随手画一条既不平行于 x 轴也不平行于 y 轴的直线段就可以看出这样的公式是荒谬的.

6. 大家可能会觉得这个错误太明显了, 以至于根本不会有人犯这样的错误. 那么在推导曲线绕 x 轴旋转一周所得表面积公式时, 避免类似的错误就不是那么容易的了. 假设

$$y = y(t) \geqslant 0, x = x(t), t \in [0,1]$$

为一条曲线, x', y' 均连续, 且 $x'(t)^2 + y'(t)^2 \neq 0$. 让这条曲线绕 x 轴旋转一周, 得到了一个曲面. 请依据本节所讲的一般过程, 试推导该曲面表面积等于

$$2\pi \int_0^1 y(t)\sqrt{x'(t)^2 + y'(t)^2}\,\mathrm{d}t.$$

并在此过程中体会一下, 下面这个错误的公式是否具有相当诱惑:

$$2\pi \int_0^1 y(t)x'(t)\,\mathrm{d}t.$$

7. 除了用 Darboux 大和与小和检验, 还有一个粗略检验的办法: 如果公式在一切 "线性" 情况下都是正确的, 那么这个公式大概率没有问题; 如果在某种 "线性" 情况下错误, 那么基本上我们也就知道哪里出错了. 例如在上一条的例子中, 如果曲线是垂直于 x 轴的线段, 那么公式

$$2\pi \int_0^1 y(t)x'(t)\,\mathrm{d}t$$

就是明显错误的. 这个检验办法有效的原因是: 积分本就源于线性近似, 所以它只要在线性情况下正确, 就大概率正确.

8. 如果大家已经熟悉了, 那么就用数学一点的方式重新总结一下微元法:

$$S \to \int_a^b \mathrm{d}S \to \ \text{表示} \ \mathrm{d}S \ \text{为} \ f(x)\,\mathrm{d}x \to \int_a^b f(x)\,\mathrm{d}x \to \ \text{检验}.$$

所谓微元法, 就是 $\mathrm{d}S$ 是微小元素的意思.

9. 最后我们回到祖暅原理: 幂势同则积不容异. 也就是说, 立方体体积由其高和各个截面积决定. 设一三维几何体夹在 $x = a, x = b$ 平面之间, 对任意 $x \in [a,b]$, 相应截面积已知为 $f(x)$, 则可得该三维几何体体积就是

$$\int_a^b f(x)\,\mathrm{d}x.$$

此公式请大家依据微元法应用流程自行推导.

10. 在利用定积分推导体积面积公式时, 把那些无限小但依然有长度、面积或体积的微元 ΔS、$\mathrm{d}S$ 以及 $\mathrm{d}x$ 理解为质点, 把相应的长度、面积或体积理解为质点的质量往往有助于你推出公式. 要之, 推导公式时大可以结合实际背景, 不设限地发挥想象力, 别忘了最后要严格检验公式就好.

11. 定积分的应用场景非常丰富, 本书仅止于说明定积分定义中的线性近似, 以及微元法的具体过程, 并不求面面俱到. 对定积分的更多应用, 请大家以阅读相关材料的方式自行学习.

3.1.5 Newton-Leibniz 公式

学习数学分析有那么几天最重要: 学极限那一天, 学微分那一天, 学定积分那一天, 学 Newton-Leibniz 公式那一天, 学 Fourier 级数那一天, 学全微分那一天, 学曲面积分那一天, 学微分形式与外微分那一天. 今天就要学习 Newton-Leibniz 公式.

研究一个对象, 直接研究它的整体是很困难的. 比较可行的办法是研究局部, 然后把局部上的结果加回去得到整体, 就像衣服都是一片一片缝起来的一样. 现在, 我们已经了解了研究局部的办法, 就是线性近似, 即微分. 距离我们的目标, 研究整体, 就差能否将这些局部加起来, 得回整体值. 而我们也给出了研究整体的数学工具: 做定积分.

Newton-Leibniz 公式就是说: 整体分解成局部之后, 再把局部加总确实会等于整体——是句废话, 而关键是——即便分解和加总的过程中掺杂进极限过程也不改变这一点.

很多人认为, Newton-Leibniz 公式是数学中最重要、最漂亮的公式. 它给出了计算定积分的方法, 描述了局部与整体的统一, 它还是许多复杂而重要理论的原始简单范本: 很多数学分支及其应用, 或多或少都以研究整体为其主要目的, 而它们研究整体的手段, 都是先研究局部. 因此几乎任何一个学科, 都要建立自己的局部与整体统一性理论, 比如以后的 Stokes 公式, 同调与上同调论, Gauss-Bonnet-Chern 公式, Hirzebruch 公式, Riemann-Roch 定理, Atiyah-Singer 指标定理, Baum-Connes 猜想.

本小节先从 Newton-Leibniz 公式的 "假证明" 入手, 以便清晰看到, 局部和整体是怎样经由线性近似统一起来的. 假证明一定是不对的, 但是它能说明一件事: 就是如果 Newton-Leibniz 公式不对, 那天就塌了.

1. 假设你将一张饼切成若干片, 再拼回去, 你会得到什么? 那张饼. 可是如果你把这张饼切得无穷小的碎片呢? 这个时候你会说: 你在暗示什么? 我想说, 把饼切到无限碎, 是微分, 把无限碎的饼拼起来, 是积分.

2. 再假设 $[a, b]$ 上 $F(x)$ 为路程函数, $f(x)$ 为其速度函数, Riemann 可积. 那么从 a 到 b, F 的运动距离为 $F(b) - F(a)$. 但是你还可以通过 f 算出运动距离, 你能想到是怎么算的吗? 回想之前是如何导出定积分的定义的, 对你会有帮助.

3. 明白了这两个问题, 你就不会对接下来的内容表示意外了. 我们从一个看起来很无聊的等式开始. 假设 F 是 $[0, 10]$ 上的一个可导函数, 且其导函数可积. 你想计算

$$F(10) - F(0).$$

把 F 想象成收入支出的话, 你能明白, 想算最后的收支, 只要算每天的收支再加起来就好

$$F(10) - F(0) = [F(10) - F(9)] + \cdots + [F(1) - F(0)].$$

4. 你可能觉得我很无聊, 可是我还要更无聊: 按照上面的想法更近一步, 把 $F(10) - F(0)$ 写成 n 个差的求和

$$F(10) - F(0) = \sum_{i=1}^{n} \left[F\left(\frac{10i}{n}\right) - F\left(\frac{10(i-1)}{n}\right) \right].$$

5. 这么无聊是要干什么? 将上述等式稍微改写一下:

$$F(10) - F(0) = \frac{10}{n} \sum_{i=1}^{n} \frac{F\left(\dfrac{10i}{n}\right) - F\left(\dfrac{10(i-1)}{n}\right)}{\dfrac{10}{n}}.$$

右边就是一个 Riemann 和, 而其中每一个分式

$$\frac{\left[F\left(\dfrac{10i}{n}\right) - F\left(\dfrac{10(i-1)}{n}\right) \right]}{\dfrac{10}{n}}$$

都近似是 $F'\left(\dfrac{10(i-1)}{n}\right)$.

6. 就是说

$$F(10) - F(0) \approx \sum_{i=1}^{n} F'\left(\frac{10(i-1)}{n}\right)\frac{10}{n}.$$

最后, 由于导函数是可积的, 我们可以合理地相信, 在对右边取极限之后, 所有误差都消失, 也就是说 $\approx$ 被拉直为 $=$. 而右边的极限就是积分,

$$F(10) - F(0) = \int_{0}^{10} F'(x)\,\mathrm{d}x.$$

这个公式就是 Newton-Leibniz 公式.

7. 上面的证明是不对的, 问题在于为什么对右边取极限之后, $\approx$ 会被拉直为 $=$. 然而, 沿着这个想法, 利用 Lagrange 中值定理, 我们可以给出 Newton-Leibniz 公式的真证明. 回到等式

$$F(10) - F(0) = \sum_{i=1}^{n}\left[F\left(\frac{10i}{n}\right) - F\left(\frac{10(i-1)}{n}\right)\right],$$

由微分中值定理, 存在 $\xi_i \in \left(\dfrac{10(i-1)}{n}, \dfrac{10i}{n}\right)$, 满足

$$F\left(\frac{10i}{n}\right) - F\left(\frac{10(i-1)}{n}\right) = F'(\xi_i)\frac{10}{n},$$

所以

$$F(10) - F(0) = \sum_{i=1}^{n} F'(\xi_i)\frac{10}{n}.$$

再对右边取极限, 就可以得到

$$F(10) - F(0) = \int_{0}^{10} F'(x)\,\mathrm{d}x.$$

8. 这样, 我们就得到了 Newton-Leibniz 公式:

定理 3.1.4 设 F 在 $[a,b]$ 上可导, 导函数可积, 则

$$F(b) - F(a) = \int_{a}^{b} F'(x)\,\mathrm{d}x.$$

3.1.6 微积分基本定理

微积分基本定理和 Newton-Leibniz 公式要说明的是同一件事. 只不过它们侧重的角度是不同的. 微积分基本定理更侧重于说明: 局部加总为整体之后, 再分解确实得到那些局部——这也是句废话, 关键是——即便加总和分解过程中掺杂极限过程, 也不例外.

这一小节我们严格叙述并证明微积分基本定理.

1. 假设你有一些碎片, 拼起来是一张饼, 那么拆开呢? 就是那些碎片. 如果那些碎片是无穷小, 拼起来会如何?

2. 再假设 $f(x)$ 为 $[a,b]$ 上的非负连续函数, 则 f 在 $[a,b]$ 上的图像与 x 轴围成的面积为 $\int_a^b f(x)\,\mathrm{d}x$. 你能不能猜到, 在 $x \in [a,b]$, 面积增加的速度应为多少?

定理 3.1.5 函数 $f(x)$ 在 $[a,b]$ 上可积, 定义函数

$$F(x) = \int_a^x f(t)\,\mathrm{d}t,$$

则函数 F 是 $[a,b]$ 上的连续函数. 进一步若 f 是连续函数, 则 F 是可微函数, 且

$$F'(x) = f(x).$$

但这么直接的道理, 人类花了十几个世纪才搞清楚.

3. 发现微积分基本定理不容易, 但证明就简单了.

证明 a. 对任意 $x_0 \in [a,b]$, 由积分中值定理, 有

$$F(x) - F(x_0) = \int_a^x f(t)\,\mathrm{d}t - \int_a^{x_0} f(t)\,\mathrm{d}t = \eta(x - x_0), \inf f \leqslant \eta \leqslant \sup f.$$

于是当 $x \to x_0$ 时, 明显有 $F(x) \to F(x_0)$, 连续性得证.

b. 若 f 连续, 则在 x, x_0 之间存在 ξ, 使得

$$F(x) - F(x_0) = \int_a^x f(t)\,\mathrm{d}t - \int_a^{x_0} f(t)\,\mathrm{d}t = f(\xi)(x - x_0),$$

于是

$$\lim_{x \to x_0} \frac{F(x) - F(x_0)}{x - x_0} = \lim_{x \to x_0} f(\xi) = f(x_0),$$

即 $F'(x) = f(x)$.   □

4. 大多数形如 $\int_a^x f(t)\,\mathrm{d}t$ 的函数都不是初等函数, 也没有除积分外的其他解析表达式. 例如 e^{-x^2} 的原函数就是 $\int_0^x \mathrm{e}^{-t^2}\,\mathrm{d}t$, 而它不是初等函数. 因此定积分是表示函数的重要工具. 不必惊讶, 以后在复分析、概率论、泛函分析等学科中, 你会发现用积分定义以及表示函数是寻常想法.

5. 对于形如 $\int_a^x f(t)\,\mathrm{d}t$ 的可微函数而言, 其求导法则是明显的. 但是对于被积函数 f 不连续的积分函数的求导运算, 就不能想当然了. 一方面, $\int_a^x f(t)\,\mathrm{d}t$ 不见得可导; 另一方面, 即便可导, 导函数也未必是 $f(x)$.

例 3.1.1 定义 $(0,1]$ 上的分段函数

$$f(x) = n+1 - n(n+1)x, x \in \left(\frac{1}{n+1}, \frac{1}{n}\right],$$

求

$$\lim_{x\to 0^+} \frac{\int_0^x f(t)\,\mathrm{d}t}{x}.$$

6. 函数 $f(t)$ 在 0 处并非连续函数, 因此微积分基本定理对解决这个问题帮助不大. 回忆夹挤定理, 可以将计算函数极限转化为计算数列极限.

证明 a. 首先注意函数 $f(x)$ 始终大于 0, 而对任意 $x \in (0,1]$, 总存在自然数 n, 使得 $\dfrac{1}{n+1} \leqslant x < \dfrac{1}{n}$, 因此

$$\int_0^{\frac{1}{n+1}} f(t)\,\mathrm{d}t \leqslant \int_0^x f(t)\,\mathrm{d}t \leqslant \int_0^{\frac{1}{n}} f(t)\,\mathrm{d}t.$$

b. 于是此时有

$$n\int_0^{\frac{1}{n+1}} f(t)\,\mathrm{d}t \leqslant \frac{\int_0^x f(t)\,\mathrm{d}t}{x} \leqslant (n+1)\int_0^{\frac{1}{n}} f(t)\,\mathrm{d}t.$$

c. 而观察 $f(x)$ 的图像, 在每一个区间 $\left[\dfrac{1}{n+1}, \dfrac{1}{n}\right]$ 上, 它恰好是以该区间为底、高为 1 的矩形对角线. 因此

$$\int_0^{\frac{1}{n}} f(t)\,\mathrm{d}t = \frac{1}{2n}, \int_0^{\frac{1}{n+1}} f(t)\,\mathrm{d}t = \frac{1}{2n+2},$$

于是结论是 $\dfrac{1}{2}$. □

3.1.7   连续情形下两个定理的等价性

在假设 $F' = f$ 连续的前提下, Newton-Leibniz 公式与微积分基本定理是等价的.

1. 首先, 当 $F' = f$ 连续时, 由 Newton-Leibniz 公式可立刻推出微积分基本定理: 因为此时 $F(x) - F(a) = \int_a^x f(t)\,\mathrm{d}t$, 所以变上限积分函数 $\int_a^x f(t)\,\mathrm{d}t$ 显然是 f 的一个原函数.

2. 其次设 $F'(x) = f(x)$ 连续, 即 $F(x)$ 是 $f(x)$ 的随便哪个原函数, 则由微积分基本定理也可以推出 Newton-Leibniz 公式: 对

$$F(x) - F(a) - \int_a^x f(x)\,\mathrm{d}x$$

求导就可见其导数为 0, 是常值函数. 而其在 $x = a$ 处取值为 0.

3. 在微积分被发明之前, 已知速度求运动距离, 以及求不规则图形面积, 都是十分困难的问题, 且一度被认为是互不相关的. 直到 Newton, Leibniz 等人发现, 这两个问题其实是同一个, 其背后都是积分和微分, 以及其相互之间的关系. 一旦统一的模式被发现, 问题就迎刃而解, 其答案就是 Newton-Leibniz 公式和微积分基本定理.

3.1.8   定积分的变量替换公式与分部积分公式

本小节, 我们介绍两个计算和分析定积分的重要工具: 变量替换公式与分部积分公式.

1. 我们当然可以将曾经用于计算不定积分的办法用于计算定积分, 比如利用变量替换计算定积分. 直接利用不定积分变量替换公式以及微积分基本定理, 可得:

   命题 3.1.6 (变量替换公式) 设 $f(x)$ 在区间 I 上连续, $x = \varphi(t)$ 在区间 $[\alpha, \beta]$ 上连续可导, $\varphi([\alpha, \beta]) \subseteq I$, 且满足 $\varphi(\alpha) = a, \varphi(\beta) = b$, 则

   $$\int_a^b f(x)\,\mathrm{d}x = \int_\alpha^\beta f(\varphi(t))\varphi'(t)\,\mathrm{d}t.$$

   我们在该命题中加上这些连续性假设, 是为了使用微积分基本定理, 以及避开对可积性的讨论.

证明 设 F 为 f 在 $[a,b]$ 上的一个原函数, 则有 $(F \circ \varphi)'(t) = f(\varphi(t))\varphi'(t)$, 因而

$$\int_\alpha^\beta f(\varphi(t))\varphi'(t)\,\mathrm{d}t = F(\varphi(\beta)) - F(\varphi(\alpha)) = F(b) - F(a) = \int_a^b f(x)\,\mathrm{d}x.$$

$\square$

2. 注意在上述变量替换公式中, 我们没有假设 $a < b$. 在利用换元法求定积分的时候, 也完全不必担心 $\varphi(t)$ 是不是单调函数. 因为你最后的目的只是求出一个数来, 而不需要把 t 转译回 x. 如果想要追究其中原因, 则是**多余部分会最终互相抵消掉**, 因此只需保证起点和终点无误即可. 同样因为这个原因, 你甚至不需要 $\varphi(t)$ 始终落在 $[a,b]$ 之间, 只需 f 在 $\varphi(t)$ 的值域上始终连续即可——反正出去的, 早晚还要回来, 两两抵消, 定积分不变. 但注意, 一定要保证积分的起点和终点无误.

3. 在条件满足的前提下, 将变量替换公式写成

$$\int_{\varphi(\alpha)}^{\varphi(\beta)} f(x)\,\mathrm{d}x = \int_\alpha^\beta f(\varphi(t))\,\mathrm{d}\varphi(t) \ \left(= \int_\alpha^\beta f(\varphi(t))\varphi'(t)\,\mathrm{d}t\right)$$

有助于我们记忆、理解以及使用变量替换公式. 当然可以通过左边计算右边, 也可以通过右边计算左边.

4. 为了方便, 我们总结若干条可以简化计算的积分规律, 其证明仅仅需要换元.

a. 设 f 为对称区间 $[-a,a]$ 上的偶函数, 则 $\int_{-a}^a f(x)\,\mathrm{d}x = 2\int_0^a f(x)\,\mathrm{d}x$. 可以将积分分为 $[-a,0]$ 以及 $[0,a]$ 两个部分上的积分, 对其中一个部分做 $y = -x$ 的变量替换.

b. 奇函数 f 在对称区间 $[-a,a]$ 上的积分为 0 : $\int_{-a}^a f(x)\,\mathrm{d}x = 0$. 可以将积分分为 $[-a,0]$ 以及 $[0,a]$ 两个部分上的积分, 对其中一个部分做 $y = -x$ 的变量替换.

c. 对于以 $T > 0$ 为周期的函数 f, $\int_a^{a+T} f(x)\,\mathrm{d}x = \int_0^T f(x)\,\mathrm{d}x$. 不妨直接考虑 $\int_a^{a+T} f(x)\,\mathrm{d}x - \int_0^T f(x)\,\mathrm{d}x = \int_T^{a+T} f(x)\,\mathrm{d}x - \int_0^a f(x)\,\mathrm{d}x$.

5. 在上述变量替换公式中, 我们要求 f 是连续的, 以便使用微积分基本定理. 后面我们会看到, 这一变量替换公式更多反映了定积分作为一种曲线上向量值函数积分 (积分区间有方向的积分) 的性质. 事实上, 仅假设 f 可积, 也可得到一种变量替换公式, 但此时我们需额外要求 φ 是单调的. 这种变量替换公式更多反映了定积分作为一种重积分 (积分区间无方向的积分) 的性质. 不过限于篇幅, 我们略去这种变量替换公式的介绍.

6. 另一个计算不定积分的手段是分部积分公式:

定理 3.1.7 设在 $[a,b]$ 上 $u'(x), v'(x)$ 均连续, 则

$$\int_a^b u(x)v'(x)\,\mathrm{d}x = [u(x)v(x)]|_a^b - \int_a^b v(x)u'(x)\,\mathrm{d}x.$$

或者也可以写成

$$\int_a^b u(x)\,\mathrm{d}v(x) = [u(x)v(x)]|_a^b - \int_a^b v(x)\,\mathrm{d}u(x).$$

证明非常简单: 根据 Newton-Leibniz 公式,

$$[u(x)v(x)]|_a^b = \int_a^b (u(x)v(x))'\,\mathrm{d}x = \int_a^b u(x)v'(x)\,\mathrm{d}x + \int_a^b v(x)u'(x)\,\mathrm{d}x.$$

7. 对于计算和研究定积分, 分部积分公式是非常重要的工具. 其重要性源于其相对比较深刻的内涵, 例如后续要学习的 Stokes 公式在某种程度上就是分部积分公式的推广. 你可以这样理解分部积分公式之所以有用的原因: 它能把函数在区间内部的故事——波澜壮阔也好, 跌宕起伏也好, 清新甜蜜也好——总结为区间两个端点上的故事, 于是很多事都变得清晰简单. 后面我们会集中讨论一些分部积分公式应用的例子.

3.1.9　Riemann 引理

Riemann 引理是 Fourier 分析中的重要引理, 本小节我们在相对较好的条件下, 利用分部积分公式推出这一引理. 本节的内容可集中体现分部积分公式有用的原因: 它可以把区间内部的故事, 总结到边界的两个点上.

1. 连续可导条件下的 Riemann 引理:

定理 3.1.8 假设在 $[a,b]$ 上 f 可导, 且 f' 连续 (即 f 连续可导), 则

$$\lim_{n\to\infty}\int_a^b f(x)\sin nx\,\mathrm{d}x = \lim_{n\to\infty}\int_a^b f(x)\cos nx\,\mathrm{d}x = 0.$$

2. 先尝试解释为什么 Riemann 引理会是正确的. 以 $[0, 2\pi]$ 上的函数为例. 在 $[0, \pi]$ 和 $[\pi, 2\pi]$ 上, $\sin x$ 是符号相反的, 因此

$$\int_0^{2\pi} f(x) \sin x \, dx = \int_0^{\pi} f(x) \sin x \, dx + \int_\pi^{2\pi} f(x) \sin x \, dx$$

可以看成利用 $\sin x$ 造成积分前后抵消. 可惜 $f(x)$ 在 $[0, \pi]$ 和 $[\pi, 2\pi]$ 上差距可能比较大. 没关系,

$$\int_0^{2\pi} f(x) \sin 2x \, dx$$

可以看成 $\left[0, \dfrac{\pi}{2}\right]$ 和 $\left[\dfrac{\pi}{2}, \pi\right]$ 上积分互相抵消, 以及 $\left[\pi, \dfrac{3\pi}{2}\right]$ 和 $\left[\dfrac{3\pi}{2}, 2\right]$ 上积分互相抵消. 在这两对区间上, $f(x)$ 的差距就小一点了. 随着 n 的增加, 积分在一对对区间上互相抵消, 最终趋于 0, 这就是 Riemann 引理.

3. 若你感觉比较抽象, 就请用如下函数

$$f(x) = \begin{cases} 1, & x \in [0, \pi], \\ -1, & x \in [\pi, 2\pi], \end{cases}$$

试一下.

4. 虽然很清晰, 可是你也许感到将其转化成严格数学有点困难. 这种情况下用分部积分公式试一下也许会有效果: 它会把上面这个复杂的故事总结到边界点上.

证明 注意到

$$\left| \int_a^b f(x) \sin nx \, d \right| = \left| \frac{-\cos nx}{n} f(x) \Big|_a^b + \frac{1}{n} \int_a^b f'(x) \cos nx \, dx \right|$$

$$\leqslant \frac{|f(a)| + |f(b)|}{n} + \frac{\int_a^b |f'(x)| \, dx}{n}.$$

$$\left| \int_a^b f(x) \cos nx \, dx \right| = \left| \frac{\sin nx}{n} f(x) \Big|_a^b - \frac{1}{n} \int_a^b f'(x) \sin nx \, dx \right|$$

$$\leqslant \frac{|f(a)| + |f(b)|}{n} + \frac{\int_a^b |f'(x)| \, dx}{n}.$$

证毕. $\qquad\qquad\qquad\qquad\qquad\qquad\qquad\qquad\qquad\qquad\qquad$ □

5. 进一步, 可以依据上述连续可导条件下的 Riemann 引理, 证明可积条件下的 Riemann 引理:

定理 3.1.9 (Riemann 引理) 假设 f 为 $[a,b]$ 上的 Riemann 可积函数, 则

$$\lim_{n\to\infty}\int_a^b f(x)\sin nx\,\mathrm{d}x = 0,\ \lim_{n\to\infty}\int_a^b f(x)\cos nx\,\mathrm{d}x = 0.$$

6. 我们知道对任意 $\varepsilon > 0$, 存在一个分段常值函数 $h(x)$, 使得 $\int_a^b |f(x) - h(x)|\,\mathrm{d}x < \varepsilon$. 于是可利用分段常值函数近似 Riemann 可积函数, 进而证明定理.

证明 对任意 $\varepsilon > 0$, 考虑分段常值函数 $h(x) = m_i, x \in [x_{i-1}, x_i]$, 其中

$$a = x_0 < x_1 < \cdots < x_k = b,$$

使得 $\int_a^b |f(x) - h(x)|\,\mathrm{d}x < \varepsilon$. 于是

$$\left|\int_a^b f(x)\sin nx\,\mathrm{d}x\right| \leqslant \int_a^b |f(x) - h(x)||\sin nx|\,\mathrm{d}x + \left|\int_a^b h(x)\sin nx\,\mathrm{d}x\right|$$

$$\leqslant \int_a^b |f(x) - h(x)|\,\mathrm{d}x + \frac{2}{n}\sum_{i=1}^k |m_i|,$$

因而

$$0 \leqslant \varliminf_{n\to\infty}\left|\int_a^b f(x)\sin nx\,\mathrm{d}x\right| \leqslant \varlimsup_{n\to\infty}\left|\int_a^b f(x)\sin nx\,\mathrm{d}x\right| \leqslant \varepsilon.$$

得证.   □

3.1.10 渐近单位元

只要你还记得鲁迅是怎么判断他家后园的树全是枣树的, 对本小节内容, 就不会感到很难理解.

1. 首先我们看一个可由分部积分公式解决的问题:

例 3.1.2 设 $f(x)$ 在 $[0,1]$ 上可导, 导函数连续. 证明

$$\lim_{n\to\infty}(n+1)\int_0^1 x^n f(x)\,\mathrm{d}x = f(1).$$

证明 a. 事实上, 我们有

$$\int_0^1 (n+1)x^n f(x)\,\mathrm{d}x \;=\; \int_0^1 f(x)\,\mathrm{d}x^{n+1}$$

$$=\; x^{n+1}f(x)\big|_0^1 - \int_0^1 x^{n+1}f'(x)\,\mathrm{d}x$$

$$=\; f(1) - \int_0^1 x^{n+1}f'(x)\,\mathrm{d}x.$$

b. 由于 $f'(x)$ 连续, 它有界, 设 $|f'(x)| \leqslant M$, 那么就有

$$\left|\int_0^1 x^{n+1}f'(x)\,\mathrm{d}x\right| \leqslant M\int_0^1 x^{n+1}\,\mathrm{d}x = \frac{M}{n+2} \to 0.$$

$\square$

2. 然而这个结论其实并非偶然因为分部积分公式而正确, 它是一类渐近单位元问题的特例. 随着 n 的增加, $\int_0^1 (n+1)x^n\,\mathrm{d}x$ 始终等于 1, 同时 $\lim\limits_{n\to\infty}\int_0^\delta (n+1)x^n\,\mathrm{d}x = 0, \forall 0 < \delta < 1$. 因此 $(n+1)\int_0^1 x^n f(x)\,\mathrm{d}x$ 就好像是对 f 做加权平均, 而权重逐渐集中在 1 处, 于是其极限就是 $f(1)$. 分部积分公式只是在足够好的条件下, 把这个复杂的故事总结到了边界上.

3. 设 $[-\pi, \pi]$ 上的可积函数列 $\{g_n(x)\}$ 满足如下条件:

   (1) $\dfrac{1}{2\pi}\displaystyle\int_{-\pi}^{\pi} g_n(x)\,\mathrm{d}x = 1$.

   (2) 存在 $M > 0$, 使得 $\displaystyle\int_{-\pi}^{\pi} |g_n(x)|\,\mathrm{d}x \leqslant M$ 对任意 n 成立.

   (3) 对任意 $\pi > \delta > 0$, 有 $\lim\limits_{n\to\infty}\left(\displaystyle\int_{-\pi}^{-\delta} |g_n(x)|\,\mathrm{d}x + \int_\delta^\pi |g_n(x)|\,\mathrm{d}x\right) = 0$.

   则称函数列 $\{g_n(x)\}$ 为 **渐近单位元**, 有时也叫 δ 函数列 (其实是 δ 泛函), 有时又叫好核——good kernel.

4. 渐近单位元之所以叫渐近单位元, 是因为

   定理 **3.1.10** 设 $f(x)$ 在 $[-\pi, \pi]$ 上有界, 可积, 在 0 处连续, $\{g_n(x)\}$ 为一列渐近单位元, 则

   $$\lim_{n\to\infty}\frac{1}{2\pi}\int_{-\pi}^{\pi} f(x)g_n(x)\,\mathrm{d}x = f(0).$$

5. 首先理解这个定理. 考虑比较简单的情况, 假设 $g_n(x)$ 始终为非负函数, 此时渐近单位元定义中的条件 (2) 就是多余的了. 条件 (1) 意味着

$$\frac{1}{2\pi} \int_{-\pi}^{\pi} g_n(x) f(x) \, \mathrm{d}x$$

是对 f 加权重 g_n 取平均, 其中总权重

$$\frac{1}{2\pi} \int_{-\pi}^{\pi} g_n(x) \, \mathrm{d}x$$

始终是 1. 条件 (3) 则是在说权重 $g_n(x)$ 将越发集中于 0 两侧, 因此这一类加权平均的极限就应该是 $f(0)$. ("应该" 出现了, 所以这不是证明!)

6. 实际上, 在应用中, 往往考虑 g_n 均为正函数的情况. 因此渐近单位元定义中的条件 (2) 一般很少用到.

7. 严格证明与之前讨论过的 "鲁迅" 算法有关: 分成两部分, 分别控制.

证明 a. 不妨设 $|f| \leqslant K$. 由渐近单位元定义中的条件 (1), 有

$$\left| \int_{-\pi}^{\pi} f(x) g_n(x) \, \mathrm{d}x - 2\pi f(0) \right| = \left| \int_{-\pi}^{\pi} (f(x) - f(0)) \, g_n(x) \, \mathrm{d}x \right|.$$

b. 对任意 $\varepsilon > 0$, 存在 δ, 使得只要 $|x| < \delta$, 就有 $|f(x) - f(0)| < \varepsilon$. 因此有

$$\left| \int_{-\pi}^{\pi} (f(x) - f(0)) \, g_n(x) \, \mathrm{d}x \right|$$

$$\leqslant \quad \int_{-\pi}^{-\delta} |f(x) - f(0)| |g_n(x)| \, \mathrm{d}x + \int_{\delta}^{\pi} |f(x) - f(0)| |g_n(x)| \, \mathrm{d}x$$

$$+ \int_{-\delta}^{\delta} |f(x) - f(0)| |g_n(x)| \, \mathrm{d}x$$

$$\leqslant \quad 2K \left(\int_{-\pi}^{-\delta} |g_n(x)| \, \mathrm{d}x + \int_{\delta}^{\pi} |g_n(x)| \, \mathrm{d}x \right) + \varepsilon \int_{-\delta}^{\delta} |g_n(x)| \, \mathrm{d}x$$

$$\leqslant \quad 2K \left(\int_{-\pi}^{-\delta} |g_n(x)| \, \mathrm{d}x + \int_{\delta}^{\pi} |g_n(x)| \, \mathrm{d}x \right) + \varepsilon M.$$

最后这个不等式用到了渐近单位元定义中的条件 (2).

c. 而由渐近单位元定义中的条件 (3), 存在 N, 使得 $\forall n \geqslant N$, 有

$$\left(\int_{-\pi}^{-\delta} |g_n(x)| \, \mathrm{d}x + \int_{\delta}^{\pi} |g_n(x)| \, \mathrm{d}x \right) < \varepsilon.$$

d. 综上, 对任意 $\varepsilon > 0$, 存在 N, 使得 $\forall n \geqslant N$, 有

$$\left| \int_{-\pi}^{\pi} (f(x) - f(0)) g_n(x) \, \mathrm{d}x \right| \leqslant (2K + M)\varepsilon.$$

得证. □

8. 有离散变量 n 的渐近单位元 $\{g_n(x)\}$, 也有连续变量 r 的渐近单位元 $\{g_r(x)\}$, 其在 $r \to r_0^{\pm}$ 时满足那几条性质, 请自行补齐叙述, 兹不赘述.

9. 渐近单位元之所以重要, 很大一部分原因在于**周期卷积**. 设 f, g 为两个 2π 周期函数, 则可以定义如下新 2π 周期函数

$$f * g(x) = \frac{1}{2\pi} \int_{-\pi}^{\pi} f(x - y) g(y) \, \mathrm{d}y.$$

其中函数 $f * g$ 就称为 f 与 g 的周期卷积.

10. 因此所谓渐近单位元, 是指卷积这种运算下的单位元——就像数字 1 之于乘法为单位元一样. 事实上, 假设 $\{g_n(x)\}$ 为一列 2π 周期函数, 且限制在 $[0, 2\pi]$ 上为一列渐近单位元, $f(x)$ 为连续 2π 周期函数, 则有

$$\lim_{n \to \infty} f * g_n(x) = f(x), \forall x.$$

11. 不论在应用还是在理论上, 卷积都非常有用. 观察卷积的定义, 可以发现, 所谓卷积, 是在任意 x 处, 对其两侧的函数值做加权平均. 事实上, 你就是这么看小说的: 你不是一个字一个字地看小说, 当你的目光落在某一个字上时, 你其实在看这个字附近的一整句话. 因此即便一段话中有若干错别字, 甚至有语序混乱的错误, 你依然可能在意识到这些错误之前读懂这句话的意思——某些点处的微小扰动会被卷积这种加权平均抹掉. 这就是为什么卷积会是神经网络的基本方法. 等学到 Fourier 级数与分析, 你也会明白卷积在理论上的更多意义.

3.1.11   Jensen 不等式与 Hölder 不等式

本小节我们介绍定积分的两个基本不等式, Jensen 不等式与 Hölder 不等式.

1. 在 $[0, 1]$ 上对一个函数求积分, 就相当于求一种关于函数值的平均值. 这有两个理解办法. 假设 f 连续且 $f \geqslant 0$,

$$\int_0^1 f \, \mathrm{d}x = f(\xi),$$

这里 $f(\xi)$ 就是一个矩形的高, 这个矩形的面积和 f 与 x 轴围成的面积相等, 因此 $\int_0^1 f\,\mathrm{d}x$ 就是 f 全体值的平均值. 也可以用定义理解这一点:

$$\int_0^1 f\,\mathrm{d}x = \lim_{n\to\infty} \sum_{i=1}^n f\left(\frac{i}{n}\right)\frac{1}{n}$$

是一个平均值的极限, 因而可以理解成平均值. 一般地,

$$\frac{1}{b-a}\int_a^b f\,\mathrm{d}x$$

就是 $[a,b]$ 上 f 全体值的平均值.

2. 既然是平均值, 定积分就会继承 Jensen 不等式.

例 3.1.3 设 $f(x)$ 为 $\mathbb{R}$ 上的函数, $f''(x) \geqslant 0$ ($f''(x) \leqslant 0$), $\varphi(x)$ 在 $[a,b]$ 上可积, 证明

$$\frac{1}{b-a}\int_a^b f(\varphi(x))\,\mathrm{d}x \geqslant (\leqslant) f\left(\frac{1}{b-a}\int_a^b \varphi(x)\,\mathrm{d}x\right).$$

例如若 $\varphi(x) > 0$, 则有

$$\frac{1}{b-a}\int_a^b \ln(\varphi(x))\,\mathrm{d}x \leqslant \ln\left(\frac{1}{b-a}\int_a^b \varphi(x)\,\mathrm{d}x\right).$$

3. 证明 a. 将 $[a,b]$ 等分为 n 个小区间, 即做分划

$$P: a = x_0 < x_1 < \cdots < x_n = b,$$

其中 $x_i = a + \dfrac{i}{n}$. 则任意 Δx_i 均为 $\dfrac{b-a}{n}$.

b. 由 f 下凸, 我们知道

$$\sum_{i=1}^n \frac{1}{n}f(\varphi(x_i)) \geqslant f\left(\sum_{i=1}^n \frac{1}{n}\varphi(x_i)\right).$$

c. 左边可以写成

$$\frac{1}{b-a}\sum_{i=1}^n \frac{b-a}{n}f(\varphi(x_i)),$$

右边可以写成

$$f\left(\frac{1}{b-a}\sum_{i=1}^{n}\frac{b-a}{n}\varphi(x_i)\right).$$

d. 于是两边对 n 取极限就有

$$\frac{1}{b-a}\int_a^b f(\varphi(x))\,\mathrm{d}x \geqslant f\left(\frac{1}{b-a}\int_a^b \varphi(x)\,\mathrm{d}x\right).$$

□

4. 定积分的 Hölder 不等式:

例 3.1.4 设函数 f,g 在 $[a,b]$ 上可积, $p,q>0$, 满足 $\dfrac{1}{p}+\dfrac{1}{q}=1$. 证明

$$\int_a^b |fg|\,\mathrm{d}x \leqslant \left(\int_a^b |f|^p\,\mathrm{d}x\right)^{\frac{1}{p}}\left(\int_a^b |g|^q\,\mathrm{d}x\right)^{\frac{1}{q}}.$$

这一组不等式非常重要, 以后学到概率, 实分析, 偏微分方程或者泛函分析等内容时, 会知道它描述了两个线性空间的对偶性. 它既然这么重要, 那就记住它的证明套路, 总归是值得的.

5. 证明 a. 考虑任意分划

$$P: a = x_0 < x_1 < \cdots < x_n = b.$$

取相应 Riemann 和

$$\sum_i |f(\xi_i)|\Delta x_i, \ \sum_i |g(\xi_i)|\Delta x_i.$$

b. 由以前提到过的离散求和的 Hölder 不等式, 有

$$\begin{aligned}
&\sum_i |f(\xi_i)g(\xi_i)|\Delta x_i\\
={}& \sum_i |f(\xi_i)|(\Delta x_i)^{\frac{1}{p}}|g(\xi_i)|(\Delta x_i)^{\frac{1}{q}}\\
\leqslant{}& \left(\sum_i |f(\xi_i)|^p\Delta x_i\right)^{\frac{1}{p}}\left(\sum_i |g(\xi_i)|^q\Delta x_i\right)^{\frac{1}{q}}.
\end{aligned}$$

c. 于是由极限保序性, 得证.

□

3.1.12   若干其他定积分不等式

定积分不等式的问题博大精深, 本书难及万一, 仅浅尝辄止, 介绍一些比较常见, 或者几何意义比较明显的不等式.

1. 我们曾提到过, 积分可以解释为平均值.

> **例 3.1.5** 在区间 $[a,b]$ 上, f 单调增加, g 单调减少, 证明
>
> $$\int_a^b fg\,\mathrm{d}x \leqslant \frac{1}{b-a}\int_a^b f\,\mathrm{d}x \int_a^b g\,\mathrm{d}x.$$

2. 事实上,

$$c = \frac{1}{b-a}\int_a^b f\,\mathrm{d}x$$

可解释为 f 在 $[a,b]$ 上的平均值. 那么这个不等式的意思就是: 既然 g 很大的时候 f 很小, f 很大的时候 g 又很小, 那么 fg 的积分就不如 g 的积分乘上 f 的平均值. 这是很自然的, 因为 f 大于其平均值时, g 是小的, 而小于其平均值时, g 是大的. 在一个极端的例子上会看得很清楚: f 在 $\left[0,\frac{1}{2}\right]$ 取值为 0, 在 $\left(\frac{1}{2},1\right]$ 上取值为 1, 而 g 在 $\left[0,\frac{1}{2}\right]$ 上取值为 1, 在 $\left(\frac{1}{2},1\right]$ 上取值为 0. 举一反三: 若 f,g 增减性相同, 则不等式如何?

3. 于是证明思路就很自然了: "因为 f 大于其平均值时, g 是小的, 而小于其平均值时, g 是大的."

证明 a. 设 $c = \dfrac{1}{b-a}\int_a^b f\,\mathrm{d}x$, 由 f 单调, 存在 $t \in [a,b]$, 使得 $\forall x \in [a,t)$, $f(x) \leqslant c$, $\forall x \in (t,b]$, 有 $f(x) \geqslant c$.

b. 考虑

$$\int_a^b fg\,\mathrm{d}x - \frac{1}{b-a}\int_a^b f\,\mathrm{d}x \int_a^b g\,\mathrm{d}x = \int_a^t (f-c)g\,\mathrm{d}x + \int_t^b (f-c)g\,\mathrm{d}x.$$

c. 于是存在 $g(a) \geqslant \eta_1 \geqslant g(t) \geqslant \eta_2 \geqslant g(b)$, 使得

$$\int_a^t (f-c)g\,\mathrm{d}x + \int_t^b (f-c)g\,\mathrm{d}x = \eta_1 \int_a^t (f-c)\,\mathrm{d}x + \eta_2 \int_t^b (f-c)\,\mathrm{d}x.$$

d. 由 $\eta_1 \geqslant \eta_2$, 可见

$$\eta_1 \int_a^t (f-c)\,\mathrm{d}x + \eta_2 \int_t^b (f-c)\,\mathrm{d}x \leqslant \eta_1\left(\int_a^b (f-c)\,\mathrm{d}x\right) = 0.$$

得证. □

4. 下述例题其实就是积分的 Jensen 不等式, 但我们用 Taylor 展开给出另一个证法, 这个证法与积分的矩形公式有关.

例 3.1.6 设 $f(z)$ 在 $[0,1]$ 上二次可导, 且 $f''(x) \leqslant 0$, 证明

$$\int_0^1 f(x^n)\,\mathrm{d}x \leqslant f\left(\frac{1}{n+1}\right).$$

证明 a. 对 $f(y)$ 在 $\dfrac{1}{n+1}$ 处展开, 则有

$$f(y) = f\left(\frac{1}{n+1}\right) + f'\left(\frac{1}{n+1}\right)\left(y - \frac{1}{n+1}\right) + \frac{f''(\xi)}{2}\left(y - \frac{1}{n+1}\right)^2.$$

b. 注意 $\dfrac{f''(\xi)}{2}\left(y - \dfrac{1}{n+1}\right)^2 \leqslant 0$, 因此代入 x^n 即有

$$f(x^n) \leqslant f\left(\frac{1}{n+1}\right) + f'\left(\frac{1}{n+1}\right)\left(x^n - \frac{1}{n+1}\right),$$

两边积分即可得到结论. □

请用 Jensen 不等式证明这个例题.

5. 由微积分基本定理, 可以利用导函数估计或者说控制函数值.

例 3.1.7 设 f 在 $[a,b]$ 上连续可导且不恒为 0, $f(a) = f(b) = 0$, 证明

$$\left|\int_a^b f(x)\,\mathrm{d}x\right| < \frac{(b-a)^2}{4} \max|f'(x)|.$$

6. 关键就是 $f(a) = f(b) = 0$. 为求简洁, 以下假设 $c = \dfrac{a+b}{2}$.

证明 a. 设 $M = \max|f'(x)|$. 于是当 $a \leqslant x \leqslant c$ 时,

$$|f(x)| = |f(x) - f(a)| = \left|\int_a^x f'(t)\,\mathrm{d}t\right| \leqslant M(x-a),$$

而当 $c \leqslant x \leqslant b$ 时, 有

$$|f(x)| = |f(x) - f(b)| \leqslant \left| \int_b^x f'(t)\,\mathrm{d}t \right| \leqslant M(b-x).$$

b. 也就是说, 定义

$$F(x) = \begin{cases} M(x-a), & x \in [a,c], \\ M(b-x), & x \in [c,b], \end{cases}$$

则有 $|f(x)| \leqslant F(x)$. 注意由 f 可导, $|f| \neq F$, 至少 $|f|$ 在 $f(x) \neq 0$ 的点处不会有折点.

c. 因此

$$\int_a^b |f(x)|\,\mathrm{d}x < \int_a^b F(x)\,\mathrm{d}x = M\frac{(b-a)^2}{4},$$

得证.   □

7. 控制得更精细一点, 可以得到:

例 3.1.8 设 f, f' 在 $[0,1]$ 上连续, $f(0) = 0$, 则 $\displaystyle\int_0^1 f^2\,\mathrm{d}x \leqslant \frac{1}{2}\int_0^1 (f')^2\,\mathrm{d}x$.

8. 证明 a. 首先 $|f(x)| = \left| \displaystyle\int_0^x f'(t)\,\mathrm{d}t \right| \leqslant \displaystyle\int_0^x |f'(t)|\,\mathrm{d}t$.

b. 由 Hölder 不等式, 有

$$|f(x)|^2 \leqslant \left(\int_0^x |f'(t)| \cdot 1\,\mathrm{d}t \right)^2 \leqslant \int_0^x |f'(t)|^2\,\mathrm{d}t \cdot x \leqslant \int_0^1 |f'(x)|^2\,\mathrm{d}x \cdot x,$$

于是两边积分可得结论.   □

9. 积分不等式往往背后蕴藏着很清晰的几何意义. 如下例:

例 3.1.9 设 f 在 $[0,1]$ 上连续可导, $f(0) + f(1) = 0$, 证明

$$\int_0^1 |f|\,\mathrm{d}x \leqslant \frac{1}{2}\int_0^1 |f'|\,\mathrm{d}x.$$

10. 可以立足一个最简单的情况分析一下这个不等式是什么意思. 假设 $f(0) = f(1) = 0$, 并且函数先从 0 增加到最大值 M 再减少到 0. 那么画一个图可以看出, 不等式左边肯定要小于 M, 而积分 $\displaystyle\int_0^1 |f'|\,\mathrm{d}x$ 恰好是 $2M$. 不等式因此成立, 于是证明思路也就有了.

证明 不妨设 $\max|f| = \max f = f(\xi)$. 于是

$$
\begin{aligned}
M - f(0) &= \int_0^\xi f'(x)\,\mathrm{d}x \leqslant \int_0^\xi |f'(x)|\,\mathrm{d}x, \\
M - f(1) &= \int_1^\xi f'(x)\,\mathrm{d}x \leqslant \int_\xi^1 |f'(x)|\,\mathrm{d}x.
\end{aligned}
$$

两式相加即可得到结论. □

11. 再如 Young 不等式:

例 3.1.10 设 $f(0) = 0$, 且 f 在 $[0, +\infty)$ 上单调递增, 连续. 证明

$$
\int_0^a f(x)\,\mathrm{d}x + \int_0^b f^{-1}(x)\,\mathrm{d}x \geqslant ab.
$$

请大家按照 $f(a) > b, f(a) < b$, 以及 $f(a) = b$ 分三种情形画图, 证明自现.

12. 在 $p > 0, q > 0, \dfrac{1}{p} + \dfrac{1}{q} = 1, a, b > 0$ 时的 Young 不等式是这一积分不等式的推论. 事实上, 在此条件下, $y = x^{p-1}, x = y^{q-1}$, 恰为一对单调递增的反函数. 于是

$$
\frac{1}{p}a^p + \frac{1}{q}b^q = \int_0^a x^{p-1}\,\mathrm{d}x + \int_0^b y^{q-1}\,\mathrm{d}y \geqslant ab.
$$

13. 一般地, 若 $f(0) = 0$, $f(1) = 1$, f 单调递增, 那么画图可见 $\displaystyle\int_0^1 f(x)\,\mathrm{d}x + \int_0^1 f^{-1}(x)\,\mathrm{d}x = 1$. 若 $f(0) = 1$, $f(1) = 0$, f 单调递减, 那么画图可见 $\displaystyle\int_0^1 f(x)\,\mathrm{d}x - \int_0^1 f^{-1}(x)\,\mathrm{d}x = 0$. 因此, 碰到复杂积分, 也别不管不顾直接就算, 也许有窍门可寻. 例如

$$
\int_0^1 \left(\sqrt[7]{1 - x^3} - \sqrt[3]{1 - x^7} \right) \mathrm{d}x = 0.
$$

3.1.13 定积分与内积

定积分其实给出了一种内积: 虽然看起来挺抽象, 但其实仔细想想还真是那么回事儿.

1. 首先要明确, 函数其实是一种向量. 不要惊讶, 能加减数乘的东西只有两种, 一种是数量, 一种是向量. 不是数量就是向量. 函数可以数乘, 可以加减, 有 0, 对任何函数 f, 都有反方向的它自己 $-f$, 它又不是数量, 那它就是个向量. 你可能会想, 向量不是带箭头的线段吗? 函数怎么就成了向量了? 它又代表了哪个方向? 如果有一天, 你化身为一个函数, 置身诸多函数之间, 那你一下子就能看清楚每一个函数怎么就代表了一个方向. 既然你不能化身为一个函数——虽然你本人确实就是一种关于时间的函数——就用一天时间去适应和接受 "函数是个向量" 这件事.

2. 有向量就想谈线性关系, 想谈内积. 以后我们会知道, 函数构成的向量空间涉及的东西会非常多. 今天我们先谈它的内积.

3. 内积就是想办法从两个向量得到一个数, 并且符合一定法规. 回想一下内积的定义, 就会发现

$$\int_a^b fg \, \mathrm{d}x$$

给出了 $[a,b]$ 上两个函数 f, g 的内积.

4. 有了内积, 就可以谈正交. 所谓 f, g 正交, 就是它们两个做内积等于 0, 也就是

$$\int_a^b fg \, \mathrm{d}x = 0.$$

5. 闭区间 $[a,b]$ 上的一列函数 $\{g_n(x)\}$, 称其为正交函数列, 如果

$$\int_a^b g_n(x)g_m(x) \, \mathrm{d}x = \begin{cases} 0, & n \neq m, \\ > 0, & n = m. \end{cases}$$

6. 三角函数列就是一列正交函数列. 在闭区间 $[-\pi, \pi]$ 上, 我们利用和差化积公式, 可以直接计算得出

$$\{1, \sin x, \cos x, \sin 2x, \cos 2x, \cdots, \sin nx, \cos nx, \cdots\}$$

是 $[-\pi, \pi]$ 上的正交函数列. 更具体地,

$$\int_{-\pi}^{\pi} \sin mx \sin nx \, \mathrm{d}x = \begin{cases} 0, & n \neq m, \\ \pi, & n = m, \end{cases}$$

$$\int_{-\pi}^{\pi} \cos mx \cos nx \, \mathrm{d}x = \begin{cases} 0, & n \neq m, \\ \pi, & n = m \neq 0, \\ 2\pi, & n = m = 0, \end{cases}$$

以及

$$\int_{-\pi}^{\pi} \sin mx \cos nx \, \mathrm{d}x = 0.$$

7. 由上一节谈过的周期函数的积分性质, 可以知道, 其实

$$\{1, \sin x, \cos x, \sin 2x, \cos 2x, \cdots, \sin nx, \cos nx, \cdots\}$$

在任何长度为 2π 的闭区间上都是正交函数列.

8. 内积倒是内积了, 可是它真的能带给我们内积应该带给我们的东西吗? 事实上, 一旦找到一组 "分布足够广" 的正交函数列, 就得到了一组 "正交基", 即得到了一种关于函数的表示方式: 将函数写成这组函数列的线性组合——函数项级数. 一个看上去很神秘的函数, 就会被彻底解剖开来. 例如上述三角函数列就构成了一组正交基, 将函数写成三角函数列的线性组合就是 Fourier 展开, 那是分析学的一个高峰.

3.1.14 反常积分的定义与基本问题

本小节主要目的是介绍反常积分的定义、基本问题以及一些简单而基本的例子.

1. 反常积分是自然出现在实际应用中的, 比如你想计算第二宇宙速度, 那必须计算无界区间上的积分: 毕竟引力的作用距离是无限远. 可是 Riemann 和只能定义有界区间上有界函数的积分. 因此, 首先要明确无界区间上的积分究竟是什么意思.

2. 第一类反常积分: 不论是基于实际应用, 还是简单想象, 无界区间上的积分都可以看作有界区间上积分的极限.

定义 3.1.4 设 $f(x)$ 在 $[a, +\infty)$ 上有定义, 且在任意有限区间 $[a, A] \subset [a, +\infty)$ 上有界且 Riemann 可积, 若极限

$$\lim_{A \to +\infty} \int_{a}^{A} f(x) \, \mathrm{d}x$$

存在 (有限数), 则称反常积分 $\int_{a}^{+\infty} f(x) \, \mathrm{d}x$ 收敛, 或称 $f(x)$ 在 $[a, +\infty)$ 上可积, 其积分值记为

$$\int_{a}^{+\infty} f(x) \, \mathrm{d}x = \lim_{A \to +\infty} \int_{a}^{A} f(x) \, \mathrm{d}x.$$

否则称 $\displaystyle\int_a^{+\infty} f(x)\,\mathrm{d}x$ 发散.

同样地, 可以定义 $(-\infty, a]$ 上的反常积分.

这里我们要强调, 在任意有界闭区间上 Riemann 可积, 是定义反常积分的先决条件. 在后续一些问题中, 为求叙述简便, 我们可能直接假设 f 是连续的.

3. 这一个定义是如此直接, 以至于用着用着, 人们就忘记 $\displaystyle\int_a^{+\infty} f(x)\,\mathrm{d}x$ 究竟是什么了. 始终记得, 它是一个函数极限:

$$\lim_{A\to +\infty} F(A) = \lim_{A\to +\infty} \int_a^A f(x)\,\mathrm{d}x.$$

4. 至于 $(-\infty, +\infty)$ 上的反常积分 $\displaystyle\int_{-\infty}^{+\infty} f(x)\,\mathrm{d}x$, 只有 $\displaystyle\int_a^{+\infty} f(x)\,\mathrm{d}x$, 以及 $\displaystyle\int_{-\infty}^a f(x)\,\mathrm{d}x$ 均收敛, 才称其为收敛的. 否则就是发散. 所以在以后处理 $(-\infty, +\infty)$ 上函数积分的时候, 必须将区间分成两半, 分别考虑 $(-\infty, a)$ 以及 $(a, +\infty)$ 上的积分. 这里 a 可以是任意数值.

5. 仅仅在计算简单几何曲线的长度或者几何图形的面积和体积时, 就已经涉及无界函数积分的问题了. 比如计算某些曲线围成的面积时, 你可能就遇到过如下类似积分

$$\int_0^1 \frac{1}{\sqrt{1-x^2}}\,\mathrm{d}x.$$

不过由于其原函数非常容易求得, 以至于"当时只道是寻常." 有界区间上无界函数的积分就是第二类反常积分.

6. 第二类反常积分:

定义 **3.1.5** 考虑区间 $[a, b)$ 上的函数 f. 设 f 在且仅在 $x = b$ 的左邻域内无界, 而对任意 $\eta \in (0, b-a)$, f 在 $[a, b-\eta]$ 上有界且 Riemann 可积. 此时若极限

$$\lim_{\eta\to 0} \int_a^{b-\eta} f(x)\,\mathrm{d}x$$

存在, 则称反常积分 $\displaystyle\int_a^b f(x)\,\mathrm{d}x$ 收敛, 或称 f 在 $[a, b)$ 上可积, 其积分值即为

$$\int_a^b f(x)\,\mathrm{d}x = \lim_{\eta\to 0^+} \int_a^{b-\eta} f(x)\,\mathrm{d}x.$$

反之, 则称反常积分 $\displaystyle\int_a^b f(x)\,\mathrm{d}x$ 发散. 此时, 也称 $x=b$ 是函数 f 在 $[a,b)$ 上的奇点.

在奇点附近, 函数爆炸到无穷大. 函数 f 在任意不含奇点的有界闭区间上 Riemann 可积, 是定义反常积分的先决条件. 在后续一些问题中, 为求叙述简便, 我们可能直接假设 f 是在奇点之外连续的.

7. 同样道理, 可以定义 a 为函数 f 在 $[a,b]$ 上的奇点, 以及 $c \in (a,b)$ 为函数 f 在 $[a,b]$ 上的奇点的反常积分. 注意若 $c \in (a,b)$ 为 f 的奇点, 则只有当 $\displaystyle\int_a^c f(x)\,\mathrm{d}x$ 和 $\displaystyle\int_c^b f(x)\,\mathrm{d}x$ 均收敛时, 才称 $\displaystyle\int_a^b f(x)\,\mathrm{d}x$ 为收敛的.

8. 若函数在一个区间上同时有多个奇点, 则必须将区间分段, 保证每一段上都只在边界处有一个奇点. 例如, 反常积分 $\displaystyle\int_{-\infty}^{+\infty} f(x)\,\mathrm{d}x$, 且函数 $f(x)$ 以 $x=0$ 为奇点, 那么必须分别考虑

$$\int_{-\infty}^{-1} f(x)\,\mathrm{d}x, \quad \int_{-1}^{0} f(x)\,\mathrm{d}x, \quad \int_{0}^{1} f(x)\,\mathrm{d}x, \quad \int_{1}^{+\infty} f(x)\,\mathrm{d}x$$

这些反常积分, 每一个都收敛, 才叫 $\displaystyle\int_{-\infty}^{+\infty} f(x)\,\mathrm{d}x$ 收敛.

9. 一般而言, 第二类反常积分总可以转化为第一类. 例如, 考虑 $[a,b]$ 上 a 为奇点的反常积分 $\displaystyle\int_a^b f(x)\,\mathrm{d}x$. 我们做变量替换 $y = \dfrac{1}{x-a}$, 则积分 $\displaystyle\int_a^b f(x)\,\mathrm{d}x$ 就变为

$$\int_{\frac{1}{b-a}}^{+\infty} f\left(a + \frac{1}{y}\right) \frac{1}{y^2}\,\mathrm{d}y.$$

即便如此, 单独讨论第二类反常积分还是有意义的. 这是因为我们主要关注的是具体例子, 怎么快怎么直接怎么好, 而不需要在理论上事无巨细, 求全责备.

10. 考虑第一类反常积分 $\displaystyle\int_0^{+\infty} f(x)\,\mathrm{d}x$. 若其收敛, 则由极限的四则运算很容易知道, 对任意固定的 $\delta > 0$,

$$\lim_{A \to +\infty} \left(\int_0^{A+\delta} f(x)\,\mathrm{d}x - \int_0^A f(x)\,\mathrm{d}x \right) = 0,$$

也就是说

$$\lim_{A\to+\infty}\int_A^{A+\delta}f(x)\,\mathrm{d}x=0.$$

那么, 你可能会想, 是不是 $\lim\limits_{x\to+\infty}f(x)$ 也一定等于 0?

11. 这是不一定的. 设 $n\in\mathbb{N}_+$ 为自然数. 构造

$$f(x)=\begin{cases}n, & x\in\left[n,n+\dfrac{1}{n^3}\right],\\[2mm] 0, & x\in\left(n+\dfrac{1}{n^3},n+1\right).\end{cases}$$

这个构造就是说, 我们总是在 $\left[n,n+\dfrac{1}{n^3}\right]$ 上建高楼, 高度为 n. 那么简单计算即可知道

$$\int_0^{+\infty}f(x)\,\mathrm{d}x=\lim_{A\to+\infty}\int_0^A f(x)\,\mathrm{d}x=\lim_{n\to+\infty}\sum_{i=1}^n\frac{1}{i^2}$$

收敛. 但显然 $\lim\limits_{x\to+\infty}f(x)$ 不存在. 将这个例子稍作调整, 会发现, 即便 $f(x)$ 连续, 乃至 n 次可微, 也未必有 $\lim\limits_{x\to+\infty}f(x)=0$.

12. 然而你可以证明, 若 $\lim\limits_{x\to+\infty}f(x)$ 存在, 则其一定是 0. 不仅如此, 我们还有:

例 3.1.11 设 $f(x)\geqslant 0$, 且在 $[0,+\infty)$ 上连续, 若 $\displaystyle\int_0^{+\infty}f(x)\,\mathrm{d}x<+\infty$, 则存在严格单调递增的正无穷大量 $\{x_n\}$, 使得 $\lim\limits_{n\to\infty}f(x_n)=0$.

事实上, 我们有 $\lim\limits_{x\to+\infty}f(x)=0$. 否则存在 $X>0$, 使得 $f(x)\geqslant c>0,\forall x\geqslant X$, 于是 $\displaystyle\int_0^{+\infty}f(x)\,\mathrm{d}x=+\infty$, 矛盾.

13. 下述积分是很重要的一组积分:

例 3.1.12 讨论 $\displaystyle\int_1^{+\infty}\frac{1}{x^p}\,\mathrm{d}x,p>0$ 的敛散性, 并在收敛时计算其积分值.

根据我们计算积分时的经验, 唯一特别的就是 $p=1$ 时.

证明 a. 当 $p \neq 1$ 时,

$$\lim_{A \to +\infty} \int_1^A \frac{1}{x^p} \, \mathrm{d}x = \lim_{A \to +\infty} \frac{A^{1-p} - 1}{1 - p}.$$

则可见 $p > 1$ 时收敛, 此时其积分值就是 $\dfrac{1}{p-1}$. 当 $p < 1$ 时发散.

b. 当 $p = 1$ 时,

$$\lim_{A \to +\infty} \int_1^A \frac{1}{x^p} \, \mathrm{d}x = \lim_{A \to +\infty} \ln A$$

发散. □

14. 另有:

例 3.1.13 判断 $\displaystyle\int_0^1 \frac{1}{x^p} \, \mathrm{d}x, p > 0$ 的敛散性, 并在收敛时计算其积分值.

与刚才一样, 直接计算有积分等于

$$\lim_{A \to 0^+} \int_A^1 \frac{1}{x^p} \, \mathrm{d}x = \begin{cases} \displaystyle\lim_{A \to 0^+} (-\ln A) = +\infty, & p = 1, \\[2mm] \displaystyle\lim_{A \to 0^+} \left(\frac{1}{1-p} - \frac{A^{1-p}}{1-p} \right) = +\infty, & p > 1, \\[2mm] \displaystyle\lim_{A \to 0^+} \left(\frac{1}{1-p} - \frac{A^{1-p}}{1-p} \right) = \frac{1}{1-p}, & p < 1. \end{cases}$$

15. 请熟记 $\displaystyle\int_0^1 \frac{1}{x^p} \, \mathrm{d}x$ 以及 $\displaystyle\int_1^{+\infty} \frac{1}{x^p} \, \mathrm{d}x$ 这一对积分, 它们被称为 p 积分. 它们在反常积分乃至级数理论中都很重要. 例如, 通过 $\displaystyle\int_1^{+\infty} \frac{1}{x^p} \, \mathrm{d}x$ 的敛散性, 很容易确定级数 $\displaystyle\sum_{n=1}^{\infty} \frac{1}{n^p}$ 的敛散性. 注意在 $[n, n+1], n \geqslant 1$ 上, 有

$\dfrac{1}{n^p} \geqslant \dfrac{1}{x^p} \geqslant \dfrac{1}{(n+1)^p}$, 即有 $\dfrac{1}{n^p} \geqslant \displaystyle\int_n^{n+1} \frac{1}{x^p} \, \mathrm{d}x \geqslant \dfrac{1}{(n+1)^p}$, 于是

$$\sum_{n=1}^{\infty} \frac{1}{n^p} \geqslant \int_1^{+\infty} \frac{1}{x^p} \, \mathrm{d}x \geqslant \sum_{n=2}^{\infty} \frac{1}{n^p}.$$

因此 $\displaystyle\sum_{n=1}^{\infty} \frac{1}{n^p}$ 在 $p \leqslant 1$ 时发散, $p > 1$ 时收敛. 请大家通过画图, 概括这些分析.

3.1.15   反常积分条件收敛与绝对收敛

我们将以第一类反常积分 $\int_a^{+\infty} f(x)\,\mathrm{d}x$ 为例展开收敛性判定理论, 并总是假定函数 f 在 $[a, +\infty)$ 的任意有界闭区间上 Riemann 可积 (甚至可以假设所有函数均是连续的). 带奇点的反常积分的判断理论完全平行, 请大家自行补齐.

记得我们曾提过, Cauchy 收敛原理是关于收敛最本质的描述.

1. 先确定要判断的是什么. 设 f 在任意闭区间 $[a, A] \subset [a, +\infty)$ 上均有界且 Riemann 可积, $\int_a^{+\infty} |f(x)|\,\mathrm{d}x$ 收敛, 则称 $\int_a^{+\infty} f(x)\,\mathrm{d}x$ 绝对收敛. 若 $\int_a^{+\infty} f(x)\,\mathrm{d}x$ 收敛而 $\int_a^{+\infty} |f(x)|\,\mathrm{d}x$ 发散, 则称其为条件收敛.

2. 一般函数反常积分判断收敛的理论都以 Cauchy 收敛原理为基础.

    定理 3.1.11 (Cauchy 收敛原理) 反常积分 $\int_a^{+\infty} f(x)\,\mathrm{d}x$ 收敛当且仅当对任意给定的 $\varepsilon > 0$, 存在 $G \geqslant a$, 使得对于任意 $A, A' \geqslant G$, 有

    $$\left| \int_A^{A'} f(x)\,\mathrm{d}x \right| \leqslant \varepsilon.$$

3. Cauchy 收敛原理也可以表述为: 反常积分 $\int_a^{+\infty} f(x)\,\mathrm{d}x$ 收敛当且仅当

    $$\lim_{A, A' \to +\infty} \int_A^{A'} f(x)\,\mathrm{d}x = 0.$$

    这个写法可能会让初学者的思路更清晰. 凡是能让你写作更简洁的, 都会让你的思路更清晰. 而你若思路清晰, 则写作必简洁.

4. 对反常积分的 Cauchy 收敛原理可做如下理解: 只要积分区间离 0 渐行渐远渐无穷, 则不论其如何伸缩变化, 其上的积分值就趋于 0.

5. 对于积分 $\int_a^{+\infty} f\,\mathrm{d}x$ 而言, 若 $\int_a^{+\infty} |f|\,\mathrm{d}x < +\infty$, 则称其绝对收敛. 由 Cauchy 收敛原理, 当即可以推出: 反常积分绝对收敛则必收敛. 事实上, 对任意给定的 $\varepsilon > 0$, 由于 $\int_a^{+\infty} |f(x)|\,\mathrm{d}x$ 收敛, 存在 G, 使得对任意 $A' > A > G$, 有

    $$\int_A^{A'} |f(x)|\,\mathrm{d}x \leqslant \varepsilon.$$

而我们又有

$$\left|\int_A^{A'} f(x)\,\mathrm{d}x\right| \leqslant \int_A^{A'} |f(x)|\,\mathrm{d}x.$$

6. 但我们知道, $\displaystyle\int_a^{+\infty} f\,\mathrm{d}x$ 收敛, 未必可以推出 $\displaystyle\int_a^{+\infty} |f|\,\mathrm{d}x < +\infty$, 例如 $\displaystyle\int_a^{+\infty} \frac{\sin x}{x}\,\mathrm{d}x$. 事实上

a. 由分部积分:

$$\int_1^{+\infty} \frac{\sin x}{x}\,\mathrm{d}x = -\frac{\cos x}{x}\Big|_1^{+\infty} - \int_1^{+\infty} \frac{\cos x}{x^2}\,\mathrm{d}x.$$

首先, 极限 $\dfrac{\cos x}{x}\Big|_1^{+\infty}$ 肯定是收敛的. 其次, 注意

$$\int_1^{+\infty} \left|\frac{\cos x}{x^2}\right|\,\mathrm{d}x \leqslant \int_1^{+\infty} \left|\frac{1}{x^2}\right|\,\mathrm{d}x$$

收敛, 因此

$$\int_1^{+\infty} \frac{\cos x}{x^2}\,\mathrm{d}x$$

收敛. 于是

$$\int_1^{+\infty} \frac{\sin x}{x}\,\mathrm{d}x$$

确实收敛.

b. 考虑 $\displaystyle\int_1^{+\infty} \left|\frac{\sin x}{x}\right|\,\mathrm{d}x$, 有

$$\int_1^{+\infty} \left|\frac{\sin x}{x}\right|\,\mathrm{d}x \geqslant \int_1^{+\infty} \frac{\sin^2 x}{x}\,\mathrm{d}x = \frac{1}{2}\left(\int_1^{+\infty} \frac{1}{x}\,\mathrm{d}x - \int_1^{+\infty} \frac{\cos 2x}{x}\,\mathrm{d}x\right).$$

等号右边第一个积分是发散的, 同时按照 a 中方法, 第二个积分是收敛的, 因此 $\displaystyle\int_1^{+\infty} \left|\frac{\sin x}{x}\right|\,\mathrm{d}x$ 只能发散.

7. 必须强调, 条件收敛与绝对收敛的差别非常大. 事实上, 在 Lebesgue 积分理论中, Riemann 可积和积分绝对收敛都是 Lebesgue 可积的, 而条件收敛却不是.

8. Riemann 引理对反常积分绝对收敛的函数也是成立的.

定理 3.1.12 (Riemann 引理) 设反常积分 $\int_a^b f\,\mathrm{d}x$ 绝对收敛, 则

$$\lim_{n\to\infty}\int_a^b f(x)\sin nx\,\mathrm{d}x = 0,\ \lim_{n\to\infty}\int_a^b f(x)\cos nx\,\mathrm{d}x = 0.$$

事实上, Riemann 引理对一切 Lebesgue 可积的函数都是对的, 因此又叫 Riemann-Lebesgue 引理.

9. 证明方式是利用分析中特别常用的 "得寸进尺" 方法. 先对一类性质比较好的函数证明一个结论, 而后利用这些函数逼近性质更一般的函数, 并试试能否利用这个逼近将结论推广到更一般的函数上去. 为简化证明, 不妨设 $a = 0$, $b = 1$, 且 0 为唯一奇点.

证明 a. 对于任意 $\varepsilon > 0$, 存在 $\delta > 0$, 使得 $\int_0^\delta |f(x)|\,\mathrm{d}x < \varepsilon$.

b. 于是此时

$$
\begin{aligned}
\left|\int_0^1 f(x)\sin nx\,\mathrm{d}x\right| &\leqslant \left|\int_0^\delta f(x)\sin nx\,\mathrm{d}x\right| + \left|\int_\delta^1 f(x)\sin nx\,\mathrm{d}x\right| \\
&\leqslant \int_0^\delta |f(x)\sin nx|\,\mathrm{d}x + \left|\int_\delta^1 f(x)\sin nx\,\mathrm{d}x\right| \\
&\leqslant \varepsilon + \left|\int_\delta^1 f(x)\sin nx\,\mathrm{d}x\right|.
\end{aligned}
$$

c. 于是

$$
\begin{aligned}
0 &\leqslant \varliminf_{n\to\infty}\left|\int_0^1 f(x)\sin nx\,\mathrm{d}x\right| \\
&\leqslant \varlimsup_{n\to\infty}\left|\int_0^1 f(x)\sin nx\,\mathrm{d}x\right| \\
&\leqslant \varepsilon + \lim_{n\to\infty}\left|\int_\delta^1 f(x)\sin nx\,\mathrm{d}x\right| = \varepsilon
\end{aligned}
$$

对任意 $\varepsilon > 0$ 均成立, 即上下极限均为 0, 因此

$$\lim_{n\to\infty}\int_0^1 f(x)\sin nx\,\mathrm{d}x = 0.$$

同理

$$\lim_{n\to\infty}\int_0^1 f(x)\cos nx\,\mathrm{d}x = 0.$$

$\square$

可以看到, 这个证明对条件收敛积分是行不通的.

3.2 重积分

积分, 还是分划线性近似做和取极限. 例如你想要计算一个平底曲面顶的柱形体积, 按照学过的套路, 还是要对底做分划, 分成一个个小块, 又在小块上用顶和底部平行的规则柱形去近似小柱形的体积, 然后求和, 再对这些近似值的和取极限. 可是这次, 底部可不像实数轴上的闭区间那么简单了. 于是即便是顶和底平行的规则柱形, 其体积计算也不那么容易了.

于是首要问题是: 二维 Euclid 空间中一个不规则图形的面积是什么?

3.2.1 二维 Euclid 空间中可求面积区域

要定义二重积分, 首先要定义二维 Euclid 空间中的可求面积区域. 我们关于可求面积区域的定义其实是简化版本的可测集合的定义, 后者是实分析要探讨的问题.

1. 若图形规则, 例如三角形、正方形、长方形, 可以直接利用相应公式. 稍微不那么规则的, 也可以套用定积分. 但对于更一般、更不规则的区域, 那确实有必要找到一个统一的办法计算它的面积. 然而, 在构造一个合理计算方法的过程中, 不可能强求对每一个平面区域都可以求面积. 毕竟, 总有长得太怪的区域. 因此所谓计算面积, 也是在定义面积.

2. 设 D 是一个 $\mathbb{R}^2$ 上的有界区域. 我们要以如下步骤计算, 或者说定义它的面积:

   a. 先用一个足够大的正方形 $[a,b]\times[c,d]$ 将 D 覆盖住.

   b. 考虑 $[a,b]$ 的分划 P_h, 以及 $[c,d]$ 的分划 P_v, 那么 $P_h\times P_v$ 就横平竖直地将 $[a,b]\times[c,d]$ 分成若干小矩形, 记此分划为 P.

   c. 将所有完全落在 D 中的矩形面积加起来, 记所得数为 mI, 称为该分划的内面积; 将所有与 D 交非空的矩形面积加起来, 记所得数为 mO, 称为相应分划的外面积.

d. 与 Darboux 大和小和一样, 在分划加细下, 外面积不增, 内面积不减. 因此类似单调有界原理, 可以证明, 内外面积都一定有极限. 记

$$\lim_{\lambda(P_h)^2+\lambda(P_v)^2\to 0} mO = mD^*, \qquad \lim_{\lambda(P_h)^2+\lambda(P_v)^2\to 0} mI = mD_*.$$

e. 若 $mD^* = mD_*$, 即外面积和内面积在分划中每一个小矩形的长宽平方和 $\lambda(P_h)^2 + \lambda(P_v)^2$ 都越来越小时极限相同, 则称 D 可求面积, 并以此极限为 D 的真实面积. 否则, 称其不可求面积. 一般地, 记 D 的面积为 mD.

3. 你可能会认为, $mD^* = mD_*$ 应该总是成立的, 其实不然, 有很多集合不满足这一条件, 测度论会告诉你有多少. 事实上, 引入测度论, 进而在 Lebesgue 积分的框架下讨论重积分是更合适的, 但这需要增加许多篇幅, 我们只好止步于此.

4. 不难证明, 对于比较规则的图形, 如对 $[a,b]$ 上连续正函数 f 的图像与 x 轴围成的图形, 用定积分求出的面积和本节定义的面积是一致的. 因此, 本节定义的面积与之前学过的内容并无冲突.

3.2.2　二重积分与多重积分定义及其可积性

解决平面图形求面积这一问题之后, 就可以定义二重积分了. 二重积分是对二元函数定义的. 正如定积分可以计算面积, 重积分则可以计算体积. 本小节仅考虑有界函数. 实际上, 大多数时候, 仅考虑连续函数.

1. 假设 f 是可求面积区域 $D \subset \mathbb{R}^2$ 上的有界函数. 与定积分类似, 可以用分划线性近似做和取极限这一程序定义函数 f 的二重积分.

   a. 分划: 首先, 用面积为 0 的曲线组成的网将 D 划分成若干小块 $D_i, i = 1, \cdots, n$, 这就得到了一个 D 的分划 P. 对每一个 D_i, 称 $d(D_i) = \sup_{x,y\in D} |x - y|$ 为其直径, 并称 $\lambda(P) = \sup_i d(D_i)$.

   b. 线性近似: 在每一个 D_i 上, 任取 $(\xi_i, \eta_i) \in D_i$, 求出 $f(\xi_i, \eta_i)mD_i$.

   c. 做和: 称 $\sum_{i=1}^{n} f(\xi_i, \eta_i)mD_i$ 为 Riemann 和.

   d. 取极限: 若不论分划与 (ξ_i, η_i) 如何选取, 只要 $\lambda(P)$ 趋于 0, 就有 $\sum_{i=1}^{n} f(\xi_i, \eta_i)mD_i$ 极限存在且相等, 即

$$\lim_{\lambda\to 0} \sum_{i=1}^{n} f(\xi_i, \eta_i)mD_i = I,$$

则称 f 可重积分, 或可 Riemann 积分, 其重积分为 I. 否则称不可积.

    e. 若 f 在 D 上可重积分, 则记其积分为 $\displaystyle\iint\limits_{D} f(x,y)\,\mathrm{d}x\,\mathrm{d}y$.

2. 对每一个 D_i, 记 M_i 为其上函数值的上确界, m_i 为其上函数值的下确界,

$$\omega_i = M_i - m_i = \sup_{\boldsymbol{x},\boldsymbol{y}\in D_i} |f(\boldsymbol{x}) - f(\boldsymbol{y})|$$

为其上函数值的振幅. 于是 $\displaystyle\sum_i M_i mD_i, \sum_i m_i mD_i, \sum_i \omega_i mD_i$ 分别为 Darboux 大和、小和与振幅和.

3. 在分划 P 中加入一些新的曲线, 就得到了一个分划的加细. 与定积分中一样, 大家可以证明, 在加细下, 大和不增, 小和不减, 振幅和不增. 且当 $\lambda \to 0$ 时, 大和、小和以及振幅和一定有极限.

4. 于是可积的充分必要条件就是: 当 $\lambda \to 0$ 时, 振幅和极限为 0. 由此又可以得到下面这个充分必要条件: 可积, 当且仅当对任意 $\varepsilon > 0$, 总存在分划 P, 使得相应振幅和小于 ε. 也当且仅当有一列直径趋于 0 的分划 P_n, 使得相应振幅和在 $n \to \infty$ 时趋于 0.

5. 因此, 关于重积分可积性, 有如下总结: 二元函数可重积分当且仅当函数不要过分不连续. 因此连续函数一定可积. 本书后续内容中, 为避免对可积性的繁复讨论, 经常会假设函数的连续性.

6. 事实上, 重积分可积性理论和定积分可积性理论完全平行. 实变函数统一处理重积分与定积分可积性理论, 不做区分, 而得到函数 Riemann 可积 (重积分或定积分) 当且仅当不连续点为零测集, 即其不连续点可以被总体积要多小有多小的可数个闭长方体的并盖住.

7. 更精确地讲, $\mathbb{R}^k$ 中的集合 E 称为零测集, 若对任意 $\varepsilon > 0$, 总存在一列 k 维闭长方体 Δ_n, 使得 $E \subset \cup_n \Delta_n$, 且 $\displaystyle\sum_{n=1}^{\infty} m(\Delta_n) \leqslant \varepsilon$. 零测集可以理解为 "体积" 为零的集合.

8. 多重积分的定义与二重积分的定义完全平行, 我们仅指其大略, 细节请读者补齐. 首先是要定义 $\mathbb{R}^n$ 中可求体积的有界区域及其体积. 请按照之前的模式自行补充具体步骤.

9. 于是, 要定义 f 在可求体积区域 D 上的积分, 首先要以体积为 0 的 $n-1$ 维曲面网将 D 划分成一个个小块. 然后在每一个小块上做线性近似, 最后做和取极限. 请你自行补齐细节.

10. 多重积分可积性以及多重积分的性质, 与二重积分完全平行. 事实上, 多重积分与二重积分没有本质区别, 后续如非必要, 将仅以二重积分为例介绍多重积分理论.

11. 另外如无特别指明, 本书后续讨论的一切区域均是可求面积与体积的.

3.2.3 积分的回顾

是时候停下来想一想积分里的某些符号究竟是什么意思了, 这对理解和接受更复杂的概念至关重要.

1. 假设 f 是 $[0,1]$ 上的 Riemann 可积函数, 那么 $[0,1]$ 上对 f 求定积分其实就是

$$\lim_{n\to\infty} \sum_{i=1}^{n} f(\xi_i)\Delta x_i = \int_0^1 f(x)\,dx.$$

其中左边的求和是对区间 n 等分再近似做和取极限.

2. 在这里, 积分号 $\int$ 其实可以看作求和英文的首字母 S 的变形, 即 $[0,1]$ 上的 "连续求和". 而很久以前, 你就已经把 dx 当作无穷小而不是 0 的自变量变化 Δx. 只是这种说法并不严格.

3. 我们解释过, 既然 dx 这个量不可能是数量——没有数量可以任意小又不是 0 ——它是线性函数, 可以抓取任意小区间的长度.

4. 因此, 所谓 $f(x)\,dx$, 就是在这个线性函数上加上权重 $f(x)$, 它就像一个留待你填上小区间的空白, 一旦你填上一个小区间, 就会得到一个数. 然后将这些数加起来, 当这些小区间越来越小时—— dx 就是为小区间预备的——取极限就得到了你想要的积分. 因此积分可以写为如下等式:

$$\lim_{n\to\infty} \sum_{i=1}^{n} f(\xi_i)\,dx([x_{i-1}, x_i]) = \int_0^1 f(x)\,dx,$$

其中 $dx([x_{i-1}, x_i]) = \Delta x_i$.

5. 重积分也类似. 你当然可以把 $\mathrm{d}x\,\mathrm{d}y$ 当成一个无穷小但不是 0 的面积, 但更严格的解释是把它当成一个可以抓取任意小图形面积的 "测度", 即一个可以抓取任意小正方形, 乃至任意小平行四边形的面积的工具. 可以想象, $\mathrm{d}x\,\mathrm{d}y$ 足够灵敏准确, 可以抓取任何比较规则区域的面积.

6. 例如在 $[0,1] \times [0,1]$ 上的连续函数 f, 将 $[0,1] \times [0,1]$ 横纵分成 n^2 个小正方形 $[x_{i-1}, x_i] \times [y_{j-1}, y_j]$, 则有

$$\iint\limits_{[0,1]\times[0,1]} = \lim_{n\to\infty} \sum_{i,j} f(\xi_i, \eta_j)\,\mathrm{d}x\,\mathrm{d}y([x_{i-1}, x_i] \times [y_{j-1}, y_j]),$$

其中 $\mathrm{d}x\,\mathrm{d}y([x_{i-1}, x_i] \times [y_{j-1}, y_j]) = \Delta x_i \times \Delta y_j$.

7. 因此, 我们可以恰当而不准确地称 $\mathrm{d}x\,\mathrm{d}y$ 为所谓的无穷小面积. 但是你内心要十分清楚: 它是度量小图形面积的 "测度". 不论是出现在定积分中的 $\mathrm{d}x$ 还是出现在重积分里的 $\mathrm{d}x\,\mathrm{d}y$, 测度都是它们正式的分析名字.

8. 我们会在更复杂的几何图形上定义积分, 那时会出现诸如 $\mathrm{d}s, \mathrm{d}S$ 等符号. 届时大家可以参照这一小节解释那些符号.

3.2.4 Fubini 定理

矩形区域上计算重积分可以借助 Fubini 定理. 它有两层意思: 一是说何时可以通过几次定积分——关于定积分有 Newton-Leibniz 公式——来求重积分; 二是说两个定积分何时可以换序. 我们仅对二重积分介绍和证明 Fubini 定理, 多重积分的情况完全平行.

1. Fubini 定理是关于将重积分化为累次积分的定理:

定理 3.2.1 设二元函数 f 在 $D = [a,b] \times [c,d]$ 上 Riemann 可积 (条件一), 若积分

$$h(x) = \int_c^d f(x,y)\,\mathrm{d}y$$

对任意 $x \in [a,b]$ 均存在 (条件二), 则 $h(x)$ 在 $[a,b]$ 上可积 (结论一), 且

$$\iint\limits_D f\,\mathrm{d}x\,\mathrm{d}y = \int_a^b h(x)\,\mathrm{d}x = \int_a^b \left(\int_c^d f(x,y)\,\mathrm{d}y \right) \mathrm{d}x$$

(结论二).

2. 由 Fubini 定理, 有如下关于定积分换序的推论:

命题 3.2.2 在 Fubini 定理条件下, 若还有 $g(y) = \int_a^b f\,\mathrm{d}x$ 对任意 y 均存在, 则有

$$\int_a^b \left(\int_c^d f(x,y)\,\mathrm{d}y \right) \mathrm{d}x = \int_c^d \left(\int_a^b f(x,y)\,\mathrm{d}x \right) \mathrm{d}y.$$

3. Fubini 定理证明如下:

证明 a. 要证明 Fubini 定理, 就是要证明

$$\lim_{\lambda \to 0} \sum_{i=1}^n h(\xi_i)\Delta x_i = \iint\limits_D f\,\mathrm{d}x\,\mathrm{d}y.$$

其中 $\{x_i\}$ 为 $[a,b]$ 某分划 $P_x : a = x_0 < x_1 < \cdots < x_n = b$ 的分点.

b. 为此, 考虑 $[c,d]$ 的分划 $P_y : c = y_0 < y_1 < \cdots < y_m = d$.

c. 设 M_{ij}, m_{ij} 分别为 $[x_{i-1}, x_i] \times [y_{j-1}, y_j]$ 中函数值的上下确界, 于是对于任意 ξ_i, 一定有

$$\sum_j m_{ij}\Delta y_j \leqslant h(\xi_i) \leqslant \sum_j M_{ij}\Delta y_j.$$

于是

$$\sum_j m_{ij}\Delta y_j \Delta x_i \leqslant h(\xi_i)\Delta x_i \leqslant \sum_j M_{ij}\Delta y_j \Delta x_i,$$

因此

$$\sum_i \sum_j m_{ij}\Delta y_j \Delta x_i \leqslant \sum_i h(\xi_i)\Delta x_i \leqslant \sum_i \sum_j M_{ij}\Delta y_j \Delta x_i.$$

d. 然而, 上述不等式最左边为 f 重积分的 Darboux 小和, 右边为 Darboux 大和. 由 f Riemann 可积, 它们都趋于 $\iint\limits_D f\,\mathrm{d}x\,\mathrm{d}y$, 于是由夹挤定理可得结论. $\square$

4. Fubini 定理中, 除去条件一之外还需要条件二, 这不是 Fubini 的问题, 而是 Riemann 积分的问题. 以后我们会学习一个更好的积分, Lebesgue 积分. 对于这种积分, 由条件一即可推出: 对几乎所有 x, $h(x)$ 均存在. Lebesgue

积分可以对几乎处处 (而不必处处) 有定义的函数定义, Riemann 积分却不可以. 所谓几乎处处, 就是除去一个零测集之外的意思. 因此对 Lebesgue 积分而言, Fubini 定理只需要一个条件. 当然, Lebesgue 积分中 Fubini 定理的证明远不如现在这样简单.

5. 在具体问题里, 经常需要把非矩形区域上的重积分拆成累次积分. 一般地, 若要将一个多重积分拆成若干累次积分, 则先积分的变量积分区域上下限是后积分变量的函数. 例如对 $\iiint\limits_{D} f(x,y,z)\,\mathrm{d}x\,\mathrm{d}y\,\mathrm{d}z$, 若要依次拆成先 x,

再 y, 再 z 的积分, 则有

$$\iiint\limits_{D} f(x,y,z)\,\mathrm{d}x\,\mathrm{d}y\,\mathrm{d}z = \int_{z_1}^{z_2}\int_{y_1(z)}^{y_2(z)}\int_{x_1(y,z)}^{x_2(y,z)} f(x,y,z)\,\mathrm{d}x\,\mathrm{d}y\,\mathrm{d}z.$$

6. 在化重积分为累次积分时, 可以把自己想象成一个扫描仪. 在计算三重积分时, 若能确定积分区域是 xy 区域 (或者 yz 区域, xz 区域), 会有助于我们 "扫描" 积分区域, 进而将积分化为累次积分. 所谓 xy 区域是形如

$$D = \{(x,y,z)|z_1(x,y) \leqslant z \leqslant z_2(x,y), (x,y) \in \Sigma\}$$

的区域. 此时, D 上连续函数 f 的重积分可以化为如下累次积分

$$\iint\limits_{\Sigma}\left(\int_{z_2(x,y)}^{z_1(x,y)} f(x,y,z)\,\mathrm{d}z\right)\,\mathrm{d}x\,\mathrm{d}y.$$

当然对于一切 n 重积分, 都有类似概念.

7. 另一方面, 若能确定积分区域是 z 区域 (或者 x, y 区域), 也有助于我们将重积分化为累次积分. 所谓 z 区域是形如

$$D = \{(x,y,z)|a \leqslant z \leqslant b, (x,y) \in D_z\}$$

的区域, 此时有

$$\iiint\limits_{D} f(x,y,z)\,\mathrm{d}x\,\mathrm{d}y\,\mathrm{d}z = \int_a^b\left(\iint\limits_{D_z} f(x,y,z)\,\mathrm{d}x\,\mathrm{d}y\right)\,\mathrm{d}z.$$

3.2.5 重积分变量替换公式

本小节我们介绍如何用变量替换计算重积分. 重积分变量替换公式及其证明再次认证了那个说法: 线性近似何以无损精确分析, 甚至没有线性近似, 就没有精确分析.

本书叙述并解释公式内容, 而略去充满技术细节的证明.

为方便起见, 本节均考虑连续函数, 并以二重积分为例展开理论.

1. 首先回顾一下一元函数定积分的变量替换. 设 $f(x)$ 为闭区间 $[a,b]$ 上的连续函数. 假设 $x = \varphi(t)$ 是严格单调函数, 于是就有

$$\int_a^b f(x)\,\mathrm{d}x = \int_{\varphi^{-1}(a)}^{\varphi^{-1}(b)} f(\varphi(t))\varphi'(t)\,\mathrm{d}t.$$

2. 此时观察, 如果 φ 单调递增, 那么 $\varphi^{-1}(a) < \varphi^{-1}(b)$, 且 $\varphi'(t) > 0$, 那上述等式并没有什么需要调整的地方. 但如果 φ 是单调递减的, 那么就有 $\varphi^{-1}(a) > \varphi^{-1}(b)$, 且 $\varphi'(t) < 0$. 此时, 应该交换一下积分上下限的顺序, 然而交换顺序一定要加一个负号, 即等于

$$\int_{\varphi^{-1}(b)}^{\varphi^{-1}(a)} f(\varphi(t))(-\varphi'(t))\,\mathrm{d}t.$$

3. 若采用重积分风格的记号, 就可以如下公式统一上述两个定积分的变量替换公式:

$$\int_{[a,b]} f(x)\,\mathrm{d}x = \int_{\varphi^{-1}[a,b]} f(\varphi(t))|\varphi'(t)|\,\mathrm{d}t.$$

本节, 就是要证明类似的多元重积分变量替换公式. 当然, 仅以二重积分为例证明.

4. 二重积分变量替换公式:

定理 3.2.3 假设

$$\begin{aligned} \boldsymbol{T}: D &\to \boldsymbol{T}(D), \\ (u,v) &\to (x(u,v), y(u,v)) \end{aligned}$$

为一一映射, 其 Jacobi 矩阵连续且恒可逆, 即

$$\det(\boldsymbol{T}') = \frac{\partial(x,y)}{\partial(u,v)} \neq 0, \forall (u,v).$$

若 $f(x,y)$ 在 $\boldsymbol{T}(D)$ 上连续, 则

$$\begin{aligned} \iint\limits_{\boldsymbol{T}(D)} f(x,y)\,\mathrm{d}x\,\mathrm{d}y &= \iint\limits_{D} f(x(u,v), y(u,v))|\det(\boldsymbol{T}')|\,\mathrm{d}u\,\mathrm{d}v \\ &= \iint\limits_{D} f(x(u,v), y(u,v))\left|\frac{\partial(x,y)}{\partial(u,v)}\right|\,\mathrm{d}u\,\mathrm{d}v. \end{aligned}$$

此处要求 f 连续, 主要是为了规避对可积性的讨论.

5. 可以这样解释上述公式: 无穷小面积 $\mathrm{d}x\,\mathrm{d}y$ 就是无穷小面积 $\mathrm{d}u\,\mathrm{d}v$ 的 $|\det(\boldsymbol{T}')|$ 倍. 这并不难想象. 局部上, 映射 $\boldsymbol{T}$ 可以近似为 Jacobi 矩阵 $\boldsymbol{T}'$ 代表的线性映射. 局部上小正方形 D 在 $\boldsymbol{T}'$ 这一线性映射下的像 $\boldsymbol{T}'(D)$ 为一个平行四边形, 其面积 $m\boldsymbol{T}'(D)$ 恰好是 mD 的 $|\det(\boldsymbol{T}')|$ 倍——这就是行列式的几何意义. 因此, $\boldsymbol{T}(D)$ 的面积就约等于 $|\det(\boldsymbol{T}')|mD$ 也是应有之义. 正方形 D 变得越小, 误差就越小, 在 D 变得无限小时, 约等于就会变成真正的等于. 理解这个解释, 足够搞懂本书后续内容, 因而我们暂且略过充满技术细节的变量替换公式的证明.

6. 注意, 在二重积分变量替换公式里, 条件 $\det(\boldsymbol{T}') \neq 0, \forall(u,v)$ 实际上说明了 $\det(\boldsymbol{T}')$ 要么恒大于 0 要么恒小于 0. 对于重积分变量替换公式而言, Jacobi 矩阵行列式同号很重要, 否则情况会非常复杂. 然而在被积函数连续时, 对定积分变量替换公式可以不做此要求. 也就是说, 尽管 Fubini 定理联系了重积分与定积分, 它们之间还是有关键区别的. 至于具体是怎样的区别, 留到后面再解释.

7. 另外, 根据一一映射以及 Jacobi 矩阵处处可逆这两个条件, 可知 T 总是将 D 中内点映射为 $\boldsymbol{T}(D)$ 中内点, 边界点映射为边界点.

8. 极坐标变换是一种常用变换,

$$\boldsymbol{T} : [0, +\infty) \times [0, 2\pi) \quad \rightarrow \quad \mathbb{R}^2,$$
$$(r, \theta) \quad \rightarrow \quad (r\cos\theta, r\sin\theta),$$

那么对任意 $D \subset [0, +\infty) \times [0, 2\pi]$ 以及 $T(D)$ 上的连续函数 f, 有

$$\iint\limits_{T(D)} f(x, y)\,\mathrm{d}x\,\mathrm{d}y = \iint\limits_{D} f(r\cos\theta, r\sin\theta)\left|\frac{\partial(x,y)}{\partial(r,\theta)}\right| \mathrm{d}r\,\mathrm{d}\theta.$$

9. 而

$$\frac{\partial(x,y)}{\partial(r,\theta)} = \det\begin{pmatrix} \cos\theta & -r\sin\theta \\ \sin\theta & r\cos\theta \end{pmatrix} = r.$$

于是有

$$\iint\limits_{\boldsymbol{T}(D)} f(x, y)\,\mathrm{d}x\,\mathrm{d}y = \iint\limits_{D} f(r\cos\theta, r\sin\theta)r\,\mathrm{d}r\,\mathrm{d}\theta.$$

极坐标变换非常适于计算圆形区域上的重积分, 因为当 $\boldsymbol{T}(D)$ 为圆盘时, D 是一个方形区域. 即若 $\boldsymbol{T}(D) = \{x^2 + y^2 \leqslant c^2\}$, 则

$$\iint\limits_{\boldsymbol{T}(D)} f(x, y)\,\mathrm{d}x\,\mathrm{d}y = \int_0^{2\pi} \int_0^c f(r\cos\theta, r\sin\theta) r\,\mathrm{d}r\,\mathrm{d}\theta.$$

10. 多重积分的坐标变换与二重积分变量替换公式完全平行. 我们不去赘述关于它的定理, 而仅介绍重要的三重积分的球极坐标变换, 以及一般地 n 重积分的球极坐标变换. 对于三重积分而言, 球极坐标变换为

$$x = r\cos\theta\sin\varphi,$$
$$y = r\sin\theta\sin\varphi,$$
$$z = r\cos\varphi,$$

其中 $\theta \in [0, 2\pi], \varphi \in [0, \pi]$. 此时我们有相应变换的 Jacobi 矩阵行列式的绝对值为 $r^2 \sin\varphi$.

11. 在实际计算中, 仅仅死记硬背这一公式是没有意义的, 你必须知道这一球极坐标究竟怎样决定 x, y, z. 你可以想象一下一个地动仪, z 轴正向有一个长为 r 的灵敏的杆子, 它朝哪个方向倾斜, 说明哪个方向有地震, 而地震的强弱决定了它会倾斜多少, 最强的地震会让它大头朝下. 于是 θ 决定了 xy 平面内的方位, 因此它的变化范围是 $[0, 2\pi]$, 而 φ 决定了地震强度, 也就是杆子的倾斜角度, 它的取值范围就是 $[0, \pi]$. 确定好方位, 倾斜角度和杆长之后, 杆的终点就给出了相应的 (x, y, z) 坐标值. 注意最后的 Jacobi 矩阵的行列式中, 没有控制方位的 θ.

12. 类似地, 有 n 重积分的球极坐标变换, 即

$$\begin{cases} x_1 = r\cos\theta_1, \\ x_2 = r\sin\theta_1\cos\theta_2, \\ \qquad\vdots \\ x_{n-1} = r\sin\theta_1\sin\theta_2\cdots\sin\theta_{n-2}\cos\theta_{n-1}, \\ x_n = r\sin\theta_1\sin\theta_2\cdots\sin\theta_{n-2}\sin\theta_{n-1}, \end{cases}$$

其中 $r \in [0, +\infty), \theta_i \in [0, \pi], i = 1, \cdots, n-2, \theta_{n-1} \in [0, 2\pi]$. 而该变换的 Jacobi 矩阵行列式的绝对值就是

$$r^{n-1}\sin^{n-2}\theta_1\sin^{n-3}\theta_2\cdots\sin\theta_{n-2}.$$

13. 可以如下解释 n 重积分的球极坐标变换: θ_{n-1} 在 (x_{n-1}, x_n) 平面上画出最初的方位, 然后考虑 x_{n-2} 轴正向的倾斜, 然后是 x_{n-3} 的倾斜, 以此类推. 最后的 Jacobi 矩阵的行列式中, 没有最初划定方位的 θ_{n-1}, 而其他 $\sin \theta_i$ 的幂次等于其在坐标变换公式中出现的次数减 1.

3.2.6 反常重积分

反常积分是定积分的推广, 反常重积分就是重积分的推广. 在 Riemann 积分的框架下, 反常重积分理论不算整齐. 更适合无界区域或无界函数积分的, 是 Lebesgue 积分理论. 既然如此, 理论上放轻松, 着力注意重要例子. 以下仅以无界区域上有界函数二重反常积分为例简要叙述理论.

要对一个函数 f 定义无界区域上的反常积分, 首先需要其在任意有界闭区域上是 Riemann 可积的. 因此, 为简便起见, 本节仅考虑无界区域上连续函数的反常重积分, 即设 $D \subset \mathbb{R}^n$ 为无界区域, f 在 D 上连续.

1. 设 Γ 为一条面积为 0 的曲线, 将 D 分为两个部分: 有界部分和无界部分, 记 D_Γ 为此有界部分, 并称 $d(\Gamma) = \inf \left\{ \sqrt{x^2 + y^2} | (x, y) \in \Gamma \right\}$ 为 Γ 到 0 的距离.

2. 于是在无界区域 D 上, 以如下方式定义反常重积分:

定义 **3.2.1** 若对于**任意**一列满足如下条件的曲线列 Γ_n :

a. 记 Γ_n 割出的 D 的有界子区域为 D_n, 则有
$$D_1 \subset D_2 \subset \cdots \subset D_n \subset D_{n+1} \subset \cdots.$$

b. $\lim\limits_{n \to \infty} d(\Gamma_n) = +\infty$

均有极限 $\lim\limits_{n \to \infty} \iint\limits_{D_n} f \, \mathrm{d}x \, \mathrm{d}y$ 存在且**收敛于同一值**, 则称 f 在 D 上的反常积分收敛, 并记为
$$\iint\limits_D f \, \mathrm{d}x \, \mathrm{d}y := \lim\limits_{n \to \infty} \iint\limits_{D_n} f \, \mathrm{d}x \, \mathrm{d}y,$$
否则称其发散.

3. 注意上述定义中, 反常积分收敛要求的是对任意一列 Γ_n, 相应的
$$\lim\limits_{n \to \infty} \iint\limits_{D_n} f \, \mathrm{d}x \, \mathrm{d}y$$

都存在且相等. 曲线 Γ_n 可以画出越来越大的圆, 可以画出越来越大的正方形、三角形、多边形, 也可以画出更奇怪的其他东西, 比如越来越大的大象、小猫、小汽车、大飞机.

4. 这个定义其实很不整齐, 不整齐的原因就是与 $\mathbb{R}^1$ 不同, $\mathbb{R}^2$ 中子区域形状可以很复杂. 这是 Riemann 积分的局限.

5. 对于 D 上的非负函数, 判断其反常积分是否收敛很容易. 注意对于非负函数而言, 利用单调有界原理, 可得只要对一列如定义中的 Γ_n 反常积分收敛, 则对任意列如定义中的 Γ_n 而言反常积分收敛. 因而判断非负函数反常积分敛散性时, 一般只需考虑最简单的 Γ_n 和 D_n, 如半径为 n 的球, 或者边长为 n 的正方体. 而在这些区域上判断敛散性最主要的办法是比较判别法. 相关内容与一元反常积分并无不同, 从略.

6. 多重反常积分与一元反常积分最大的不同在于 $\displaystyle\iint\limits_{D} f \,\mathrm{d}x\,\mathrm{d}y$ 收敛当且仅当 $\displaystyle\iint\limits_{D} |f| \,\mathrm{d}x\,\mathrm{d}y$ 收敛. 这是因为反常重积分收敛要求对任何 $\{\Gamma_n\}$ 列极限都要存在. 更具体地讲: 设

$$f_+(x) = \left\{ \begin{array}{ll} f(x), & f(x) \geqslant 0, \\ 0, & f(x) \leqslant 0, \end{array} \right. \qquad f_-(x) = \left\{ \begin{array}{ll} 0, & f(x) \geqslant 0, \\ -f(x), & f(x) \leqslant 0, \end{array} \right.$$

则总是可以选取合适的 Γ_n, 做到**几乎先积分** f_+, **再积分** f_-, 这样积分要想收敛, 必须 $\displaystyle\iint\limits_{D} f_\pm \,\mathrm{d}x\,\mathrm{d}y$ 均收敛才行, 即 $\displaystyle\iint\limits_{D} |f| \,\mathrm{d}x\,\mathrm{d}y$ 收敛. 具体证明兹不赘述.

7. 这意味着, 在判断反常重积分敛散性时, 需要且仅需要关注非负函数. 实际上, 在 Lebesgue 积分理论里, 绝对收敛才可积, 因此 Lebesgue 积分才是讨论反常重积分的合适框架. 在连续性和绝对收敛条件下, Lebesgue 积分与 Riemann 积分是相同的. 因此接下来的内容里, 我们会在需要的时候, 借助 Lebesgue 积分中的结论讨论连续函数的反常重积分, 尤其是关于反常重积分化为累次积分的问题.

8. Lebesgue 积分中的 Fubini 定理是说:

定理 3.2.4 设 $f(x, y)$ 为 $\mathbb{R}^2$ 上的 Lebesgue 可积函数, 则

a. 存在零测集 $E \subset \mathbb{R}$, 对任意 $y \notin E$, 即对几乎所有 y, 关于 x 的函数 $f(x, y)$ 为 $\mathbb{R}$ 上 Lebesgue 可积的.

b. 关于 y 的函数 $I(y) = \int_{\mathbb{R}} f(x,y)\,\mathrm{d}x$ 是 $\mathbb{R}$ 上 Lebesgue 可积的.

c. $\iint\limits_{\mathbb{R}^2} f(x,y)\,\mathrm{d}x\,\mathrm{d}y = \int_{\mathbb{R}} \int_{\mathbb{R}} f(x,y)\,\mathrm{d}x\,\mathrm{d}y.$

9. 对于连续函数而言, 若其反常积分绝对收敛, 则其是 Lebesgue 可积的, 于是我们可以得到如下结果:

定理 3.2.5 设 f 在 $D = [a,+\infty) \times [c,+\infty)$ 上连续, $\iint\limits_{D} f(x,y)\,\mathrm{d}x\,\mathrm{d}y$ 收敛, 且 $\int_{c}^{+\infty} \int_{a}^{+\infty} f(x,y)\,\mathrm{d}x\,\mathrm{d}y$ 存在, 则

$$\iint\limits_{D} f(x,y)\,\mathrm{d}x\,\mathrm{d}y = \int_{c}^{+\infty} \int_{a}^{+\infty} f(x,y)\,\mathrm{d}x\,\mathrm{d}y.$$

这里, 附加的条件是为了避免对于有些 y, $\int_{a}^{+\infty} f(x,y)\,\mathrm{d}x$ 不存在, 以及 $\int_{a}^{+\infty} f(x,y)\,\mathrm{d}x$ 在有界区间上不是 Riemann 可积的情况.

10. 注意只要 $\int_{c}^{+\infty} \int_{a}^{+\infty} |f(x,y)|\,\mathrm{d}x\,\mathrm{d}y$ 收敛即可推出 $\iint\limits_{D} |f(x,y)|\,\mathrm{d}x\,\mathrm{d}y$ 收敛, 因此我们有

定理 3.2.6 设 f 在 $D = [a,+\infty) \times [c,+\infty)$ 上连续, 若累次反常积分 $\int_{c}^{+\infty} \int_{a}^{+\infty} f(x,y)\,\mathrm{d}x\,\mathrm{d}y$ 与 $\int_{c}^{+\infty} \int_{a}^{+\infty} |f(x,y)|\,\mathrm{d}x\,\mathrm{d}y$ 均收敛, 则

$$\iint\limits_{D} f(x,y)\,\mathrm{d}x\,\mathrm{d}y = \int_{c}^{+\infty} \int_{a}^{+\infty} f(x,y)\,\mathrm{d}x\,\mathrm{d}y.$$

11. 反常重积分的变量替换公式与重积分变量替换公式完全相同. 设 $\boldsymbol{T} : x = x(u,v), y = y(u,v)$ 为无界区域 $D \to \boldsymbol{T}(D)$ 的一一映射, 其 Jacobi 矩阵连续且处处可逆, 则

$$\iint\limits_{\boldsymbol{T}(D)} f(x,y)\,\mathrm{d}x\,\mathrm{d}y = \iint\limits_{D} f(x(u,v),y(u,v))|\det(\boldsymbol{T}')|\,\mathrm{d}u\,\mathrm{d}v.$$

12. 下面我们看一个重要例子:

例 3.2.1 计算 $\displaystyle\iint_{\mathbb{R}^2} \mathrm{e}^{-x^2-y^2}\,\mathrm{d}x\,\mathrm{d}y$.

若不借助变量替换, 计算这个积分是比较困难的. 考虑极坐标变换 $x = r\cos\theta, y = r\sin\theta$, 于是

$$\iint_{\mathbb{R}^2} \mathrm{e}^{-x^2-y^2}\,\mathrm{d}x\,\mathrm{d}y = \iint_{[0,+\infty)\times[0,2\pi)} \mathrm{e}^{-r^2} r\,\mathrm{d}r\,\mathrm{d}\theta = 2\pi\int_0^{+\infty} \mathrm{e}^{-r^2} r\,\mathrm{d}r.$$

而

$$2\pi\int_0^{+\infty} \mathrm{e}^{-r^2} r\,\mathrm{d}r = \pi\int_0^{+\infty} \mathrm{e}^{-r^2}\,\mathrm{d}r^2 = \pi.$$

13. 上例之所以重要, 在于其可被用于计算 Poisson 积分: $\displaystyle\int_0^{+\infty} \mathrm{e}^{-x^2}\,\mathrm{d}x$. 即

$$\left(\int_0^{+\infty} \mathrm{e}^{-x^2}\,\mathrm{d}x\right)^2 = \int_0^{+\infty} \mathrm{e}^{-x^2}\,\mathrm{d}x \int_0^{+\infty} \mathrm{e}^{-y^2}\,\mathrm{d}y = \frac{1}{4}\iint_{\mathbb{R}^2} \mathrm{e}^{-x^2-y^2}\,\mathrm{d}x\,\mathrm{d}y.$$

因此

$$\int_0^{+\infty} \mathrm{e}^{-x^2}\,\mathrm{d}x = \frac{\sqrt{\pi}}{2}.$$

14. 请大家参照以往学习经验, 自行给出有界区域上无界函数反常重积分的定义并推导其理论. 对二重无界函数反常重积分而言, 奇点可能是若干个点, 也可能组成若干曲线. 对 n 重无界函数反常重积分而言, 奇点可能组成 $n-1$ 维的 "曲面".

3.2.7 定积分与重积分的差异

现在是详细解释定积分与重积分差异的合适时机.

1. 它们难道不是一回事吗? 毕竟有 Fubini 定理. 它们还真不是一回事, 且早见端倪者三.

2. 第一, 我们强调过, 当 $a < b$ 时, $\displaystyle\int_a^b f\,\mathrm{d}x = -\int_b^a f\,\mathrm{d}x$. 重积分中却未见类似事情.

   第二, 在重积分化为累次积分时, 虽未明说, 但总是要求每个累次积分的下限都小于上限.

第三, 定积分变量替换公式本来是 $\varphi'(t)\,\mathrm{d}t$, 重积分的则是 Jacobi 矩阵行列式绝对值.

3. 这三个区别其实说明了一件事, 就是定积分是有方向的. 当用 $\mathrm{d}x\,\mathrm{d}y$ 去测量一个正方形面积时, 其面积永远是正的. 当用 $\mathrm{d}x$ 去测量小区间长度时, 却未必. 当测量 $[x_i, x_{i+1}]$ 长度时,

$$\mathrm{d}x([x_i, x_{i+1}]) = x_{i+1} - x_i,$$

因此, 若 $x_{i+1} > x_i$, 则长度为正, 反之则为负. 这其实就是交换积分上下限 $\int_a^b f\,\mathrm{d}x = -\int_b^a f\,\mathrm{d}x$ 时负号的由来. 就是说定积分中的 $\mathrm{d}x$, 度量的是有方向的长度, 区间方向与正轴方向一致, 长度为正, 反之为负.

4. 我们也介绍过, 写成 $\int_{[a,b]} f\,\mathrm{d}x$ 形式的定积分变量替换公式与重积分的是统一的. 在这里, 不需要讨论 a, b 谁是上限谁是下限, 或者说, 不需要考虑 x_i, x_{i+1} 谁大谁小, 统一有 $[x_i, x_{i+1}]$ 的长度就是 $|x_{i+1} - x_i|$, 就是说积分号 $\int_{[a,b]} f\,\mathrm{d}x$ 里的 $\mathrm{d}x$ 其实应该是 $|\mathrm{d}x|$.

5. 后面会看到, $|\mathrm{d}x|$ 更像是弧长微分, 因此 $\int_{[a,b]} f|\mathrm{d}x|$ 是曲线上函数积分的特例. 而测量有向长度的 $\mathrm{d}x$ 是一阶微分形式, 定积分 $\int_a^b f\,\mathrm{d}x$ 对应的是曲线上的向量值函数积分.

6. 类似地, $\mathrm{d}x\,\mathrm{d}y$ 更像是曲面面积微分, 因此重积分 $\iint_D f\,\mathrm{d}x\,\mathrm{d}y$ 是曲面上函数积分的特例. 那么在平面上, 有没有所谓有向面积? 有没有测量有向面积的微分形式? 是有的, 而且一旦你知道了有向面积和相应微分形式, 就可以定义曲面上的向量值函数积分, 这是本章后半部分的内容.

3.3　曲线与曲面上函数积分

本节的目的是将 $\mathbb{R}$ 与 $\mathbb{R}^2$ 上的积分推广到比较复杂的图形上, 例如在曲线和曲面上做积分.

之前都是在直线或者平面上做积分, 你花了很大功夫搞清楚它们的定义, 了解它们的意义, 熟悉它们的计算, 可是这个世界上直线和平面实在是太少了. 曲线和曲面才是常态.

我们首先讨论曲线和曲面上函数的积分, 这一部分内容中的概念与重积分没有本质区别.

3.3.1 弧长公式

定义曲线的弧长, 就体现了积分中对局部做线性近似这一关键环节.

1. 设一一映射

$$y = y(t), x = x(t), t \in [0,1]$$

为一曲线, 并假设 $y'(t), x'(t)$ 均连续, 且 $x'(t)^2 + y'(t)^2 \neq 0$. 这样的曲线称为光滑曲线. 要求这种光滑曲线的长度, 可以将一长段曲线划分成若干小曲线段, 而后对这些小曲线段长度做线性近似. 而对一个小曲线段做线性近似, 自然是利用起点终点与之相同的小直线段. 在这里我们强调, 之所以要求 $x'(t)^2 + y'(t)^2 \neq 0$ (非退化条件), 是为了排除一些复杂情况, 例如 $(x, y) = (t^3, t^2)$ 在 $t = 0$ 处不满足这个条件, 相应地, 其像在 $(x, y) = (0, 0)$ 处出现了尖点.

2. 将 $t = [0,1]$ 做 n 等分划

$$0 = t_0 < t_1 < \cdots < t_{i-1} < t_i < \cdots < t_n = 1.$$

设 $P_i = (x(t_i), y(t_i))$. 我们的计划是用 P_{i-1} 到 P_i 的直线段长度

$$|P_{i-1}P_i| = \sqrt{(x_i - x_{i-1})^2 + (y_i - y_{i-1})^2}$$

近似 P_{i-1} 到 P_i 的小曲线段长度. 此时, 由微分中值定理, 存在 $\xi_i, \eta_i \in [t_{i-1}, t_i]$, 使得

$$\sqrt{(x_i - x_{i-1})^2 + (y_i - y_{i-1})^2} = \sqrt{(x'(\xi_i))^2 + (y'(\eta_i))^2}\Delta t_i.$$

3. 然后将这些小线段长度加起来, 即得

$$\sum_i \sqrt{(x'(\xi_i))^2 + (y'(\eta_i))^2}\Delta t_i.$$

由于 ξ_i 未必等于 η_i, 这并不直接是一个 Riemann 和. 但是依然可以证明, 当 n 趋于 ∞ 时, 即分划直径趋于 0 时, 有

$$\lim_{n \to \infty} \sum_i \sqrt{(x'(\xi_i))^2 + (y'(\eta_i))^2}\Delta t_i = \int_0^1 \sqrt{(x'(t))^2 + (y'(t))^2}\, \mathrm{d}t.$$

4. 事实上, 只需证明

$$\sum_i \sqrt{(x'(\xi_i))^2 + (y'(\eta_i))^2}\Delta t_i - \sum_i \sqrt{(x'(\xi_i))^2 + (y'(\xi_i))^2}\Delta t_i \to 0.$$

而由三角不等式, 我们有

$$\left|\sum_i \sqrt{(x'(\xi_i))^2 + (y'(\eta_i))^2}\Delta t_i - \sum_i \sqrt{(x'(\xi_i))^2 + (y'(\xi_i))^2}\Delta t_i\right|$$

$$\leqslant \sum_i |y'(\eta_i) - y'(\xi_i)|\Delta t_i.$$

后者小于或等于 $\int_0^1 y'(t)\,\mathrm{d}t$ 的振幅和, 当然趋于 0, 因此

$$\sum_i \sqrt{(x'(\xi_i))^2 + (y'(\eta_i))^2}\Delta t_i - \sum_i \sqrt{(x'(\xi_i))^2 + (y'(\xi_i))^2}\Delta t_i \to 0,$$

即

$$\lim_{n\to\infty} \sum_i \sqrt{(x'(\xi_i))^2 + (y'(\eta_i))^2}\Delta t_i = \int_0^1 \sqrt{(x'(t))^2 + (y'(t))^2}\,\mathrm{d}t.$$

5. 积分

$$\int_0^1 \sqrt{(x'(t))^2 + (y'(t))^2}\,\mathrm{d}t$$

其实是弧长的定义. 谈到定义, 首先要解决的问题是, 定义是不是良定义? 在这里, 就是要问: 如果换一个参数, 所得积分是否相等? 设 $t = t(s), s \in [0,1]$ 单调且连续可导, 则 $x = x(s)$, $y = y(s), x'(s)^2 + y'(s)^2 \neq 0$. 于是按照上述定义过程, 以 s 为参数的弧长应为

$$\int_0^1 \sqrt{(x'(s))^2 + (y'(s))^2}\,\mathrm{d}s = \int_0^1 \sqrt{(x'(t))^2 + (y'(t))^2}|t'(s)|\,\mathrm{d}s.$$

若 $t(s)$ 单调递增, 则右边等于

$$\int_0^1 \sqrt{(x'(t))^2 + (y'(t))^2}t'(s)\,\mathrm{d}s = \int_0^1 \sqrt{(x'(t))^2 + (y'(t))^2}\,\mathrm{d}t;$$

若 $t(s)$ 单调递减, 则右边等于

$$-\int_0^1 \sqrt{(x'(t))^2 + (y'(t))^2}t'(s)\,\mathrm{d}s = -\int_1^0 \sqrt{(x'(t))^2 + (y'(t))^2}\,\mathrm{d}t.$$

也就是说不论如何, 参数 s 定义的弧长和 t 定义的弧长都是一样的.

6. 弧长公式可以看成勾股定理在无限小局部上的表现形式. 可以利用速度分解去理解它. 将曲线当成一个运动的轨迹, 那么每一点处的瞬时速度应该是 x 轴与 y 轴方向速度分量平方和再开根号, 即

$$\sqrt{x'(t)^2 + y'(t)^2},$$

那么曲线弧长也即运动路程, 就应该是这个速度的积分. 以后, 我们也称

$$\mathrm{d}s = \sqrt{x'(t)^2 + y'(t)^2}\, \mathrm{d}t$$

为弧长微分. 注意这一微分也是 Δt 的线性函数 (试用微分的两种理解给出这一公式的解释).

7. 一般地, 在 n 维 Euclid 空间中, 设

$$x_i = x_i(t), t \in [0,1], i = 1, \cdots, n,$$

$x_i'(t)$ 连续, $\sum_{i=1}^{n} x_i'(t)^2 \neq 0$, 则这组参数函数定义的曲线称为光滑曲线, 其弧长为

$$\int_0^1 \sqrt{\sum_{i=1}^{n} x_i'(t)^2}\, \mathrm{d}t.$$

特别地, 可以看到, 所谓 $|\mathrm{d}x|$, 是最简单的曲线段, 即直线段的弧长微分.

3.3.2 曲线上函数积分定义

假设有一条密度不均匀的光滑曲线, 该怎么计算它的质量? 这种问题, 当然要通过积分解决: 分段、线性近似、做和、取极限.

1. 设 L 为端点分别在 A, B 的光滑曲线. 假设函数 $f(x, y, z)$ 在 L 上有界. 将曲线 L 分为如下若干弧段:

$$\widehat{P_0 P_1} \widehat{P_1 P_2} \cdots \widehat{P_i P_{i+1}} \cdots \widehat{P_{n-1} P_n}, P_0 = A, P_n = B.$$

记任意弧段 $\widehat{P_{i-1} P_i}$ 的长度为 Δs_i. 记 $\max \Delta s_i$ 为 λ. 在每个小段 $\widehat{P_{i-1} P_i}$ 上, 任取一点 (ξ_i, η_i, ζ_i). 若不论 (ξ_i, η_i, ζ_i) 如何选取, 以及不论小段 $\widehat{P_{i-1} P_i}$ 如何选取, 只要 $\lambda \to 0$, 就有和式

$$\sum_i f(\xi_i, \eta_i, \zeta_i) \Delta s_i$$

极限存在且相等, 则称此极限值为函数 f 在 L 上的曲线积分, 或第一类曲线积分, 记为

$$\int_L f(x,y,z)\,\mathrm{d}s.$$

2. 从定义可以看到, 曲线上积分依然满足积分定义的基本模式: 将整体分为局部, 对局部做线性近似, 对局部的线性近似做和, 最后对求和取极限.

3. 下述命题给出了曲线上函数积分的计算方法:

命题 3.3.1 设曲线 $L : [a,b] \to \mathbb{R}^3$:

$$\begin{cases} x = x(t), \\ y = y(t), \quad t \in [a,b] \\ z = z(t) \end{cases}$$

为光滑曲线, 即 $x'(t), y'(t), z'(t)$ 均连续, 且满足 $x'(t)^2 + y'(t)^2 + z'(t)^2 \neq 0$. 若 f 在 L 上连续, 则有

$$\int_L f\,\mathrm{d}s = \int_a^b f(x(t), y(t), z(t))\sqrt{x'(t)^2 + y'(t)^2 + z'(t)^2}\,\mathrm{d}t.$$

重点是, 你不应该对这个公式感到惊讶, 它的意义非常明显. 请依据 $\mathrm{d}s$ 为无限小弧段长度, 以及 $\mathrm{d}s$ 是一种测度, 给出这个公式的两种解释.

4. 证明很简单, 仅简单提示如下: 假设分划

$$\widehat{P_0 P_1} \widehat{P_1 P_2} \cdots \widehat{P_i P_{i+1}} \cdots \widehat{P_{n-1} P_n}, P_0 = A, P_n = B.$$

分点 P_i 对应于 $(x(t_i), y(t_i), z(t_i))$, 于是由弧长公式,

$$\sum_i f(\xi_i, \eta_i, \zeta_i)\Delta s_i = \sum_i f(\xi_i, \eta_i, \zeta_i)\int_{t_i}^{t_{i+1}} \sqrt{x'(t)^2 + y'(t)^2 + z'(t)^2}\,\mathrm{d}t.$$

于是

$$\sum_i f(\xi_i, \eta_i, \zeta_i)\Delta s_i - \int_a^b f(x(t), y(t), z(t))\sqrt{x'(t)^2 + y'(t)^2 + z'(t)^2}\,\mathrm{d}t$$

即为

$$\sum_i \int_{t_i}^{t_{i+1}} \left(f(\xi_i, \eta_i, \zeta_i) - f(x,y,z)\sqrt{x'(t)^2 + y'(t)^2 + z'(t)^2} \right)\mathrm{d}t.$$

然后利用 f 的一致连续的性质即可.

5. 简单情形下, 曲线可以写成参数方程, 那么计算曲线上函数积分可直接通过弧长微分公式将其化为定积分. 复杂情形下, 曲线仅分段光滑, 或者仅可分段写出参数方程, 那么计算曲线上函数积分就要通过分段计算完成.

6. 我们用一个简单例子说明这两种算法.

例 3.3.1 设 $L \subset \mathbb{R}^2$ 为单位曲线 $x^2 + y^2 = 1$, 求 $\int_L y \, \mathrm{d}s$.

一方面, 我们可以利用 $x = \cos\theta, y = \sin\theta$ 参数化曲线:

$$\int_L y \, \mathrm{d}s = \int_0^{2\pi} \sin\theta \sqrt{\cos^2\theta + \sin^2\theta} \, \mathrm{d}\theta = 0.$$

另一方面, 我们可以将曲线 L 分为 $L_+ : x^2 + y^2 = 1, y \geqslant 0$ 以及 $L_- : x^2 + y^2, y \leqslant 0$ 两段, 分别用 x 参数化, 即

$$\int_{L_+} y \, \mathrm{d}s = \int_{-1}^1 \sqrt{1 - x^2} \sqrt{1 + y'(x)^2} \, \mathrm{d}x = \int_{-1}^1 1 \, \mathrm{d}x = 2,$$

$$\int_{L_-} y \, \mathrm{d}s = \int_{-1}^1 -\sqrt{1 - x^2} \sqrt{1 + y'(x)^2} \, \mathrm{d}x = \int_{-1}^1 -1 \, \mathrm{d}x = -2,$$

于是

$$\int_L y \, \mathrm{d}s = \int_{L_+} y \, \mathrm{d}s + \int_{L_-} y \, \mathrm{d}s = 0.$$

不论哪一种算法, 宗旨都是要把曲线积分转化为定积分.

3.3.3   曲面面积公式

曲面面积的定义方式又是老办法: 将整体写作局部, 对局部做线性近似.

1. 学到此时, 你必须知道所谓定义曲面面积是要做什么: 一方面, 可以说是给出无限小但不是点或线的小曲面的面积微元公式; 另一方面, 也可以说是给出足够小曲面面积的最佳线性逼近, 并以微分的方式将其写出. 这两个说法是等价的, 你需要理解它们分别说的都是什么, 以及为什么是等价的.

2. 假设 Σ 为一曲面, 其曲面方程为一一映射

$$x = x(u, v), y = y(u, v), z = z(u, v), (u, v) \in D,$$

且其 Jacobi 矩阵连续.

3. 这个 "曲面" 要想真的是曲面, 需要其参数方程满足一个非退化条件, 即 Jacobi 矩阵

$$
J = \begin{pmatrix} \dfrac{\partial x}{\partial u} & \dfrac{\partial x}{\partial v} \\[2mm] \dfrac{\partial y}{\partial u} & \dfrac{\partial y}{\partial v} \\[2mm] \dfrac{\partial z}{\partial u} & \dfrac{\partial z}{\partial v} \end{pmatrix}
$$

连续且恒满秩. 这个条件意味着, 这个 "曲面" 不会在某一点处坍缩成一条曲线或者一个点.

4. 观察 (u_0, v_0) 附近, 由 $(u_0 + \Delta u, v_0)$, $(u_0, v_0 + \Delta v)$ 画出的小曲面. 那么近似这个小曲面的线性图形, 自然就是由向量

$$
\Delta u \boldsymbol{r}_u = \begin{pmatrix} \dfrac{\partial x}{\partial u} & \dfrac{\partial x}{\partial v} \\[2mm] \dfrac{\partial y}{\partial u} & \dfrac{\partial y}{\partial v} \\[2mm] \dfrac{\partial z}{\partial u} & \dfrac{\partial z}{\partial v} \end{pmatrix} \begin{pmatrix} \Delta u \\ 0 \end{pmatrix}, \quad \Delta v \boldsymbol{r}_v = \begin{pmatrix} \dfrac{\partial x}{\partial u} & \dfrac{\partial x}{\partial v} \\[2mm] \dfrac{\partial y}{\partial u} & \dfrac{\partial y}{\partial v} \\[2mm] \dfrac{\partial z}{\partial u} & \dfrac{\partial z}{\partial v} \end{pmatrix} \begin{pmatrix} 0 \\ \Delta v \end{pmatrix}
$$

张成的平行四边形, 其中

$$
\boldsymbol{r}_u = \begin{pmatrix} \dfrac{\partial x}{\partial u} \\[2mm] \dfrac{\partial y}{\partial u} \\[2mm] \dfrac{\partial z}{\partial u} \end{pmatrix}, \quad \boldsymbol{r}_v = \begin{pmatrix} \dfrac{\partial x}{\partial v} \\[2mm] \dfrac{\partial y}{\partial v} \\[2mm] \dfrac{\partial z}{\partial v} \end{pmatrix}.
$$

5. 而由线性代数内容, 你知道这个平行四边形的面积等于 $\Delta u \boldsymbol{r}_u$, $\Delta v \boldsymbol{r}_v$ 外积所得向量的长度:

$$
\|\boldsymbol{r}_u \times \boldsymbol{r}_v\| \Delta u \Delta v = \left\| \left(\frac{\partial(y, z)}{\partial(u, v)}, \frac{\partial(z, x)}{\partial(u, v)}, \frac{\partial(x, y)}{\partial(u, v)} \right) \right\| \times \Delta u \Delta v.
$$

6. 这就是局部上小曲面面积的线性近似, 当 Δu, Δv 趋于 0 时, 这个近似就越来越精确, 以至于

$$
\mathrm{d}S := \left\| \left(\frac{\partial(y, z)}{\partial(u, v)}, \frac{\partial(z, x)}{\partial(u, v)}, \frac{\partial(x, y)}{\partial(u, v)} \right) \right\| \times \mathrm{d}u \, \mathrm{d}v
$$

就给出了曲面面积微分, 或者说, 该测度可以近似测量小曲面面积, 并在求积分过程中不辱使命. 重积分中出现的 $\mathrm{d}x \, \mathrm{d}y$, 就是最简单的, 即平面区域的曲面面积微分.

7. 于是就可以定义一个非退化曲面的面积. 设

$$\Sigma: x = x(u,v), y = y(u,v), z = z(u,v), (u,v) \in D$$

为曲面, 其 Jacobi 矩阵连续, 且处处满秩. 则其面积为如下重积分

$$S = \iint\limits_{\Sigma} \mathrm{d}S = \iint\limits_{D} \left\| \left(\frac{\partial(y,z)}{\partial(u,v)}, \frac{\partial(z,x)}{\partial(u,v)}, \frac{\partial(x,y)}{\partial(u,v)} \right) \right\| \mathrm{d}u\,\mathrm{d}v.$$

8. 涉及定义, 我们一定要讨论是否良定义: 如果我们换一组参数 (μ, ν), 所得公式是否一致? 假设

$$u = u(\mu,\nu), v = v(\mu,\nu), \frac{\partial(u,v)}{\partial(\mu,\nu)} \neq 0.$$

则很明显,

$$\left\| \left(\frac{\partial(y,z)}{\partial(u,v)}, \frac{\partial(z,x)}{\partial(u,v)}, \frac{\partial(x,y)}{\partial(u,v)} \right) \right\| \mathrm{d}u\,\mathrm{d}v$$
$$= \left\| \left(\frac{\partial(y,z)}{\partial(u,v)}, \frac{\partial(z,x)}{\partial(u,v)}, \frac{\partial(x,y)}{\partial(u,v)} \right) \right\| \left| \frac{\partial(u,v)}{\partial(\mu,\nu)} \right| \mathrm{d}\mu\,\mathrm{d}\nu$$
$$= \left\| \left(\frac{\partial(y,z)}{\partial(\mu,\nu)}, \frac{\partial(z,x)}{\partial(\mu,\nu)}, \frac{\partial(x,y)}{\partial(\mu,\nu)} \right) \right\| \mathrm{d}\mu\,\mathrm{d}\nu.$$

9. 每一次都计算三个行列式是比较麻烦的. 直接计算可以知道:

$$\left\| \left(\frac{\partial(y,z)}{\partial(u,v)}, \frac{\partial(z,x)}{\partial(u,v)}, \frac{\partial(x,y)}{\partial(u,v)} \right) \right\| = \sqrt{\langle \boldsymbol{r}_u, \boldsymbol{r}_u \rangle \langle \boldsymbol{r}_v, \boldsymbol{r}_v \rangle - \langle \boldsymbol{r}_u, \boldsymbol{r}_v \rangle^2}.$$

因此有

$$S = \iint\limits_{D} \sqrt{\langle \boldsymbol{r}_u, \boldsymbol{r}_u \rangle \langle \boldsymbol{r}_v, \boldsymbol{r}_v \rangle - \langle \boldsymbol{r}_u, \boldsymbol{r}_v \rangle^2} \, \mathrm{d}u\,\mathrm{d}v.$$

约定俗成, 一般记

$$E = \langle \boldsymbol{r}_u, \boldsymbol{r}_u \rangle, G = \langle \boldsymbol{r}_v, \boldsymbol{r}_v \rangle, F = \langle \boldsymbol{r}_u, \boldsymbol{r}_v \rangle,$$

并称其为 Gauss 系数. 因此

$$\sqrt{\langle \boldsymbol{r}_u, \boldsymbol{r}_u \rangle \langle \boldsymbol{r}_v, \boldsymbol{r}_v \rangle - \langle \boldsymbol{r}_u, \boldsymbol{r}_v \rangle^2} = \sqrt{EG - F^2}.$$

10. 这个公式确实比较难记, 但在一些特别且常用的情形下, 这个公式会变得比较简洁. 若满足非退化条件的曲面 Σ 的参数方程就是

$$z = f(x, y), (x, y) \in D,$$

那么曲面面积公式形式比较简单:

$$S = \iint\limits_{D} \sqrt{1 + \left(\frac{\partial f}{\partial x}\right)^2 + \left(\frac{\partial f}{\partial y}\right)^2}\, \mathrm{d}x\, \mathrm{d}y.$$

11. 设曲面 Σ 方程由 $H(x, y, z) = 0$ 给出, H 的各个偏导数连续, 且在 Σ 上 $H_z \neq 0$. 进一步假设 Σ 可以与其在 xy 平面上的投影 D 一一对应, 则由隐函数定理直接可见, 曲面面积就是

$$S = \iint\limits_{D} \sqrt{1 + \left(-\frac{H_x}{H_z}\right)^2 + \left(-\frac{H_y}{H_z}\right)^2}\, \mathrm{d}x\, \mathrm{d}y = \iint\limits_{D} \frac{\|\mathrm{grad}H\|}{|H_z|}\, \mathrm{d}x\, \mathrm{d}y.$$

3.3.4 曲面上函数积分定义

曲面上函数积分与曲线上函数积分的定义方式雷同. 你可以带着如下问题学习本小节: 假设有一张密度不均匀的曲面, 该如何求其质量?

1. 请大家仿照曲线上函数积分方式写出曲面上函数积分 $\iint\limits_{\Sigma} f\, \mathrm{d}S$ 的定义.

2. 请大家参照曲线上函数积分相关内容, 证明对于非退化曲面, 即 Jacobi 矩阵连续且恒满秩的曲面

$$\Sigma : x = x(u, v), y = y(u, v), z = z(u, v), (u, v) \in D,$$

其上的连续函数 f 一定在曲面上可积, 并有

$$\iint\limits_{\Sigma} f\, \mathrm{d}S = \iint\limits_{D} f\, \left\| \left(\frac{\partial(y, z)}{\partial(u, v)}, \frac{\partial(z, x)}{\partial(u, v)}, \frac{\partial(x, y)}{\partial(u, v)}\right) \right\|\, \mathrm{d}u\, \mathrm{d}v.$$

3. 简单情形下, 曲面可以写成参数方程, 那么计算曲面上函数积分可直接通过曲面面积公式将其化为重积分. 复杂情形下, 曲面仅可以分片写成参数方程, 那么计算曲面上函数积分就要通过分片计算完成. 因为一个曲面整体上看可能比较复杂, 写不出参数方程, 但一般而言可以将曲面视为由若干小片缝合得来, 而每一片都可以写成包含两个参数的参数方程, 即每一小片都与 $\mathbb{R}^2$ 上某一区域一一对应.

4. 例如设球面 Σ 为 $x^2 + y^2 + z^2 = 1$. 要求 $\iint_{\Sigma} z \, \mathrm{d}S$. 可以将其分成 $z \geqslant 0$ 和 $z \leqslant 0$ 的两片, 即

$$
\begin{aligned}
\sigma_+ &= \{(x,y,z)|x^2+y^2+z^2=1, z \geqslant 0\}, \\
\sigma_- &= \{(x,y,z)|x^2+y^2+z^2=1, z \leqslant 0\}.
\end{aligned}
$$

于是

$$
\begin{aligned}
\iint_{\sigma_+} z \, \mathrm{d}S &= \iint_{x^2+y^2 \leqslant 1} \sqrt{1-x^2-y^2}\sqrt{1+z_x^2+z_y^2} \, \mathrm{d}x \, \mathrm{d}y \\
&= \iint_{x^2+y^2 \leqslant 1} 1 \, \mathrm{d}x \, \mathrm{d}y = \pi, \\
\iint_{\sigma_-} z \, \mathrm{d}S &= \iint_{x^2+y^2 \leqslant 1} -\sqrt{1-x^2-y^2}\sqrt{1+z_x^2+z_y^2} \, \mathrm{d}x \, \mathrm{d}y \\
&= \iint_{x^2+y^2 \leqslant 1} -1 \, \mathrm{d}x \, \mathrm{d}y = -\pi,
\end{aligned}
$$

因而积分为 0. 当然, 你也可以试试利用

$$
x = \cos\varphi\sin\theta, y = \sin\varphi\sin\theta, z = \cos\theta, \theta \in [0, 2\pi], \varphi \in [0, \pi]
$$

这组参数来求这个积分.

5. 分片参数化的计算虽然看起来烦琐, 但它有一定的普适性: 就是说它总是能帮你算出积分. 事实上, 这里面已经有简单流形的思想. 所谓流形, 就是一个图形, 整体上看很麻烦, 但是每一个小局部都与 Euclid 空间中的小圆盘一一对应, 然后这些小局部以比较规则的方式粘成整体. 因而我们可以一个小块一个小块地分析问题, 然后把结果汇总起来, 得到整体结果.

6. 可以利用曲面上函数积分, 推导我们曾经提到的参数方程旋转曲面面积公式. 设曲线

$$
x = x(t), y = y(t) \geqslant 0,
$$

其中, $t \in [0,1]$, $x(t)$ 与 $y(t)$ 均无穷次可导, $x'(t)^2 + y'(t)^2 \neq 0$, 且 $x(t)$ 单调递增. 要求此曲线绕 x 轴旋转一周所得曲面 Σ 的表面积. 注意此时曲面方程即

$$
x = x(t), y = y(t)\cos\theta, z(t) = y(t)\sin\theta.
$$

明显可以将曲面分为前后两片, 然后利用 $t \in [0,1]$ 以及 $\theta \in [0,\pi]$ 对两片曲面分别参数化. 因而有

$$
\begin{aligned}
\iint_\Sigma \mathrm{d}S &= 2\int_0^\pi \int_0^1 \sqrt{y(t)^2 y'(t)^2 + x'(t)^2 y(t)^2}\,\mathrm{d}t\,\mathrm{d}\theta \\
&= 2\pi \int_0^1 y(t)\sqrt{x'(t)^2 + y'(t)^2}\,\mathrm{d}t.
\end{aligned}
$$

在这个例子中, 你只需要一次参数化即可计算出积分, 但一般而言, 这是可遇而不可求的.

3.4 曲线与曲面上微分形式积分

我们通过求一些与向量场有关的数量, 引入曲线与曲面上微分形式的积分, 在这个过程中你会发现, 积分天经地义就是对微分形式做的.

关于曲线与曲面上微分形式的很多结论, 实际上都是拓扑中的定理. 当下你不需要知道拓扑这两个字是什么意思, 只要留一个印象就好. 你可以在学习本节各个定理的过程中, 慢慢体会它们如何既是分析内容, 又有些不似以前学过的分析理论的.

本节的积分计算值得注意, 因为它们包含了流形的思想.

如无特殊说明, 本节考虑的函数都是连续函数.

3.4.1 1 形式, 2 形式和外积

我们首先回顾一些常识, 一些初等数学知识, 一些线性代数知识, 一些分析里的旧相识, 然后引入比较简单的 $\mathbb{R}^2$ 上的微分形式.

1. 先考虑二维空间, 我们曾经花费很多唇舌, 说过 $\mathrm{d}x_i$ 是从 $\Delta\boldsymbol{x} \to \mathbb{R}$ 的线性映射, 对任意一个如下向量

$$
\Delta\boldsymbol{x} = (x_1 + \Delta x_1, x_2 + \Delta x_2)^\mathrm{T} - (x_1, x_2)^\mathrm{T},
$$

   线性函数 $\mathrm{d}x_i$ 都把 $\Delta\boldsymbol{x}$ 映射为 Δx_i, 即这个向量在 x_i 轴方向上的长度.

2. 对 $\mathrm{d}x_1$, $\mathrm{d}x_2$, 当然可以做加减和数乘运算. 于是在线性代数意义下, $\mathrm{d}x_1$ 与 $\mathrm{d}x_2$ 张成了一个二维线性空间, 而它们就是这个线性空间的基底.

3. 这是对原点在 (x_1, x_2) 处线性空间 $\vee\{(\Delta x_1, \Delta x_2)\}$ 而言的. 在不同点 (x_1, x_2) 处, 当然可以有不同 $\mathrm{d}x_1$, $\mathrm{d}x_2$ 的线性组合, 即在整个 $\mathbb{R}^2$ 上, 有 $f(x_1, x_2)\,\mathrm{d}x_1 + g(x_1, x_2)\,\mathrm{d}x_2$.

4. 这个东西我们见过. 对任意一个二维空间上的可微函数 F, 全微分 $\mathrm{d}F$ 就是类似形式. 我们称 $f(x_1, x_2)\,\mathrm{d}x_1 + g(x_1, x_2)\,\mathrm{d}x_2$ 这一类每一点处均可能不相同的线性映射为 1 形式. 二维 Euclid 空间 $\mathbb{R}^2$ 上的全体 1 形式记为 $\Lambda^1(\mathbb{R}^2)$.

5. 任给两个起点相同的向量

$$
\begin{aligned}
\Delta \boldsymbol{x} &= (x_1 + \Delta x_1, x_2 + \Delta x_2)^{\mathrm{T}} - (x_1, x_2)^{\mathrm{T}}, \\
\Delta \boldsymbol{x}' &= (x_1 + \Delta x_1', x_2 + \Delta x_2')^{\mathrm{T}} - (x_1, x_2)^{\mathrm{T}}.
\end{aligned}
$$

一旦知道了每一个向量在每一个坐标轴方向投影的长度, 就能知道这两个向量张成的平行四边形面积: $|\Delta x_1 \Delta x_2' - \Delta x_2 \Delta x_1'|$.

6. 带一个绝对值是很不方便的, 可是如果去掉绝对值, 那负数面积是什么意思? 是有方向的面积, 就好像一个纸板, 如果规定从上面俯视, 它的面积就是正的, 从下面仰视, 它的面积就是负的.

7. 从数学上说, 从上面俯视, 就是 x_1 轴正向到 x_2 轴正向逆时针顺序排列, 或者说先 x_1 后 x_2. 反之则是负方向. 有向面积有什么用处? 计算压力就需要有向面积.

8. 可是 $(\Delta x_1 \Delta x_2' - \Delta x_2 \Delta x_1')$ 是什么? 它就是矩阵

$$
\begin{pmatrix}
\Delta x_1 & \Delta x_2 \\
\Delta x_1' & \Delta x_2'
\end{pmatrix}
$$

的行列式.

9. 既然向量在坐标轴方向的投影长度可以由一个线性映射 $\mathrm{d}x_i$ 给出, 那么有向面积应该可以由一个 $\mathrm{d}x_1$ 与 $\mathrm{d}x_2$ 共同定义的双线性映射给出. 那这个双线性映射, 我们就定义为

$$
\mathrm{d}x_1 \wedge \mathrm{d}x_2 : (\Delta \boldsymbol{x}, \Delta \boldsymbol{x}') \mapsto \det \begin{pmatrix} \Delta x_1 & \Delta x_2 \\ \Delta x_1' & \Delta x_2' \end{pmatrix}.
$$

10. 同时, 定义 $\mathrm{d}x_2 \wedge \mathrm{d}x_1 = -\,\mathrm{d}x_1 \wedge \mathrm{d}x_2$, 即

$$
\mathrm{d}x_2 \wedge \mathrm{d}x_1 : (\Delta \boldsymbol{x}, \Delta \boldsymbol{x}') \mapsto \det \begin{pmatrix} \Delta x_2 & \Delta x_1 \\ \Delta x_2' & \Delta x_1' \end{pmatrix}.
$$

11. 在这种规则下, $\mathrm{d}x_i \wedge \mathrm{d}x_i$ 就等于自己换序乘 -1, 因此天然是 0, 或者说

$$\mathrm{d}x_i \wedge \mathrm{d}x_i : (\Delta \boldsymbol{x}, \Delta \boldsymbol{x}') \mapsto \det \begin{pmatrix} \Delta x_i & \Delta x_i \\ \Delta x_i' & \Delta x_i' \end{pmatrix} = 0.$$

12. 很明显, 可以对这个双线性映射做数乘运算. 这样, $\mathrm{d}x_1 \wedge \mathrm{d}x_2$ 就张成了一个一维线性空间.

13. 在每一个 (x_1, x_2) 附近, 都可以有不同大小的 $\mathrm{d}x_1 \wedge \mathrm{d}x_2$, 即在整个 $\mathbb{R}^2$ 上, 可以考虑 $f(x_1, x_2)\,\mathrm{d}x_1 \wedge \mathrm{d}x_2$. 我们称其为 2 形式. 二维 Euclid 空间 $\mathbb{R}^2$ 上的全体 2 形式记为 $\Lambda^2(\mathbb{R}^2)$.

14. 若考虑有向面积, 而不是必须为正数的面积, 变量替换公式会变得非常容易. 设映射 $T : (u,v) \to (x,y)$ 的 Jacobi 矩阵连续, 那么由矩阵乘积的行列式等于行列式乘积, 可知变量替换公式为 $\mathrm{d}x \wedge \mathrm{d}y = \det T'\,\mathrm{d}u \wedge \mathrm{d}v$. 注意我们不再需要对 $\det T'$ 加绝对值.

15. 我们现在只是定义了 2 形式是什么: 一个双线性映射, 但其实还没有说它究竟是怎么由 1 形式决定的. 既然面积决定于边长, 2 形式自然应该决定于 1 形式. 这个决定方式, 就是一个满足结合律、分配律以及规则

$$\mathrm{d}x_1 \wedge \mathrm{d}x_2 = -\,\mathrm{d}x_2 \wedge \mathrm{d}x_1$$

的运算: 外积, 记为 $\wedge$. 事实上, 根据这三条规则, 已经可以写出 $\wedge$ 的全部运算规则: 设

$$\omega = f_1(\boldsymbol{x})\,\mathrm{d}x_1 + g_1(\boldsymbol{x})\,\mathrm{d}x_2, \eta = f_2(\boldsymbol{x})\,\mathrm{d}x_1 + g_2(\boldsymbol{x})\,\mathrm{d}x_2,$$

那么 $\omega \wedge \eta$ 就是

$$
\begin{aligned}
& f_1(\boldsymbol{x})f_2(\boldsymbol{x})\,\mathrm{d}x_1 \wedge \mathrm{d}x_1 + f_1(\boldsymbol{x})g_2(\boldsymbol{x})\,\mathrm{d}x_1 \wedge \mathrm{d}x_2 \\
& + g_1(\boldsymbol{x})f_2(\boldsymbol{x})\,\mathrm{d}x_2 \wedge \mathrm{d}x_1 + g_1(\boldsymbol{x})g_2(\boldsymbol{x})\,\mathrm{d}x_2 \wedge \mathrm{d}x_2 \\
=\ & f_1(\boldsymbol{x})g_2(\boldsymbol{x})\,\mathrm{d}x_1 \wedge \mathrm{d}x_2 - g_1(\boldsymbol{x})f_2(\boldsymbol{x})\,\mathrm{d}x_1 \wedge \mathrm{d}x_2 \\
=\ & \det \begin{pmatrix} f_1(\boldsymbol{x}) & g_1(\boldsymbol{x}) \\ f_2(\boldsymbol{x}) & g_2(\boldsymbol{x}) \end{pmatrix} \mathrm{d}x_1 \wedge \mathrm{d}x_2.
\end{aligned}
$$

16. 很多时候, 若要强调讨论的是无方向的面积, 就记 $\mathrm{d}x\,\mathrm{d}y = |\mathrm{d}x \wedge \mathrm{d}y|$, 等式左边就是重积分中使用的符号.

3.4.2 n 形式和外积

上一小节在观念上引入了 $\mathbb{R}^2$ 的微分形式与外积, 本小节我们以代数的习惯, 严格叙述并定义任意维数 Euclid 空间中任意区域上的微分形式.

一开始, 大家可能会怀疑引入这些代数概念的必要, 又麻烦, 又不知所谓. 但是时间久了, 就会明白, 代数是诗, 让我们更清晰地看世界.

1. 设 $U \subseteq \mathbb{R}^n$ 为一区域. 设 $\boldsymbol{x} = (x_1, x_2, \cdots, x_n)^{\mathrm{T}}$ 为任意向量. 空间 $\mathbb{R}^n$ 的正向为从 $\boldsymbol{e}_1$ 到 $\boldsymbol{e}_n$ 依次排列给出的定向. 空间 $\mathbb{R}^n$ 一共只有两个定向, 每一次交换任意两个 $\boldsymbol{e}_i, \boldsymbol{e}_j$ 的顺序, 定向翻转一次.

2. 0 形式即 U 上的连续函数, 全体 0 形式记为 $\Lambda^0(U)$. 1 形式则为

$$\sum_i f_i(x)\,\mathrm{d}x_i, f_i \in C(U).$$

其中 $C(U)$ 即 U 上全体连续函数集合. 记全体 1 形式组成的线性空间为 $\Lambda^1(U)$. 该线性空间在任意点处为 $\mathrm{C}_n^1 = n$ 维线性空间.

3. 在任意点 $\boldsymbol{x}_0$ 处, 定义 $\mathrm{d}x_i \wedge \mathrm{d}x_j$ 为从以 $\boldsymbol{x}_0$ 为原点的 $\mathbb{R}^n \times \mathbb{R}^n$ 到 $\mathbb{R}$ 的双线性函数:

$$\mathrm{d}x_i \wedge \mathrm{d}x_j(\Delta\boldsymbol{y}, \Delta\boldsymbol{z}) = \det \begin{pmatrix} \Delta y_i & \Delta y_j \\ \Delta z_i & \Delta z_j \end{pmatrix}, \forall (\Delta\boldsymbol{y}, \Delta\boldsymbol{z}) \in \mathbb{R}^n \times \mathbb{R}^n.$$

它的几何意义是 $(\Delta\boldsymbol{y}, \Delta\boldsymbol{z})$ 张成的平行四边形在 (x_i, x_j) 平面的有向投影面积. 很明显, 有

$$\mathrm{d}x_i \wedge \mathrm{d}x_j = -\,\mathrm{d}x_j \wedge \mathrm{d}x_i, \mathrm{d}x_i \wedge \mathrm{d}x_i = 0.$$

4. 2 形式为如下形式组合:

$$\sum_{i<j} f_{ij}(x)\,\mathrm{d}x_i \wedge \mathrm{d}x_j, f_{ij} \in C(U).$$

全体 2 形式组成线性空间, 记为 $\Lambda^2(U)$. 该线性空间在任意点处为 $\mathrm{C}_n^2 = \dfrac{n(n-1)}{2}$ 维线性空间.

5. 以此类推, 对 $k \leqslant n$, 有

$$\mathrm{d}x_{i_1} \wedge \mathrm{d}x_{i_2} \wedge \cdots \wedge \mathrm{d}x_{i_k}$$

为以 $\boldsymbol{x}_0$ 为原点的 k 个 $\mathbb{R}^n$ 的 Descartes 乘积, $\mathbb{R}^n \times \mathbb{R}^n \times \cdots \times \mathbb{R}^n$ 到 $\mathbb{R}$ 上的 k 线性映射, 其将

$$(\Delta \boldsymbol{y}_1, \Delta \boldsymbol{y}_2, \cdots, \Delta \boldsymbol{y}_k) \in \mathbb{R}^n \times \mathbb{R}^n \times \cdots \times \mathbb{R}^n$$

映射为如下矩阵

$$\begin{pmatrix} \Delta \boldsymbol{y}_1^{\mathrm{T}} \\ \Delta \boldsymbol{y}_2^{\mathrm{T}} \\ \vdots \\ \Delta \boldsymbol{y}_k^{\mathrm{T}} \end{pmatrix}$$

的 $(i_1 i_2 \cdots i_k)$ 列主子式. 请大家自行解释其几何意义. 由定义可知, 若有 $i_s = i_r, 1 \leqslant s \neq r \leqslant k$, 则

$$\mathrm{d}x_{i_1} \wedge \mathrm{d}x_{i_2} \wedge \cdots \wedge \mathrm{d}x_{i_k} = 0.$$

6. 在 U 上, 最多只有非 0 的 n 形式, 对任意 $m > n$, 其 m 形式均是 0. 请按照微分形式的内涵和定义解释一下为什么如此.

7. 外积由如下三条规则定义:

a. 若 $f \in \Lambda^0$, $\mathrm{d}x_I \in \Lambda^k$, 则 $f \wedge \mathrm{d}x_I$ 即 $f \, \mathrm{d}x_I \in \Lambda^k$.

b. 设 $\mathrm{d}x_I = \mathrm{d}x_{i_1} \wedge \cdots \wedge \mathrm{d}x_{i_p} \in \Lambda^p$, $\mathrm{d}x_J = \mathrm{d}x_{j_1} \wedge \cdots \wedge \mathrm{d}x_{j_q} \in \Lambda^q, p, q \neq 0$, 则

$$\mathrm{d}x_I \wedge \mathrm{d}x_J = \mathrm{d}x_{i_1} \wedge \cdots \wedge \mathrm{d}x_{i_p} \wedge \mathrm{d}x_{j_1} \wedge \cdots \wedge \mathrm{d}x_{j_q} \in \Lambda^{p+q}.$$

其中, 一旦有 $i_k = j_l$, 则 $\mathrm{d}x_I \wedge \mathrm{d}x_J = 0$.

c. 设

$$\omega = \sum_I f_I \, \mathrm{d}x_I \in \Lambda^p, \eta = \sum_J g_J \, \mathrm{d}x_J \in \Lambda^q,$$

则

$$\omega \wedge \eta = \sum_{I,J} f_I g_J \, \mathrm{d}x_I \wedge \mathrm{d}x_J.$$

很容易就可以证明, 外积满足分配律和结合律.

8. 很明显, 若 $\omega \in \Lambda^p, \eta \in \Lambda^q$, 则

$$\omega \wedge \eta = (-1)^{pq} \eta \wedge \omega.$$

因此若 $\omega \in \Lambda^p, p = 2k+1$, 则有 $\omega \wedge \omega = 0$. 若 $p = 2k$, 则此结论未必成立. 例如在 $\mathbb{R}^4$ 中, 考虑 $\omega = \mathrm{d}x_1 \wedge \mathrm{d}x_2 + \mathrm{d}x_3 \wedge \mathrm{d}x_4$.

9. 微分形式有如下性质: 设映射

$$\boldsymbol{T}: D \quad \rightarrow \quad \boldsymbol{T}(D),$$
$$(y_1, \cdots, y_n) \quad \rightarrow \quad (x_1, \cdots, x_n)$$

的 Jacobi 矩阵 $J_{\boldsymbol{T}}$ 连续, 则对任意

$$\mathrm{d}x_{i_1} \wedge \mathrm{d}x_{i_2} \wedge \cdots \wedge \mathrm{d}x_{i_k}, i_1 < i_2 < \cdots < i_k, k \leqslant n,$$

均有

$$\mathrm{d}x_{i_1} \wedge \mathrm{d}x_{i_2} \wedge \cdots \wedge \mathrm{d}x_{i_k} = \sum_{j_1 < j_2 < \cdots < j_k} \frac{\partial(x_{i_1}, \cdots, x_{i_k})}{\partial(y_{j_1}, \cdots, y_{j_k})} \mathrm{d}y_{j_1} \wedge \mathrm{d}y_{j_2} \wedge \cdots \wedge \mathrm{d}y_{j_k}.$$

特别地,

$$\mathrm{d}x_1 \wedge \cdots \wedge \mathrm{d}x_n = \det(J_{\boldsymbol{T}}) \, \mathrm{d}y_1 \wedge \cdots \wedge \mathrm{d}y_n.$$

10. 严格说来, 等式

$$\mathrm{d}x_{i_1} \wedge \mathrm{d}x_{i_2} \wedge \cdots \wedge \mathrm{d}x_{i_k} = \sum_{j_1 < j_2 < \cdots < j_k} \frac{\partial(x_{i_1}, \cdots, x_{i_k})}{\partial(y_{j_1}, \cdots, y_{j_k})} \mathrm{d}y_{j_1} \wedge \mathrm{d}y_{j_2} \wedge \cdots \wedge \mathrm{d}y_{j_k}.$$

左边是 $\boldsymbol{T}(D)$ 上的微分形式, 右边则是 D 上的微分形式, 因此这个等号不是说左右两边是同一个微分形式的意思, 而是说在任意 $\boldsymbol{y}_0 \in D$ 处, 对任意 k 个向量 $(\Delta\boldsymbol{y}_1, \Delta\boldsymbol{y}_2, \cdots, \Delta\boldsymbol{y}_k)$, 总有

$$\mathrm{d}x_{i_1} \wedge \mathrm{d}x_{i_2} \wedge \cdots \wedge \mathrm{d}x_{i_k}(J_{\boldsymbol{T}}\Delta\boldsymbol{y}_1, J_{\boldsymbol{T}}\Delta\boldsymbol{y}_2, \cdots, J_{\boldsymbol{T}}\Delta\boldsymbol{y}_k)$$

就等于

$$\sum_{j_1 < j_2 < \cdots < j_k} \frac{\partial(x_{i_1}, \cdots, x_{i_k})}{\partial(y_{j_1}, \cdots, y_{j_k})} \mathrm{d}y_{j_1} \wedge \mathrm{d}y_{j_2} \wedge \cdots \wedge \mathrm{d}y_{j_k}(\Delta\boldsymbol{y}_1, \Delta\boldsymbol{y}_2, \cdots, \Delta\boldsymbol{y}_k).$$

11. 设

$$\boldsymbol{T}: D \quad \rightarrow \quad T(D),$$
$$(y_1, \cdots, y_n) \quad \rightarrow \quad (x_1, \cdots, x_n)$$

为 Jacobi 矩阵连续的映射, 则称 D 上的微分形式

$$\sum_{j_1 < j_2 < \cdots < j_k} \frac{\partial(x_{i_1}, \cdots, x_{i_k})}{\partial(y_{j_1}, \cdots, y_{j_k})} \mathrm{d}y_{j_1} \wedge \mathrm{d}y_{j_2} \wedge \cdots \wedge \mathrm{d}y_{j_k}$$

为 $\boldsymbol{T}(D)$ 上的微分形式

$$\mathrm{d}x_{i_1} \wedge \mathrm{d}x_{i_2} \wedge \cdots \wedge \mathrm{d}x_{i_k}, i_1 < i_2 < \cdots < i_k, k \leqslant n$$

的拉回, 记为

$$\boldsymbol{T}^*(\mathrm{d}x_{i_1} \wedge \mathrm{d}x_{i_2} \wedge \cdots \wedge \mathrm{d}x_{i_k}).$$

线性地, 大家可以自行写出 $\boldsymbol{T}(D)$ 上任意 k 形式 $\omega \in \Lambda^k(\boldsymbol{T}(D))$ 到 D 上的拉回 $\boldsymbol{T}^*(\omega) \in \Lambda^k(D)$.

12. 这些代数内容的好处和必要性, 需要在很长的时间中慢慢体会. 代数, 真的是一个 "我都是为了你好" 的学科.

3.4.3 曲线上 1 形式积分

本节我们通过变力做功问题引入曲线上 1 形式积分, 而后者不止可以计算变力做功. 在这个过程中, 大家可以看到, 曲线上 1 形式积分自然地源于向量场与曲线切向量内积所得函数的曲线积分.

如无特殊说明, 本节以下所考虑的曲线均为光滑曲线, 注意光滑曲线各处切向量均存在且非 $\boldsymbol{0}$ 向量.

我们先介绍其定义.

1. 设 L 为空间 $\mathbb{R}^3$ 中从 A 到 B 的一条光滑曲线. 假设一个小球在以如下向量场

$$\boldsymbol{F}(x,y,z) = (P(x,y,z), Q(x,y,z), R(x,y,z))$$

刻画的力下沿曲线 L 运动, 问题是要计算力 F 所做的功. 为简单起见, 我们假设 $\boldsymbol{F}$ 连续可导.

2. 正常而言, 功就是力与位移做内积. 但现在力不是恒定的, 位移也是曲线. 在之前这还是个问题, 你现在是学过积分的人了. 在每一个瞬间, 运动方向就由该点处曲线切线方向 τ 确定, 而功的总量, 其实就是将每点处的力与该切线方向瞬时位移 $\tau \mathrm{d}s$ 做内积, 再求曲线上函数积分.

3. 假设每一点处切线方向的单位向量即

$$\tau = (\alpha(x,y,z), \beta(x,y,z), \gamma(x,y,z)), \alpha^2 + \beta^2 + \gamma^2 = 1,$$

那么上述变力做功问题就是如下曲线上函数积分

$$\int_L \langle \boldsymbol{F}, \tau \rangle \, \mathrm{d}s$$
$$= \int_L (P(x,y,z)\alpha(x,,y,z) + Q(x,y,z)\beta(x,,y,z)$$
$$+ R(x,y,z)\gamma(x,,y,z)) \, \mathrm{d}s.$$

4. 对 τ 的选取其实有两个: $\pm\tau$. 具体选择哪个, 完全是依据从 A 到 B 的方向来确定的. 从 A 到 B, 就给出了曲线的定向, 上述积分就是沿着这个定向的积分. 定向只有两个, 从 A 到 B, 或者反过来. 定向可以由切向量的二择一选取来描述. 在研究曲线上 1 形式积分时, 确定定向至关重要, 否则计算出来的积分就是真实积分的相反数.

5. 我们没有按照以往次序, 从分划线性近似做和取极限导出上述积分, 因为举一隅不以三隅反则不复. 重点是理解 $\alpha(x,,y,z)\,\mathrm{d}s, \beta(x,,y,z)\,\mathrm{d}s$, 以及 $\gamma(x,,y,z)\,\mathrm{d}s$ 都是什么.

6. 事实上, $\alpha(x,,y,z)$ 代表的是切向量场在 x 轴方向的分量, $\alpha(x,y,z)\,\mathrm{d}s$ 其实是 (x,y,z) 这一点上, 微小的弧长 $\mathrm{d}s$ 在 x 轴方向的分量, 即 $\mathrm{d}x$. 同样道理, $\beta(x,,y,z)\,\mathrm{d}s, \gamma(x,,y,z)\,\mathrm{d}s$ 分别是 $\mathrm{d}y, \mathrm{d}z$.

7. 因此, 曲线 L 上变力 $\boldsymbol{F}$ 做功总量就是

$$\int_L \langle \boldsymbol{F}, \tau \rangle \, \mathrm{d}s = \int_L P(x,y,z)\,\mathrm{d}x + Q(x,y,z)\,\mathrm{d}y + R(x,y,z)\,\mathrm{d}z.$$

而这个积分就是在曲线 L 上对微分形式

$$P(x,y,z)\,\mathrm{d}x + Q(x,y,z)\,\mathrm{d}y + R(x,y,z)\,\mathrm{d}z$$

做积分.

8. 回顾微分形式的定义, 我们可以精确地解释这个积分公式的意义. 函数 $P(x,y,z)$ 代表力在 x 轴方向的分量. 将微小弧段近似为直线段之后, 线性函数 $\mathrm{d}x$ 读取这一近似线段在 x 轴方向的长度, 对这个线性函数加一个 $P(x,y,z)$ 大小的权重就能读取力 $\boldsymbol{F}$ 在 x 轴方向做的功的线性近似值. 于是 1 形式 $P(x,y,z)\,\mathrm{d}x + Q(x,y,z)\,\mathrm{d}y + R(x,y,z)\,\mathrm{d}z$ 度量了微小功的线性近似值. 而积分就是将全部线性近似值加起来取极限. 因此完全可以通过在曲线上对 1 形式求积分求得力做功的总量.

9. 近似小曲线段的直线段, 近似小曲面片的小平面区域, 都是线性近似. 在几何里, 总是用线性图形近似一般图形, 而微分形式恰好可以测算这些线性图形的长度和面积. 所谓积分, 永远是将整体写成局部, 而对局部做线性近似, 因此天经地义, 积分就是积微分形式.

10. 曲线上 1 形式积分公式

$$\int_L P(x,y,z)\,\mathrm{d}x + Q(x,y,z)\,\mathrm{d}y + R(x,y,z)\,\mathrm{d}z$$

的问题在于, 你突然发现, 定向不知道去哪里了. 本来还是清楚的, 定向体现在 τ 的选取上.

11. 这里定向其实体现在微分形式的方向性上. 回顾 $\mathrm{d}s$ 其实没有方向, 它是弧长微分, 其取值恒为正, 因而此时, 对应于 $\mathrm{d}s$ 的 L, 即曲线上函数积分

$$\int_L \langle \boldsymbol{F}, \tau \rangle \,\mathrm{d}s$$

里的 L 已经完全是一条没有方向的曲线, 它单纯描述了积分区域. 可以想象, 这里的 L 其实是 $|L|$, 积分的方向由 τ 指定.

12. 而微分形式则是有方向的, 其取值有正有负. 因此

$$\int_L P(x,y,z)\,\mathrm{d}x + Q(x,y,z)\,\mathrm{d}y + R(x,y,z)\,\mathrm{d}z$$

里的 L 绝不仅是积分区域而已, 更是一条有方向的曲线. 因此, 严格来说, 上面的公式应该写成

$$\int_L \langle \boldsymbol{F}, \tau \rangle \,\mathrm{d}s = \int_{L,\mathrm{or}} P(x,y,z)\,\mathrm{d}x + Q(x,y,z)\,\mathrm{d}y + R(x,y,z)\,\mathrm{d}z,$$

其中 or 就是指 L 的定向. 但一般我们不会采取这样丑陋的符号, 而是额外用语句注释 L 的具体定向. 若感觉抽象, 下一小节起看具体例子即可.

13. 很明显, 可以证明, $\int_L P\,\mathrm{d}x + Q\,\mathrm{d}y + R\,\mathrm{d}z = -\int_{-L} P\,\mathrm{d}x + Q\,\mathrm{d}y + R\,\mathrm{d}z$, 其中 $-L$ 为与 L 的反向曲线. 当然, L 的定向需要额外注释.

14. 由定义可以看出, 定积分就是一种曲线上 1 形式积分. 定积分 $\int_a^b f(x)\,\mathrm{d}x$ 是在线段上对 1 形式 $f\,\mathrm{d}x$ 做积分, 若 $b > a$, 则线段定向为 x 轴正向; 若 $b < a$, 则定向为 x 轴负向.

3.4.4　曲线上 1 形式积分计算

本小节简单谈一谈曲线上 1 形式积分的计算.

计算曲线上 1 形式积分的基本手段就是参数化, 以将其化为定积分. 只不过要确保参数确定的曲线方向一定要和曲线自身的定向保持一致.

1. 注意 $\displaystyle\int_L \langle \boldsymbol{F}, \tau \rangle \, \mathrm{d}s$ 等于积分

$$\int_L P(x,y,z)\alpha(x,,y,z) + Q(x,y,z)\beta(x,,y,z) + R(x,y,z)\gamma(x,,y,z) \, \mathrm{d}s.$$

由此可以将其化为曲线上函数积分计算. 这需要明确切向量的方程. 若不想计算切向量方程, 可以通过参数化将其化为定积分计算.

2. 对一条曲线参数化当然可以确定一个方向. 假设 L 为如下光滑曲线:

$$\begin{cases} x = x(t), \\ y = y(t), \ t \in [a,b], x'(t)^2 + y'(t)^2 + z'(t)^2 \neq 0. \\ z = z(t), \end{cases}$$

那么, 当参数从 a 变化到 b 时, 曲线上点的运行方向就确定了曲线的一个定向. 参数化其实是将曲线与 $\mathbb{R}$ ——至少局部上——对应起来, 那么 $\mathbb{R}$ 的正向就给出了曲线的方向.

3. 可以从公式

$$\int_L P(x,y,z) \, \mathrm{d}x + Q(x,y,z) \, \mathrm{d}y + R(x,y,z) \, \mathrm{d}z$$

出发, 通过参数化将积分转化为定积分. 参数确定的曲线定向, 即参数增加定义的曲线方向, 要与积分要求的曲线定向完全一致, 否则要在积分号前面加上负号.

4. 更明确地讲: 设 L 为一条定向光滑曲线, 若 $t \in [a,b]$,

$$\begin{cases} x = x(t), \\ y = y(t), \ , \ x'(t)^2 + y'(t)^2 + z'(t)^2 \neq 0 \\ z = z(t), \end{cases}$$

为其参数方程, 且该参数方程确定的曲线方向与 L 自身的方向一致, 那么就有

$$\int_L P(x,y,z)\,\mathrm{d}x + Q(x,y,z)\,\mathrm{d}y + R(x,y,z)\,\mathrm{d}z$$

$$= \int_a^b P(x(t),y(t),z(t))x'(t) + Q(x(t),y(t),z(t))y'(t)$$

$$+ R(x(t),y(t),z(t))z'(t)\,\mathrm{d}t.$$

若参数方程确定的曲线方向与 L 自身的方向相反, 则有

$$\int_L P(x,y,z)\,\mathrm{d}x + Q(x,y,z)\,\mathrm{d}y + R(x,y,z)\,\mathrm{d}z$$

$$= -\int_a^b P(x(t),y(t),z(t))x'(t) + Q(x(t),y(t),z(t))y'(t)$$

$$+ R(x(t),y(t),z(t))z'(t)\,\mathrm{d}t.$$

个中道理, 就与定积分时做参数变换, 总要小心确定积分上下限一样.

5. 在计算曲线上微分形式积分时, 也可以考虑分段参数化, 只不过一定要注意, 对每一段的参数化, 都要单独考虑定向问题.

例 3.4.1 设 $L \in \mathbb{R}^2$ 为曲线 $x^2+y^2=1$, 定向为逆时针方向. 求 $\displaystyle\int_L y^2\,\mathrm{d}x + x\,\mathrm{d}y$.

可以将曲线整体参数化为 $x = \cos\theta, y = \sin\theta, \theta \in [0, 2\pi]$, 于是

$$\int_L y^2\,\mathrm{d}x + x\,\mathrm{d}y = \int_0^{2\pi} \cos^2\theta - \sin^3\theta\,\mathrm{d}\theta = \pi,$$

6. 也可以分片以 $x \in [-1, 1]$ 参数化, 即令 $L_+ : x^2 + y^2 = 1, y > 0$, $L_- : x^2 + y^2 = 1, y \leqslant 0$. 注意参数给出的定向与 L_+ 的定向相反, 于是

$$\int_{L_+} y^2\,\mathrm{d}x + x\,\mathrm{d}y = -\int_{-1}^1 1 - x^2\,\mathrm{d}x + x\,\mathrm{d}\sqrt{1-x^2} = -\frac{4}{3} + \frac{\pi}{2}.$$

同时, 参数给出的方向与 L_- 的定向相同, 从而

$$\int_{L_-} y^2\,\mathrm{d}x + x\,\mathrm{d}y = \int_{-1}^1 1 - x^2\,\mathrm{d}x + x\,\mathrm{d}\left(-\sqrt{1-x^2}\right) = \frac{4}{3} + \frac{\pi}{2}.$$

因此积分值为 $\displaystyle\int_L y^2\,\mathrm{d}x + x\,\mathrm{d}y = \pi.$

7. 了解下面这个常识, 对理解后面要谈到的 Green 公式有很大帮助.

例 3.4.2 说明 $\int_L f(x,y,z)\,\mathrm{d}z = 0$, 其中 L 为平行于 xy 平面的曲线.

书面一点的说法是, 既然 L 平行于 xy 平面, 那么它在 z 轴方向就没有长度, 它的任意小段都没有, 于是 $\mathrm{d}z$ 作用在任意这样的小段上都是 0. 而这个积分为 0 的意义也十分清晰: 力在 z 轴方向不做任何功. 通俗一点说, 在 L 上 z 为常值, 因此其微分是常值函数微分, 恒为 0.

8. 当曲线不能整体参数化时, 分段参数化分别计算即可.

3.4.5   曲面定向

要谈曲面上 2 形式积分, 首先要定义曲面的侧, 这很好理解: 2 形式积分可以计算流量, 然而从曲面左侧流到右侧和从右侧流到左侧, 是两码事.

曲面定向不如曲线定向那样直接, 曲面的定向是由曲面的侧给定的. 后续我们所考虑的全部曲面都满足如下两个条件: 各点处 Jacobi 矩阵连续且均满秩.

1. 一般而言, 曲面分上面下面、左面右面、里面外面, 这些统称曲面的侧. 曲面的两侧都是由法向量指定的. 任意点处的单位法向量都有两个, 它们互为反向向量.

2. 可是, 还真有曲面分不清上面下面、左面右面、里面外面. 怎么叫分得清分不清? 很多人可能都看过神作《十万个为什么》. 里面就讲过蚂蚁在一张长方形纸面上爬, 只要不越过边界, 就不可能从纸面的上面爬到下面. 但是, 若将这张纸的两条短边扭转贴起来, 那蚂蚁就可以轻松地从一面爬到另一面. 后者就叫 Möbius 带, 一种分不清两侧的曲面.

3. 蚂蚁的爬行轨迹可以看成曲线, 于是下面的定义就自然了:

定义 3.4.1 设 Σ 是一张光滑曲面, P 为 Σ 上任意一点. 在 P 处取定 Σ 的两个单位法向量里的一个, 让此法向量沿着任意不越过曲面边界的闭曲线 Γ_P **连续**移动, 若其回到 P 时, 连续变化后的法向量方向与原始法向量方向相同, 则称 Σ 为双侧曲面或可定向曲面. 否则称单侧曲面或不可定向曲面.

本书仅考虑双侧曲面.

4. 为什么曲面的侧给定了曲面的定向呢? 你脑海里面的定向可能是左手系或右手系之类的. 原因在于, 只要在一点处选定法向量方向, 那么必须确定这一点切平面的左手方向或者右手方向, 才能和这个法向量一起, 配成三维空间 $\mathbb{R}^3$ 中, 以法向量为大拇指方向的**右手系**. 因此确定曲面的侧, 就是确定曲面的定向, 它们是同一个概念.

5. 计算曲面在一点处的法向量是线性代数中的基本操作. 既然点 P 处的单位法向量就是与两个切向量

$$\begin{pmatrix} \dfrac{\partial x}{\partial u} \\[2mm] \dfrac{\partial y}{\partial u} \\[2mm] \dfrac{\partial z}{\partial u} \end{pmatrix}, \begin{pmatrix} \dfrac{\partial x}{\partial v} \\[2mm] \dfrac{\partial y}{\partial v} \\[2mm] \dfrac{\partial z}{\partial v} \end{pmatrix}$$

均垂直的单位向量, 那么由基本的线性代数知识, 可知单位法向量即

$$\boldsymbol{n} = \pm \frac{1}{\sqrt{EG - F^2}} \left(\frac{\partial(y, z)}{\partial(u, v)}, \frac{\partial(z, x)}{\partial(u, v)}, \frac{\partial(x, y)}{\partial(u, v)} \right).$$

指定正负号就给定了曲面的定向.

3.4.6　曲面上 2 形式积分

我们以计算流量引入曲面上 2 形式积分, 而后者的存在又不仅这一个目的. 关键是在这个过程中, 可以看到, 曲面上 2 形式积分自然地源于向量场与曲面法方向内积所得函数的曲面积分.

1. 设 Σ 为空间 $\mathbb{R}^3$ 中的一张光滑双侧曲面. 连续向量场

$$\boldsymbol{F}(x, y, z) = (P(x, y, z), Q(x, y, z), R(x, y, z))$$

刻画了流体的流动. 现在的问题是, 如何确定流体从 Σ 的一侧流到另一侧的量是多少.

2. 如果曲面是平的, 一个流量 $\boldsymbol{F}$ 在各点处均大小相同, 方向相同, 那沿着法向量 $\boldsymbol{n} = (\alpha, \beta, \gamma)$ 指定的方向从曲面一侧流到另一侧的流量很容易确定, 就对 $\boldsymbol{F}$ 与 $\boldsymbol{n}$ 做内积, 然后再乘上曲面面积就好了. 这是最简单的线性的情况.

3. 积分是通过线性近似来实现的, 因此, 对一般曲面, 一般刻画流量的向量场, 从曲面一侧沿着单位向量

$$\boldsymbol{n} = (\alpha(x,y,z), \beta(x,y,z), \gamma(x,y,z))$$

指定的方向流到另一侧的流量就应该是

$$\iint\limits_{\Sigma} \langle \boldsymbol{F}, \boldsymbol{n} \rangle \, \mathrm{d}S,$$

这是关于函数

$$\langle \boldsymbol{F}, \boldsymbol{n} \rangle = P(x,y,z)\alpha(x,y,z) + Q(x,y,z)\beta(x,y,z) + R(x,y,z)\gamma(x,y,z)$$

在曲面 Σ 上做第一型曲面积分. 定向体现在与 $\boldsymbol{n}$ 的内积上, 而这个积分号中的 $\mathrm{d}S$ 和 Σ 都没有方向.

4. 可是, $\alpha(x,y,z)\,\mathrm{d}S$ 恰好是 $\mathrm{d}S$ 在 yz 平面的投影. 要度量 yz 平面上投影的面积, 就要用到 2 形式: $\mathrm{d}y \wedge \mathrm{d}z$. 因此

$$\alpha(x,y,z)\,\mathrm{d}S = \mathrm{d}y \wedge \mathrm{d}z.$$

同理,

$$\beta(x,y,z)\,\mathrm{d}S = \mathrm{d}z \wedge \mathrm{d}x, \ \gamma(x,y,z)\,\mathrm{d}S = \mathrm{d}x \wedge \mathrm{d}y.$$

注意, 在这里 $\mathrm{d}y \wedge \mathrm{d}z$, $\mathrm{d}z \wedge \mathrm{d}x$, $\mathrm{d}x \wedge \mathrm{d}y$ 均严格按照 (x,y,z) 右手系顺序写出.

5. 因此, 有

$$\iint\limits_{\Sigma} \langle \boldsymbol{F}, \boldsymbol{n} \rangle \, \mathrm{d}S$$

$$= \iint\limits_{\Sigma} P(x,y,z)\,\mathrm{d}y \wedge \mathrm{d}z + Q(x,y,z)\,\mathrm{d}z \wedge \mathrm{d}x + R(x,y,z)\,\mathrm{d}x \wedge \mathrm{d}y.$$

右边就称为曲面 Σ 上 2 形式

$$P(x,y,z)\,\mathrm{d}y \wedge \mathrm{d}z + Q(x,y,z)\,\mathrm{d}z \wedge \mathrm{d}x + R(x,y,z)\,\mathrm{d}x \wedge \mathrm{d}y$$

的积分. 曲面上 2 形式积分的方向体现在微分形式的方向, 以及积分号下 Σ 中, 因此一般需要额外用语句标注 Σ 方向的具体选取.

6. 若以 $-\Sigma$ 表示与 Σ 定向相反的同一张曲面, 则自然有

$$-\iint\limits_{\Sigma} P(x,y,z)\,\mathrm{d}y \wedge \mathrm{d}z + Q(x,y,z)\,\mathrm{d}z \wedge \mathrm{d}x + R(x,y,z)\,\mathrm{d}x \wedge \mathrm{d}y$$

$$= \iint\limits_{-\Sigma} P(x,y,z)\,\mathrm{d}y \wedge \mathrm{d}z + Q(x,y,z)\,\mathrm{d}z \wedge \mathrm{d}x + R(x,y,z)\,\mathrm{d}x \wedge \mathrm{d}y.$$

7. 对于上述几条, 与曲线上 1 形式积分一节中的处理不同, 我们没有喋喋不休. 这是因为可以利用以往的学习经验, 补齐背后没有明说的话.

8. 对照定义可见, 所谓 xy 平面上重积分 $\iint\limits_{D} f\,\mathrm{d}x\,\mathrm{d}y$, 就是平整的曲面 D 上, 以法向量为 z 轴正向, 或者说以先 x 后 y, 即从 $(1,0,0)$ 到 $(0,1,0)$ 的逆时针方向为定向, 关于 2 形式 $f\,\mathrm{d}x \wedge \mathrm{d}y$ 的积分. 只不过我们已经事先约定好正向, 就将 $f\,\mathrm{d}x \wedge \mathrm{d}y$ 记录为 $f\,\mathrm{d}x\,\mathrm{d}y = f|\,\mathrm{d}x \wedge \mathrm{d}y|$. 这一点也给出了计算曲面上 2 形式积分的计算方法: 通过参数化为重积分.

3.4.7 曲面上 2 形式积分计算

与曲线上 1 形式积分一样, 计算曲面上 2 形式积分也需要参数化. 同样, 参数化曲面给出了曲面的一个定向, 必须保证这个由参数化给出的定向与积分要求的定向一致.

1. 要计算曲面上 2 形式积分, 可以通过公式

$$\iint\limits_{\Sigma} \langle \boldsymbol{F}, \boldsymbol{n} \rangle\,\mathrm{d}S$$

$$= \iint\limits_{\Sigma} P(x,y,z)\alpha(x,y,z) + Q(x,y,z)\beta(x,y,z)$$

$$+ R(x,y,z)\gamma(x,y,z)\,\mathrm{d}S$$

直接转化为曲面上函数积分计算. 这需要能确定法向量表达式. 若不能, 则需要化成二重积分. 要化成二重积分, 肯定要先参数化. 而参数化自然是带着定向的.

2. 例如, 若将曲面表示为

$$\boldsymbol{F}(u,v): x = x(u,v), y = y(u,v), z = z(u,v), (u,v) \in D,$$

F 的 Jacobi 矩阵连续且处处满秩, 那么这种先 u 后 v 的写法, 本身就给出了 (u, v) 平面的定向: 从 $(1, 0)$ 到 $(0, 1)$ 的定向. 随便选取一点 (u_0, v_0), 映射 $\boldsymbol{F}$ 的 Jacobi 矩阵自然将 (u_0, v_0) 处的两个向量 $(1, 0)^{\mathrm{T}}$ 和 $(0, 1)^{\mathrm{T}}$ 分别映射为 $F(u_0, v_0)$ 处的两个切向量,

$$\boldsymbol{F}_u = \begin{pmatrix} \dfrac{\partial x}{\partial u} \\ \dfrac{\partial y}{\partial u} \\ \dfrac{\partial z}{\partial u} \end{pmatrix}, \ \boldsymbol{F}_v = \begin{pmatrix} \dfrac{\partial x}{\partial v} \\ \dfrac{\partial y}{\partial v} \\ \dfrac{\partial z}{\partial v} \end{pmatrix}.$$

因为 $J_{\boldsymbol{F}}$ 是满秩的, 所以这两个向量线性无关. 那么先 $\boldsymbol{F}_u$ 后 $\boldsymbol{F}_v$ 就构成了这点处曲面的定向. 最重要的是, 由于 Jacobi 矩阵处处满秩以及连续, 这样得到的定向在任意点处均是一致的.

3. 设先前已经以法向量 $\boldsymbol{n}$ 指定了曲面的定向. 若以 $\boldsymbol{n}$ 为大拇指方向, 依次 $\boldsymbol{F}_u, \boldsymbol{F}_v$ 构成右手系, 那么由变量替换——即参数化——带来的定向就与对曲面先前指定的定向相同, 否则就相反.

4. 确定以上内容之后, 就可以将曲面上 2 形式积分化作重积分了. 设曲面 $\varSigma$

$$\boldsymbol{F}(u, v): x = x(u, v), y = y(u, v), z = z(u, v), (u, v) \in D$$

满足 Jacobi 矩阵连续且处处满秩这两个条件, 则可以将曲面上 2 形式积分

$$\iint\limits_{\varSigma} P(x, y, z)\, \mathrm{d}y \wedge \mathrm{d}z + Q(x, y, z)\, \mathrm{d}z \wedge \mathrm{d}x + R(x, y, z)\, \mathrm{d}x \wedge \mathrm{d}y$$

化为 (u, v) 重积分计算. 步骤如下:

a. 由微分形式计算规则得到

$$P(x, y, z)\, \mathrm{d}y \wedge \mathrm{d}z = P(x(u, v), y(u, v), z(u, v)) \frac{\partial(y, z)}{\partial(u, v)}\, \mathrm{d}u \wedge \mathrm{d}v,$$

$$Q(x, y, z)\, \mathrm{d}z \wedge \mathrm{d}x = Q(x(u, v), y(u, v), z(u, v)) \frac{\partial(z, x)}{\partial(u, v)}\, \mathrm{d}u \wedge \mathrm{d}v,$$

$$R(x, y, z)\, \mathrm{d}x \wedge \mathrm{d}y = R(x(u, v), y(u, v), z(u, v)) \frac{\partial(x, y)}{\partial(u, v)}\, \mathrm{d}u \wedge \mathrm{d}v.$$

b. 将 $\mathrm{d}u \wedge \mathrm{d}v$ 当成 $\mathrm{d}u\,\mathrm{d}v$, 计算重积分

$$
\begin{aligned}
I = \iint\limits_{D} & P(x(u,v),y(u,v),z(u,v))\frac{\partial(y,z)}{\partial(u,v)} \\
& +Q(x(u,v),y(u,v),z(u,v))\frac{\partial(z,x)}{\partial(u,v)} \\
& +R(x(u,v),y(u,v),z(u,v))\frac{\partial(x,y)}{\partial(u,v)}\,\mathrm{d}u\,\mathrm{d}v.
\end{aligned}
$$

c. 按照本节描述的过程, 验证参数 (u,v) 给出的曲面定向与指定法向量给出的曲面定向是否一致, 若一致, 则

$$
\iint\limits_{\Sigma} P(x,y,z)\,\mathrm{d}y \wedge \mathrm{d}z + Q(x,y,z)\,\mathrm{d}z \wedge \mathrm{d}x + R(x,y,z)\,\mathrm{d}x \wedge \mathrm{d}y = I,
$$

否则

$$
\iint\limits_{\Sigma} P(x,y,z)\,\mathrm{d}y \wedge \mathrm{d}z + Q(x,y,z)\,\mathrm{d}z \wedge \mathrm{d}x + R(x,y,z)\,\mathrm{d}x \wedge \mathrm{d}y = -I.
$$

5. 关于上述步骤, 你可能会担心如果我们要将积分化为 (v,u) 重积分, 就会得到相反的符号, 而 (u,v) 重积分和 (v,u) 重积分本身应该相等. 其实仔细检查上述步骤, 就会发现, 若人为交换 (u,v) 的次序, 会在第一步和第三部分别产生两个负号, 负负得正, 结果不变.

6. 很多时候, 曲面都很难整体参数化, 尤其是封闭曲面. 此时可以考虑分片参数化, 这又是流形的思想.

例 3.4.3 设 $\Sigma \in \mathbb{R}^2$ 为曲面 $x^2 + y^2 + z^2 = 1$, 定向为外侧. 求

$$
\iint\limits_{\Sigma} z\,\mathrm{d}x \wedge \mathrm{d}y + y\,\mathrm{d}z \wedge \mathrm{d}x + x\,\mathrm{d}y \wedge \mathrm{d}z.
$$

7. 可以考虑将 Σ 分为上下两片.

证明 a. 设

$$
\sigma_+ : x^2 + y^2 + z^2 = 1, z \geqslant 0, \quad \sigma_- : x^2 + y^2 + z^2 = 1, z \leqslant 0,
$$

并分别用 (x,y) 参数化.

b. 注意参数所定义的方向与 σ_+ 定向相同, 因此

$$\iint_{\sigma_+} z\,\mathrm{d}x \wedge \mathrm{d}y + y\,\mathrm{d}z \wedge \mathrm{d}x + x\,\mathrm{d}y \wedge \mathrm{d}z$$

$$= \iint_{x^2+y^2\leqslant 1} \sqrt{1-x^2-y^2} + y(-z_y) + x(-z_x)\,\mathrm{d}x\,\mathrm{d}y$$

$$= \iint_{x^2+y^2\leqslant 1} \sqrt{1-x^2-y^2} + \frac{y^2}{\sqrt{1-x^2-y^2}} + \frac{x^2}{\sqrt{1-x^2-y^2}}\,\mathrm{d}x\,\mathrm{d}y$$

$$= \iint_{x^2+y^2\leqslant 1} \frac{1}{\sqrt{1-x^2-y^2}}\,\mathrm{d}x\,\mathrm{d}y.$$

c. 同时, 参数所定义的方向与 σ_- 定向相反, 因此

$$\iint_{\sigma_-} z\,\mathrm{d}x \wedge \mathrm{d}y + y\,\mathrm{d}z \wedge \mathrm{d}x + x\,\mathrm{d}y \wedge \mathrm{d}z$$

$$= -\iint_{x^2+y^2\leqslant 1} -\sqrt{1-x^2-y^2} + y(-z_y) + x(-z_x)\,\mathrm{d}x\,\mathrm{d}y$$

$$= -\iint_{x^2+y^2\leqslant 1} -\sqrt{1-x^2-y^2} - \frac{y^2}{\sqrt{1-x^2-y^2}} - \frac{x^2}{\sqrt{1-x^2-y^2}}\,\mathrm{d}x\,\mathrm{d}y$$

$$= \iint_{x^2+y^2\leqslant 1} \frac{1}{\sqrt{1-x^2-y^2}}\,\mathrm{d}x\,\mathrm{d}y.$$

d. 因而

$$\iint_{\Sigma} z\,\mathrm{d}x \wedge \mathrm{d}y + y\,\mathrm{d}z \wedge \mathrm{d}x + x\,\mathrm{d}y \wedge \mathrm{d}z$$

$$= 2\iint_{x^2+y^2\leqslant 1} \frac{1}{\sqrt{1-x^2-y^2}}\,\mathrm{d}x\,\mathrm{d}y$$

$$= 4\pi \int_0^1 \frac{1}{\sqrt{1-r^2}}r\,\mathrm{d}r = 4\pi.$$

$\square$

8. 下面说明两个常识, 它们对理解 Gauss 公式有很大帮助.

例 3.4.4 a. 说明 $\iint\limits_{\Sigma} f \,\mathrm{d}y \wedge \mathrm{d}z + g\,\mathrm{d}z \wedge \mathrm{d}x = 0$, 其中 Σ 为平行于 xy 平面的曲面.

b. 说明 $\iint\limits_{\Sigma} f \,\mathrm{d}x \wedge \mathrm{d}y = 0$, 其中 Σ 为垂直于 xy 平面的曲面, 即其任意一点法向量与 xy 平面平行.

9. a 的原因就在于, 曲面 Σ 在 yz 以及 zx 平面上的投影面积为 0. 也可以认为, 在曲面 Σ 上 z 为常值, 因此 $\mathrm{d}z$ 为 0.

10. b 的原因在于, 既然 Σ 与 xy 平面垂直, 那么 Σ 的任意小块都没有 xy 方向的面积, 于是 $\mathrm{d}x \wedge \mathrm{d}y$ 作用在任意 Σ 的小块上都是 0. 而这个积分为 0 的意义就是, 流体 $(0, 0, f)$ 不会以垂直于 xy 平面的方向流经曲面 Σ. 也可以通俗地讲, 既然曲面与 xy 平面垂直, 那么在这张曲面上看, 变量 y 与变量 x 满足一个线性关系, 即此时 $\mathrm{d}y$ 与 $\mathrm{d}x$ 线性相关, 由外微分外积的性质, 两者的外积 $\mathrm{d}x \wedge \mathrm{d}y$ 就是 0.

3.4.8 Green 公式

Green 公式是对 Newton-Leibniz 公式的推广, 也是以后要介绍的 Stokes 公式的特例.

之所以要介绍这个特例, 有两个原因. 第一, 它比较简单, 能够帮助人们建立对更复杂的 Newton-Leibniz 公式推广的信任, 例如 Stokes 和 Gauss 公式. 归根结底, 本书后续要介绍的 Stokes 与 Gauss 公式, 都是最一般地, 描述外微分与取边界在积分下对偶的 Stokes 公式的特例. 第二, 它比较传奇. 它最初是 Green 给大学生们准备的一道期末考试题.

1. 本节仅考虑 $\mathbb{R}^2$ 中除首尾之外无自己和自己相交情况的封闭光滑曲线. Jordan 证明了一个非常不平凡但是看起来非常简单的结论: 这样的曲线将 $\mathbb{R}^2$ 分为内外两部分.

2. 设 D 为平面上的区域, 若该区域上任意闭合曲线均可在 D 中连续地收缩为一点, 则称其为单连通区域. 考虑由闭合曲线围成的单连通区域 D, 则 ∂D 即围成 D 的曲线.

3. Green 公式:

定理 3.4.1 设 D 为平面上由光滑或者分段光滑闭曲线围成的单连通区域, 若函数 $P(x,y), Q(x,y)$ 在 D 上有连续偏导数, 则有

$$\int_{\partial D} P\,\mathrm{d}x + Q\,\mathrm{d}y = \iint_D \frac{\partial Q}{\partial x} - \frac{\partial P}{\partial y}\,\mathrm{d}x\,\mathrm{d}y,$$

其中 ∂D 的定向为区域 D 始终在其左侧的定向. 也称此 ∂D 定向为其从 D 继承的正向.

4. Green 公式其实是 Newton-Leibniz 公式的推广. 只不过对 Newton-Leibniz 公式而言, 那里的区域就是 $\mathbb{R}$ 上的区间 $[a,b]$, 其边界不过 a,b 两点, 为了要区间始终在左边, 点 b 继承正向, 点 a 继承负向. 定积分 $\displaystyle\int_a^b \mathrm{d}F$ 可以视为 1 形式 $\mathrm{d}F$ 的有向积分——因为调换积分上下限要改变符号, 而 $F(b) - F(a)$ 就可以看成边缘上的 0 形式的有向积分.

5. 这个公式之所以成立的原因也是 Newton-Leibniz 公式. 只不过要严格证明它比较麻烦. 若借助一定的拓扑知识会容易一些, 但我们又没有学过拓扑. 因此本书不打算证明这个定理, 而止于在一些简单情形说明这个公式为什么是对的.

6. 首先最简单的, 考虑矩形区域

$$D = [a,b] \times [c,d].$$

此时有

$$\partial D = L_c \cup K_b \cup L_d \cup K_a,$$

其中

- $L_c = [a,b] \times \{c\}$, 定向为从 (a,c) 到 (b,c);
- $K_b = \{b\} \times [c,d]$, 定向为从 (b,c) 到 (b,d);
- $L_d = [a,b] \times \{d\}$, 定向为从 (b,d) 到 (a,d);
- $K_a = \{a\} \times [c,d]$, 定向为从 (a,d) 到 (a,c).

7. 回顾我们曾经提到过的,

$$\int_{K_a} P\,\mathrm{d}x = \int_{K_b} P\,\mathrm{d}x = 0, \quad \int_{L_c} Q\,\mathrm{d}y = \int_{L_d} Q\,\mathrm{d}y = 0,$$

因此

$$\int_{\partial D} P\,\mathrm{d}x + Q\,\mathrm{d}y = \int_{L_c} P\,\mathrm{d}x + \int_{L_d} P\,\mathrm{d}x + \int_{K_a} Q\,\mathrm{d}y + \int_{K_b} Q\,\mathrm{d}y.$$

8. 根据定向, 有

$$\int_{L_c} P\,\mathrm{d}x + \int_{L_d} P\,\mathrm{d}x = \int_a^b P(x,c) - P(x,d)\,\mathrm{d}x,$$

$$\int_{K_a} Q\,\mathrm{d}y + \int_{K_b} Q\,\mathrm{d}y = \int_c^d Q(b,y) - Q(a,y)\,\mathrm{d}y.$$

9. 于是由 Newton-Leibniz 公式, 有

$$\int_{L_c} P\,\mathrm{d}x + \int_{L_d} P\,\mathrm{d}x = \int_a^b \int_c^d -\frac{\partial P}{\partial y}\,\mathrm{d}y\,\mathrm{d}x,$$

$$\int_{K_a} Q\,\mathrm{d}y + \int_{K_b} Q\,\mathrm{d}y = \int_c^d \int_a^b \frac{\partial Q}{\partial x}\,\mathrm{d}x\,\mathrm{d}y.$$

再由 Fubini 定理, 就得到了 Green 公式.

10. 其次再考虑一种比较方便的情况, 即 D 为一个圆盘的情况. 此时 D 同时可表示为

$$D = \{(x,y)|y_1(x) \leqslant y \leqslant y_2(x), a \leqslant x \leqslant b\}$$
$$= \{(x,y)|x_1(y) \leqslant x \leqslant x_2(y), c \leqslant y \leqslant d\}.$$

11. 此时, 重积分

$$\iint\limits_D \frac{\partial P}{\partial y}\,\mathrm{d}x\,\mathrm{d}y = \int_a^b \int_{y_1(x)}^{y_2(x)} \frac{\partial P}{\partial y}\,\mathrm{d}y\,\mathrm{d}x.$$

12. 由 Newton-Leibniz 公式,

$$\int_a^b \int_{y_1(x)}^{y_2(x)} \frac{\partial P}{\partial y}\,\mathrm{d}y\,\mathrm{d}x = \int_a^b P(x,y_2(x))\,\mathrm{d}x - \int_a^b P(x,y_1(x))\,\mathrm{d}x.$$

13. 考察定向即可知,

$$\int_a^b P(x,y_2(x))\,\mathrm{d}x - \int_a^b P(x,y_1(x))\,\mathrm{d}x = -\int_{\partial D} P(x,y)\,\mathrm{d}x.$$

14. 同理可以计算得

$$\iint\limits_{D} \frac{\partial Q}{\partial x} \, \mathrm{d}x \, \mathrm{d}y$$

$$= \int_{c}^{d} \int_{x_1(y)}^{x_2(y)} \frac{\partial Q}{\partial x} \, \mathrm{d}x \, \mathrm{d}y$$

$$= \int_{c}^{d} Q(x_2(y), y) - Q(x_1(y), y) \, \mathrm{d}y$$

$$= \int_{c}^{d} Q(x_2(y), y) \, \mathrm{d}y + \int_{d}^{c} Q(x_1(y), y) \, \mathrm{d}y$$

$$= \int_{\partial D} Q(x, y) \, \mathrm{d}y.$$

因此 Green 公式成立.

15. 通过切割组合的方法, 可以证明不那么复杂的区域上的 Green 公式. 设 $D = \cup_i D_i$, 对任意 $i \neq j$,

$$D_i \cap D_j = \partial D_i \cap \partial D_j.$$

若 Green 公式在任意 D_i 上成立, 则其在 D 上成立. 关键在于: 若一条曲线同时是相邻两个区域上的边界, 则其上同一个微分形式积分正好因为定向相反而互为相反数.

16. 例如对于有有限个洞的区域, Green 公式依然成立. 以仅有一个洞的区域 D 为例. 设 D 被一内一外两条曲线 γ, L 围出, 并不论在内的 γ, 还是在外的 L, 都要求其定向为区域在其左侧的定向. 于是此时有

$$\int_{L} P \, \mathrm{d}x + Q \, \mathrm{d}y + \int_{\gamma} P \, \mathrm{d}x + Q \, \mathrm{d}y = \iint\limits_{D} \frac{\partial Q}{\partial x} - \frac{\partial P}{\partial y} \, \mathrm{d}x \, \mathrm{d}y.$$

17. 切割而后组合, 其实就是贯穿代数拓扑始终的基本手法.

3.4.9　Green 公式与平面有洞区域

本小节关注一个很重要的小例子.

1. 设 L 为包围住点 $(0,0)$ 的光滑曲线, 定向为逆时针方向. 计算

$$\int_{L} \frac{x \, \mathrm{d}y - y \, \mathrm{d}x}{x^2 + y^2}.$$

2. 要计算这个积分, 需要先挖去一个 $x^2 + y^2 \leqslant \delta^2$ 的圆盘, 由 Green 公式有

$$\int_L \frac{x \, dy - y \, dx}{x^2 + y^2} = \int_{x^2 + y^2 = \delta^2} \frac{x \, dy - y \, dx}{x^2 + y^2},$$

其中 $x^2 + y^2 = \delta^2$ 定向为逆时针. 既然已知

$$x^2 + y^2 = \delta^2,$$

那么,

$$\int_{x^2 + y^2 = \delta^2} \frac{x \, dy - y \, dx}{x^2 + y^2} = \frac{1}{\delta^2} \int_{x^2 + y^2 = \delta^2} x \, dy - y \, dx = 2\pi.$$

3. 以后大家会知道, 其实 1 形式

$$\frac{1}{2\pi} \cdot \frac{x \, dy - y \, dx}{x^2 + y^2}$$

就是一维球面的体积形式, 是球面之所以不同于一个点的原因. 这就是拓扑学了.

4. 你可能会好奇, 为什么会有人想到对这个 1 形式求积分? 事实上, 在去掉原点和 x-轴正半轴之后, 我们有

$$\frac{x \, dy - y \, dx}{x^2 + y^2} = d \arctan \frac{y}{x},$$

而 $\theta = \arctan \dfrac{y}{x}$ 正是曲线上任意一点代表的弧度或角度. 但是注意, $\arctan \dfrac{y}{x}$ 不能定义整个 $\mathbb{R}^2$ 上的连续函数, 遑论可导.

3.4.10 Stokes 公式

Green 公式不过是 Stokes 公式在平面上的特例.

1. 设 $\Sigma \in \mathbb{R}^3$ 是具有分段光滑边界的非封闭光滑双侧曲面. 假设已经选定曲面的定向, 则其边界 $\partial \Sigma$ 以如下方式继承定向: 以右手大拇指指向曲面定向法向量方向, 以其余四指指向 $\partial \Sigma$ 继承方向时, 曲面恰好在手心一侧.

2. 在此继承定向下, 有 Stokes 公式, 它是 Green 公式在空间中的推广.

定理 **3.4.2** (Stokes 公式) 设 $\Sigma \in \mathbb{R}^3$ 是具有分段光滑边界的非封闭光滑双侧曲面, 其边界 $\partial \Sigma$ 继承定向, 则

$$\int_{\partial \Sigma} P \, \mathrm{d}x + Q \, \mathrm{d}y + R \, \mathrm{d}z$$

$$= \iint_{\Sigma} \left(\frac{\partial R}{\partial y} - \frac{\partial Q}{\partial z} \right) \mathrm{d}y \wedge \mathrm{d}z$$

$$+ \left(\frac{\partial P}{\partial z} - \frac{\partial R}{\partial x} \right) \mathrm{d}z \wedge \mathrm{d}x$$

$$+ \left(\frac{\partial Q}{\partial x} - \frac{\partial P}{\partial y} \right) \mathrm{d}x \wedge \mathrm{d}y.$$

同样, 我们不去严格证明这个公式, 而只是利用 Green 公式, 在两个简单情形下, 说明这个公式为什么是成立的.

3. 如果曲面的某一部分和某一个坐标平面平行, 例如曲面 Σ 与 xy 平面平行, 那么它没有 xz, yz 方面面积, 因此其上

$$\int_{\partial \Sigma} R \, \mathrm{d}z, \iint_{\Sigma} \left(\frac{\partial R}{\partial y} - \frac{\partial Q}{\partial z} \right) \mathrm{d}y \wedge \mathrm{d}z$$

以及

$$\int_{\partial \Sigma} \left(\frac{\partial P}{\partial z} - \frac{\partial R}{\partial x} \right) \mathrm{d}z \wedge \mathrm{d}x$$

均为 0, 此时 Stokes 公式的证明就退化为 Green 公式的证明.

4. 其次, 假设曲面 Σ 可以同时做以下三种参数化:

$$\begin{aligned} \Sigma &= \{(x,y,z) | z = z(x,y), (x,y) \in \Sigma_{xy}\} \\ &= \{(x,y,z) | y = y(z,x), (z,x) \in \Sigma_{zx}\} \\ &= \{(x,y,z) | x = x(y,z), (y,z) \in \Sigma_{yz}\}, \end{aligned}$$

例如单位球面在第一卦限内的部分. 不妨设其定向为上侧.

5. 由曲线上 1 形式积分定义可知,

$$\int_{\partial \Sigma} P \, \mathrm{d}x = \int_{\partial \Sigma_{xy}} P(x, y, z(x,y)) \, \mathrm{d}x.$$

6. 对

$$\int_{\partial \Sigma_{xy}} P(x, y, z(x,y)) \, \mathrm{d}x$$

使用 Green 公式, 可见

$$\int_{\partial \Sigma_{xy}} P(x, y, z(x,y)) \, \mathrm{d}x = \iint_{\Sigma_{xy}} -\frac{\partial P(x, y, z(x,y))}{\partial y} \, \mathrm{d}x \, \mathrm{d}y.$$

7. 由求导准则可见,

$$\iint_{\Sigma_{xy}} -\frac{\partial P(x, y, z(x,y))}{\partial y} \, \mathrm{d}x \, \mathrm{d}y$$

$$= -\iint_{\Sigma_{xy}} \frac{\partial P(x, y, z(x,y))}{\partial y} + \frac{\partial P(x, y, z(x,y))}{\partial z} \frac{\partial z(x,y)}{\partial y} \, \mathrm{d}x \, \mathrm{d}y.$$

8. 最后, 由曲面上 2 形式积分参数化公式可见, 上式等于

$$-\iint_{\Sigma} \frac{\partial P(x, y, z)}{\partial y} \, \mathrm{d}x \wedge \mathrm{d}y + \iint_{\Sigma} \frac{\partial P(x, y, z)}{\partial z} \, \mathrm{d}z \wedge \mathrm{d}x.$$

依次计算 $\int_{\partial \Sigma} Q \, \mathrm{d}y, \int_{\partial \Sigma} R \, \mathrm{d}z$ 即可得到这种简单情形下的 Stokes 公式.

9. 若一张曲面 Σ 可以分拆成有限张曲面的并: $\Sigma = \cup_i \Sigma_i$, 任意 $i \neq j$, 有

$$\Sigma_i \cap \Sigma_j = \partial \Sigma_i \cap \partial \Sigma_j,$$

且在任意 Σ_i 上 Stokes 公式成立, 则在 Σ 上 Stokes 公式成立. 关键原因还是一句话: 若曲线是两个相邻区域的交, 则其从两个区域继承来的定向恰好相反. 这又是切割组合这种拓扑学核心手法. 事实上, Stokes 公式的严格证明就是由这种方法给出的.

10. 在实际计算中, 我们往往是给出曲面上的一条曲线, 然后要求利用 Stokes 公式计算其上 1 形式积分. 为此我们有必要补充说明一下利用 Stokes 公式后, 如何决定是否要乘以 -1: 让你的右手大拇指指向曲面法向量, 如果剩余四指指向与曲线定向相同, 则 Stokes 公式化为曲面上积分后, 不用乘以 -1, 否则就要乘以 -1.

3.4.11 Gauss 公式

Gauss 公式是关于闭合曲面上 2 形式的 Green 或者 Stokes 公式.

1. 空间中一个区域称为单连通, 若其中无洞, 即其中任意一张封闭闭闭曲面均可在 D 中连续坍缩为一点.

2. Gauss 公式曲面上 2 形式积分版本的 Green 公式.

   定理 3.4.3 (Gauss 公式) 设 $D \in \mathbb{R}^3$ 是由分片光滑封闭曲面 ∂D 围出的单连通区域, 函数 P, Q, R 均有连续偏导数, 则

   $$\iiint\limits_{D} \frac{\partial P}{\partial x} + \frac{\partial Q}{\partial y} + \frac{\partial R}{\partial z} \, \mathrm{d}x \, \mathrm{d}y \, \mathrm{d}z = \iint\limits_{\partial D} P \, \mathrm{d}y \wedge \mathrm{d}z + Q \, \mathrm{d}z \wedge \mathrm{d}x + R \, \mathrm{d}x \wedge \mathrm{d}y,$$

   其中等式右边曲面定向由指向 D 外侧的法向量给出. 这一定向也称为 D 诱导的 ∂D 定向.

3. 同样, 我们不去证明这个结论, 而将它留给拓扑学. 但首先请根据 Green 公式一节的学习经验, 说明为什么在立方体

   $$D = [a, b] \times [c, d] \times [e, f]$$

   上 Gauss 公式是成立的. 当然, 原因还是 Newton-Leibniz 公式. 同时要注意, 若曲面 Σ 与 xy 坐标平面平行, 则其上一切关于 $Q \, \mathrm{d}z \wedge \mathrm{d}x, R \, \mathrm{d}y \wedge \mathrm{d}z$ 的积分都是 0.

4. 然后我们考虑 D 为一个圆球的情况, 这个情况下的演算足以让人明白 Gauss 公式为何正确. 此时 D 可同时表成

   $$\begin{aligned} D &= \{(x, y, z) | z_1(x, y) \leqslant z \leqslant z_2(x, y), (x, y) \in D_{xy}\} \\ &= \{(x, y, z) | y_1(z, x) \leqslant y \leqslant y_2(z, x), (z, x) \in D_{zx}\} \\ &= \{(x, y, z) | x_1(y, z) \leqslant x \leqslant x_2(y, z), (y, z) \in D_{yz}\}. \end{aligned}$$

5. 先计算

   $$\iiint\limits_{D} \frac{\partial R}{\partial z} \, \mathrm{d}x \, \mathrm{d}y \, \mathrm{d}z = \iint\limits_{D_{xy}} \int_{z_1(x,y)}^{z_2(x,y)} \frac{\partial R}{\partial z} \, \mathrm{d}z \, \mathrm{d}x \, \mathrm{d}y.$$

6. 于是由 Newton-Leibniz 公式, 可见

   $$\iint\limits_{D_{xy}} \int_{z_1(x,y)}^{z_2(x,y)} \frac{\partial R}{\partial z} \, \mathrm{d}z \, \mathrm{d}x \, \mathrm{d}y$$

即为

$$\iint\limits_{D_{xy}} R(x,y,z_2(x,y))\,\mathrm{d}x\,\mathrm{d}y - \iint\limits_{D_{xy}} R(x,y,z_1(x,y))\,\mathrm{d}x\,\mathrm{d}y.$$

7. 设 Σ_1 为曲面 $z=z_1(x,y)$, Σ_2 为曲面 $z=z_2(x,y)$. 它们的并就是 ∂D, 且诱导定向在 Σ_1 上是下侧, 在 Σ_2 上是上侧. 对照定向可知, 二重积分

$$\iint\limits_{D_{xy}} R(x,y,z_2(x,y))\,\mathrm{d}x\,\mathrm{d}y - \iint\limits_{D_{xy}} R(x,y,z_1(x,y))\,\mathrm{d}x\,\mathrm{d}y$$

就等于曲面上 2 形式积分

$$\iint\limits_{\Sigma_2} R(x,y,z_2)\,\mathrm{d}x \wedge \mathrm{d}y + \iint\limits_{\Sigma_1} R(x,y,z_1)\,\mathrm{d}x \wedge \mathrm{d}y.$$

8. 同理, 计算

$$\iiint\limits_{D} \frac{\partial P}{\partial x}\,\mathrm{d}x\,\mathrm{d}y\,\mathrm{d}z, \quad \iiint\limits_{D} \frac{\partial Q}{\partial y}\,\mathrm{d}x\,\mathrm{d}y\,\mathrm{d}z$$

即可得到 Gauss 公式.

9. 同样地, 若区域 D 可以拆成有限个 D_i 的并, 每一个 D_i 上 Gauss 公式均成立, 且对不同 i, j,

$$D_i \cap D_j = \partial D_i \cap \partial D_j,$$

则 D 上成立 Gauss 公式. 因为若一个曲面同时是相邻两个区域边界, 则其继承的两个定向正好相反. 这是第三次见到这种切割组合的手法了, 希望大家已经熟悉这一点, 而在未来学习拓扑时, 不会忘掉它: 拓扑两个字, 切 (微分) 和粘 (积分).

10. 类似 Newton-Leibniz 公式, Gauss 公式也表达了局部加总等于求和这一常识, 或者说描述了一种守恒. 我们知道积分

$$\iint\limits_{\partial D} P\,\mathrm{d}y \wedge \mathrm{d}z + Q\,\mathrm{d}z \wedge \mathrm{d}x + R\,\mathrm{d}x \wedge \mathrm{d}y$$

计算了流体 (P,Q,R) 流经 ∂D 的流量, 它当然是流出和流入 D 中任意一点处的流量的和, 而这流出和流入 D 中任意一点处流量的线性近似值, 当然由

$$\left(\frac{\partial P}{\partial x} + \frac{\partial Q}{\partial y} + \frac{\partial R}{\partial z}\right)\mathrm{d}x\,\mathrm{d}y\,\mathrm{d}z$$

度量. 当然, 通俗地讲, 也可以认为每一点处的流量就等于

$$\left(\frac{\partial P}{\partial x} + \frac{\partial Q}{\partial y} + \frac{\partial R}{\partial z}\right) \mathrm{d}x\,\mathrm{d}y\,\mathrm{d}z.$$

3.4.12 Gauss 公式与三维有洞区域

本小节只有一个例子, 而这个例子很重要.

1. 设 Σ 为 $\mathbb{R}^3$ 中包围住点 $(0,0,0)$ 的光滑简单曲面, 定向为向外. 计算

$$\iint\limits_{\Sigma} \frac{x\,\mathrm{d}y \wedge \mathrm{d}z + y\,\mathrm{d}z \wedge \mathrm{d}x + z\,\mathrm{d}x \wedge \mathrm{d}y}{(x^2 + y^2 + z^2)^{\frac{3}{2}}}.$$

2. 要计算这个积分, 需要先挖去一个 $x^2 + y^2 + z^2 \leqslant \delta^2$ 的球, 利用 Gauss 公式有

$$\iint\limits_{\Sigma} \frac{x\,\mathrm{d}y \wedge \mathrm{d}z + y\,\mathrm{d}z \wedge \mathrm{d}x + z\,\mathrm{d}x \wedge \mathrm{d}y}{(x^2 + y^2 + z^2)^{\frac{3}{2}}}$$

$$= \iint\limits_{x^2+y^2+z^2=\delta^2} \frac{x\,\mathrm{d}y \wedge \mathrm{d}z + y\,\mathrm{d}z \wedge \mathrm{d}x + z\,\mathrm{d}x \wedge \mathrm{d}y}{(x^2 + y^2 + z^2)^{\frac{3}{2}}},$$

其中 $x^2 + y^2 + z^2 = \delta^2$ 定向为向外. 既然已知

$$x^2 + y^2 + z^2 = \delta^2,$$

则有

$$\iint\limits_{x^2+y^2+z^2=\delta^2} \frac{x\,\mathrm{d}y \wedge \mathrm{d}z + y\,\mathrm{d}z \wedge \mathrm{d}x + z\,\mathrm{d}x \wedge \mathrm{d}y}{(x^2 + y^2 + z^2)^{\frac{3}{2}}}$$

$$= \frac{1}{\delta^3} \iint\limits_{x^2+y^2+z^2=\delta^2} x\,\mathrm{d}y \wedge \mathrm{d}z + y\,\mathrm{d}z \wedge \mathrm{d}x + z\,\mathrm{d}x \wedge \mathrm{d}y,$$

为 4π.

3. 以后大家会知道, 其实 2 形式

$$\frac{1}{4\pi} \cdot \frac{x\,\mathrm{d}y \wedge \mathrm{d}z + y\,\mathrm{d}z \wedge \mathrm{d}x + z\,\mathrm{d}x \wedge \mathrm{d}y}{(x^2 + y^2 + z^2)^{\frac{3}{2}}}$$

就是二维球面的体积形式, 是球面之所以不同于一个点的原因. 这又是拓扑学了.

3.4.13 外微分, Stokes 公式, Poincaré 引理

本小节我们要将之前隐含的代数操作抽象出来. 你会惊呼它们竟然这么厉害. 不要惊讶, 它们就是这么厉害, 但如果你不是那么想继续学数学, 暂时放过自己也无妨.

外微分是一个从 k 形式到 $k+1$ 形式的运算. 在它面前, Stokes 公式以及 Poincaré 引理终于能以其真面目示人. 遇见了微分形式以及外微分, 就遇见了几何与拓扑.

本小节中, 设 U 为 $\mathbb{R}^n$ 上区域, 且其上所有微分形式均是光滑的微分形式.

1. 首先, 从 $\Lambda^0(U)$ 到 $\Lambda^1(U)$ 的外微分映射, 就是全微分:

$$
\begin{aligned}
\mathrm{d} : \Lambda^0(U) &\rightarrow \Lambda^1(U), \\
f &\mapsto \mathrm{d}f.
\end{aligned}
$$

2. 同时, 定义 $\mathrm{d} : \Lambda^k(U) \to \Lambda^{k+1}(U)$ 如下: 对任意

$$
\omega = \sum_{1 < i_1 < \cdots < i_k \leqslant n} f_{i_1, \cdots, i_k}\, \mathrm{d}x_{i_1} \wedge \cdots \wedge \mathrm{d}x_{i_k},
$$

定义

$$
\mathrm{d}\omega = \sum_{1 < i_1 < \cdots < i_k \leqslant n} \mathrm{d}(f_{i_1, \cdots, i_k}) \wedge \mathrm{d}x_{i_1} \wedge \cdots \wedge \mathrm{d}x_{i_k}.
$$

这些 d 就是所谓外微分.

3. 直接运算可以看到, 不论是 Newton-Leibniz 公式、Green 公式、Stokes 公式、还是 Gauss 公式, 都可以直接统一为如下形式: 设 Σ 为 $\mathbb{R}^n$ 中有界 k 维光滑带边流形——可以暂时理解为高维有光滑边界的光滑曲面——$\partial\Sigma$ 上继承 Σ 定向, 则对任意 $k-1$ 形式 ω, 有

$$
\int_\Sigma \mathrm{d}\omega = \int_{\partial\Sigma} \omega.
$$

这就是真正的 Stokes 公式, 是 Newton-Leibniz 公式在几何上的显现, 描述了**外微分这个运算与取边界这个运算在积分下的对偶关系**. 在以后的学习中, 希望大家可以用这个 Stokes 公式统一记忆 Green 公式, Stokes 公式, 以及 Gauss 公式.

4. 直接计算可以验证 d 具有如下性质:

$$
\mathrm{d}(\omega \wedge \eta) = \mathrm{d}\omega \wedge \eta + (-1)^k \omega \wedge \mathrm{d}\eta, \forall \omega \in \Lambda^k, \eta \in \Lambda^l.
$$

事实上, 设 $\omega = f\,\mathrm{d}x_{i_1} \wedge \cdots \wedge \mathrm{d}x_{i_k}$, $\eta = g\,\mathrm{d}x_{j_1} \wedge \cdots \wedge \mathrm{d}x_{j_l}$, 则

$$
\begin{aligned}
&\mathrm{d}(\omega \wedge \eta) \\
=\quad &\mathrm{d}(fg(\mathrm{d}x_{i_1} \wedge \cdots \wedge \mathrm{d}x_{i_k}) \wedge (\mathrm{d}x_{j_1} \wedge \cdots \wedge \mathrm{d}x_{j_l})) \\
=\quad &g\,\mathrm{d}f(\mathrm{d}x_{i_1} \wedge \cdots \wedge \mathrm{d}x_{i_k}) \wedge (\mathrm{d}x_{j_1} \wedge \cdots \wedge \mathrm{d}x_{j_l}) \\
&+f\,\mathrm{d}g(\mathrm{d}x_{i_1} \wedge \cdots \wedge \mathrm{d}x_{i_k}) \wedge (\mathrm{d}x_{j_1} \wedge \cdots \wedge \mathrm{d}x_{j_l}) \\
=\quad &(\mathrm{d}f\,\mathrm{d}x_{i_1} \wedge \cdots \wedge \mathrm{d}x_{i_k}) \wedge (g\,\mathrm{d}x_{j_1} \wedge \cdots \wedge \mathrm{d}x_{j_l}) \\
&+(-1)^k(f\,\mathrm{d}x_{i_1} \wedge \cdots \wedge \mathrm{d}x_{i_k}) \wedge (\mathrm{d}g\,\mathrm{d}x_{j_1} \wedge \cdots \wedge \mathrm{d}x_{j_l}) \\
=\quad &\mathrm{d}\omega \wedge \eta + (-1)^k \omega \wedge \mathrm{d}\eta.
\end{aligned}
$$

这就是说, 外微分满足 Leibniz 法则, 是真正的 Leibniz 法则, 注意那个 $(-1)^k$.

5. 很久以前, 我们提到过, 定积分的分部积分公式内涵深刻, 可看成 Stokes 公式的特例. 事实上, 设 Σ 为 $\mathbb{R}^n$ 中 n 维有光滑边界的区域, $\omega \in \Lambda^k(\mathbb{R}^n)$, $\eta \in \Lambda^{n-k-1}(\mathbb{R}^n)$, 则 $\omega \wedge \mathrm{d}\eta$ 以及 $\mathrm{d}\omega \wedge \eta$ 均属于 Λ^n. 而且我们有

$$
\mathrm{d}(\omega \wedge \eta) = \mathrm{d}\omega \wedge \eta + (-1)^k \omega \wedge \mathrm{d}\eta,
$$

因此就有

$$
\int_{\partial\Sigma} \omega \wedge \eta = \int_\Sigma \mathrm{d}(\omega \wedge \eta) = \int_\Sigma \mathrm{d}\omega \wedge \eta + (-1)^k \omega \wedge \mathrm{d}\eta,
$$

即

$$
\int_\Sigma \mathrm{d}\omega \wedge \eta = \int_{\partial\Sigma} \omega \wedge \eta - (-1)^k \int_\Sigma \omega \wedge \mathrm{d}\eta,
$$

最后这个公式可被视为分部积分公式.

6. 直接计算, 可以验证外微分最重要的性质: 对任意 $\omega \in \Lambda^k$, 有

$$
\mathrm{d}(\mathrm{d}\omega) = 0 \in \Lambda^{k+2}.
$$

这一性质也记为 $\mathrm{d}^2 = 0$.

7. 若 $\omega \in \Lambda^k$ 满足 $\mathrm{d}\omega = 0$, 则称其为闭形式; 若存在 $\eta \in \Lambda^{k-1}$ 使得 $\mathrm{d}\eta = \omega$, 则称 ω 是恰当的. 而由 $\mathrm{d}^2 = 0$, 可知任意恰当形式一定是闭形式. 反之则不然. 但是, 对于 $\mathbb{R}^n$ 中的圆球, 其上闭形式一定是恰当形式. 这就是 **Poincaré 引理**. 当然我们不去证明它.

8. 代数把数学各个分支中的运算总结起来, 解放想象力和精力. 例如微分形式避免了你在参数变换时不得不加绝对值, 而外微分避免了死记硬背诸多公式. 在微分形式与外微分下, 诸多巧合都成了命中注定. 数学中遇见的每一个命中注定, 都是一种代数.

第 4 章

函数项级数

在本书中, 介绍函数项级数的目的是逼近和表示函数. 逼近和表示, 很多时候是用列的极限来实现的. 那么第一个问题, 函数列的极限是什么意思? 解释清楚这个问题之后, 我们将介绍本书最关心的两种函数项级数: 幂级数和 Fourier 级数. 最后我们还将简要讨论 Fourier 级数精神上的 "兄弟" ——Fourier 变换.

4.1　何谓函数列的收敛

本节我们定义函数项级数, 并讨论函数列的收敛应该是怎样的. 我们先讨论最朴素的收敛: 点态收敛, 然后讨论点态收敛的不足, 最后引入一致收敛.

4.1.1　点态收敛

本小节介绍点态收敛, 这是一个很直接的概念.

1. 已经知道数项级数是数的无穷和, 那函数项级数就是无穷个函数做和. 本节假设所讨论的 $\{u_n(x)\}$ 这一列函数具有公共的定义域. 于是所谓函数项级数就是 $\{u_n(x)\}$ 的无穷和

$$\sum_{k=1}^{\infty} u_k(x) = u_1(x) + u_2(x) + \cdots + u_n(x) + \cdots.$$

与之前一样, 虽然写为 $\sum\limits_{k=1}^{\infty} u_k(x)$, 指的其实是如下函数列

$$\left\{ S_n = \sum_{k=1}^{n} u_k(x) \right\}.$$

2. 所谓函数项级数收敛, 就是说 $\sum\limits_{k=1}^{\infty} u_k(x)$ 要是一个函数. 最简单的想法就是,

对任意 x, $\sum\limits_{k=1}^{\infty} u_k(x)$ 都是确切的数, 就是说对任意 x, 数项级数 $\sum\limits_{k=1}^{\infty} u_k(x)$
是收敛的.

3. 这个简单想法所给出的函数收敛的定义就是函数项级数的点态收敛, 我们
先约定什么是收敛点.

定义   4.1.1 设 $\{u_n(x)\}$ 为一列有公共定义域的函数. 若对任意公共定义
域中的 x_0, 数项级数 $\sum\limits_{k=1}^{\infty} u_k(x_0)$ 收敛, 则称函数项级数 $\sum\limits_{k=1}^{\infty} u_k(x)$ 在 x_0 处

收敛, 或称 x_0 是 $\sum\limits_{k=1}^{\infty} u_k(x)$ 的收敛点. 函数项级数 $\sum\limits_{k=1}^{\infty} u_k(x)$ 的全体收敛
点构成的集合称为收敛域.

4. 在收敛域上, $S(x) = \sum\limits_{k=1}^{\infty} u_k(x)$ 定义了一个函数. 称 $\sum\limits_{k=1}^{\infty} u_k(x)$ 点态收敛

于 $S(x)$. 和之前一样, 若定义部分和 $S_n(x) = \sum\limits_{k=1}^{n} u_k(x)$, 此时也称函数列
$\{S_n(x)\}$ 点态收敛于 $S(x)$.

5. 例如, 函数项级数 $\sum\limits_{k=0}^{\infty} x^k$ 的收敛域是 $(-1,1)$, 在其上级数 $\sum\limits_{k=0}^{\infty} x^k$ 点态收敛

于函数 $\dfrac{1}{1-x}$. 也可以说函数列 $\dfrac{1-x^{n+1}}{1-x} = \sum\limits_{k=0}^{n} x^k$ 在 $(-1,1)$ 上点态收敛

于函数 $\dfrac{1}{1-x}$.

6. 大家可以自行判断如下简单函数项级数的收敛域:

$$\sum_{k=1}^{\infty} \frac{x^k}{k}, \sum_{k=1}^{\infty} \frac{x^k}{k^2}, \sum_{k=1}^{\infty} \frac{x^k}{k!}, \sum_{k=1}^{\infty} k! x^k,$$

尤其注意 $\displaystyle\sum_{k=1}^{\infty} k!x^k$, 它的收敛域就是单点 $\{0\}$, 不要怀疑.

7. 很明显, 函数列的收敛问题与函数级数的收敛问题是同一个问题. 方便起见, 我们经常从函数列角度讨论收敛问题. 定义点态收敛, 其实连开始都算不上.

4.1.2 点态收敛的不足与极限换序

函数列收敛的第一个自然问题是: 极限会否继承函数列的性质? 主要就是三点: 连续性、可积性、可微性. 极限是否能继承这些性质的问题, 其实是极限是否可以换序的问题.

点态收敛, 在这些问题上表现很差.

1. 假设函数列 $\{S_n(x)\}$ 中每一个函数在 D 上均连续, 且点态收敛于 $S(x)$, 自然的问题是: $S(x)$ 在 D 上连续吗?

2. 那就要看是否在任意点 $x_0 \in D$ 处, $S(x)$ 均连续. 也就是问 $\displaystyle\lim_{x \to x_0} S(x)$ 是否等于 $S(x_0)$. 对任意 x, 都有 $S(x) = \displaystyle\lim_{n \to \infty} S_n(x)$, 同时, 由连续性, $\displaystyle\lim_{x \to x_0} S_n(x) = S_n(x_0)$. 所以, 注定的, 我们有

$$S(x_0) = \lim_{n \to \infty} \lim_{x \to x_0} S_n(x).$$

于是问 $S(x)$ 是否连续就是问

$$\lim_{x \to x_0} \lim_{n \to \infty} S_n(x) =? S(x_0) = \lim_{n \to \infty} \lim_{x \to x_0} S_n(x),$$

也即

$$\lim_{x \to x_0} \lim_{n \to \infty} S_n(x) =? \lim_{n \to \infty} \lim_{x \to x_0} S_n(x).$$

因此, $S(x)$ 是否连续, 就是问两个极限 $\displaystyle\lim_{x \to x_0}$ 和 $\displaystyle\lim_{n \to \infty}$ 是否可以交换顺序.

3. 仅仅要求点态收敛的话, 上述问题是否定的. 看一个例子: $S_n(x) = x^n, x \in [0,1]$. 明显, $S_n(x)$ 均连续, 但其点态收敛于

$$S(x) = \begin{cases} 0, & 0 \leqslant x < 1, \\ 1, & x = 1, \end{cases}$$

不连续.

4. 为什么会这样? 不是所有 S_n 都连续吗? 怎么极限就不连续了? 画一下图就可以发现, 在各点处 x_n 收敛的步伐不一致, 越靠近 1, x^n 趋于 0 越慢, 到 $x = 1$ 时, x^n 直接不走了, 一直停在 1 处. 函数 $S(x)$ 就在这里, 被撕开了, 也就不连续了. 想象没受过训练的一百人排出横列向前走, 队列很快就七拐八扭, 最后断成好几个不同的小队列, 即不连续了.

5. 第二个问题, 假设 $S_n(x)$ 在区间 $[a, b]$ 上都可积, 且点态收敛于 $S(x)$. 那么 $S(x)$ 是否一定在 $[a, b]$ 上可积, 并且

$$\int_a^b S(x)\,\mathrm{d}x = \lim_{n\to\infty}\int_a^b S_n(x)\,\mathrm{d}x?$$

定积分是一种极限, 且 $\int_a^b S(x)\,\mathrm{d}x$ 注定等于 $\int_a^b \lim_{n\to\infty} S_n(x)\,\mathrm{d}x$. 因此这个问题也是一个极限换序的问题:

$$\int_a^b \lim_{n\to\infty} S_n(x)\,\mathrm{d}x =? \lim_{n\to\infty}\int_a^b S_n(x)\,\mathrm{d}x.$$

6. 点态收敛在这一点上的表现也不是很好. 函数 $S(x)$ 甚至都不一定可积. 设

$$S_n(x) = \begin{cases} 1, & \text{若}\,x \times n!\,\text{为整数}, \\ 0, & \text{若}\,x \times n!\,\text{不是整数}, \end{cases} \quad x \in [0, 1].$$

对每一个 S_n, 其不连续点个数有限, 因此一定可积. 但是其点态极限明显是 Dirichlet 函数, 不可积分.

7. 但极限函数未必可积分, 很大程度上不是点态收敛的问题, 而是 Riemann 可积的要求太苛刻. 重点是, 即便已知 $S(x)$ 可积, 也不一定有

$$\int_a^b \lim_{n\to\infty} S_n(x)\,\mathrm{d}x = \lim_{n\to\infty}\int_a^b S_n(x)\,\mathrm{d}x.$$

8. 为了说明问题, 我们考虑下面这一组定义在 $[0, 1]$ 上的函数列:

$$S_n(x) = \begin{cases} n^2 x, & 0 \leqslant x \leqslant \dfrac{1}{n}, \\ -n^2 x + 2n, & \dfrac{1}{n} \leqslant x \leqslant \dfrac{2}{n}, \\ 0, & \dfrac{2}{n} \leqslant x \leqslant 1, \end{cases}$$

所有的 $S_n(x)$ 都是连续的. 这个函数其实就是在 $[0, \frac{2}{n}]$ 上建一个三角形的房子, 房顶在 $x = \frac{1}{n}$ 处, 高为 n. 那么很明显, $\int_0^1 S_n(x)\,\mathrm{d}x = 1$, 而 $S_n(x)$ 在 $[0,1]$ 上点态收敛于 0 (见图 4.1.1).

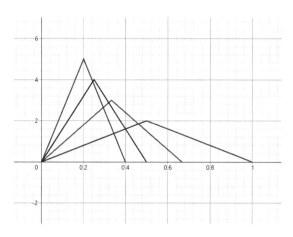

图 4.1.1: 积分与点态收敛不可换序

9. 又发生了那个问题, 当 x 靠近 0 时, 数列 $S_n(x)$ 收敛于 0 的步伐不一致. 不仅如此, 总是有靠近 0 的 x 反抗趋于 0 的宿命: $S_n(\frac{1}{n}) = n$. 正是这一点, 导致了 $\int_0^1 S_n(x)\,\mathrm{d}x$ 始终无法趋于 0. 事实上, 人必有一死, 而正是因为人死的时间不一致, 每一个人死之前都尽力创造属于自己的人生, 人类文明才得以异彩纷呈, 即积分不为 0.

10. 最后, 我们关心可导函数列的极限函数是否可导. 设 $S_n(x)$ 在 $[a,b]$ 上可导, 并且点态收敛于 $S(x)$, 那么是否有 $S(x)$ 在 $[a,b]$ 上可导, 并且

$$\lim_{n \to \infty} (S_n(x))' = (\lim_{n \to \infty} S_n(x))' = (S(x))'?$$

很明显, 这又是一个极限换序的问题.

11. 一定可导肯定是没指望了, 例如 $S_n(x) = x^n, x \in [0,1]$. 其点态极限都不连续, 更不会可导了. 即便假设 $S(x)$ 可导, 也未必有

$$\lim_{n \to \infty} (S_n(x))' = (S(x))'.$$

例如 $S_n(x) = \dfrac{\sin nx}{n}$. 明显它点态收敛于 0, 但它的导函数是 $\cos nx$, 反正不收敛于 0.

12. 求导与点态极限不可换序的原因比前两个问题复杂一些. 不论如何, 这些例子足以说明点态收敛并不是很好的函数极限. 而一个合格的函数极限, 必须杜绝收敛步伐不一致的情况. 这就是下一节要介绍的一致收敛.

13. 虽然上面已经列举了很多例子, 可是还是有点奇怪, 极限是看上去很直白的运算, 怎么交换一下次序有这么多问题? 为了说服自己, 不妨考虑如下最基本的例子:

$$a_{n,k} = \frac{1}{\sqrt[k]{n}}, k, n \in \mathbb{N}_+.$$

于是可见

$$\lim_{n \to \infty} \lim_{k \to \infty} a_{n,k} = 1, \ \lim_{k \to \infty} \lim_{n \to \infty} a_{n,k} = 0, \ \lim_{n \to \infty} a_{n,n} = 1.$$

14. 极限换序问题是分析里的重要问题. 在研究或应用中, 不要轻易**交换两个极限过程**. 所谓极限过程, 就是数列极限、函数极限、积分、反常积分、微分这些操作. 任意交换极限过程是如此诱人, 以至于最资深的专业人士也经常犯类似错误. 要想交换极限过程, 一定要先验证是否满足交换条件.

4.1.3　一致收敛

本小节我们介绍一致收敛. 相比点态收敛, 这个概念理解起来有点头痛.

1. 在介绍一致收敛之前, 我们先仔细写一下点态收敛的 ε-N 语言定义. 注意, 点态收敛就是对任意固定的 x, 数列 $S_n(x)$ 均收敛: 称函数列 $S_n(x)$ 在 D 上点态收敛于 $S(x)$, 若对任意 x, 任意 $\varepsilon > 0$, 存在 N (同时与 ε 和 x 有关, 故可记为 $N_{x,\varepsilon}$), 使得对于任意 $n \geqslant N$, 有

$$|S_n(x) - S(x)| \leqslant \varepsilon.$$

2. 注意按照定义而言, 至少对不同的 x, N 可能是不同的. 以 $x^n, x \in (0,1)$ 为例, 我们感受一下 N 如何取决于 x 的位置. 若想 $x^n \leqslant \varepsilon$, 就要

$$n \geqslant \frac{\ln \varepsilon}{\ln x}.$$

那么只需要取 $N_{x,\varepsilon} = \left[\dfrac{\ln \varepsilon}{\ln x} \right] + 1$. 于是可以看到, 对固定的 $\varepsilon > 0$, x 越靠近 1, 就需要 N 越大, 要多大有多大. 换句话说, 当 x 靠近 1 时, x^n 变得

小于 ε 就要多晚有多晚. **即收敛步伐不一致**: 对于一个 ε, 没法找到一个公共的 N, 以至于 N 之后, 所有 x^n 都小于 ε.

3. 我们要避免的正是收敛步伐不一致. 因此我们给出一致收敛的定义如下:

定义 4.1.2 设 $\{S_n(x)\}$ 在 D 上点态收敛于 $S(x)$. 称其在 D 上一致收敛于 $S(x)$, 若对任意 $\varepsilon > 0$, 存在 N (注意其仅依赖于 ε, 可记为 N_ε), 使得对任意 $n \geqslant N$, 有

$$|S_n(x) - S(x)| \leqslant \varepsilon$$

同时对所有 $x \in D$ 成立.

4. 一致收敛的意思, 就是可以找到一个最慢的步伐, 使得在所有 x 处, $S_n(x)$ 都一致地按照这个步伐趋于 $S(x)$. 可以画图体会一下点态收敛与一致收敛的区别: $S_n(x)$ 点态趋于 $S(x)$, 可能找不到 $S(x)$ 的一个带状邻域完全包含任何一个 $S_n(x)$. 但若 $S_n(x)$ 一致收敛于 $S(x)$, 则 $S(x)$ 任意小的带状邻域, 都可以完全包含后面所有 $S_n(x)$, 只要 n 足够大. 也就是说随着 n 的增加, 函数列 $S_n(x)$ 就好像被与 $S(x)$ 同样形状的两个冲压机压成 $S(x)$.

5. 我们需要强调, 若只是想讨论有限个点 $x_i, i = 1, \cdots, m$ 处函数列 $\{f_n\}$ 的收敛性, 那么点态收敛就意味着一致收敛. 事实上, 假设在 x_i 处, 有 $\lim\limits_{n \to \infty} f_n(x_i) = a_i$, 那么对任意 $\varepsilon > 0$, 存在 N_i, 使得 $\forall n > N_i$, 有 $|f_n(x_i) - a_i| < \varepsilon$, 于是只需令 $N = \max\{N_1, \cdots, N_m\}$, 即有 $\forall n > N$, $|f_n(x_i) - a_i| < \varepsilon$ 对所有的 x_i 一致地成立. 也就是说, 只有同时讨论无穷多个极限的时候, 才需要一致收敛的概念. 同时, 只要想讨论无穷多个极限 (哪怕仅仅是可数无穷多个数列), 就总会需要一致收敛的概念.

6. 按照上面关于一致收敛的解释, 下面这个定理是很直接的.

定理 4.1.1 设函数序列 $\{S_n(x)\}$ 在集合 D 上点态收敛于 $S(x)$, 则 $S_n(x)$ 在 D 上一致收敛于 $S(x)$ 当且仅当

$$\lim_{n \to \infty} \sup_{x \in D} |S_n(x) - S(x)| = 0.$$

只需要时刻记得上确界是什么意思, 就可以证明这个定理, 兹不赘述.

7. 我们看几个例子: $S_n(x) = \dfrac{x}{1 + n^2 x^2}, x \in (-\infty, +\infty)$. 它们点态收敛于 0. 且 $\sup |S_n(x)| = \dfrac{1}{2n} \to 0$, 因此它们还是一致收敛: $S_n(x)$ 被一致地压在 $y = \pm \dfrac{1}{2n}$ 之间了.

8. 另一方面: $S_n(x) = \dfrac{nx}{1+n^2x^2}, x \in (0, +\infty)$, 它们点态收敛于 0, 但

$$\sup S_n(x) \equiv \frac{1}{2}.$$

每一个函数都顽强地拱起到 $\dfrac{1}{2}$ 的高度, 它们不是一致收敛的.

9. 按照我们曾经训练过的, 可以写出 $S_n(x)$ 在 D 上不一致收敛是什么意思: 存在一个 $\varepsilon > 0$, 存在子列 $\{n_k\}$, 以及相应的 $\{x_{n_k}\} \subset D$, 使得 $|S_{n_k}(x_{n_k}) - S(x_{n_k})| \geqslant \varepsilon$. 通俗地说, 就是有一个子列的函数, 其中每一个函数都在一些点 x_{n_k} 处顽强地反抗趋于 $S(x)$ 的宿命, 突破 ε 的限制.

10. 据此, 可以给出一致收敛的另一个充分必要条件:

定理 4.1.2 函数列 $S_n(x)$ 在 D 上一致收敛于 $S(x)$ 当且仅当对任意数列 $\{x_n\} \subset D$, 有

$$\lim_{n \to \infty} |S_n(x_n) - S(x_n)| = 0.$$

定理的必要性是显然的. 充分性的证明则与 Heine 定理的证明相同, 可由前述不一致收敛的定义直接得到, 请大家自行补充细节.

11. 想要判断 $S_n(x)$ 不一致收敛, 就要看在哪个方向上它收敛得越来越慢, 那就向着这个方向构造数列. 例如 $x^n, x \in (0, 1)$, 只需要取 $x_n = 1 - \dfrac{1}{n}$ 即可说明它不是一致收敛的.

12. 再如 $S_n(x) = nx(1-x^2)^n, x \in [0, 1]$, 只需要取 $x = \dfrac{1}{n}$ 即可说明它不是一致收敛的.

13. 为了熟悉一致收敛, 请大家参照渐近单位元一节, 证明如下结论:

命题 4.1.3 假设 $\{g_n\}$ 是 2π 周期渐近单位元, 即其限制在 $[-\pi, \pi]$ 上满足如下条件:

- $\forall n, \dfrac{1}{2\pi} \displaystyle\int_{-\pi}^{\pi} g_n(x)\, \mathrm{d}x \equiv 1$;

- $\exists M > 0$, 使得 $\forall n, \displaystyle\int_{-\pi}^{\pi} |g_n(x)|\, \mathrm{d}x \leqslant M$;

- $\forall \delta > 0$, 有 $\displaystyle\lim_{n \to \infty} \left(\int_{\delta}^{\pi} |g_n(x)|\, \mathrm{d}x + \int_{-\pi}^{-\delta} |g_n(x)|\, \mathrm{d}x \right) = 0.$

证明对任意 $\mathbb{R}$ 上的 2π 周期连续函数 $f(x)$, 周期卷积

$$f * g_n(x) = \frac{1}{2\pi} \int_{-\pi}^{\pi} f(x-t)g_n(t)\,\mathrm{d}t$$

一致收敛于 $f(x)$.

14. 不一致收敛的函数列不见得完全不好, 有时候在定义域的任意有界闭子区间上一致收敛就足够了: 设 $S_n(x)$ 在 D 上点态收敛于 $S(x)$, 称 $S_n(x)$ 内闭一致收敛于 $S(x)$, 如果在任意 D 的有界闭子区间上 $S_n(x)$ 一致收敛.

15. 函数列 $\left(1+\dfrac{x}{n}\right)^n$ 在 $[0,+\infty)$ 上肯定不是一致收敛于 e^x 的, 考虑数列 $x_n = n$ 即可见, 但它们是内闭一致收敛的. 事实上, 对任意有界闭区间 $[a,b] \subset [0,+\infty)$ 而言, 有

$$\left|\mathrm{e}^x - \left(1+\frac{x}{n}\right)^n\right| = \mathrm{e}^x \left|1 - \mathrm{e}^{-x}\left(1+\frac{x}{n}\right)^n\right| \leqslant \mathrm{e}^b \left|1 - \mathrm{e}^{-x}\left(1+\frac{x}{n}\right)^n\right|.$$

而求导可知, $0 \leqslant 1 - \mathrm{e}^{-x}\left(1+\dfrac{x}{n}\right)^n \leqslant 1 - \mathrm{e}^{-b}\left(1+\dfrac{b}{n}\right)^n \to 0$.

16. 最后, 我们要强调, 有了函数列一致收敛 (内闭一致收敛), 就有了函数项级数一致收敛 (内闭一致收敛). 称函数项级数 $\displaystyle\sum_{k=1}^{\infty} u_k(x)$ 一致收敛 (内闭一致收敛) 于 $S(x)$, 若函数列 $S_n(x) = \displaystyle\sum_{k=1}^{n} u_k(x)$ 一致收敛 (内闭一致收敛) 于 $S(x)$.

17. 利用一致收敛当且仅当差的极大值范数趋于 0, 可以证明下面这个公平的结论: 若函数项级数 $\displaystyle\sum_{k=1}^{\infty} u_k(x)$ 一致收敛 (内闭一致收敛), 则 $u_n(x)$ 一致收敛 (内闭一致收敛) 于 0.

18. 据此, 可以证明, 函数项级数 $\displaystyle\sum_{n=1}^{\infty} n\left(x+\dfrac{1}{n}\right)^n$ 在 $(-1,1)$ 上点态收敛, 但不是一致收敛的. 因为取数列 $x_n = 1 - \dfrac{1}{n}$, 可以验证 $n\left(x+\dfrac{1}{n}\right)^n$ 不是一致收敛于 0 的.

4.1.4　一致收敛与极限和积分换序

接下来我们探讨一致收敛下的极限和积分换序问题. 一致收敛只是极限和积分换序的充分条件, 却非必要. 但我们不需求全责备, 会用是第一要务. 为方便学习证明, 我们先以函数列一致收敛证明若干换序定理.

1. 一致收敛保持连续性:

命题　4.1.4 设 $\{S_n(x)\}$ 是 D 上的连续函数列, 且其在 D 上一致收敛于 $S(x)$, 则 $S(x)$ 连续.

其背后的原因就是三角不等式.

2. 证明 a. 首先, 对任意 n, 有

$$|S(x) - S(x_0)| \leqslant |S(x) - S_n(x)| + |S_n(x) - S_n(x_0)| + |S_n(x_0) - S(x_0)|.$$

b. 由一致收敛, 对任意 $\varepsilon > 0$, 存在一个 n, 使得 $|S(x) - S_n(x)| \leqslant \varepsilon$ 对任意 $x \in D$ 成立, 即对此 n, 有

$$|S(x) - S(x_0)| \leqslant |S_n(x) - S_n(x_0)| + 2\varepsilon, \ \forall x \in D.$$

c. 于是两边取上下极限得

$$0 \leqslant \varliminf_{x \to x_0} |S(x) - S(x_0)| \leqslant \varlimsup_{x \to x_0} |S(x) - S(x_0)| \leqslant 2\varepsilon.$$

不等式对任意 $\varepsilon > 0$ 均成立, 即 $\lim\limits_{x \to x_0} |S(x) - S(x_0)| = 0$.　　　　□

3. 注意极限与有限和总是可以交换次序的, 于是将上述命题翻译到函数项级数上去, 就是所谓逐项求极限: 假设对任意 n, $u_n(x)$ 在 $[a, b]$ 上连续, 且 $\sum\limits_{n=1}^{\infty} u_n(x)$ 一致收敛于 $S(x)$, 则有 $S(x)$ 连续, 即

$$\forall x_0 \in [a, b], \ \lim_{x \to x_0} S(x)(= S(x_0) = \sum_{n=1}^{\infty} u_n(x_0)) = \sum_{n=1}^{\infty} \lim_{x \to x_0} u_n(x),$$

即可以逐项求极限.

4. 当然, 由连续性的定义, 只需要: $u_n(x)$ 在 (a, b) 内连续, 且 $\sum\limits_{n=1}^{\infty} u_n(x)$ 内闭一致收敛于 $S(x)$, 就有 $S(x)$ 在 (a, b) 内连续, 即

$$\forall x_0 \in (a, b), \ \lim_{x \to x_0} S(x)(= S(x_0) = \sum_{n=1}^{\infty} u_n(x_0)) = \sum_{n=1}^{\infty} \lim_{x \to x_0} u_n(x).$$

5. 利用振幅和, 可以证明若 $\{S_n(x)\}$ 是 $[a,b]$ 上的 Riemann 可积函数列, 且其在 $[a,b]$ 上一致收敛于 $S(x)$, 则 $S(x)$ Riemann 可积. 不过一般情况下我们都是考虑 $\{S_n(x)\}$ 为连续函数列, 因此其一致收敛极限 $S(x)$ 的可积性是显然的. 我们略去最一般情况 $S(x)$ 可积性的证明, 大家可以依据连续性的证明自行补充.

命题 **4.1.5** 若连续函数列 $\{S_n(x)\}$ 在 $[a,b]$ 上一致收敛于 $S(x)$, 则必有

$$\lim_{n\to\infty} \int_a^b S_n(x)\,\mathrm{d}x = \int_a^b S(x)\,\mathrm{d}x.$$

证明非常容易, 只需注意一致收敛意味着 $\sup_x |S_n(x) - S(x)| \to 0$, 因此

$$\left| \int_a^b S_n(x)\,\mathrm{d}x - \int_a^b S(x)\,\mathrm{d}x \right| \leqslant \sup_x |S_n(x) - S(x)|(b-a) \to 0.$$

6. 一致收敛可以保证积分与极限换序, 但是不需要一致收敛也可以. 未来要学的实分析会更详细处理积分极限换序问题, 眼下请不要着急.

7. 将上述命题翻译到函数项级数中去, 就得到逐项求积分: 假设对任意 n, $u_n(x)$ 在 $[a,b]$ 上连续, 且 $\sum_{n=1}^{\infty} u_n(x)$ 一致收敛于 $S(x)$, 则有 $S(x)$ 可积, 且

$$\int_a^b S(x)\,\mathrm{d}x = \sum_{n=1}^{\infty} \int_a^b u_n(x)\,\mathrm{d}x,$$

即可以逐项求积分.

8. 更进一步, 其实我们有: $u_n(x)$ 在 $[a,b)$ 上连续, 且 $\sum_{k=1}^{\infty} u_k(x)$ 内闭一致收敛于 $S(x)$, 则有函数项级数

$$\sum_{k=1}^{\infty} \int_a^x u_k(t)\,\mathrm{d}t$$

在 $[a,b)$ 上内闭一致收敛于 $\int_a^x S(t)\,\mathrm{d}t.$

4.1.5　一致收敛与求导换序

我们说过, 极限与求导换序问题和另外两个换序问题不尽相同, 本节我们介绍极限与求导换序, 并解释不同在哪里.

1. 微分与极限换序稍微复杂一点. 可以很轻易地构造一个 $S_n(x)$ 一致收敛于 $S(x)$, 但 $S(x)$ 不可导, 例如光滑拱顶极限是尖顶. 或者 $S(x)$ 可导, 但导数和极限不可交换. 例如 $\dfrac{\sin nx}{n}$, 这个函数就像一列越来越矮的锯齿, 虽然矮, 但锯齿一直在. 这样 $\left(\dfrac{\sin nx}{n}\right)' = \cos nx$, 不会趋于 0.

2. 因此微分与极限不可换序, 不仅是极限的问题, 还是微分自身的问题. 通过下面的微分与极限换序定理可以看到这一点.

   命题 4.1.6 设 $S_n(x)$ 在 $[a,b]$ 上有连续的导函数, $S_n(x)$ 点态收敛于 $S(x)$, 且 $S'_n(x)$ 一致收敛, 则一定有 $S(x)$ 可导, 且 $S'(x) = \lim\limits_{n\to\infty} S'_n(x)$.

3. 你可能会觉得这定理的意思很奇怪. 我们先考虑一个更整齐但不那么全面的形式: $S_n(x)$ 一致收敛于 $S(x)$, 且 $S'_n(x)$ 一致收敛, 则必有 $\lim\limits_{n\to\infty} S'_n(x) = S'(x)$.

4. 你可能本来希望证明的是只要 $S_n(x)$ 一致收敛于 $S(x)$, 就一定有 $S'_n(x)$ 一致收敛于 $S'(x)$. 把这句话拆开, 它其实有两层意思: 由假设

   甲. $S_n(x)$ 一致收敛于 $S(x)$

   出发, 要证明两个结论:

   A. $S'_n(x)$ 一致收敛;

   B. $S(x)$ 可导且 $S'_n(x)$ 的极限恰好是 $S'(x)$.

5. 由之前的反例可知, 这肯定是做不到了. 退而求其次, 将结论 A 变成假设乙. 即从两个假设

   甲. $S_n(x)$ 一致收敛于 $S(x)$;

   乙. $S'_n(x)$ 一致收敛

   出发证明唯一的结论:

   A. $S(x)$ 可导且 $S'_n(x)$ 的极限恰好是 $S'(x)$.

   这个任务肯定应该容易多了.

6. 以后大家学习泛函分析, 会知道上面两条的意思合起来就是说: 微分算子虽然不是有界算子, 但它是闭算子.

7. 证明却是容易的.

   证明 设 $S'_n(x)$ 一致收敛于 $\sigma(x)$. 于是可知

   $$\sup_x \left| \int_a^x S'_n(t)\,\mathrm{d}t - \int_a^x \sigma(t)\,\mathrm{d}t \right| \leqslant \sup_x |S'_n(x) - \sigma(x)|(b-a) \to 0,$$

   即

   $$S_n(x) - S_n(a) = \int_a^x S'_n(t)\,\mathrm{d}t \to \int_a^x \sigma(t)\,\mathrm{d}t$$

   是一致的. 因此 $\int_a^x \sigma(t)\,\mathrm{d}t = S(x) - S(a)$, 即 $S(x)$ 可导, 导函数为 $\sigma(x)$, 即

   $$\lim_{n\to\infty} S'_n(x) = S'(x).$$

   $\square$

8. 逐项求微分: 假设对任意 n, $u_n(x)$ 在 $[a,b]$ 上连续可导, 且 $\sum_{n=1}^{\infty} u_n(x)$ 点态收敛于 $S(x)$, $\sum_{n=1}^{\infty} u'_n(x)$ 一致收敛, 则有 $S(x)$ 可导, 且

   $$S'(x) = \sum_{n=1}^{\infty} u'_n(x),$$

   即可以逐项求微分.

9. 同样, 由于微分只是局部概念, 只需要 $u_n(x)$ 在 (a,b) 上连续可导, 且 $\sum_{k=1}^{\infty} u_k(x)$ 点态收敛于 $S(x)$, $\sum_{k=1}^{\infty} u'_k(x)$ 在 (a,b) 上内闭一致收敛, 则有 $S(x)$ 可导, 且

   $$\forall x \in (a,b),\ S'(x) = \sum_{k=1}^{\infty} u'_k(x).$$

10. 上一小节和这一小节介绍的性质对研究函数项级数的和函数是很重要的. 现在看起来比较抽象是因为没有例子, 没有例子是因为我们还不能明确判断谁一致收敛谁不一致收敛. 于是当务之急, 要知道函数项级数何时一致收敛.

4.1.6 一致收敛的 Cauchy 收敛原理及其推论

判断一致收敛的基础是 Cauchy 收敛原理, 本小节介绍一致收敛的 Cauchy 收敛原理及其推论.

1. 函数项级数一致收敛的 Cauchy 收敛原理:

定理 4.1.7 函数项级数 $\sum\limits_{k=1}^{\infty} u_k(x)$ 一致收敛当且仅当对任意 $\varepsilon > 0$, 存在 N, 使得对任意 $m > n > N$, 有 $\sup\limits_{x} |u_{n+1}(x) + \cdots + u_m(x)| < \varepsilon$, 即一致地小于 ε.

2. 必要性和之前一样, 不过是三角不等式: 由于一致收敛, 因此

$$\lim_{n\to\infty} \sup_x \left| S(x) - \sum_{k=1}^{n} u_k(x) \right| = 0,$$

于是由

$$\sup_x |u_{n+1}(x) + \cdots + u_m(x)|$$

$$\leqslant \sup_x \left| S(x) - \sum_{k=1}^{n} u_k(x) \right| + \sup_x \left| S(x) - \sum_{k=1}^{m} u_k(x) \right|$$

即可得到.

3. 充分性: 由数项级数的 Cauchy 收敛原理直接可以看到, 对任意 x, 有

$$\sum_{k=1}^{\infty} u_k(x) = S(x)$$

存在且有限.

a. 已知对任意 $\varepsilon > 0$, 存在 N, 只要 $m > n > N$, 有

$$\sup_x |u_{n+1}(x) + \cdots + u_m(x)| < \varepsilon.$$

b. 于是当 $n > N$ 时, 有

$$\left| S(x) - \sum_{k=1}^{n} u_k(x) \right| = \lim_{m\to\infty} \left| \sum_{k=1}^{m} u_k(x) - \sum_{k=1}^{n} u_k(x) \right| \leqslant \varepsilon$$

对任意 x 成立, 即

$$\sup_x \left| S(x) - \sum_{k=1}^n u_k(x) \right| \leqslant \varepsilon.$$

4. 与之前相同, 可以将一致收敛的 Cauchy 收敛原理写成: 函数项级数

$$\sum_{k=1}^\infty u_k(x)$$

一致收敛当且仅当

$$\lim_{n,m \to \infty} \sup_x |u_{n+1}(x) + \cdots + u_m(x)| = 0,$$

或者当 $n, m \to \infty$ 时, $u_{n+1}(x) + \cdots + u_m(x)$ 一致收敛于 0, 即求和片段向无穷移动时, 求和所得函数一致收敛于 0. 这样会方便记忆和写作.

5. 如果要用 Cauchy 收敛原理证明一个函数项级数不是一致收敛, 那要做的事情就是证明 $u_{n+1}(x) + \cdots + u_m(x)$ 在 $n, m \to \infty$ 时不是一致收敛于 0 的. 按照之前讲过的用数列描述的一致收敛等价条件, 就是要找一组 $\{x_{n,m}\}$, 使得

$$\lim_{n,m \to \infty} (u_{n+1}(x_{n,m}) + \cdots + u_m(x_{n,m})) \neq 0.$$

在最后这个式子里, 我们滥用了数学符号, 它其实包含两种情况: 左边的极限不存在, 或者极限存在但不为 0.

6. 但是在实际问题中, m 往往由 n 决定, 即 $m = m(n)$, 例如 $m(n) = 2n, n^2, 2n + n^2$. 此时利用 Cauchy 收敛原理证明函数项级数不一致收敛就是要找到一个数列 $\{x_n\}$, 使得

$$\lim_{n \to \infty} \left(u_{n+1}(x_n) + \cdots + u_{m(n)}(x_n) \right) \neq 0.$$

7. 理解了这样的 Cauchy 收敛原理, 再理解下面的判定定理是非常容易的.

命题 4.1.8 (Weierstrass 判别法) 设函数项级数 $\sum_{k=1}^\infty u_k(x)$ 的每一项都满足 $|u_n(x)| \leqslant a_n, \forall x \in D$ 且正项级数 $\sum_{k=1}^\infty a_n$ 收敛, 则 $\sum_{k=1}^\infty u_k(x)$ 在 D 上一致收敛.

利用一致收敛 Cauchy 收敛原理证明很直接:

$$\lim_{n,m\to\infty}\sup_x|u_{n+1}(x)+\cdots+u_m(x)|\leqslant\lim_{n,m\to\infty}(a_{n+1}+\cdots+a_m)=0.$$

8. Abel-Dirichlet 判别法是判断级数是否一致收敛的重要工具. 这两个判别法初看条件比较苛刻, 你可能怀疑它们的用处不大, 但事实上它们各有其旨: 可以认为 Abel 判别法主要针对幂级数, 而 Dirichlet 判别法则是为三角级数, 即 Fourier 级数量身打造的.

命题 4.1.9 (Abel) 对每一固定的 x, 数列 $\{a_n(x)\}$ 关于 n 单调, 且函数序列 $\{a_n(x)\}$ **一致有界**, 即

$$|a_n(x)|\leqslant M,\forall x,\forall n.$$

同时 $\displaystyle\sum_{k=1}^{\infty}b_k(x)$ **一致收敛**, 则 $\displaystyle\sum_{k=1}^{\infty}a_k(x)b_k(x)$ **一致收敛**.

(Dirichlet) 对每一固定的 x, 数列 $\{a_n(x)\}$ 关于 n 单调. 同时函数序列 $\{a_n(x)\}$ **一致收敛**于 0 , 且 $\displaystyle\sum_{k=1}^{\infty}b_k(x)$ 的部分和函数序列**一致有界**, 即

$$\exists M,\left|\sum_{k=1}^{n}b_k(x)\right|\leqslant M,\forall x,\forall n,$$

则 $\displaystyle\sum_{k=1}^{\infty}a_k(x)b_k(x)$ **一致收敛**.

相关证明是利用 Abel 变换外加 Cauchy 收敛原理. 兹略去.

9. 于是, 若数项级数 $\displaystyle\sum_{k=1}^{\infty}a_k$ 收敛, 则函数项级数 $\displaystyle\sum_{k=1}^{\infty}a_kx^k$ 在 $[0,1]$ 上一致收敛; 另外, 若 a_n 单调趋于 0, 则 $\displaystyle\sum_{k=1}^{\infty}a_k\sin kx$ 在 $(0,2\pi)$ 上内闭一致收敛, 因为对任意 $\pi>\delta>0$, 有

$$\left|\sum_{k=n}^{m}\sin kx\right| = \frac{1}{\left|2\sin\frac{x}{2}\right|}\left|2\sin\frac{x}{2}\sum_{k=n}^{m}\sin kx\right|$$

$$= \frac{1}{\left|2\sin\frac{x}{2}\right|}\left|\cos\frac{2m+1}{2}x-\cos\frac{2n-1}{2}x\right|$$

$$\leqslant \frac{1}{\left|\sin\frac{\delta}{2}\right|},\forall x\in(\delta,2\pi-\delta).$$

10. 若仅假设 a_n 单调趋于 0, 则函数项级数 $\sum\limits_{k=1}^{\infty} a_k \sin kx$ 在 $(0, 2\pi)$ 上未必一致收敛. 例如 $\sum\limits_{n=1}^{\infty} \dfrac{1}{n} \sin nx$. 仅需验证 Cauchy 收敛原理中求和片段不是一致收敛于 0 即可. 事实上, 问题出在 0 附近: 令 $x_n = \dfrac{1}{2n}$,

$$\sum_{k=n+1}^{2n} \frac{1}{k} \sin(kx_n) \geqslant \frac{1}{2} \sin \frac{1}{2}.$$

4.2 整整齐齐的幂级数

我们总是要用最简单的函数近似或者表示一般函数. 多项式是简单的. 因此, 考虑多项式的极限——幂级数 $\sum\limits_{n=0}^{\infty} a_n x^n$ 是自然的. 幸运的是, 幂级数的性质就四个字, 整整齐齐.

4.2.1 幂级数的收敛性

一般而言, 幂级数是形如 $\sum\limits_{n=0}^{\infty} a_n(x - x_0)^n$ 的函数项级数. 然而为方便起见, 本节我们以 $\sum\limits_{n=0}^{\infty} a_n x^n$ 这一特殊情况叙述理论.

1. 在展开理论之前, 先用几句话总结幂级数 $\sum\limits_{n=0}^{\infty} a_n x^n$ 的性质:

甲. 幂级数的收敛域只有如下四种情况:

$$(-R, R), (-R, R], [-R, R), [-R, R].$$

其中 R 又叫该幂级数的收敛半径.

乙. 幂级数在收敛域内部任何一点 x 处, 即 $|x| < R$ 时, 均是绝对收敛的.

丙. 幂级数在其收敛域上总是内闭一致收敛的.

2. 幂级数 $\displaystyle\sum_{n=0}^{\infty} a_n x^n$ 的收敛半径就是 $A = \varlimsup_{n\to\infty} \sqrt[n]{|a_n|}$ 的倒数:

$$
R = \begin{cases} 0, & A = +\infty, \\[2mm] \dfrac{1}{A}, & 0 < A < +\infty, \\[2mm] +\infty, & A = 0. \end{cases}
$$

3. Cauchy-Hadamard 定理, 也叫 Abel 第一定理, 对应了上面列举的性质甲和乙.

> **定理 4.2.1** (Cauchy-Hadamard 定理, Abel 第一定理) 幂级数 $\displaystyle\sum_{n=0}^{\infty} a_n x^n$ 当 $|x| < R$ 时绝对收敛; 当 $|x| > R$ 时发散; 当 $x = \pm R$ 时不一定.

4. 证明是简单应用 Cauchy 判敛法: 当 $|x| < R$ 时, 直接由 Cauchy 判敛法知 $\displaystyle\sum_{n=0}^{\infty} |a_n x^n|$ 收敛; 当 $|x| = R$ 时未知; 当 $|x| > R$ 时, $a_n x^n$ 不趋于 0.

5. 计算收敛半径有另一个办法: 若极限 $\displaystyle\lim_{n\to\infty} \left| \frac{a_{n+1}}{a_n} \right| = A$ 存在, 则幂级数 $\displaystyle\sum_{n=0}^{\infty} a_n x^n$ 的收敛半径 $R = \dfrac{1}{A}$. 请大家回顾数项级数的相关内容, 自行补齐证明.

6. Abel 第一定理说明了幂级数只要在一点处收敛, 就在一整片上收敛, 两个收敛的点之间不会隔着一个发散的点. 这是幂级数很独特的性质, 一般地函数项级数, 例如我们将要学到的 Fourier 级数, 是没有这种性质的.

例 4.2.1 假设 $\displaystyle\sum_{n=0}^{\infty} a_n x^n$ 和 $\displaystyle\sum_{n=0}^{\infty} b_n x^n$ 的收敛半径分别为 R_a, R_b, 讨论 $\displaystyle\sum_{n=0}^{\infty} (a_n + b_n) x^n$ 的收敛半径.

若 $R_a < R_b$, 则对任意 $|x| < R_a$, 有 $\displaystyle\sum_{n=0}^{\infty} (a_n + b_n) x^n$ 收敛, 而对任意 $R_a < x < R_b$, $\displaystyle\sum_{n=0}^{\infty} (a_n + b_n) x^n$ 发散, 于是由幂级数收敛域的特性, 可知

$\displaystyle\sum_{n=0}^{\infty}(a_n+b_n)x^n$ 的收敛半径就是 R_a. 若 $R_a=R_b$, 则收敛半径可能变大, 例如 $\displaystyle\sum_{n=0}^{\infty}x^n$ 与 $\displaystyle\sum_{n=0}^{\infty}(-x^n)$ 的收敛半径均为 1, 但 $\displaystyle\sum_{n=0}^{\infty}0x^n$ 的收敛半径为 $+\infty$.

7. Abel 第二定理对应了上面列举的性质丙:

定理 **4.2.2** (Abel 第二定理) 幂级数 $\displaystyle\sum_{n=0}^{\infty}a_nx^n$ 在其收敛域上是内闭一致收敛的.

8. 证明是容易的, 只是要清醒, 耐心地讨论各种情况:

证明 a. 若 $\displaystyle\sum_{n=0}^{\infty}a_nx^n$ 的收敛域为 $(-R,R)$, 则任意 $(-R,R)$ 的闭子集均包含于某形如 $[-r,r], r<R$ 的闭子集. 由 Weierstrass 判别法以及 $|a_nx^n|\leqslant|a_n|r^n$ 可知其在 $[-r,r]$ 上一致收敛.

b. 若级数的收敛域为 $(-R,R]$, 则由 a 中结论, 只需额外证明级数在 $[0,R]$ 上一致收敛即可. 而此时

$$\sum_{n=0}^{\infty}a_nx^n=\sum_{n=0}^{\infty}a_nR^n\frac{x^n}{R^n},$$

由 Abel 判别法可知其一致收敛.

c. 若级数的收敛域为 $[-R,R)$, 则与前类似, 只需额外证明级数在 $[-R,0]$ 上一致收敛即可. 此时

$$\sum_{n=0}^{\infty}a_nx^n=\sum_{n=0}^{\infty}a_n(-R)^n\frac{x^n}{(-R)^n},$$

再利用 Abel 判别法即可得到结论.

d. 若级数的收敛域为 $[-R,R]$, 则利用 b 和 c 中结论即可. $\square$

4.2.2 幂级数和函数的性质

本小节的全部内容都是上一小节幂级数收敛性质的简单推论. 我们要研究的是形如 $S(x)=\displaystyle\sum_{n=0}^{\infty}a_nx^n$ 的函数的性质.

1. 首先根据已知理论, 直接可得连续性:

命题 4.2.3 函数 $S(x) = \sum\limits_{n=0}^{\infty} a_n x^n$ 在级数收敛域上连续. 即对收敛域中任意点 x_0, 有

$$\lim_{x \to x_0} \sum_{n=0}^{\infty} a_n x^n = \sum_{n=0}^{\infty} a_n x_0^n \ (\text{或} \ \lim_{x \to x_0^{\pm}} \sum_{n=0}^{\infty} a_n x^n = \sum_{n=0}^{\infty} a_n x_0^n).$$

很简单, 因为幂级数是内闭一致收敛的.

2. 借助这一性质, 可以证明如下关于 Cauchy 乘积的命题:

命题 4.2.4 设数项级数 $\sum\limits_{n=0}^{\infty} a_n, \sum\limits_{n=0}^{\infty} b_n$, 以及其 Cauchy 乘积级数 $\sum\limits_{n=0}^{\infty} c_n$ 均收敛, 则一定有

$$\sum_{n=0}^{\infty} c_n = \sum_{n=0}^{\infty} a_n \sum_{n=0}^{\infty} b_n.$$

也就是说, 两个收敛级数 Cauchy 乘积失效只有一种情况: Cauchy 乘积级数发散.

3. 证明 a. 考虑 $\sum\limits_{n=0}^{\infty} a_n x^n, \sum\limits_{n=0}^{\infty} b_n x^n$, 则明显其 Cauchy 乘积就是 $\sum\limits_{n=0}^{\infty} c_n x^n$.

   b. 当 $x = 1$ 时, 三个函数项级数均收敛, 因此必有当 $0 < x < 1$ 时,

$$\sum_{n=0}^{\infty} a_n x^n, \sum_{n=0}^{\infty} b_n x^n$$

绝对收敛.

   c. 于是

$$\sum_{n=0}^{\infty} c_n x^n = \sum_{n=0}^{\infty} a_n x^n \sum_{n=0}^{\infty} b_n x^n, \forall x \in [0, 1).$$

   d. 由于幂级数 $\sum\limits_{n=0}^{\infty} c_n x^n, \sum\limits_{n=0}^{\infty} a_n x^n, \sum\limits_{n=0}^{\infty} b_n x^n$ 均在 $x = 1$ 处左连续, 因此

$$\sum_{n=0}^{\infty} c_n = \sum_{n=0}^{\infty} a_n \sum_{n=0}^{\infty} b_n.$$

$\square$

4. Cauchy 乘积是研究幂级数的好工具, 可以通过 Cauchy 乘积求幂级数和函数. 例如要证明

$$\sum_{n=1}^{\infty} nx^n = x + 2x^2 + 3x^3 + \cdots = \frac{x}{(1-x)^2}, \forall x \in (-1, 1),$$

由幂级数在其收敛域内部绝对收敛, 可见:

$$\frac{x}{(1-x)^2} = x \cdot \frac{1}{1-x} \cdot \frac{1}{1-x} = x \sum_{n=1}^{\infty} x^{n-1} \sum_{n=1}^{\infty} x^{n-1} = x \sum_{n=1}^{\infty} nx^{n-1}.$$

5. 可积性:

命题 4.2.5 函数 $S(x) = \displaystyle\sum_{n=0}^{\infty} a_n x^n$ 在级数收敛域上可积. 设 x_0 是幂级数 $\displaystyle\sum_{n=0}^{\infty} a_n x^n$ 收敛域中的任意一点, 则

$$\int_0^{x_0} S(t)\,\mathrm{d}t = \int_0^{x_0} \sum_{n=0}^{\infty} a_n t^n\,\mathrm{d}t = \sum_{n=0}^{\infty} \int_0^{x_0} a_n t^n\,\mathrm{d}t = \sum_{n=0}^{\infty} \frac{a_n}{n+1} {x_0}^{n+1},$$

且逐项积分级数. $\displaystyle\sum_{n=0}^{\infty} \frac{a_n}{n+1} x^{n+1}$ 的收敛半径与原级数相同.

其证明非常简单, 请大家自行完成.

6. 若原级数 $\displaystyle\sum_{n=0}^{\infty} a_n x^n$ 在 $x = x_0$ 处收敛, 则由 Abel 判别法可知逐项积分级数 $\displaystyle\sum_{n=0}^{\infty} \frac{a_n}{n+1} x^{n+1}$ 一定在 $x = x_0$ 处收敛. 另一方面, 简单观察可以发现, $\displaystyle\sum_{n=0}^{\infty} \frac{a_n}{n+1} x^{n+1}$ 比 $\displaystyle\sum_{n=0}^{\infty} a_n x^n$ 更容易收敛. 事实也确实如此, 逐项积分幂级数收敛域可能比原本的幂级数收敛域多一个或两个边界点.

7. 假设 $\displaystyle\sum_{n=0}^{\infty} a_n x^n$ 的收敛域为 $[-R, R)$, 则积分 $\displaystyle\int_0^R \sum_{n=0}^{\infty} a_n x^n\,\mathrm{d}x$ 不见得是定积分. 也就是说只能把它当作反常积分处理, R 是它的奇点. 按照反常积分定义, 总是有

$$\int_0^R \sum_{n=0}^{\infty} a_n x^n\,\mathrm{d}x = \lim_{x \to R^-} \int_0^x \sum_{n=0}^{\infty} a_n t^n\,\mathrm{d}t = \lim_{x \to R^-} \sum_{n=0}^{\infty} \frac{a_n}{n+1} x^{n+1}.$$

若函数项级数 $\sum\limits_{n=0}^{\infty} \dfrac{a_n}{n+1} x^{n+1}$ 在 R 处收敛, 则上述反常积分收敛, 且

$$\int_0^R \sum_{n=0}^{\infty} a_n x^n \, \mathrm{d}x = \lim_{x \to R^-} \sum_{n=0}^{\infty} \frac{a_n}{n+1} x^{n+1} = \sum_{n=0}^{\infty} \frac{a_n}{n+1} R^{n+1}.$$

8. 幂级数的积分性质可以用来计算幂级数和函数, 例如要计算函数项级数 $\sum\limits_{n=1}^{\infty}(-1)^{n-1} x^{n-1}$ 的和函数. 首先可以确定其收敛域是 $(-1,1)$, 因此内闭一致收敛于 $\dfrac{1}{1+x}$. 于是可以在 $(-1,1)$ 上逐项积分, 得到

$$\sum_{n=1}^{\infty}(-1)^{n-1}\frac{x^n}{n} = \ln(1+x).$$

然而, 级数 $\sum\limits_{n=1}^{\infty}(-1)^{n-1}\dfrac{x^n}{n}$ 的收敛域是 $(-1,1]$, 因此其在 $x=1$ 处左连续. 于是我们可以逐项取极限得到 $\ln 2 = \sum\limits_{n=1}^{\infty}(-1)^{n-1}\dfrac{1}{n}$, 即

$$\sum_{n=1}^{\infty}(-1)^{n-1}\frac{x^n}{n} = \ln(1+x), \forall x \in (-1,1].$$

9. 可微性:

命题 **4.2.6** 设级数 $\sum\limits_{n=0}^{\infty} a_n x^n$ 的收敛半径是 R, 则函数 $S(x) = \sum\limits_{n=0}^{\infty} a_n x^n$ 在收敛域内部 $(-R, R)$ 内可导, 且

$$S'(x) = \sum_{n=0}^{\infty} n a_n x^{n-1}.$$

逐项求导幂级数 $\sum\limits_{n=0}^{\infty} n a_n x^{n-1}$ 的收敛半径与原级数 $\sum\limits_{n=0}^{\infty} a_n x^n$ 的收敛半径相同.

10. 利用这个命题的证明, 我们强调一下逐项可微条件的不同:

证明 a. 首先, 由收敛半径的公式可见 $\displaystyle\sum_{n=0}^{\infty}(a_n x^n)' = \sum_{n=0}^{\infty} n a_n x^{n-1}$ 与

$\displaystyle\sum_{n=0}^{\infty} a_n x^n$ 有相同收敛半径 R.

b. 于是在 $(-R, R)$ 上, 确实有 $\displaystyle\sum_{n=0}^{\infty} a_n x^n$ 内闭一致收敛, 且 $\displaystyle\sum_{n=0}^{\infty}(a_n x^n)' =$

$\displaystyle\sum_{n=0}^{\infty} n a_n x^{n-1}$ 内闭一致收敛.

c. 因此, 确实有

$$S'(x) = \left(\sum_{n=0}^{\infty} a_n x^n\right)' = \sum_{n=0}^{\infty}(a_n x^n)' = \sum_{n=0}^{\infty} n a_n x^{n-1}, \forall x \in (-R, R).$$

$\square$

11. 若 $\displaystyle\sum_{n=0}^{\infty} n a_n x^{n-1}$ 在 $x = x_0$ 处收敛, 则由 Abel 判别法可知, $\displaystyle\sum_{n=0}^{\infty} a_n x^n$ 也

在 $x = x_0$ 处收敛. 另一方面, 相比于原级数 $\displaystyle\sum_{n=0}^{\infty} a_n x^n$, 逐项微分幂级数

$\displaystyle\sum_{n=0}^{\infty} n a_n x^{n-1}$ 更难收敛了. 情况也确实如此, 一般而言, 原幂级数 $\displaystyle\sum_{n=0}^{\infty} a_n x^n$

的收敛域可能会比逐项微分幂级数 $\displaystyle\sum_{n=0}^{\infty} n a_n x^{n-1}$ 的收敛域多一到两个边

界点. 相关例子已讨论过, 兹不赘述.

12. 幂级数的可微性也可以帮我们计算函数项级数的和函数, 例如考虑

$$\sum_{n=1}^{\infty} n x^n = x + 2x^2 + 3x^3 + \cdots,$$

可见收敛域为 $(-1, 1)$, 且其等于

$$x \sum_{n=1}^{\infty} n x^{n-1} = x \sum_{n=1}^{\infty}(x^n)'.$$

而幂级数 $\displaystyle\sum_{n=1}^{\infty} x^n$ 的收敛半径为 1, 因此 $\forall x \in (-1, 1)$, 有

$$\sum_{n=1}^{\infty}(x^n)' = \left(\sum_{n=1}^{\infty} x^n\right)' = \left(\frac{x}{1-x}\right)' = \frac{1}{(1-x)^2},$$

即

$$\sum_{n=1}^{\infty} nx^n = x + 2x^2 + 3x^3 + \cdots = \frac{x}{(1-x)^2}, \forall x \in (-1, 1).$$

13. 幂级数的性质在计算数项级数时亦有妙用. 例如计算 $\sum_{n=1}^{\infty} \frac{2n+1}{3^n}$. 由四则

运算, 只需计算 $\sum_{n=1}^{\infty} \frac{n}{3^n}$. 将 $\frac{1}{3}$ 换成 x, 则有

$$\sum_{n=1}^{\infty} nx^n = x \sum_{n=1}^{\infty} nx^{n-1} = x \sum_{n=1}^{\infty} (x^n)' = x(\sum_{n=1}^{\infty} x^n)', \forall x \in (-1, 1).$$

之后的计算请大家自行完成.

4.2.3 若干初等函数的幂级数展开

我们仅介绍一些简单而重要的初等函数的幂级数展开.

1. 本节仅考虑无穷次可微的函数. 将无穷次可微函数展开成幂级数的理论基础就是带余项的 Taylor 展开, 即

$$f(x) = f(x_0) + f'(x_0)(x - x_0) + \cdots + \frac{f^{(n)}(x_0)}{n!}(x - x_0)^n + r_n(x - x_0),$$

即

$$f(x) - r_n(x - x_0) = f(x_0) + f'(x_0)(x - x_0) + \cdots + \frac{f^{(n)}(x_0)}{n!}(x - x_0)^n.$$

2. 注意, 若对某个固定 x, $\lim\limits_{n\to\infty} r_n(x - x_0)$ 存在, 那么在 x 处, 有右边幂级数收敛; 若还有 $\lim\limits_{n\to\infty} r_n(x - x_0) = 0$, 则

$$f(x) = f(x_0) + \sum_{n=1}^{\infty} \frac{f^{(n)}(x_0)}{n!}(x - x_0)^n.$$

右边的幂级数又被称为 Taylor 级数.

3. 因此判断 Taylor 级数是否收敛于 $f(x)$, 就在于判断余项在 $n \to \infty$ 时是否趋于 0. 为此目的, 我们需要考虑整体的余项, 例如 Lagrange 余项以及一些更精确的余项.

4. 例如, 由 e^x 在 0 点处的 Taylor 展开

$$e^x = 1 + \sum_{k=1}^{n} \frac{x^k}{k!} + r_n(x),$$

且由 Lagrange 余项公式可见

$$\lim_{n \to \infty} r_n(x) = \lim_{n \to \infty} \frac{e^\xi}{(n+1)!} x^{n+1} = 0$$

对任意 $x \in (-\infty, +\infty)$ 成立, 可知

$$e^x = 1 + \sum_{k=1}^{\infty} \frac{x^k}{k!}, x \in (-\infty, +\infty).$$

这个 Taylor 级数其实解释了为什么 e^x 的导函数还是 e^x.

5. 利用 $\sin x, \cos x$ 的 Taylor 展开, 可见对任意 $x \in (-\infty, +\infty)$, 有

$$\sin x = \sum_{n=0}^{\infty} \frac{(-1)^n}{(2n+1)!} x^{2n+1}, \cos x = \sum_{n=0}^{\infty} \frac{(-1)^n}{(2n)!} x^{2n}.$$

于是由上述 Taylor 级数, 立刻可以推得 Euler 公式:

$$e^{ix} = \cos x + i \sin x, \forall x \in (-\infty, +\infty).$$

6. 计算 $(1+x)^\alpha$ 在 0 附近的 Taylor 级数比较烦琐, 因此本书仅记录结果, 暂时略过其计算过程, 请大家自行参考资料补齐细节. 当 α 为非负整数时, 展开就是二项式展开, 而当 α 不是非负整数时, 有

$$(1+x)^\alpha = \sum_{n=0}^{\infty} \binom{\alpha}{n} x^n, x \in \begin{cases} (-1,1), & \alpha \leqslant -1, \\ (-1,1], & -1 < \alpha < 0, \\ [-1,1], & \alpha > 0. \end{cases}$$

其中

$$\binom{\alpha}{n} = \frac{\alpha(\alpha-1)\cdots(\alpha-n+1)}{n!}, \ n \in \mathbb{N}_+,$$

而

$$\binom{\alpha}{0} = 1.$$

事实上, $(1+x)^\alpha = \sum_{n=0}^{\infty} \binom{\alpha}{n} x^n$ 成立的区间恰为右边幂级数的收敛域.

7. 最后, 由 $\ln(1+x)$ 的 Taylor 展开, 可得

$$\ln(1+x) = \sum_{n=1}^{\infty} \frac{(-1)^{n-1}}{n} x^n, x \in (-1,1].$$

4.2.4 Taylor 级数展开的不足和 Weierstrass 第一逼近定理

最后我们简要介绍 Taylor 级数展开的不足, 以引出后续内容.

1. 首先, 无穷次可导是非常苛刻的条件, 绝大多数函数一次都不可导, 而 Taylor 级数需要无穷次可导.

2. 对于这个问题, 我们有一个补救措施, 就是 Weierstrass 第一逼近定理.

   定理 4.2.7 设 f 为闭区间 $[a,b]$ 上的连续函数, 则存在一列多项式函数 $\{P_n(x)\}$, 其在 $[a,b]$ 上一致收敛于 $f(x)$.

3. 一般而言 $P_n(x)$ 不会是同一个幂级数的前 n 项部分和. 但它依然有用: 连续函数不可导, 但多项式函数总是无穷次可导的. 因此, 任意连续函数均可由无穷次可导的函数 (即光滑函数) 逼近.

4. 这一定理的证明我们权且略过, 仅指出一列近似 $[0,1]$ 上连续函数 f 的多项式:

$$B_n(x) = \sum_{k=0}^{n} f\left(\frac{k}{n}\right) \mathrm{C}_n^k x^k (1-x)^{n-k}.$$

请感兴趣的读者自行检索学习详细证明. 这个构造的灵感其实是源于概率论的.

5. 另外, 即便函数无穷次可导, Taylor 级数也存在失真的问题. 考察函数 $\mathrm{e}^{-\frac{1}{x^2}}$. 其在 0 处的任意阶导数均是 0, 所以其幂级数在整个实数轴上都是收敛的. 然而, 除了在 0 之外, 其幂级数绝不收敛于函数 $\mathrm{e}^{-\frac{1}{x^2}}$.

6. 这个问题其实很严重. 假设有一个函数, 你想把它的信息告诉给地球另一端的一个人. 把这个函数展开成幂级数, 然后把系数发送过去. 接收到全部系数的那个人, 还原出来的函数, 可能完全不是你想告诉他的.

7. 对于失真这个问题, 目前我们并没有什么好办法. 利用局部性质逼近和表示就到这里了. 若要更好地逼近和表示, 需要讨论函数的整体性质, 即利用积分. 后面要讨论的 Fourier 级数就是利用积分给出来的函数逼近和表示.

4.3 Fourier 级数

本节我们介绍 Fourier 级数. 如无特殊说明, 本章考虑的函数均为 2π 周期函数, 且其在定义域上 Riemann 可积. 很多理论对于反常积分意义下绝对可积的函数也是对的, 但是为了简洁, 我们先不去管它. 等到实分析时, 大家会学到 Lebesgue 可积函数的 Fourier 级数理论, 而反常积分意义下绝对可积函数都是 Lebesgue 可积的.

4.3.1 动机: 用三角函数级数表示函数

多项式函数之外, 我们最熟悉的就是三角函数. 那么, 是否可以用三角函数级数表示函数? 之所以想到用三角函数级数表示函数, 原因并不是这么简单. 其中的历史, 要追溯到数学家们研究振荡问题. 描述振荡的函数, 理应是周期的. 最简单的周期函数自然是三角函数. Bernoulli 在 1753 年猜测说是不是只要研究三角函数级数就足够研究振荡问题的时候, Euler 和 d'Alembert 并不相信. 后来 Fourier 在研究热传导等物理现象时, 确信事情必如 Bernoulli 所言. 最终, 人们证明, 一般地函数都可以用三角函数级数, 也就是 Fourier 级数来表示.

1. 我们知道: 若 $f(x) = ax + bx^2 + cx^3 + dx^4$, 想要求出 a, b, c, d, 只要依次求四次导数即可. 现在假设 $f(x) = a\sin x + b\sin 2x + c\cos 3x + d\cos 4x, x \in [-\pi, \pi]$, 那么我们能否通过 f 直接计算 a, b, c, d?

2. 如果我们把积分当成内积, 那么三角函数组就是这个内积下的正交函数组. 还能回想起在线性代数中, 如何将一个向量拆成正交向量组的线性组合吗? 注意除了 $\sin x$ 之外, 上述等式中任何三角函数乘 $\sin x$, 在 $[-\pi, \pi]$ 上的积分都是 0, 于是很容易得到

$$\int_{-\pi}^{\pi} f(x)\sin x\, \mathrm{d}x = \int_{-\pi}^{\pi} a\sin^2 x\, \mathrm{d}x.$$

通过这个办法, 就得到

$$a = \frac{1}{\pi}\int_{-\pi}^{\pi} f(x)\sin x\, \mathrm{d}x.$$

同样道理, 可以求得 b, c, d.

3. 这样, 对任何一个 $[-\pi, \pi]$ 上的可积函数 f, 可以合理猜测: 如有

$$f(x) = a_0 + \sum_{n=1}^{\infty}(a_n\cos nx + b_n\sin nx),$$

应有 $a_0 = \dfrac{1}{2\pi} \displaystyle\int_{-\pi}^{\pi} f(x)\,\mathrm{d}x$, 而

$$a_n = \frac{1}{\pi} \int_{-\pi}^{\pi} f(x) \cos nx\,\mathrm{d}x, \quad b_n = \frac{1}{\pi} \int_{-\pi}^{\pi} f(x) \sin nx\,\mathrm{d}x, \quad \forall n > 0.$$

4. 更进一步. 虽然对任意一个 $[-\pi, \pi]$ 上的可积函数, 我们还不知道它是否**等于**一个三角级数, 但总归可以利用上述方式, 定义一个三角级数出来: 即对 f, 可以定义一个三角级数

$$\frac{a_0}{2} + \sum_{n=1}^{\infty} (a_n \cos nx + b_n \sin nx),$$

其中 $a_0 = \dfrac{1}{\pi} \displaystyle\int_{-\pi}^{\pi} f(t)\,\mathrm{d}t$, 而

$$a_n = \frac{1}{\pi} \int_{-\pi}^{\pi} f(t) \cos nt\,\mathrm{d}t, \quad b_n = \frac{1}{\pi} \int_{-\pi}^{\pi} f(t) \sin nt\,\mathrm{d}t, \quad n > 0.$$

5. 称这个级数为 f 的 Fourier 级数, 将 f 决定这个级数这件事记为

$$f \sim \frac{a_0}{2} + \sum_{n=1}^{\infty} (a_n \cos nx + b_n \sin nx).$$

注意, 目前仅仅是通过 f 定义了一个三角函数级数 $\dfrac{a_0}{2} + \displaystyle\sum_{n=1}^{\infty}(a_n \cos nx + b_n \sin nx)$, 其中的 $\sim$ 号不是等号. 这个三角级数是否收敛, 乃至是否收敛于 f, 以何种意义收敛于 f 均是未知. 更一般地讲, 如何通过 Fourier 级数**还原**出函数, 是本章关心的主要问题.

6. Fourier 变换是在从另一个角度看待函数, 而从这个角度可以看清楚原本看不清楚的很多问题. 其实对从另一个角度看函数这件事并不陌生, 只是当时惘然. 回顾多项式函数:

$$a_0 + a_1 x + \cdots + a_n x^n.$$

可以把它当成 x 的函数, 也可以把它看成由如下数组确定:

$$a_0, a_1, \cdots, a_n.$$

沿此思路, 可以认为, 任意多项式都唯一对应一个数列:

$$a_0, a_1, \cdots, a_n, \cdots,$$

只不过这个数列中仅有限项非零.

7. 而 Fourier 变换则是想把任意函数看成一个数列

$$a_0, a_1, b_1, \cdots, a_n, b_n, \cdots,$$

并希望通过如下公式

$$\frac{a_0}{2} + \sum_{n=1}^{\infty} (a_n \cos nx + b_n \sin nx)$$

还原出原本的函数.

8. 可以如下方式通俗理解 Fourier 级数的作用: 你要存一张包含全部细节的自拍照是不可能的. 那删掉哪些内容呢? 删掉鼻子也不行, 删掉眼睛也不行. 最后, 就这里删一点, 那里删一点. 具体做法就是将函数写成 Fourier 级数, 然后将 n 比较大的 $a_n \cos nx + b_n \sin nx$ 删掉. 就好像你拿一个橡皮擦, 轻轻擦过照片, 擦去了高频部分——n 越大, $\sin nx, \cos nx$ 的频率越高. 同样道理, 也可以解释 Fourier 级数在信号, 通信等领域的应用.

9. 从古至今, 一切军事家都明白一个道理: 想要事无巨细知道全部现实完全不可能, 而过分简化现实则易失之武断, 合格的军事家应该在两者之间达到平衡. 古人言小节不拘, 大事不糊涂. Clausewitz 用洞察力指代这一能力, 而 Machiavelli 则称之为速写能力. 这个能力其实就可以理解为做 Fourier 变换的能力, 将复杂函数用简单函数组成的函数项级数表示出来, 然后略去高频部分, 将它交给运气和勇气, 保留低频部分, 并用理智和经验分析它.

4.3.2 放到圆周上

首先我们介绍一个构造, 让 Fourier 级数中的系数更整洁一点. 当然, 这个构造远远不止这点作用, 它以更本质的方式描述了 Fourier 级数理论.

注意, 如无特殊说明, 我们仅考虑 Riemann 可积函数.

1. 对于函数 f 而言, Fourier 级数

$$\frac{a_0}{2} + \sum_{n=1}^{\infty} (a_n \cos nx + b_n \sin nx)$$

有一点比较麻烦, 就是 $\sin nx, \cos nx$ 纠结在一起, 因此同时需要两套系数: a_n, b_n, 其中 $a_0 = \frac{1}{\pi} \int_{-\pi}^{\pi} f(t)\,\mathrm{d}t$, 而

$$a_n = \frac{1}{\pi} \int_{-\pi}^{\pi} f(t) \cos nt\,\mathrm{d}t,\ b_n = \frac{1}{\pi} \int_{-\pi}^{\pi} f(t) \sin nt\,\mathrm{d}t,\ n > 0.$$

2. 一个简单的办法, 可以将 $\sin nx$, $\cos nx$ 区分开, 就是在 $\sin nx$ 前加上一个虚数 i. 于是

$$\int_{-\pi}^{\pi} f(t)\sin nt\,dt\sin nx + \int_{-\pi}^{\pi} f(t)\cos nt\,dt\cos nx$$

$$= -\int_{-\pi}^{\pi} f(t)i\sin nt\,dti\sin nx + \int_{-\pi}^{\pi} f(t)\cos nt\,dt\cos nx.$$

3. 更进一步, 既然 $e^{ix} = \cos x + i\sin x$, $e^{-ix} = \cos x - i\sin x$, 就有

$$-\int_{-\pi}^{\pi} f(t)i\sin nt\,dti\sin nx + \int_{-\pi}^{\pi} f(t)\cos nt\,dt\cos nx$$

$$= \frac{1}{2}\int_{-\pi}^{\pi} f(x)e^{int}\,dte^{-inx} + \frac{1}{2}\int_{-\pi}^{\pi} f(x)e^{-int}\,dte^{inx}.$$

4. 因此, 对 $[-\pi,\pi]$ 上的可积函数 f, 其 Fourier 级数就等于

$$\sum_{n=-\infty}^{\infty} a_n e^{inx} = \sum_{n=-\infty}^{\infty} \frac{1}{2\pi}\int_{-\pi}^{\pi} f(t)e^{-int}\,dte^{inx}.$$

5. 这样, 只需要一套系数. 只不过要注意一点, 如果要谈 Fourier 级数收敛的话, 在这种情况下, 应该是

$$\sum_{n=-\infty}^{\infty} a_n e^{inx} = \frac{1}{2\pi}\sum_{n=-\infty}^{\infty}\int_{-\pi}^{\pi} f(t)e^{-int}\,dte^{inx}$$

$$= \lim_{N\to\infty}\frac{1}{2\pi}\sum_{n=-N}^{N}\int_{-\pi}^{\pi} f(t)e^{-int}\,dte^{inx}.$$

6. 记 $\hat{f}(n) = \dfrac{1}{2\pi}\displaystyle\int_{-\pi}^{\pi} f(t)e^{-int}\,dt$ 为 f 的 Fourier 级数中 e^{inx} 的系数.

7. 从现在开始, 我们将或多或少讨论复值函数. 在本书中, 复值函数与实值函数理论完全平行. 毕竟, 任何一个复值函数, 都可以写成

$$f(x) + ig(x)$$

的形式, 其中 f,g 均为实值函数. 尤其是 e^{ix}, 就可以将其看作 $\cos x + i\sin x$ 来理解.

8. 需要注意的是, 所谓对复数取绝对值, 就是对复数取模长. 也就是说, 设 $x, y \in \mathbb{R}$, 则 $|x + \mathrm{i}y| = \sqrt{(x + \mathrm{i}y)(x - \mathrm{i}y)} = \sqrt{x^2 + y^2}$, 因此

$$|e^{\mathrm{i}x}| \equiv 1, \forall x \in \mathbb{R}.$$

9. 在接下来的内容中, 我们默认可以通过改变在 π 这一点处的函数值, 将 $[-\pi, \pi]$ 上的函数扩充为 $\mathbb{R}$ 上的 2π 周期函数, 毕竟改变一个点处函数值对积分而言没有任何影响. 若 $f(\pi) = f(-\pi)$, 且函数 f 在 π 处的左极限, 在 $-\pi$ 处的右极限都存在且等于 $f(\pm\pi)$, 则认为 f 在 $\pm\pi$ 处是连续的. 接下来, 若说一个函数是 $[-\pi, \pi]$ 上的 2π 周期连续函数, 那就是在强调 f 不止在 $[-\pi, \pi]$ 上连续, 且还有 $f(\pi) = f(-\pi)$.

4.3.3 Dirichlet 积分

本小节将用到定积分一节介绍过的渐近单位元的概念.

1. 请大家先回顾一个概念: 若一列 $[-\pi, \pi]$ 上的函数 $\{g_n\}$ 满足:

   - $\forall n, \dfrac{1}{2\pi} \displaystyle\int_{-\pi}^{\pi} g_n \, \mathrm{d}x = 1$;

   - $\displaystyle\int_{-\pi}^{\pi} |g_n| \, \mathrm{d}x$ 关于 n 有界;

   - 对任意 $\pi > \delta > 0$, 均有 $\displaystyle\lim_{n \to \infty} \int_{\pm\delta}^{\pm\pi} |g_n(x)| \, \mathrm{d}x = 0$,

   则称之为渐近单位元.

2. 对于渐近单位元 $\{g_n\}$ 而言, 将其扩充为 $\mathbb{R}$ 上的 2π 周期函数, 则只要 2π 周期函数 f 在 $[-\pi, \pi]$ 上 Riemann 可积, 在 x 处连续, 必有

$$\frac{1}{2\pi} \int_{-\pi}^{\pi} f(t) g_n(x - t) \, \mathrm{d}t \to f(x), n \to \infty.$$

   不仅如此, 若函数 $f(x)$ 是 2π 周期连续函数, 对相应证明只需做微小调整即可见, 收敛

$$\frac{1}{2\pi} \int_{-\pi}^{\pi} f(t) g_n(x - t) \, \mathrm{d}t \to f(x), n \to \infty$$

   是一致的.

3. 回到 Fourier 级数. 对任意固定的 $x \in [-\pi, \pi]$, 只需简单改写, 就会发现 Fourier 级数是否在 x 处收敛, 其实就等价于

$$\frac{1}{2\pi} \sum_{n=-N}^{N} \int_{-\pi}^{\pi} f(t) \mathrm{e}^{-\mathrm{i}nt} \, \mathrm{d}t \mathrm{e}^{\mathrm{i}nx} = \frac{1}{2\pi} \int_{-\pi}^{\pi} f(t) \sum_{n=-N}^{N} \mathrm{e}^{\mathrm{i}n(x-t)} \, \mathrm{d}t$$

是否收敛.

4. 记

$$D_N(x) = \sum_{-N}^{N} \mathrm{e}^{\mathrm{i}nx},$$

若 $\{D_N\}$ 是渐近单位元, 则只要 f 在 x 处是连续的, 就有

$$f(x) = \lim_{N \to \infty} \frac{1}{2\pi} \int_{-\pi}^{\pi} f(t) D_N(x-t) \, \mathrm{d}t,$$

即 Fourier 级数在 x 处收敛于函数值.

5. 虽然

$$\int_{-\pi}^{\pi} D_N(x) \, \mathrm{d}x = \int_{-\pi}^{\pi} \sum_{n=-N}^{N} \mathrm{e}^{\mathrm{i}nx} \, \mathrm{d}x \equiv 1,$$

但是 $\{D_N(x)\}$ 并非渐近单位元, 因为

$$\lim_{N \to \infty} \int_{-\pi}^{\pi} |D_N(x)| \, \mathrm{d}x = +\infty.$$

6. 这一极限的计算并没有看上去那么困难:

a. 我们有

$$
\begin{aligned}
D_N(x) &= 1 + \sum_{n=1}^{N} 2\cos nx \\
&= 1 + \frac{1}{\sin\dfrac{x}{2}} \sum_{n=1}^{N} 2\sin\frac{x}{2}\cos nx \\
&= 1 + \frac{1}{\sin\dfrac{x}{2}} \left(\sin\frac{2N+1}{2}x - \sin\frac{x}{2} \right) \\
&= \frac{\sin\dfrac{2N+1}{2}x}{\sin\dfrac{x}{2}}.
\end{aligned}
$$

b. 而我们知道当 $x \in [-\pi, \pi]$ 时, 必有 $|\sin \frac{x}{2}| \leqslant |\frac{x}{2}|$, 因此

$$\left| D_N(x) \right| \geqslant 2 \left| \frac{\sin \dfrac{2N+1}{2} x}{x} \right|.$$

c. 简单换元即可得, 积分

$$\int_0^\pi \left| \frac{\sin \dfrac{2N+1}{2} x}{x} \right| \mathrm{d}x = \int_0^{\frac{2N+1}{2}\pi} \left| \frac{\sin x}{x} \right| \mathrm{d}x.$$

d. 而反常积分

$$\int_0^{+\infty} \left| \frac{\sin x}{x} \right| \mathrm{d}x$$

发散, 结论得证.

7. 我们称 D_N 为 Dirichlet 核. 分析 Fourier 级数是否收敛, 很多时候都是在分析 Dirichlet 核的性质.

8. 回顾一个函数之间的运算: 周期卷积. 设 f, g 均为 $\mathbb{R}$ 上的 2π 周期函数, 且在 $[-\pi, \pi]$ 上 Riemann 可积, 则定义函数

$$f * g(x) := \frac{1}{2\pi} \int_{-\pi}^\pi f(y) g(x-y) \, \mathrm{d}y.$$

函数 $f * g$ 称为 f 与 g 的周期卷积.

9. 因此, 积分

$$\frac{1}{2\pi} \int_{-\pi}^\pi f(t) D_N(x-t) \, \mathrm{d}t$$

定义的函数就是 f 与 D_N 的周期卷积, 即 $f * D_N$. 利用变量替换即可证明:

$$\int_{-\pi}^\pi f(t) D_N(x-t) \, \mathrm{d}t = \int_{-\pi}^\pi f(x-t) D_N(t) \, \mathrm{d}t.$$

10. 下面我们列举一些周期卷积的重要性质, 它们有助于我们明白为什么要定义周期卷积这个运算:

(1) $f * (g + h) = f * g + f * h$.

(2) $(cf) * g = c(f * g) = f * (cg)$.

(3) $f * g = g * f$.

(4) $f * g$ 连续.

(5) $\widehat{f * g}(n) = \hat{f}(n)\hat{g}(n)$.

11. 前两条是平凡的. 借助变量替换 $s = x - t$ 以及周期函数积分性质很容易证明第三条.

12. 若 f, g 中有一个连续, 则按照连续函数定义即可直接证明第四条. 而对于 f, g 仅是 Riemann 可积的情况, 则只需利用我们之前介绍过的命题: 对任意 $\varepsilon > 0$, 一定存在连续函数 F, G, 使得

$$\int_{-\pi}^{\pi} |f - F| \, \mathrm{d}x < \varepsilon, \int_{-\pi}^{\pi} |g - G| \, \mathrm{d}x < \varepsilon.$$

这就保证了一般 Riemann 可积函数卷积也是连续的. 请自行补齐细节.

13. 由 Fubini 定理直接证明第五条:

$$\begin{aligned}
& \frac{1}{2\pi} \int_{-\pi}^{\pi} f * g(x) \mathrm{e}^{-inx} \, \mathrm{d}x \\
= \; & \frac{1}{2\pi} \frac{1}{2\pi} \int_{-\pi}^{\pi} \left(\int_{-\pi}^{\pi} f(t) g(x - t) \, \mathrm{d}t \right) \mathrm{e}^{-inx} \, \mathrm{d}x \\
= \; & \frac{1}{2\pi} \frac{1}{2\pi} \int_{-\pi}^{\pi} \left(\int_{-\pi}^{\pi} \mathrm{e}^{-in(x-t)} g(x - t) \, \mathrm{d}x \right) f(t) \mathrm{e}^{-int} \, \mathrm{d}t \\
= \; & \frac{1}{2\pi} \frac{1}{2\pi} \int_{-\pi}^{\pi} \left(\int_{-\pi}^{\pi} \mathrm{e}^{-inx} g(x) \, \mathrm{d}x \right) f(t) \mathrm{e}^{-int} \, \mathrm{d}t \\
= \; & \hat{f}(n)\hat{g}(n).
\end{aligned}$$

14. 此时知道它们的意义更为重要. 前三条说周期卷积是一个好乘法, 满足分配律、交换律、结合律, 还满足线性性. 第四条是说, 哪怕两个函数的性质一般, 它们周期卷积之后所得函数也很好: 连续. 这很容易想象, 毕竟是积分定义的函数. 最后一条是最重要的: 它是说 Fourier 系数之间的乘法, 对应的是函数的周期卷积.

15. 由于 $f * D_N$ 比较重要, 我们记之为 $S_N(f)$, 即

$$
\begin{aligned}
S_N(f)(x) &= \frac{1}{2\pi} \int_{-\pi}^{\pi} f(x-t) D_N(t) \, \mathrm{d}t \\
&= \frac{1}{2\pi} \int_{-\pi}^{\pi} f(x-t) \sum_{-N}^{N} \mathrm{e}^{int} \, \mathrm{d}t \\
&= \frac{1}{2\pi} \int_{0}^{\pi} [f(x-t) + f(x+t)] \frac{\sin \dfrac{2N+1}{2}t}{\sin \dfrac{t}{2}} \, \mathrm{d}t.
\end{aligned}
$$

而研究 Fourier 级数是否在 x 处的收敛性, 就是研究 $S_N(f)(x)$ 是否收敛, 以及是否收敛于 $f(x)$.

4.3.4 Riemann 引理与局部性原理

Riemann 引理对于 Fourier 级数理论至关重要, 本小节我们就用 Riemann 引理推出关于 Fourier 级数收敛性的局部性原理, 这一原理叙述了 Fourier 级数与幂级数之间的重要区别.

1. 为方便阅读, 我们再次叙述 Riemann-Lebesgue 引理如下:

定理 4.3.1 (Riemann-Lebesgue 引理) 设 f 在 $[a, b]$ 上 Lebesgue 可积, 则

$$
\lim_{n \to \infty} \int_{a}^{b} f(x) \mathrm{e}^{\pm inx} \, \mathrm{d}x = 0.
$$

注意我们曾提到过, Riemann 可积与反常积分绝对收敛, 均是 Lebesgue 可积, 而条件收敛反常积分却不是.

2. 利用 Dirichlet 核, 可以推出关于 Fourier 级数收敛性的局部性原理:

定理 4.3.2 设 f 在 $[-\pi, \pi]$ 上 Riemann 可积, 则其 Fourier 级数在点 x 处是否收敛, 以及收敛时的极限值, 仅仅依赖于 $f(x)$ 在 x 的 δ 邻域 $(x-\delta, x+\delta)$ 上的性质, 此处 δ 为任意小正数. 在该命题中, 当 $x = \pm\pi$ 时, 其 δ 邻域就是指 $[-\pi, -\pi+\delta] \cup [\pi-\delta, \pi]$.

3. 这一原理说明了 Fourier 级数是否在一点处收敛是函数本身的局部性质. 其证明并不难.

证明 a. 利用 Dirichlet 核, Fourier 级数在 x 处是否收敛取决于

$$\lim_{N \to \infty} \frac{1}{2\pi} \int_{-\pi}^{\pi} f(x-t) D_N(t) \, \mathrm{d}t$$

是否收敛.

b. 简单换元可见

$$\int_{-\pi}^{\pi} f(x-t) D_N(t) \, \mathrm{d}t = \int_0^{\pi} [f(x+t) + f(x-t)] \frac{\sin \dfrac{2N+1}{2} t}{\sin \dfrac{t}{2}} \, \mathrm{d}t.$$

c. 在 $[\delta, \pi]$ 上, 由 Riemann 引理可见

$$\int_{\delta}^{\pi} \frac{[f(x+t) + f(x-t)]}{\sin \dfrac{t}{2}} \sin \frac{2N+1}{2} t \, \mathrm{d}t \to 0,$$

因此 Fourier 级数收敛与否, 收敛于何值, 完全取决于

$$\lim_{N \to \infty} \int_0^{\delta} [f(x+t) + f(x-t)] \frac{\sin \dfrac{2N+1}{2} t}{\sin \dfrac{t}{2}} \, \mathrm{d}t.$$

$\square$

4. 局部原理也可表述如下: 假设 f, g 均在 $[-\pi, \pi]$ 上 Riemann 可积, 且存在 $\delta > 0$, 使得 $\forall x \in (x_0 - \delta, x_0 + \delta)$ 有 $f(x) = g(x)$, 则

$$\lim_{N \to \infty} \left(\sum_{n=-N}^{N} \int_{-\pi}^{\pi} f(x_0 - t) \mathrm{e}^{\mathrm{i}nt} \, \mathrm{d}t - \sum_{n=-N}^{N} \int_{-\pi}^{\pi} g(x_0 - t) \mathrm{e}^{\mathrm{i}nt} \, \mathrm{d}t \right) = 0.$$

5. 局部原理是 Fourier 级数与幂级数之间很大的区别. 回顾幂级数, 它在一点处收敛, 就在一片上收敛. 可是 Fourier 级数却可能在这里收敛, 在那里发散. 体会这一点, 有助于我们了解发展 Fourier 级数的动机.

6. 再展开说一点, 以后大家在学习复变函数的时候会发现, Fourier 级数可以看成单位圆盘上复函数幂级数限制在边缘圆周上的级数. 当初学幂级数的时候, 大家就有体会, 收敛半径为 1 的幂级数在 $(-1, 1)$ 上整整齐齐, 但是在 ± 1 处却不见得, 其在 1 处的敛散性与 -1 处无关, 反之亦然. Fourier 级数比幂级数更复杂, 可以对照这个事实理解.

4.3.5 点态收敛结论略述

既然 Fourier 级数在一点处收敛与否完全由函数在该点处的局部性质决定，那么判断其是否收敛的条件一定是局部条件. 本小节仅用一个小练习为例说明这一点.

1. 我们以下例体会一下如何利用 Dirichlet 核给出收敛条件：

例 4.3.1 设 f 是 $[-\pi, \pi]$ 上的 2π 周期可积函数. 对任意 $x \in [-\pi, \pi]$, 若存在 $\delta > 0, M < +\infty$, 使得

$$|f(x-t) - f(x)| \leqslant M|t|, \forall t \in (-\delta, \delta),$$

则 f 的 Fourier 级数点态收敛于 $f(x)$.

2. 证明 a. 既然 $\dfrac{1}{2\pi} \displaystyle\int_{-\pi}^{\pi} D_N(t)\, \mathrm{d}t \equiv 1$, 那么要证明

$$\lim_{N \to \infty} \frac{1}{2\pi} \int_{-\pi}^{\pi} f(x-t) \frac{\sin \dfrac{2N+1}{2}t}{\sin \dfrac{t}{2}} \, \mathrm{d}t = f(x),$$

就是要证明

$$\lim_{N \to \infty} \frac{1}{2\pi} \int_{-\pi}^{\pi} (f(x-t) - f(x)) \frac{\sin \dfrac{2N+1}{2}t}{\sin \dfrac{t}{2}} \, \mathrm{d}t = 0.$$

b. 由条件, 我们知道

$$\frac{f(x-t) - f(x)}{t} \cdot \frac{t}{\sin \dfrac{t}{2}}$$

在 $[-\pi, \pi]$ 上 Riemann 可积, 于是由 Riemann 引理, 结论得证.   □

3. 对证明稍加调整, 我们可以得到

例 4.3.2 若如下两个极限

$$\lim_{t \to 0^+} \frac{f(x+t) - f(x^+)}{t}, \quad \lim_{t \to 0^+} \frac{f(x-t) - f(x^-)}{t}$$

均存在, 则函数 f 的 Fourier 级数在 x 处收敛于 $\dfrac{f(x^+) + f(x^-)}{2}$.

也就是说, 要想 Fourier 级数收敛, 并不需要左右极限存在且相等. 但一般而言, 要想 Fourier 级数在局部上收敛, 总需要一个比左右极限均存在更强一点的条件.

4. 另外, 我们确实可以找到这样一个例子: 函数 f 在某点 $x \in [-\pi, \pi]$ 处连续, 但是其 Fourier 级数在该点处发散. 这样的例子不止一个, 还相当多, 我们曾在介绍 Baire 纲定理时提到过这一点. 也就是说, 虽然对于好多不是无穷次可导的函数, Fourier 级数均收敛于 $f(x)$, 但对于连续函数, 我们好像依然无法利用 Fourier 级数还原出原本的函数. 事实果真如此吗?

4.3.6　Fourier 级数的 Cesàro 求和

既然我们的目的是还原函数, 那为什么一定要利用级数收敛来还原呢? 例如, 我们可以利用 Cesàro 求和.

1. 设 f 为 $[-\pi, \pi]$ 上的 Riemann 可积函数, $\sum\limits_{n=-\infty}^{\infty} \hat{f}(n)\mathrm{e}^{inx}$ 为其 Fourier 级数. 我们不去考虑函数列

$$S_N(f) = \sum_{n=-N}^{N} \hat{f}(n)\mathrm{e}^{inx}$$

的极限, 而是考虑相应的 Cesàro 求和, 即考虑

$$\frac{S_0(f) + \cdots + S_{N-1}(f)}{N}.$$

2. 注意 $S_N(f) = f * D_N$, 因此

$$\frac{S_0(f) + \cdots + S_{N-1}(f)}{N} = f * \frac{D_0 + \cdots + D_{N-1}}{N}.$$

记

$$F_N(x) = \frac{D_0(x) + \cdots + D_{N-1}(x)}{N}.$$

这就是 Fejér 核. 于是

$$\frac{S_0(f) + \cdots + S_{N-1}(f)}{N} = f * F_N.$$

3. 重点是, Fejér 核是正函数. 简单计算可知

$$
\begin{aligned}
F_N(x) &= \frac{1}{N} \cdot \frac{1}{\sin \frac{x}{2}} \sum_{n=0}^{N-1} \sin \frac{2n+1}{2} x \\
&= \frac{1}{N} \cdot \frac{1}{2\sin^2 \frac{x}{2}} \sum_{n=0}^{N-1} 2\sin \frac{x}{2} \sin \frac{2n+1}{2} x \\
&= \frac{1}{N} \cdot \frac{1}{2\sin^2 \frac{x}{2}} (1 - \cos Nx) \\
&= \frac{1}{N} \cdot \frac{\sin^2 \frac{Nx}{2}}{\sin^2 \frac{x}{2}}.
\end{aligned}
$$

4. 利用 $F_N(x) = \dfrac{D_0(x) + \cdots + D_{N-1}(x)}{N}$ 可以直接证明

$$
\int_{-\pi}^{\pi} F_N(f) \, dx = 2\pi,
$$

那么自然就有

$$
\int_{-\pi}^{\pi} |F_N(x)| \, dx = \int_{-\pi}^{\pi} F_N(x) \, dx = 2\pi
$$

有界.

5. 最后, 对任意 $|x| \geqslant \delta > 0$, 易见

$$
F_N(x) = \frac{1}{N} \cdot \frac{\sin^2 \frac{Nx}{2}}{\sin^2 \frac{x}{2}} \leqslant \frac{1}{N} \cdot \frac{1}{\sin^2 \frac{\delta}{2}},
$$

因此有

$$
\lim_{N \to \infty} \int_{\pm\delta}^{\pm\pi} F_N(x) \, dx = 0.
$$

6. 也就是说, Fejér 核是渐近单位元, 于是

定理 **4.3.3** 对一切 $[-\pi, \pi]$ 上的 Riemann 可积函数 f, 只要 f 在 x 处连续, 就有 $f * F_N(x)$ 收敛于 $f(x)$. 若 f 本身是连续的 2π 周期函数, 则一定有 $f * F_N(x)$ 一致收敛于 f.

7. 这是一个非常棒的结论, 它可以说明:

命题　4.3.4 若函数 f 的各项 Fourier 系数 $\hat{f}(n) \equiv 0$, 则 f 在一切连续点 x 处均取值为 0.

若对两个 2π 周期连续函数 f, g, 有 $\hat{f}(n) \equiv \hat{g}(n)$, 那么 $f = g$.

这两个命题说明, Fourier 级数可以完全还原出连续点处的函数值, 也可以还原出 2π 周期连续函数.

8. 还可推出如下定理:

定理　4.3.5 假设 f 为 2π 周期连续函数, 且 $\displaystyle\sum_{-\infty}^{\infty} |\hat{f}(n)|$ 收敛, 则一定有 Fourier 级数 $\displaystyle\sum_{-\infty}^{\infty} \hat{f}(n) \mathrm{e}^{\mathrm{i}nx}$ 一致收敛于 f.

利用 Weierstrass 判别法即可证明 Fourier 级数一致收敛, 关键是证明收敛于 f, 即 $f = \displaystyle\sum_{-\infty}^{\infty} \hat{f}(n) \mathrm{e}^{\mathrm{i}nx}$. 而这只需验证等号左右两边连续函数的 Fourier 级数相同即可, 而这几乎是显然的.

9. Fourier 级数的 Cesàro 求和也直接给出了 Weierstrass 第二逼近定理:

定理　4.3.6 (Weierstrass 第二逼近定理) 对于任意 2π 周期连续函数, 均存在一列三角多项式函数一致收敛于它.

4.3.7　假设这是一个内积空间: 平方和逼近

其实好好琢磨我们究竟想从收敛这个概念里索取什么, 就可以发现, 除了点态收敛和一致收敛, 还有好多好多收敛. 严格叙述本小节的理论, 需要一些实分析和泛函分析的预备. 我们仅在模糊这些必备知识的情况下简要介绍相关理论.

为简洁考虑, 如无特殊说明, 本小节仅考虑 $[-\pi, \pi]$ 上的 2π 周期连续函数.

1. 其实说到底, 我们对函数列收敛的要求只有两条:

  - 看上去收敛的, 就应该有极限, 当然极限也是函数, 即所谓完备性. 本节暂时不讨论这一点, 留待实分析.

  - 收敛函数列的极限应该唯一. 这是本节的重点.

2. 如果我们能定义函数之间的距离, 那么就有足够的把握构造一种满足上述两点要求的收敛. 所谓距离, 应该是对任意两个函数 f, g 定义一个非负实数 $d(f, g)$, 并且按照常识, 需要满足三条: 对任意函数 f, g, h,

   • 我到你的距离和你到我的距离是相同的: $d(f, g) = d(g, f)$;

   • 距离不小于零, 距离为零当且仅当是同一个: $d(f, g) \geqslant 0$, 且 $d(f, g) = 0$ 当且仅当 $f = g$;

   • 三角不等式: $d(f, g) \leqslant d(f, h) + d(h, g)$.

   为了满足分析的需要, 其实还应该要求距离有完备性. 不过目前我们先不讨论这个问题.

3. 一旦有了距离, 就可以定义函数列 f_n 收敛于 f 当且仅当

   $$\lim_{n \to \infty} d(f_n, f) = 0.$$

   例如 $\sup_{x \in D} |f(x) - g(x)|$, 就给出了有界闭区间 D 上两个连续函数之间的距离, 利用这个距离定义出来的 D 上函数列收敛, 就是 D 上一致收敛.

4. 对于 $[-\pi, \pi]$ 上的 Riemann 可积实函数 f, g, 可以定义它们之间的内积

   $$\langle f, g \rangle = \frac{1}{2\pi} \int_{-\pi}^{\pi} fg \, \mathrm{d}x.$$

   若 f, g 是值为复数的函数, 那么其内积就定义为

   $$\langle f, g \rangle = \frac{1}{2\pi} \int_{-\pi}^{\pi} f\overline{g} \, \mathrm{d}x.$$

5. 这个内积就定义了连续函数 f, g 之间的距离:

   $$d(f, g) = \sqrt{\langle f - g, f - g \rangle} = \sqrt{\frac{1}{2\pi} \int_{-\pi}^{\pi} |f - g|^2 \, \mathrm{d}x}.$$

   利用线性代数和定积分的知识, 很容易验证, 对于连续函数而言, 这确实是一个距离. 特别地, 记此距离为 $d(f, g) = \|f - g\|_2$. 对于一个函数, $\|f\|_2 = \|f - 0\|_2$, 这个数称为这个函数的 2 范数.

6. 根据这个距离, 就可以定义函数列的均平方收敛: 称连续函数列 $\{f_n\}$ 均平方收敛到连续函数 f, 如果 $\lim_{n \to \infty} \|f_n - f\|_2 = 0$. 根据距离的性质就可以知

道, 函数列 $\{f_n\}$ 的均平方收敛极限一定是唯一的. 当然, 即便不要求极限函数连续——仅分析连续函数对于数学和应用而言都是远远不够的——其极限也是唯一的, 只不过说明这一点, 需要说清楚两个函数相同是什么意思, 这就需要实分析的知识.

7. 另外, 连续函数列在 2 范数下的极限函数未必是连续函数, 即连续函数空间在 2 范数所定义极限下不是完备的. 至于在这个极限下完备空间应该是什么样的, 即 Cauchy 收敛原理在什么空间下成立, 我们也将其留待实分析中去讨论.

8. 现在, 我们就可以提出下述问题: 假设 $[-\pi, \pi]$ 上连续函数 f 的 Fourier 级数为 $\sum\limits_{-\infty}^{\infty} \hat{f}(n)\mathrm{e}^{\mathrm{i}nx}$, 那么是否有 $\lim\limits_{N \to \infty} \left\| \sum\limits_{-N}^{N} \hat{f}(n)\mathrm{e}^{\mathrm{i}nx} - f \right\|_2 = 0$?

9. 这个问题更深刻地解释了 Fourier 级数的意义: 我们知道,

$$\{1, \sqrt{2}\cos x, \sqrt{2}\sin x, \cdots, \sqrt{2}\cos nx, \sqrt{2}\sin nx, \cdots\}$$

是一组正规正交系, 或者也可以说 $\{\mathrm{e}^{\mathrm{i}nx}\}_{n \in \mathbb{Z}}$ 是一组正规正交系. 那么按照线性代数的说法, Fourier 级数就是将 f 投射到上述正规正交系张成的线性空间上去. 而我们的问题是: Fourier 级数这个线性组合是否恰好给出了 f 自己? 也就是说, f 是否恰好可以写成上述正规正交系的线性组合?

10. 这里我们故意模糊了无穷维这件事. 请大家先把这件事放一放, 实分析和泛函分析中会仔细发展无限维线性空间理论.

4.3.8　Parseval 等式: 勾股定理

本小节的主要目的, 是在 f 是 $[-\pi, \pi]$ 上连续 2π 周期函数时, 肯定回答上节最后提出的问题, 并证明 Parseval 等式:

$$\|f\|_2 = \langle f, f \rangle = \sum_{-\infty}^{\infty} |\hat{f}(n)|^2.$$

注意此处若 $\hat{f}(n)$ 是复数, 则 $|\hat{f}(n)|$ 是指它的模长, 即 $\sqrt{\hat{f}(n)\overline{\hat{f}(n)}}$.

1. 首先回顾线性代数中的投影. 假设 v 是内积空间 $(W, \langle \cdot, \cdot \rangle)$ (实或复均可以) 中的一个向量, $\{e_1, e_2, \cdots, e_m\} \subset W$ 为这 m 个正规正交向量张成的一个 m 维子空间, 记为 W', 则 v 到 W' 的投影就是

$$v' = \langle v, e_1 \rangle e_1 + \langle v, e_2 \rangle e_2 + \cdots + \langle v, e_m \rangle e_m.$$

2. 一方面, 一定有

$$|\langle v, e_1\rangle|^2 + |\langle v, e_2\rangle|^2 + \cdots + |\langle v, e_m\rangle|^2 \leqslant |\langle v, v\rangle|,$$

所谓直角三角形斜边最长. 另一方面, 向量 v' 是整个 W' 中距离 v 最近的向量, 也就是说

$$\|v - v'\| = \langle v - v', v - v'\rangle = \inf_{w \in W'} \langle v - w, v - w\rangle.$$

所谓垂线最短.

3. 这两个结论在 Fourier 分析中也是成立的, 它们分别对应了 Bessel 不等式与最佳逼近原理. 连证明都与线性代数中如出一辙. 我们先叙述并证明 Bessel 不等式——"直角三角形斜边最长".

定理 4.3.7 (Bessel 不等式) 设 f 是 $[-\pi, \pi]$ 上的 Riemann 可积函数, 则对任意 $N \in \mathbb{N}_+$, 有

$$\sum_{-N}^{N} |\hat{f}(n)|^2 \leqslant \|f\|_2^2.$$

4. 证明很直接, 请大家直接计算

$$\left\langle f(x) - \sum_{-N}^{N} \hat{f}(n)\mathrm{e}^{\mathrm{i}nx}, f(x) - \sum_{-N}^{N} \hat{f}(n)\mathrm{e}^{\mathrm{i}nx} \right\rangle$$

$$= \frac{1}{2\pi} \int_{-\pi}^{\pi} \left(f(x) - \sum_{-N}^{N} \hat{f}(n)\mathrm{e}^{\mathrm{i}nx} \right) \overline{\left(f(x) - \sum_{-N}^{N} \hat{f}(n)\mathrm{e}^{\mathrm{i}nx} \right)} \, \mathrm{d}x,$$

就会发现它等于 $\|f\|_2^2 - \sum_{-N}^{N} |\hat{f}(n)|^2$, 也就是说,

$$\|f\|_2^2 - \sum_{-N}^{N} |\hat{f}(n)|^2 = \left\langle f(x) - \sum_{-N}^{N} \hat{f}(n)\mathrm{e}^{\mathrm{i}nx}, f(x) - \sum_{-N}^{N} \hat{f}(n)\mathrm{e}^{\mathrm{i}nx} \right\rangle \geqslant 0.$$

5. 这说明, $\left\{ \sum_{-N}^{N} |\hat{f}(n)|^2 \right\}$ 是单调有界数列, 而 $\|f\|_2^2$ 为其上界, 因此它一定收敛. 问题是, 它是否收敛到 $\|f\|_2^2$? 另外, 容易理解, 上述证明中的中间结果

$$\|f\|_2^2 - \sum_{-N}^{N} |\hat{f}(n)|^2 = \left\langle f(x) - \sum_{-N}^{N} \hat{f}(n)\mathrm{e}^{\mathrm{i}nx}, f(x) - \sum_{-N}^{N} \hat{f}(n)\mathrm{e}^{\mathrm{i}nx} \right\rangle$$

其实是一种勾股定理.

6. 当然, 同时也有 $\|f - \sum\limits_{-N}^{N} \hat{f}(n)e^{inx}\|_2^2$ 是单调递减的, 因此也一定有极限. 于是, 我们有

$$\lim_{N \to \infty} \left(\|f\|_2^2 - \sum_{-N}^{N} |\hat{f}(n)|^2 \right)$$

$$= \lim_{N \to \infty} \left\langle f(x) - \sum_{-N}^{N} \hat{f}(n)e^{inx}, f(x) - \sum_{-N}^{N} \hat{f}(n)e^{inx} \right\rangle$$

$$= \lim_{N \to \infty} \left\| f(x) - \sum_{-N}^{N} \hat{f}(n)e^{inx} \right\|_2^2.$$

7. 现在我们来证明那个 "垂线最短" 的定理.

定理 4.3.8 设 f 是 $[-\pi, \pi]$ 上的 Riemann 可积函数. 对于任意 N, 有

$$\left\| f - \sum_{-N}^{N} \hat{f}(n)e^{inx} \right\|_2^2 = \min \left\{ \left\| f - \sum_{-N}^{N} a_n e^{inx} \right\|_2^2 \right\},$$

其中 $\{a_{-N}, a_{-N+1}, \cdots, a_0, a_1, \cdots, a_N\}$ 是任意数组. 而且,

$$\left\| f - \sum_{-N}^{N} \hat{f}(n)e^{inx} \right\|_2^2 = \left\| f - \sum_{-N}^{N} a_n e^{inx} \right\|_2^2$$

当且仅当 $a_n = \hat{f}(n)$.

8. 证明也很简单: 请直接计算 $\left\| f - \sum\limits_{-N}^{N} a_n e^{inx} \right\|_2^2$, 即

$$\frac{1}{2\pi} \int_{-\pi}^{\pi} \left(f(x) - \sum_{-N}^{N} a_n e^{inx} \right) \overline{\left(f(x) - \sum_{-N}^{N} a_n e^{inx} \right)} \, dx,$$

它等于

$$\|f\|_2^2 - \sum_{-N}^{N} |\hat{f}(n)|^2 + \sum_{-N}^{N} |a_n - \hat{f}(n)|^2.$$

另注意到等式

$$\|f\|_2^2 - \sum_{-N}^{N} |\hat{f}(n)|^2 = \left\| f - \sum_{-N}^{N} \hat{f}(n)e^{inx} \right\|_2^2,$$

即可得到全部结论.

9. 必须强调, 截至目前, 本小节的所有证明均与 f, $\mathrm{e}^{\mathrm{i}nx}$ 乃至积分的具体性质无关, 这些证明中的所有运算, 都不过是最基本的线性代数中的内积运算. 只管将 f 当成一个向量, 积分当成内积, $\{\mathrm{e}^{\mathrm{i}nx}\}$ 当成内积下的一列正交向量 $\{v_n\}$, 上述证明全都依然正确. Bessel 不等式也好, 垂线最短距离也好, 它们百分之百都是线性代数. 然而接下来, 我们必须借助分析来证明 Parseval 等式.

10. 回顾 $\left\| f - \sum\limits_{-N}^{N} \hat{f}(n)\mathrm{e}^{\mathrm{i}nx} \right\|_2^2$ 是单调递减有界的, 它一定有极限, 假设这个极限就是 A. 设 f 为 $[-\pi, \pi]$ 上的 2π 周期连续函数. 于是 f 的 Fourier 级数的 Cesàro 求和一致收敛于 f, 因此对任意 $\varepsilon > 0$, 一定有 N, 使得

$$\left\| f - \frac{S_0(f) + \cdots + S_N(f)}{N+1} \right\|_2 \leqslant \varepsilon.$$

11. 然而, $\dfrac{S_0(f) + \cdots + S_N(f)}{N+1}$ 不过是 $\{\mathrm{e}^{-\mathrm{i}Nx}, \cdots, \mathrm{e}^{\mathrm{i}Nx}\}$ 的线性组合, 它虽然一致收敛于 f, 但不是 f 的最佳逼近, 也就是说,

$$\left\| f - \frac{S_0(f) + \cdots + S_N(f)}{N+1} \right\|_2 \geqslant \left\| f - \sum_{n=-N}^{N} \hat{f}(n)\mathrm{e}^{\mathrm{i}nx} \right\|_2,$$

因此有

$$\varepsilon \geqslant \left\| f - \sum_{n=-N}^{N} \hat{f}(n)\mathrm{e}^{\mathrm{i}nx} \right\|_2 > A.$$

12. 既然 $A \leqslant \varepsilon$ 对任意 $\varepsilon > 0$ 成立, A 只能是 0. 于是

$$0 = \lim_{N\to\infty} \left\| f - \sum_{-N}^{N} \hat{f}(n)\mathrm{e}^{\mathrm{i}nx} \right\|_2^2 = \|f\|_2^2 - \lim_{N\to\infty} \sum_{-N}^{N} |\hat{f}(n)|^2.$$

因此, 对 2π 周期连续函数而言, 我们得到了下述 Parseval 等式, 它是 Fourier 分析里的勾股定理:

$$\|f\|_2^2 = \sum_{-\infty}^{\infty} |\hat{f}(n)|^2.$$

13. 事实上, Parseval 等式对一切 $[-\pi, \pi]$ 上 Lebesgue 平方可积的函数都是对的, 只需利用 2π 周期连续函数在 Lebesgue 平方可积函数 (含 Riemann 可积函数与反常积分平方可积函数) 中的稠密性, 即对任意 Lebesgue 平方可积的函数 f, 存在一列 2π 周期连续函数 f_n, 使得

$$\lim_{n\to\infty} \int_{-\pi}^{\pi} |f(x) - f_n(x)|^2 \, \mathrm{d}x = 0.$$

这其实就是由实分析的 Littlewood 三原则保证的, 我们把关于这个结论的严格讨论留给实分析. 大家可以自行根据目前所学, 试对 Riemann 可积函数以及反常积分平方可积函数说明这一点. 为求完整, 我们将 Parseval 等式的完整结果叙述如下:

定理 4.3.9 设 f 在 $[-\pi, \pi]$ 上 Lebesgue 平方可积, 则

$$\|f\|_2^2 = \sum_{-\infty}^{\infty} |\hat{f}(n)|^2.$$

Riemann 可积函数与反常积分平方可积函数均是 Lebesgue 平方可积的.

14. 以 Parseval 等式为基础, Fourier 系数可以描述函数性状. 例如, 若函数连续可微, 则由分部积分公式,

$$f' \sim \sum_{-\infty}^{\infty} \mathrm{i}n\hat{f}(n)\mathrm{e}^{\mathrm{i}nx},$$

即 $\widehat{f'}(n) = \mathrm{i}n\hat{f}(n)$. 于是由 Parseval 等式, 可知

$$\sum_{-\infty}^{\infty} |\widehat{f'}(n)|^2 = \sum_{-\infty}^{\infty} |n\hat{f}(n)|^2 = \|f'\|^2 < +\infty.$$

因此至少要有 $|\hat{f}(n)| = o\left(\dfrac{1}{n}\right)$.

15. 关于内积, 有一个极化恒等式:

$$\langle f, g \rangle = \frac{1}{4}(\|f + g\|_2^2 - \|f - g\|_2^2 + \mathrm{i}\|f + \mathrm{i}g\|_2^2 - \mathrm{i}\|f - \mathrm{i}g\|_2^2);$$

若 f, g 均为实函数, 则极化恒等式就是所谓内积的平行四边形法则:

$$\langle f, g \rangle = \frac{1}{4}(\|f + g\|_2^2 - \|f - g\|_2^2).$$

我们要强调, 这个公式本身与分析无关, 它完全是线性代数.

16. 极化恒等式在研究与内积有关的问题时好用得令人惊讶. 利用 Parseval 等式和极化恒等式, 可以推得, 对 $[-\pi, \pi]$ 上的 Riemann 可积函数 f, g, 有

$$\frac{1}{2\pi} \int_{-\pi}^{\pi} f\overline{g}\, \mathrm{d}x = \langle f, g \rangle = \sum_{-\infty}^{\infty} \hat{f}(n)\overline{\hat{g}(n)},$$

这不意外, 毕竟 $\{\mathrm{e}^{inx}\}$ 是正规正交系.

17. 而利用

$$\frac{1}{2\pi} \int_{-\pi}^{\pi} f\overline{g}\, \mathrm{d}x = \sum_{-\infty}^{\infty} \hat{f}(n)\overline{\hat{g}(n)},$$

可以证明 Fourier 级数的逐项可积性:

定理 **4.3.10** 假设函数 f 在 $[-\pi, \pi]$ 上 Riemann 可积, 其 Fourier 级数为 $\sum_{n=-\infty}^{\infty} \hat{f}(n)\mathrm{e}^{inx}$, 则不论这个级数收敛与否, 一定有

$$\int_{0}^{x} f(t)\, \mathrm{d}t = \sum_{n=-\infty}^{\infty} \int_{0}^{x} \hat{f}(n)\mathrm{e}^{int}\, \mathrm{d}t, \forall x \in [-\pi, \pi].$$

这其实并不令人意外. 可以利用 Geogebra 画一些函数及其 Fourier 级数前几项的图像, 就可以看到 Fourier 级数图像是忽高忽低缠绕在函数图像附近的, 因而平均值收敛于函数的平均值.

18. Fourier 级数的逐项可积性证明如下:

证明 设 f 在 $[-\pi, \pi]$ 上 Riemann 可积, $x \in [-\pi, \pi]$.

a. 则对任意 $[-\pi, \pi]$ 上的可积函数 g, 有

$$\frac{1}{2\pi} \int_{-\pi}^{\pi} f\overline{g}\, \mathrm{d}x = \sum_{-\infty}^{\infty} \hat{f}(n)\overline{\hat{g}(n)} = \sum_{-\infty}^{\infty} \frac{1}{2\pi} \int_{-\pi}^{\pi} \hat{f}(n)\overline{g(t)}\mathrm{e}^{int}\, \mathrm{d}t.$$

b. 于是只需令

$$g(t) = \begin{cases} 1, & t \in [0, x], \\ 0, & t \notin [0, x], \end{cases}$$

即可得到

$$\int_{0}^{x} f\, \mathrm{d}t = \sum_{-\infty}^{\infty} \int_{0}^{x} \hat{f}(n)\mathrm{e}^{int}\, \mathrm{d}t.$$

$\square$

4.4 Fourier 变换

我们将简要讨论 Fourier 变换, 暂时可以认为, Fourier 变换是 Fourier 展开的推广. 事实上, 它们可以统一在一个理论框架下.

首先要回答两个问题: 什么是 Fourier 变换, 以及为什么要 Fourier 变换.

Fourier 变换就好像是要从另一个角度去看函数. 一般而言, 函数都是指自变量和变量之间的对应关系. 可是, 函数还可以看成一种波动: 函数图像忽高忽低, 一波未平一波又起. Fourier 变换要从这个角度看待函数. 在学习 Fourier 级数时, 我们已经见识过了: 周期波动可以写成三角函数——最简单的波动——的线性组合. 而对于一般函数, 它的组成部分就不仅是频率为 n 的规则波动, 而是包含任意频率的规则波动. 如果有一天, 你突然化身为一个函数, 那么你就能感受到你内心交织的无数规则波动, 感受到它们如何组成了当下的你. 这个视角, 就是 Fourier 变换. 在这个视角下, 原本复杂的函数或者函数之间的运算, 可能一下子就清晰了. 那原本清晰的怎么办? 没关系, Fourier 变换是可逆的.

对于 Fourier 变换, 本书浅尝辄止, 仅初步介绍其定义与性质, 并证明两个重要等式.

4.4.1 Fourier 变换的定义

首先初步引入 Fourier 变换的概念.

1. 对 $[-\pi, \pi]$ 上的 2π 周期连续函数 f, 我们有其 Fourier 级数如下:

$$\sum_{n=-\infty}^{\infty} \frac{1}{2\pi} \int_{-\pi}^{\pi} f(x) \mathrm{e}^{-inx} \, \mathrm{d}x \mathrm{e}^{int} = \sum_{n=-\infty}^{\infty} \frac{1}{2\pi} \int_{-\pi}^{\pi} f(x) \mathrm{e}^{-2\pi i \frac{n}{2\pi} x} \, \mathrm{d}x \mathrm{e}^{int}.$$

此时可以把 Fourier 级数看成如下定义域为点列的函数:

$$\hat{f} : \{\frac{n}{2\pi}\} \quad \to \quad \mathbb{R},$$

$$\hat{f}(\frac{n}{2\pi}) \quad = \quad \int_{-\pi}^{\pi} f(x) \mathrm{e}^{-2\pi i \frac{n}{2\pi} x} \, \mathrm{d}x.$$

2. 对于 $[-\frac{T}{2}, \frac{T}{2}]$ 上 T 周期的连续函数呢? 回顾 Fourier 级数的原则: 2π 周期正规正交基线性组合, 可以给出一般周期连续函数的 Fourier 变换如下:

$$\sum_{n=-\infty}^{\infty} \frac{1}{T} \int_{-\frac{T}{2}}^{\frac{T}{2}} f(x) \mathrm{e}^{-in\frac{2\pi}{T}x} \, \mathrm{d}x \mathrm{e}^{in\frac{2\pi}{T}x},$$

即此时函数 f 可以看成如下定义域为点列的函数:

$$\hat{f} : \{\frac{n}{T}\} \quad \to \quad \mathbb{R},$$

$$\hat{f}(\frac{n}{T}) \quad = \quad \int_{-\frac{T}{2}}^{\frac{T}{2}} f(x) \mathrm{e}^{-2\pi\mathrm{i}\frac{n}{T}x} \, \mathrm{d}x.$$

3. 那对于一般地 $\mathbb{R}$ 上的函数呢? 一般函数可以看成 $f \cdot \chi\left(\left[-\frac{T}{2}, \frac{T}{2}\right]\right)$ 在 T 趋于 $+\infty$ 时的 "极限", 其中 $\chi\left(\left[-\frac{T}{2}, \frac{T}{2}\right]\right)$ 为 $\left[-\frac{T}{2}, \frac{T}{2}\right]$ 上恒为 1, 其他 位置恒为 0 的函数. 而每一个 $f \cdot \chi\left(\left[-\frac{T}{2}, \frac{T}{2}\right]\right)$ 都可以扩充为一个 T 周 期函数.

4. 于是, 当 T 趋于无穷时, $\frac{n}{T}$ 将几乎取遍所有值. 因此, 对 $\mathbb{R}$ 上的函数, 不妨 直接考虑函数

$$\hat{f}(\xi) = \int_{-\infty}^{+\infty} f(x) \mathrm{e}^{-2\pi\mathrm{i}\xi x} \, \mathrm{d}x, \forall \xi \in \mathbb{R}.$$

这就是 Fourier 变换. 当然, 这远远不是严格定义.

5. 要想严格定义 Fourier 变换, 首先要可积. 目前, 我们仅考虑满足如下条件 的无穷次可导函数.

定义 4.4.1 设 f 为无穷次可导复值函数, 且

$$\lim_{x \to \pm\infty} |x|^n |f^{(l)}(x)| = 0, \forall n, l \in \mathbb{N},$$

则称其为速降函数. 记全体速降函数构成的集合为 $\mathcal{S}$.

函数 e^{-x^2} 就是一种重要的速降函数.

6. 速降函数的任意阶导数在趋于无穷时, 都非常快速地趋于 0, 以至于比任意 $|x|^n$ 趋于无穷的速度都快. 很容易证明, 函数 f 是速降函数当且仅当

$$\sup_x |x|^n |f^{(l)}(x)| < +\infty, \forall n, l \in \mathbb{N}.$$

7. Fourier 变换就是对这一类函数定义的.

定义 4.4.2 设 $f \in \mathcal{S}$, 则定义其 Fourier 变换为

$$\hat{f}(\xi) = \int_{-\infty}^{+\infty} f(x) \mathrm{e}^{-2\pi\mathrm{i}x\xi} \, \mathrm{d}x, \forall \xi \in \mathbb{R}.$$

8. 若 f 是速降函数, 则 $\hat{f}$ 也是速降函数. 后面我们会讨论这一点. 同时注意, 即便 f 仅是实值函数, 按照定义, $\hat{f}$ 也可能是复值函数, 因此对于 Fourier 变换而言, 我们不能仅在实值函数里讨论它.

4.4.2 平移, 倍增与求导和卷积

接下来我们介绍一些 Fourier 变换的简单性质. 在理论和应用中, 尤其是在偏微分方程等学科中, 这些性质至关重要.

1. 以下几条性质都是实际应用中至关紧要的性质, 它们足以说明 Fourier 变换的重要性.

   定理 4.4.1 设 $f \in \mathcal{S}$. 在 Fourier 变换 $F: f \mapsto \hat{f}$ 下, 有

   - $F: af + bg \mapsto a\hat{f} + b\hat{g}$.
   - $F: f(x+h) \mapsto \hat{f}(\xi)\mathrm{e}^{2\pi\mathrm{i}h\xi}, h \in \mathbb{R}$.
   - $F: f(x)\mathrm{e}^{-2\pi\mathrm{i}hx} \mapsto \hat{f}(\xi+h), h \in \mathbb{R}$.
   - $F: f(ax) \mapsto \dfrac{1}{a}\hat{f}\left(\dfrac{1}{a}\xi\right), a > 0$.
   - $F: \dfrac{1}{a}f\left(\dfrac{x}{a}\right) \mapsto \hat{f}(a\xi), a > 0$.
   - $F: f'(x) \mapsto 2\pi\mathrm{i}\xi\hat{f}(\xi)$.
   - $F: -2\pi\mathrm{i}x f(x) \mapsto \dfrac{\mathrm{d}}{\mathrm{d}\xi}\hat{f}(\xi)$.

   这几条性质的证明都非常简单, 直接利用含参变量反常积分相关性质, 最多加上一些分部积分公式即可. 请大家自行证明.

2. 这个定理说明了, 在 Fourier 变换下, 一些运算变为另外一些运算, 特别地, 求导变为乘自变量, 乘自变量变为求导. 这两条性质直接保证了 $\hat{f}(\xi)$ 依然是速降函数. 请大家自行说明这一点.

3. 卷积是非常重要的分析工具. 我们将要说明, 在 Fourier 变换下, 卷积是与乘积对称的运算.

   定义 4.4.3 (卷积) 设 $f, g \in \mathcal{S}$, 则定义其卷积为如下函数

   $$f * g(x) = \int_{-\infty}^{+\infty} f(t)g(x-t)\,\mathrm{d}t.$$

   可以验证 $f * g \in \mathcal{S}$. 简单由变量替换可知, $f * g = g * f$.

4. 既然 $f * g$ 还是速降函数, 那么就可以对它做 Fourier 变换. 不仅如此, 卷积和乘积这一对运算在 Fourier 变换下恰好是对称的: $\widehat{f * g}(\xi) = \hat{f}(\xi)\hat{g}(\xi)$. 事实上:

$$
\begin{aligned}
\widehat{f * g}(\xi) &= \int_{-\infty}^{+\infty} \left(\int_{-\infty}^{+\infty} f(x-u)g(u)\,\mathrm{d}u \right) \mathrm{e}^{-2\pi\mathrm{i}x\xi}\,\mathrm{d}x \\
&= \int_{-\infty}^{+\infty} \left(\int_{-\infty}^{+\infty} f(x-u)g(u)\,\mathrm{d}u \right) \mathrm{e}^{-2\pi\mathrm{i}(x-u)\xi}\mathrm{e}^{-2\pi\mathrm{i}u\xi}\,\mathrm{d}x \\
&= \int_{-\infty}^{+\infty} g(u)\mathrm{e}^{-2\pi\mathrm{i}u\xi} \int_{-\infty}^{+\infty} f(x-u)\mathrm{e}^{-2\pi\mathrm{i}(x-u)\xi}\,\mathrm{d}x\,\mathrm{d}u \\
&= \hat{f}(\xi)\hat{g}(\xi).
\end{aligned}
$$

5. 下面要介绍卷积的渐近单位元. 对我们而言这并不是新概念, 毕竟我们介绍过周期卷积渐近单位元.

定义 4.4.4 设 $t \in (0, +\infty)$, 称 $\mathbb{R}$ 上的速降函数族 $\{\alpha_t(x)\}$ 为 $t \to 0^+$ 时的渐近单位元, 若

- $\int_{-\infty}^{+\infty} \alpha_t(x)\,\mathrm{d}x = 1, \forall t;$

- $\exists M, \mathrm{s.t.} \int_{-\infty}^{+\infty} |\alpha_t(x)|\,\mathrm{d}x < M, \forall t;$

- $\forall \delta > 0, \lim\limits_{t \to 0^+} \int_{|x| \geqslant \delta} |\alpha_t(x)|\,\mathrm{d}x = 0.$

6. 上述定义与之前的渐近单位元绝无不同, 下述定理的证明也并非新事.

定理 4.4.2 若 $f \in \mathcal{S}$, 且 $\{\alpha_t\}$ 为 $t \to 0^+$ 时的渐近单位元, 则当 $t \to 0$ 时, $f * \alpha_t(x)$ 一致收敛于 $f(x)$.

证明请大家自行完成. 这个定理就是称 $\{\alpha_t\}$ 为渐近单位元的原因.

7. 这个渐近单位元其实指的是卷积意义下的渐近单位元. 速降函数乘法当然也可以有渐近单位元, 即一族 $\beta_t \in \mathcal{S}$, 其 $t \to 0$ 时, β_t 内闭一致收敛于恒等于 1 的常值函数. 可以想象, 对任意 $f \in \mathcal{S}$, $f\beta_t$ 都在 $t \to 0$ 时内闭一致收敛于 f 本身. 你当然不能指望让 β_t 恒为常值函数 1, 因为这个函数不在 $\mathcal{S}$ 中.

8. 在 Fourier 变换下, 卷积渐近单位元恰好和乘法渐近单位元是互相对应的. 利用速降函数 $f(x) = \mathrm{e}^{-\pi x^2}$ 可具体说明这一点. 要做的是计算 $\mathrm{e}^{-\pi x^2}$ 的 Fourier 变换, 注意

$$\hat{f}(0) = \int_{-\infty}^{+\infty} \mathrm{e}^{-\pi x^2}\,\mathrm{d}x = 1.$$

而后对 $\hat{f}(\xi)$ 求导可见

$$\hat{f}'(\xi) = \int_{-\infty}^{+\infty} \mathrm{e}^{-\pi x^2}(-2\pi\mathrm{i}x)\mathrm{e}^{-2\pi\mathrm{i}x\xi}\,\mathrm{d}x.$$

9. 但是又有

$$\int_{-\infty}^{+\infty} \mathrm{e}^{-\pi x^2}(-2\pi\mathrm{i}x)\mathrm{e}^{-2\pi\mathrm{i}x\xi}\,\mathrm{d}x = \mathrm{i}\int_{-\infty}^{+\infty} (\mathrm{e}^{-\pi x^2})'\mathrm{e}^{-2\pi\mathrm{i}x\xi}\,\mathrm{d}x = -2\pi\xi\hat{f}(\xi),$$

即 $\hat{f}'(\xi) = -2\pi\xi\hat{f}(\xi)$, 也即 $\hat{f}(\xi) = \mathrm{e}^{-\pi\xi^2}\mathrm{e}^{C}$. 而由 $\hat{f}(0) = 1$, 可见

$$\hat{f}(\xi) = \mathrm{e}^{-\pi\xi^2}.$$

10. 也就是说, $\mathrm{e}^{-\pi x^2}$ 的 Fourier 变换是它自身. 令 $K_\delta(x) = \delta^{-\frac{1}{2}}\mathrm{e}^{-\pi x^2/\delta}$, 则直接验算可知, K_δ 在 $\delta \to 0^+$ 时是一族卷积渐近单位元. 另外, 由 Fourier 变换性质可知, K_δ 其实是 $\mathrm{e}^{-\delta\pi x^2}$ 的 Fourier 变换. 以下记函数 $\mathrm{e}^{-\delta\pi x^2}$ 为 G_δ. 很明显, $\delta \to 0^+$ 时 G_δ 是函数乘积的渐近单位元.

11. 之所以要考虑渐近单位元, 是因为无论对卷积还是乘积, $\mathcal{S}$ 中都不存在真正的单位元. 然而, 以后大家可能会学习广义的卷积和 Fourier 变换, 在那里, 我们要考虑的函数远远多于速降函数. 那时, 卷积的真正单位元其实是 Dirac 函数, 乘法的真正单位元就是常值为 1 的函数. 而在广义的 Fourier 变换下, 它们又恰好是互相对应的.

12. 所谓 Dirac 函数, 是指在 0 处取值为 $+\infty$, 在其他点处取值为 0 的 "函数", 一般记为 δ. 这当然不是一个函数, 而是一个从速降函数到数的线性映射, 也就是一个泛函, 其定义为

$$\delta(f) = f(0) = \text{``}\int_{-\infty}^{+\infty} f(x)\delta\,\mathrm{d}x\text{''}, \forall f \in \mathcal{S}(\mathbb{R}).$$

于是 $\delta * f(x) = \int_{-\infty}^{+\infty} f(x-y)\delta\,\mathrm{d}y = f(x)$, 即 $f(x-y)$ 在 $y = 0$ 时的值. 目前而言, $f(0) = \int_{-\infty}^{+\infty} f(x)\delta\,\mathrm{d}x$ 肯定是不合法的, 但合情合理, 而且有助

于我们理解后续关于 Fourier 变换的内容. 这种有用且合情合理的东西, 迟早要被合法化. 合法化它的理论就是广义函数理论.

13. 而在广义的 Fourier 变换下, 其实有 $\hat{1} = \delta$. 我们可以解释这个等式:

$$\hat{1}(\xi) = \int_{-\infty}^{+\infty} 1\mathrm{e}^{-2\pi\mathrm{i}x\xi}\,\mathrm{d}x = \int_{-\infty}^{+\infty} \cos(2\pi x\xi) + \mathrm{i}\sin(2\pi x\xi)\,\mathrm{d}x,$$

可见只要 ξ 不是 0, 积分就 "因为三角函数的周期性而为 0", 而当 $\xi = 0$ 时, 积分就 "等于 $\displaystyle\int_{-\infty}^{+\infty} 1\,\mathrm{d}x = +\infty$". 切记切记, 我们的解释几乎违反了数学分析中的一切法律.

4.4.3   Fourier 逆变换

既然 $\hat{f}(\xi)$ 依然是速降函数, 那么 Fourier 变换就是从速降函数到速降函数的映射, 而且很明显是**线性映射**. 更进一步, 这一映射是一一映射. 接下来我们就证明这件事情.

1. 首先定义 Fourier 逆变换如下:

定义 4.4.5 对 $f \in \mathcal{S}$, 其 Fourier 逆变换 $\check{f}$ 就定义为

$$\check{f}(\xi) = \int_{-\infty}^{+\infty} f(x)\mathrm{e}^{2\pi\mathrm{i}x\xi}\,\mathrm{d}x.$$

2. 之所以称为逆变换, 是因为

$$f(x) = \int_{-\infty}^{+\infty} \hat{f}(\xi)\mathrm{e}^{2\pi\mathrm{i}x\xi}\,\mathrm{d}\xi.$$

根据上一节关于渐近单位元的内容, 证明这个等式非常容易.

a. 首先注意到若 $f, g \in \mathcal{S}$, 则直接由我们学过的关于反常积分换序的基本结论即可得到

$$\int_{-\infty}^{+\infty} f(x)\hat{g}(x)\,\mathrm{d}x = \int_{-\infty}^{+\infty} \hat{f}(y)g(y)\,\mathrm{d}y.$$

b. 接下来要证明 $\displaystyle\int_{-\infty}^{+\infty} \hat{f}(\xi)\,\mathrm{d}\xi = f(0)$. 利用渐近单位元 K_δ, 有

$$f(0) = \lim_{\delta\to 0^+} \int_{-\infty}^{+\infty} f(x)K_\delta(x)\,\mathrm{d}x = \lim_{\delta\to 0^+} \int_{-\infty}^{+\infty} f(x)\hat{G}_\delta(x)\,\mathrm{d}x,$$

因而有

$$\lim_{\delta \to 0^+} \int_{-\infty}^{+\infty} f(x)\hat{G}_\delta(x)\,\mathrm{d}x = \lim_{\delta \to 0^+} \int_{-\infty}^{+\infty} \hat{f}(\xi)G_\delta(\xi)\,\mathrm{d}\xi = \int_{-\infty}^{+\infty} \hat{f}(\xi)\,\mathrm{d}\xi.$$

注意对上式最后一个等号, 我们其实交换了积分和极限的次序, 这当然是不平凡的, 但不能根据速降函数的性质证明它.

c. 最后, 考虑 $F(y) = f(x + y)$, 则可得

$$f(x) = F(0) = \int_{-\infty}^{+\infty} \hat{F}(\xi)\,\mathrm{d}\xi = \int_{-\infty}^{+\infty} \hat{f}(\xi)\mathrm{e}^{2\pi\mathrm{i}x\xi}\,\mathrm{d}\xi.$$

证毕.

3. 如果可以接受 Delta 函数, 那么下面这个 Fourier 逆变换公式的假证明看起来就自然多了:

$$
\begin{aligned}
\int_{-\infty}^{+\infty} \mathrm{e}^{2\pi\mathrm{i}x\xi}\hat{f}(\xi)\,\mathrm{d}\xi &= \int_{-\infty}^{+\infty} \int_{-\infty}^{+\infty} f(y)\mathrm{e}^{-2\pi\mathrm{i}y\xi}\,\mathrm{d}y\,\mathrm{e}^{2\pi\mathrm{i}x\xi}\,\mathrm{d}\xi \\
&= \int_{-\infty}^{+\infty} f(y) \int_{-\infty}^{+\infty} \mathrm{e}^{-2\pi\mathrm{i}(y-x)\xi}\,\mathrm{d}\xi\,\mathrm{d}y \\
&= \int_{-\infty}^{+\infty} f(y+x) \int_{-\infty}^{+\infty} \mathrm{e}^{-2\pi\mathrm{i}y\xi}\,\mathrm{d}\xi\,\mathrm{d}y \\
&= \int_{-\infty}^{+\infty} f(y+x)\delta\,\mathrm{d}y \\
&= f(x).
\end{aligned}
$$

当然, 这段运算中的每一个等号都应该加上引号.

4. 如果想验证自己是否理解了——不是说要会证明——Fourier 变换的逆变换, 不妨试试搜索 Gabor 变换, 一种加窗 Fourier 变换, 看看能否理解其逆变换的形式.

5. 利用 Fourier 逆变换, 可以推出 Plancherel 等式, 它表明 Fourier 变换其实是等距变换:

定理 4.4.3 设 $f \in \mathcal{S}$, 则 $\displaystyle\int_{-\infty}^{+\infty} |f(x)|^2\,\mathrm{d}x = \int_{-\infty}^{+\infty} |\hat{f}(\xi)|^2\,\mathrm{d}\xi$, 即 $\|f\|_2 = \|\hat{f}\|_2$. 这说明在速降函数空间上, Fourier 变换是等距变换.

证明 a. 考虑 $g(x) = \overline{f(-x)}$, 计算可见 $\hat{g}(\xi) = \overline{\hat{f}(\xi)}$.

b. 考虑 $h = f * g$, 于是 $h(0) = \int_{-\infty}^{+\infty} |f(x)|^2 \, \mathrm{d}x$.

c. 同时, $\hat{h}(\xi) = |\hat{f}(\xi)|^2$.

d. 但由 Fourier 逆变换公式可知 $h(0) = \int_{-\infty}^{+\infty} \hat{h}(\xi) \, \mathrm{d}\xi$, 得证. □

4.4.4 离散 Fourier 变换与 FFT

为了在现实中应用 Fourier 变换解决问题, 人们想到了离散 Fourier 变换. 这个想法非常精彩, 但是如果没有 FFT, 即快速 Fourier 变换 (Fast Fourier Transformation), 对其的应用只能是纸上谈兵.

1. 假设你想用微信, 告诉远方的一个人, 说你手里有一个怎样的速降函数. 但你不能发图片, 不能发文字, 只能发数字. 这意味着, 你没有办法告诉对方, 在任意实数 x 处, 你的函数取值多少.

2. 这个问题可不是我们瞎掰的, 许多事物本质上就是一个函数、一张图片、一段音频、叶文洁向三体世界发送的信号、三体世界回复的不要回答, 本质上都是函数. 不能告诉对方每一点处的函数值, 意味着不能把全部细节告诉对方——你本来也不该如此幻想, 对方也不需要.

3. 你只需要告诉对方有限个点处的函数值, 只要点足够多, 分布得足够均匀, 对方就能大概看出你的函数了. 例如在 $[-1000, 1000]$ 的区间上, 均匀地挑出 10000 个点, 告诉对方你的函数在这些点处的函数值, 足以清晰表达你的意思了. 但这样做有两个问题: 第一, 万一某些点处的信息在传输过程中丢掉了, 则对方很有可能彻底误解你的意思. 第二, 如果传输过程中, 有噪声对每一个点的函数值都施加了一点点很小的影响, 那 10000 个微小的影响, 也足以让对方误解你的意思. 所谓噪声, 本就不是集中在某一个位置上, 而是集中在某一个较高的频率上, 反复出现在所有位置. 总而言之, 我们可能面临两种失真: 一种是某一个位置上的巨大失真; 另一种是每一个位置上都稍稍有一点, 然后加起来很大的失真.

4. 很幸运, 有一个想法可以同时解决这两个问题: 把这 10000 个点, 每一点处的信息都按照频率分成 10000 份, 然后将相同频率的片段组合到一起, 重组出新的 10000 份信息. 这样新的 10000 份信息里, 每一份都包含原本 10000 个点里每一点处的 10000 分之一的信息, 这样就没有任何一点处的信息会完全丢失了; 同时原本隐藏在 10000 个点每一点处的噪声, 可能被集中到新 10000 份信息的某一份中去, 你就可以放心删掉它了.

5. 不妨想象一个场景, 你和两个朋友点了四个串, 分别是羊肉串、牛肉串、板筋和肉皮, 每串四块肉. 每个人都想尝到每种口味, 同时每一串的第三个都糊了 (烤箱坏了). 那怎么才能解决这两个问题呢? 答案很简单, 横着串, 这样每一串都有四种口味, 而且你可以扔掉第三串, 因为这一串上的四块肉都糊了.

6. 如果你明白了这个想法, 你就应该能想到, 这其实就是 Fourier 变换——只不过你需要一种离散的 Fourier 变换. 假设对一个速降函数 X, 挑出 N 个点处的函数值

$$X(0), X(1), \cdots, X(N-1),$$

则可以考虑如下离散 Fourier 变换

$$\hat{X}(m) = \sum_{n=0}^{N-1} X(n) \mathrm{e}^{-2\pi \mathrm{i} \frac{nm}{N}}, m = 0, 1, \cdots, N-1.$$

很明显, 这是对 Fourier 变换非常自然且合理的模仿. 可以看到, 任何 $m = 0, 1, \cdots, N-1$, $\hat{X}(m)$, 都包含每一个 $X(n)$ 中频率为 $\dfrac{m}{N}$ 的那一部分信息.

7. 用矩阵形式看离散 Fourier 变换, 更有助于我们理解它——矩阵本来就是要用于数据化抽象对象的.

$$\hat{\boldsymbol{X}} = \boldsymbol{F}_N \boldsymbol{X},$$

其中 $\hat{\boldsymbol{X}}$ 为 N 维列向量 $(\hat{X}(0), \hat{X}(1), \cdots, \hat{X}(N-1))^{\mathrm{T}}$, $\boldsymbol{X}$ 为 N 维列向量 $(X(0), X(1), \cdots, X(N-1))^{\mathrm{T}}$, 而 $\boldsymbol{F}_N$ 为 $N \times N$ 矩阵

$$\begin{pmatrix} 1 & 1 & 1 & \cdots & 1 \\ 1 & \mathrm{e}^{-2\pi \mathrm{i} \frac{1}{N}} & \mathrm{e}^{-2\pi \mathrm{i} \frac{2}{N}} & \cdots & \mathrm{e}^{-2\pi \mathrm{i} \frac{N-1}{N}} \\ 1 & \mathrm{e}^{-2\pi \mathrm{i} \frac{2}{N}} & \mathrm{e}^{-2\pi \mathrm{i} \frac{4}{N}} & \cdots & \mathrm{e}^{-2\pi \mathrm{i} \frac{2(N-1)}{N}} \\ \vdots & \vdots & \vdots & & \vdots \\ 1 & \mathrm{e}^{-2\pi \mathrm{i} \frac{N-1}{N}} & \mathrm{e}^{-2\pi \mathrm{i} \frac{(N-1)2}{N}} & \cdots & \mathrm{e}^{-2\pi \mathrm{i} \frac{(N-1)(N-1)}{N}} \end{pmatrix}.$$

8. 关于 Fourier 变换最重要的事情, 是其有 Fourier 逆变换. 离散 Fourier 变换也有逆变换, 直接计算可见, 若 $m = k$, 则

$$\frac{1}{N} \sum_{n=0}^{N-1} \mathrm{e}^{-2\pi \mathrm{i} \frac{nm}{N}} \mathrm{e}^{2\pi \mathrm{i} \frac{nk}{N}} = 1;$$

同时若 $m \neq k$, 则

$$\frac{1}{N}\sum_{n=0}^{N-1}\mathrm{e}^{-2\pi\mathrm{i}\frac{nm}{N}}\mathrm{e}^{2\pi\mathrm{i}\frac{nk}{N}} = \frac{1}{N}\sum_{n=0}^{N-1}\mathrm{e}^{2\pi\mathrm{i}\frac{n(k-m)}{N}} = 0,$$

这是因为若 $k \neq m$, 则

$$\mathrm{e}^{2\pi\mathrm{i}\frac{k-m}{N}}\sum_{n=0}^{N-1}\mathrm{e}^{2\pi\mathrm{i}\frac{n(k-m)}{N}} = \sum_{n=0}^{N-1}\mathrm{e}^{2\pi\mathrm{i}\frac{n(k-m)}{N}}.$$

9. 也就是说, 矩阵 $\boldsymbol{F}_N$ 的逆矩阵恰为 $\frac{1}{N}\boldsymbol{F}_N^*$. 注意, $\boldsymbol{F}_N^*$ 指的是 $\boldsymbol{F}_N$ 的共轭转置——矩阵中每项取共轭, 再对矩阵转置. 这意味着, 如果将 $\hat{X}(m), m = 0, 1, \cdots, N-1$ 发送给对方, 对方可以根据如下离散的 Fourier 逆变换还原原本函数值:

$$X(n) = \frac{1}{N}\sum_{m=0}^{N-1}\hat{X}(m)\mathrm{e}^{2\pi\mathrm{i}\frac{nm}{N}}, n = 0, 1, \cdots, N-1.$$

10. 不仅如此, 由 $\left(\frac{1}{\sqrt{N}}\boldsymbol{F}_N^*\right)\frac{1}{\sqrt{N}}\boldsymbol{F}_N = \boldsymbol{I}$, 可见 $\boldsymbol{F}_N$ 保持向量之间的夹角, 同时把每个向量均拉长 $\sqrt{N}$ 倍, 这意味着离散 Fourier 变换并没有显著改变不同组数据之间的相互关系, 即不会影响我们对数据的理解.

11. 然而想在实际中应用上述想法, 还是有相当困难的: 假设要传递的信息为 N 个函数值, 那么不得不考虑 $N \times N$ 矩阵乘以 N 维向量, 这意味着 N^2 次乘法和 $N(N-1)$ 次加法. 当 N 变大时, 计算量将以 N^2 同阶无穷大的方式增长, 对于计算机而言, 这是一场灾难. 直到人们发现快速 Fourier 变换 (即 FFT), 离散 Fourier 变换的应用才成为现实.

12. 所谓 FFT, 是指在 $N = 2K$ 时, 有

$$\begin{aligned}
\hat{X}(m) &= \sum_{n=0}^{N-1}X(n)\mathrm{e}^{-2\pi\mathrm{i}\frac{mn}{N}} \\
&= \sum_{n=0}^{K-1}X(2n)\mathrm{e}^{-2\pi\mathrm{i}\frac{m(2n)}{N}} + \sum_{n=0}^{K-1}X(2n+1)\mathrm{e}^{-2\pi\mathrm{i}\frac{m(2n+1)}{N}} \\
&= \sum_{n=0}^{K-1}X(2n)\mathrm{e}^{-2\pi\mathrm{i}\frac{m(2n)}{N}} + \mathrm{e}^{-2\pi\mathrm{i}\frac{m}{N}}\sum_{n=0}^{K-1}X(2n+1)\mathrm{e}^{-2\pi\mathrm{i}\frac{m(2n)}{N}} \\
&= \sum_{n=0}^{K-1}X(2n)\mathrm{e}^{-2\pi\mathrm{i}\frac{mn}{K}} + \mathrm{e}^{-2\pi\mathrm{i}\frac{m}{N}}\sum_{n=0}^{K-1}X(2n+1)\mathrm{e}^{-2\pi\mathrm{i}\frac{mn}{K}}.
\end{aligned}$$

注意当 $m \geqslant K$ 时, 有 $\mathrm{e}^{-2\pi\mathrm{i}\frac{m}{N}} = \mathrm{e}^{-2\pi\mathrm{i}\frac{K}{N}}\mathrm{e}^{-2\pi\mathrm{i}\frac{m-K}{N}} = -\mathrm{e}^{-2\pi\mathrm{i}\frac{m-K}{N}}$.

13. 也就是说, 若 $N = 2K$, 将向量

$$\boldsymbol{X} = (X(0), X(1), \cdots, X(N-1))^{\mathrm{T}}$$

按照下标为偶数和奇数重新写为

$$\boldsymbol{X} = \begin{pmatrix} \boldsymbol{X}_{\mathrm{even}} \\ \boldsymbol{X}_{\mathrm{odd}} \end{pmatrix},$$

其中

$$\boldsymbol{X}_{\mathrm{even}} = (X(0), X(2), \cdots, X(N-2))^{\mathrm{T}},$$
$$\boldsymbol{X}_{\mathrm{odd}} = (X(1), X(3), \cdots, X(N-1))^{\mathrm{T}}.$$

则恰有

$$\hat{\boldsymbol{X}} = \boldsymbol{F}_N\boldsymbol{X} = \begin{pmatrix} \boldsymbol{I}_K & \boldsymbol{D}_K \\ \boldsymbol{I}_K & -\boldsymbol{D}_K \end{pmatrix} \begin{pmatrix} \boldsymbol{F}_K & \boldsymbol{0} \\ \boldsymbol{0} & \boldsymbol{F}_K \end{pmatrix} \begin{pmatrix} \boldsymbol{X}_{\mathrm{even}} \\ \boldsymbol{X}_{\mathrm{odd}} \end{pmatrix},$$

这里 $\boldsymbol{I}_K$ 为 $K \times K$ 的单位矩阵, 而 $\boldsymbol{D}_K$ 为 $K \times K$ 对角矩阵

$$\begin{pmatrix} 1 & 0 & 0 & \cdots & 0 \\ 0 & \mathrm{e}^{-2\pi\mathrm{i}\frac{1}{N}} & 0 & \cdots & 0 \\ 0 & 0 & \mathrm{e}^{-2\pi\mathrm{i}\frac{2}{N}} & \cdots & 0 \\ \vdots & \vdots & \vdots & & \vdots \\ 0 & 0 & 0 & \cdots & \mathrm{e}^{-2\pi\mathrm{i}\frac{K-1}{N}} \end{pmatrix}.$$

14. 这样, 只要将偶数位置和奇数位置的数据重整为两组数据, 就只需要不多于

$$2(K^2 + K(K-1)) + 8K$$

次运算即可算出离散 Fourier 变换. 如果 $N = 2^k$, 则可不断重复上述过程, 以至于计算量将减少为 $4Nk = 4N\ln N$ 次以内. 事实上, 设 $\sharp F_n$ 为 Fourier 变换的计算次数, 而 $\sharp FF_n$ 为重整之后的变换所需计算次数, 则

$$\sharp FF_{2^k} \leqslant 2(\sharp FF_{2^{k-1}}) + 8 \cdot 2^{k-1} \leqslant 4\sharp FF_{2^{k-2}} + 2 \cdot 8 \cdot 2^{k-1} \leqslant \cdots \leqslant 8k \cdot 2^{k-1}.$$

15. 若 $N \neq 2^k$ 也没有关系, 我们只需补上 $2^k - N$ 个 0 即可! 补上 0 将不会增加任何计算负担, 因此对一般地 N, 计算离散 Fourier 变换的运算量基本上

还是 $N \ln N$ 的同阶无穷大. 而我们知道, 当 N 很大时, $N \ln N$ 将远远小于 N^2. 这就是 FFT, 它使得计算离散 Fourier 变换成为可能. 因此在实际中, Fourier 变换的应用基本上就是 FFT 的应用. FFT 是如此常用, 以至于在 Python 中, 要想使用 FFT, 只需要

```
from scipy.fft import fft
```